全国技工院校数控类专业教材（高级技能层级）

数控加工工艺学

（第二版）

人力资源社会保障部教材办公室组织编写

中国劳动社会保障出版社

简介

本书主要内容包括数控机床概述、数控加工工艺基础、数控车削加工工艺、数控铣削加工工艺、数控电加工工艺、计算机辅助工艺设计与先进制造技术。

本书由韩鸿鸾任主编，崔萍、傅可任副主编，董丽娜、陶立慧、刘洪军参与编写；崔兆华任主审。

图书在版编目（CIP）数据

数控加工工艺学 / 人力资源社会保障部教材办公室组织编写 . -- 2 版 . -- 北京：中国劳动社会保障出版社，2023

全国技工院校数控类专业教材 . 高级技能层级

ISBN 978-7-5167-5639-3

Ⅰ. ①数…　Ⅱ. ①人…　Ⅲ. ①数控机床 – 加工 – 技工学校 – 教材　Ⅳ. ①TG659

中国国家版本馆 CIP 数据核字（2023）第 022525 号

中国劳动社会保障出版社出版发行

（北京市惠新东街 1 号　邮政编码：100029）

*

北京谊兴印刷有限公司印刷装订　新华书店经销

787 毫米 ×1092 毫米　16 开本　20.5 印张　436 千字

2023 年 4 月第 2 版　　2025 年 1 月第 3 次印刷

定价：42.00 元

营销中心电话：400-606-6496

出版社网址：http://www.class.com.cn

http://jg.class.com.cn

为了更好地适应技工院校数控类专业的教学要求，全面提升教学质量，人力资源社会保障部教材办公室组织有关学校的骨干教师和行业、企业专家，在充分调研企业生产和学校教学情况，广泛听取教师对教材使用反馈意见的基础上，对全国技工院校数控类专业高级技能层级的教材进行了修订。

本次教材修订工作的重点主要体现在以下几个方面：

第一，更新教材内容，体现时代发展。

根据数控类专业毕业生所从事岗位的实际需要和教学实际情况的变化，合理确定学生应具备的能力与知识结构，对部分教材内容及其深度、难度做了适当调整。

第二，反映技术发展，涵盖职业技能标准。

根据相关工种及专业领域的最新发展，在教材中充实新知识、新技术、新设备、新工艺等方面的内容，体现教材的先进性。教材编写以国家职业技能标准为依据，内容涵盖数控车工、数控铣工、加工中心操作工、数控机床装调维修工、数控程序员等国家职业技能标准的知识和技能要求，并在配套的习题册中增加了相关职业技能等级认定模拟试题。

第三，精心设计形式，激发学习兴趣。

在教材内容的呈现形式上，较多地利用图片、实物照片和表格等将知识点生动地展示出来，力求让学生更直观地理解和掌握所学内容。针对不同的知识点，设计了许多贴近实际的互动栏目，以激发学生的学习兴趣，使教材“易教易学，易懂易用”。

第四，采用 CAD/CAM 应用技术软件最新版本编写。

在 CAD/CAM 应用技术软件方面，根据最新的软件版本对 UG、Creo、Mastercam、CAXA、SolidWorks、Inventor 进行了重新编写。同时，在教材中不仅局限于介绍相关的软件功能，而是更注重介绍使用相关软件解决实际生产中的问题，以培养学生分析和解决问题的综合职业能力。

第五，开发配套资源，提供教学服务。

本套教材配有习题册和方便教师上课使用的多媒体电子课件，可以通过登录技工教育网（http://jg.class.com.cn）下载。另外，在部分教材中使用了二维码技术，针对教材中的教学重点和难点制作了动画、视频、微课等多媒体资源，学生使用移动终端扫描二维码即可在线观看相应内容。

本次教材的修订工作得到了河北、辽宁、江苏、山东、河南等省人力资源和社会保障厅及有关学校的大力支持，在此我们表示诚挚的谢意。

人力资源社会保障部教材办公室

2022 年 7 月

目录

第一章　数控机床概述

第一节　数控机床的产生与发展

在普通机床（如车床、铣床等）上加工零件时，首先，要对零件图样进行工艺分析，制定出零件加工工艺规程（工序卡）。工序卡规定了加工工序以及使用的机床、刀具、夹具等内容。其次，操作人员应根据工序卡的要求选定切削用量、进给路线，安排工序内的工步等。最后，操作人员按照工步操作普通机床，使用刀具对工件进行切削加工，从而得到所需要的零件。

在数控机床上，数控系统自动控制机床完成零件的加工，取代了传统加工方式中的人工操作。数控机床的工作过程如下：首先，操作人员分析零件图样并制定数控加工工艺；其次，将零件图样上的几何信息和工艺信息数字化（即将其编成加工程序），填写加工程序单；再次，将加工程序单中的内容记录在存储卡（如 CF 卡）等控制介质上，然后将该程序送入数控系统；最后，数控系统按照程序的要求，进行相应的运算、处理，然后发出控制命令，使机床的主轴、工作台及各辅助部件协调运动，实现刀具与工件的相对运动，自动完成零件的加工。数控加工与传统加工的比较如图 1-1 所示。

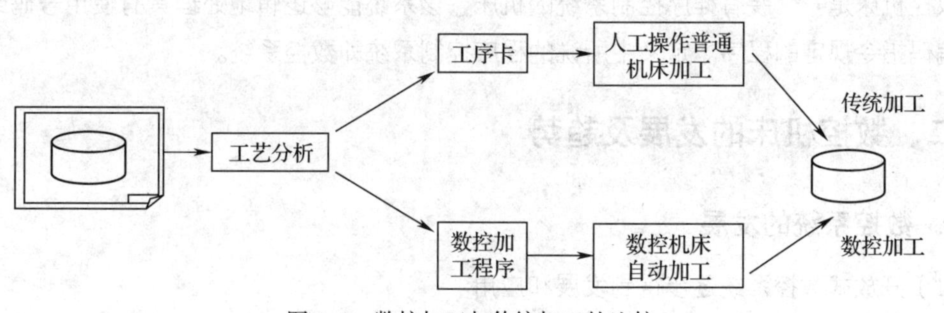

图 1-1　数控加工与传统加工的比较

一、数控机床的产生及基本概念

在机械制造工业中并不是所有产品的零件都具有很大的批量，单件、小批量生产的零件（批量为 10 ~ 100 件）占机械加工总量的 80% 以上，尤其是在造船、航天、航空、重型机械以及国防工业中更是如此。

为了满足多品种、小批量自动化生产的要求，迫切需要一种灵活的、通用的、能够适应产品频繁变化的柔性自动化机床。数控机床就是在这样的背景下诞生与发展起来的，它为单件、小批量生产精密复杂零件提供了自动化加工手段。

阅读材料

数控机床于1952年产生于美国。我国数控机床的研究、生产和应用开始于20世纪50年代末。1958年北京机床厂与清华大学合作试制了第一台数控铣床。1970年，北京机床厂的XK5040型升降台数控铣床开始小批量生产。直到20世纪80年代，我国才从国外引进数控机床的先进生产技术，开始投入生产，结束了我国数控机床发展徘徊不前的局面。1985年，我国数控机床进入了实用阶段。1985—1990年，我国实施了数控技术的多个国家重点科技攻关和开发项目，推动了我国数控机床的发展。至此，我国一方面从国外引进先进数控系统，另一方面积极自主研发，取得了可喜的成绩。目前，我国已有几十家机床厂能够生产不同类型的数控机床，但与工业发达国家相比还有不小的差距。

数字控制（numerical control）简称数控（NC），是一种借助数字、字符或其他符号对某一工作过程（如加工、测量、装配等）进行可编程控制的自动化方法。

数控技术（numerical control technology）是指用数字量及字符发出指令并实现自动控制的技术，它已经成为制造业实现自动化、柔性化、集成化生产的基础技术。

数控系统（numerical control system）是指采用数字控制技术的控制系统。

计算机数控系统（computer numerical control，简称CNC），是以计算机为核心的数控系统。

数控机床（numerical control machine tools）是指采用数字控制技术对机床的加工过程进行自动控制的一类机床。国际信息处理联盟（IFIP）第五技术委员会对数控机床的定义如下：数控机床是一个装有程序控制系统的机床，该系统能够逻辑地处理具有使用号码或其他符号编码指令规定的程序。定义中所说的程序控制系统即数控系统。

二、数控机床的发展及趋势

1. 数控系统的发展

（1）开放式数控系统逐步得到发展和应用。

（2）逐渐小型化以满足机电一体化的要求。

（3）不断改善人机接口，方便用户使用。

（4）不断提高数控系统产品的成套性。

（5）数控系统越来越智能。

2. 制造材料的发展

为使数控机床轻量化，常使用各种复合材料，如轻合金、陶瓷和碳素纤维等。此外，还经常使用聚合物混凝土制造机床基础件，由于其具有密度大、刚性好、内应力小、热稳定性好、耐腐蚀、制造周期短，特别是其阻尼系数大的特点，故抗振、减振性能特别好。

聚合物混凝土的配方很多，大多申请了专利，通常是将花岗岩和其他矿物质粉碎成细小的颗粒，以环氧树脂为黏结剂，以一定比例充分混合后浇注到模具中，借助振动排除气泡，固化约 12 h 后出模。其制造过程符合低碳要求，报废后可回收。图 1–2a 所示为用聚合物混凝土制造的机床底座。图 1–2b 所示为在铸铁件中填充混凝土或聚合物混凝土。

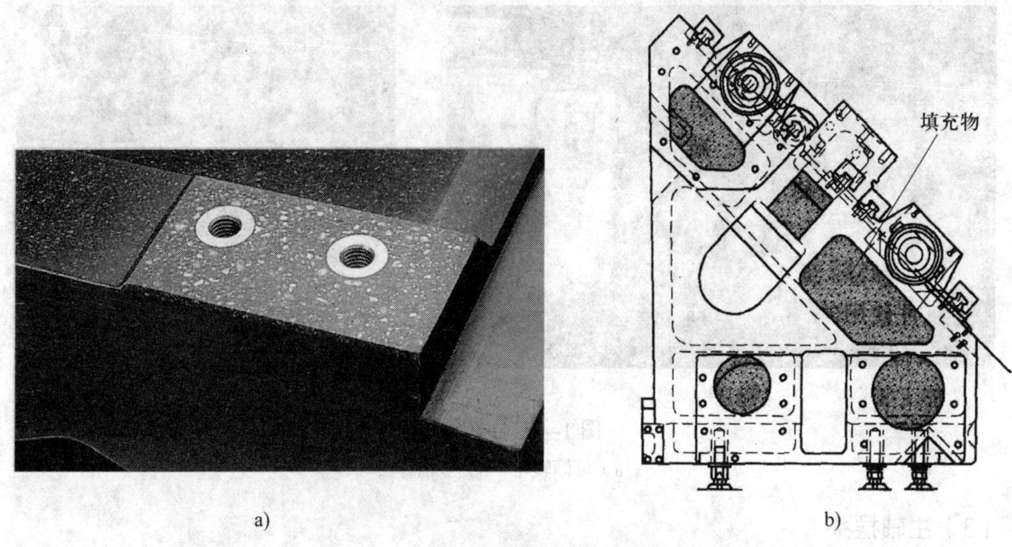

图 1–2　聚合物混凝土的应用

a）聚合物混凝土底座　b）铸铁件中填充混凝土或聚合物混凝土

3. 结构发展

（1）箱中箱结构

为了提高刚性和减轻重量，数控机床常采用框架式箱形结构，将一个框架式箱形移动部件嵌入另一个框架箱中，如图 1–3 所示。

图 1–3　箱中箱完全对称结构和双丝杠驱动的机械结构

1—*X* 轴双丝杠驱动机构　2—*Y* 轴双丝杠驱动机构　3—模块化刀库 a　4—模块化刀库 b
5—*Z* 轴双丝杠驱动机构　6—回转工作台（装夹工件位）　7 –回转工作台（加工工件位）　8—主轴

（2）台上台结构

如立式加工中心，为了扩充其工艺功能，常使用双重回转工作台，即在一个回转工作台上加装另一个（或多个）回转工作台，如图 1–4 所示。

a)

b)

图 1–4　台上台结构

a）可倾转台　b）多轴转台

（3）主轴摆头

在卧式加工中心中，为了扩充其工艺功能，常使用双重主轴摆头，如图 1–5 所示，两个回转轴为 C 和 B。

（4）重心驱动

对于龙门式机床，横梁和龙门架用两根滚珠丝杠驱动，形成虚拟重心驱动。如图 1–6 所示，Z_1 和 Z_2 形成横梁的垂直运动重心驱动，X_1 和 X_2 形成龙门架的重心驱动。近年来，由于机床追求高速、高精度，重心驱动为中小型机床采用。

（5）螺母旋转的滚珠丝杠副

重型机床的工作台行程通常有几米到十几米，过去使用双齿轮—齿条螺母副传动。为消除间隙使用双齿轮驱动，但这种驱动结构复杂，且高精度齿条制造困难。目前使用大直径

图 1–5　主轴摆头

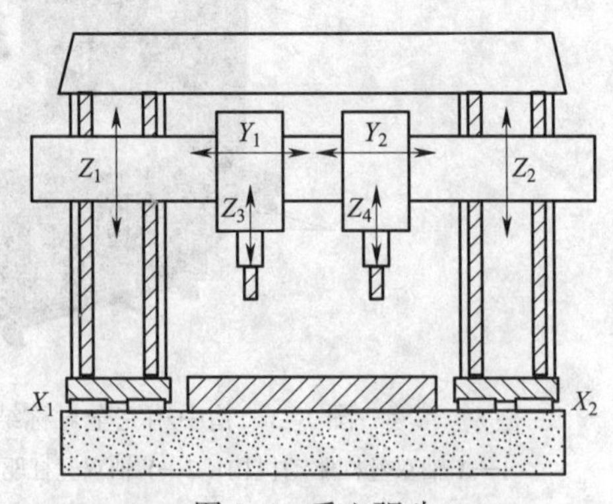

图 1–6　重心驱动

（直径已达 200 ~ 250 mm，长度通过接长可达 20 m）的滚珠丝杠副，通过丝杠固定、螺母旋转来实现工作台的移动，如图 1–7 所示。

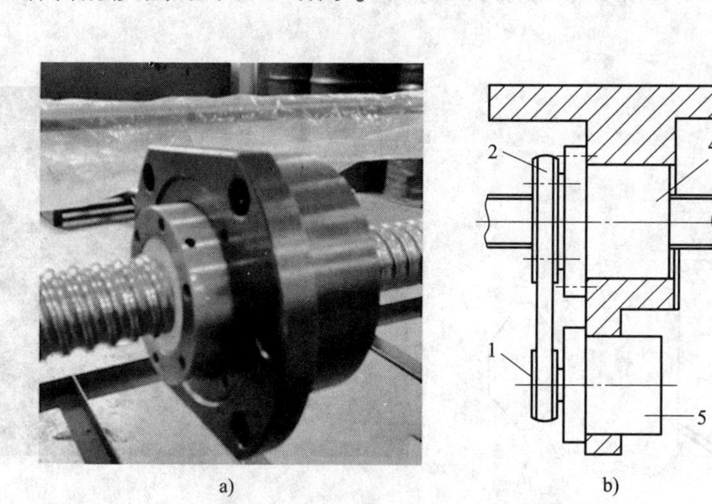

图 1–7　螺母旋转的滚珠丝杠副驱动

a）螺母旋转的滚珠丝杠副　b）重型机床的工作台驱动方式

1—驱动带轮　2—从动带轮　3—工作台　4—旋转螺母组合单元　5—驱动电动机

（6）电磁伸缩杆

近年来，将交流同步直线电动机的原理应用到伸缩杆上，开发出一种新型位移部件，称为电磁伸缩杆（见图 1–8）。它的基本原理是在功能部件壳体内安放环状双向电动机绕组，中间是作为次级的伸缩杆，伸缩杆外部有环状的永久磁铁层。

电磁伸缩杆是没有机械元件的功能部件，借助电磁相互作用实现运动，无摩擦、磨损和润滑问题。若将电磁伸缩杆外壳与万向铰链连接在一起，并将其安装在固定平台上作为支点，则随着电磁伸缩杆的轴向移动，即可驱动平台。从图 1–9 可见，采用 6 根结构相同的电磁伸缩杆、6 个万向铰链和 6 个球铰链连接固定平台和动平台就可以迅速组成并联运动机床。

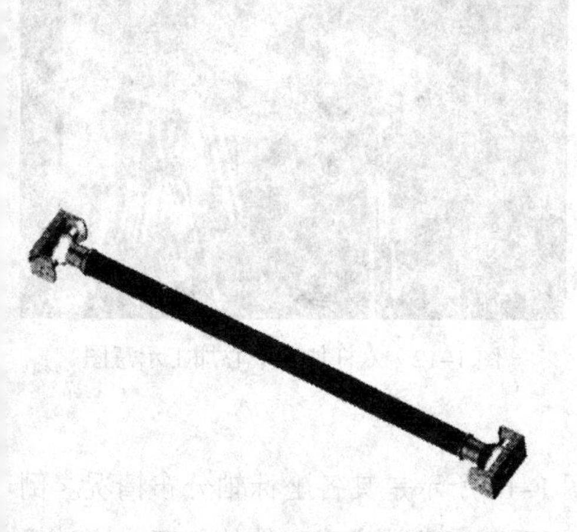

图 1–8　电磁伸缩杆

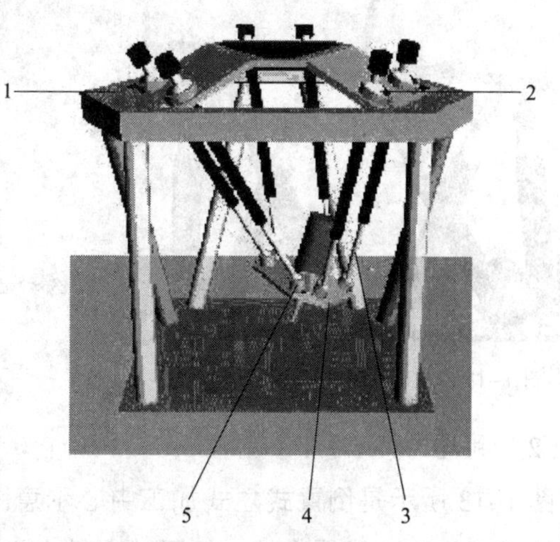

图 1–9　电磁伸缩杆在并联数控机床上的应用

1—固定平台　2—万向铰链　3—电磁伸缩杆　4—动平台　5—球铰链

（7）八角形滑枕

如图 1-10 所示，八角形滑枕形成双 V 字形导向面，导向性能好，各方向热变形均等，刚性好。

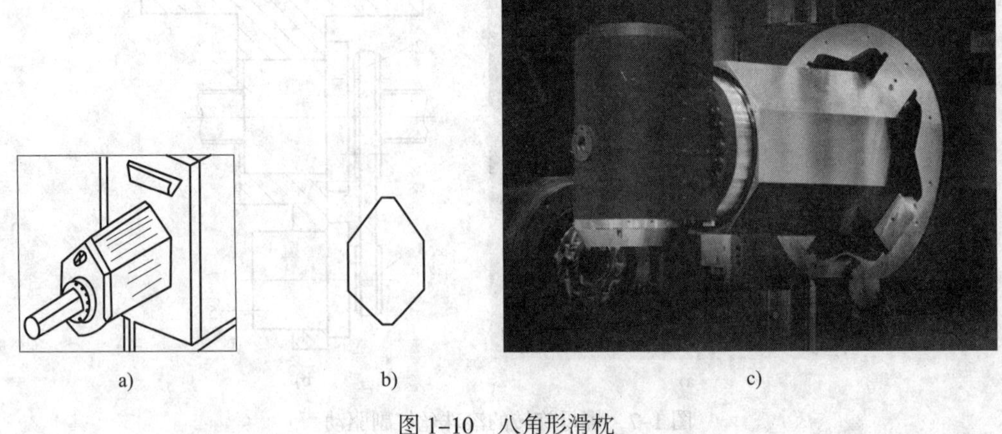

a)　　b)　　c)

图 1-10　八角形滑枕

a）结构图　b）示意图　c）实物图

4. 新结构的应用

（1）并联数控机床

基于并联机械手发展起来的并联机床，因仍使用直角坐标系进行加工编程，故称虚拟坐标轴机床。并联机床发展很快，有六杆机床与三杆机床，一种六杆加工中心的结构如图 1-11 所示，图 1-12 是其加工示意图。六杆数控机床既有采用滚珠丝杠驱动的，又有采用滚珠螺母驱动的，高精度的采用电磁伸缩杆驱动。

图 1-11　六杆数控机床的结构

图 1-12　六杆加工中心加工示意图

（2）倒置式机床

图 1-13 所示是倒置式立式加工中心示意图，图 1-14 所示是其各坐标轴分布情况。倒置式立式加工中心发展很快，倒置的主轴在 *XYZ* 坐标系中运动，完成工件的加工。这种机床便于排屑，还可以用主轴取放工件，即自动装卸工件。

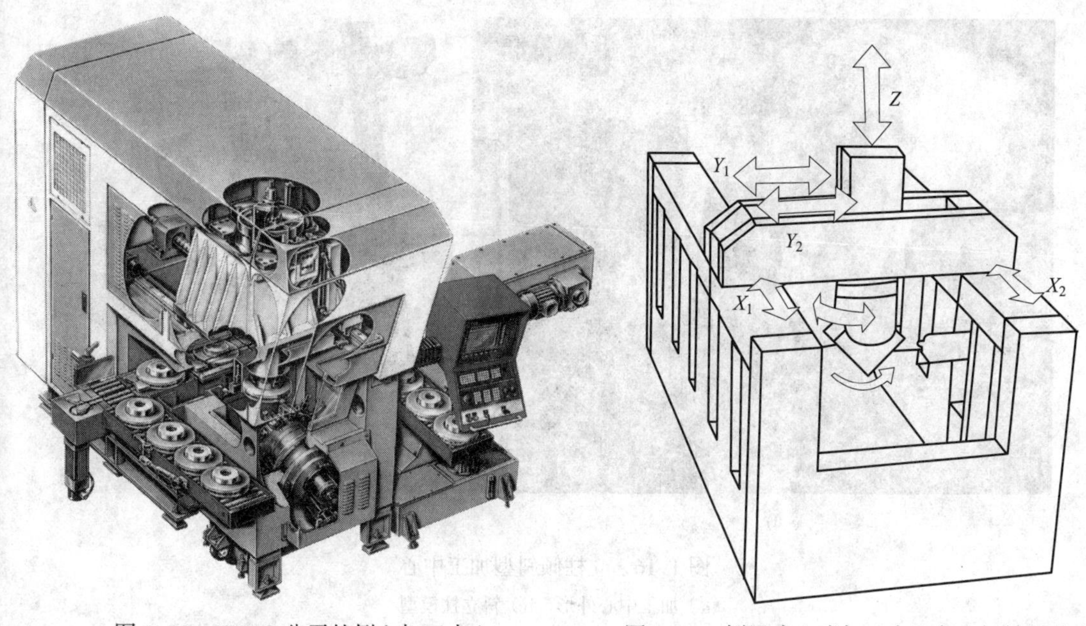

图 1-13 EMAG 公司的倒立加工中心　　图 1-14 倒置式立式加工中心各坐标轴的分布

（3）没有 X 轴的加工中心

通过极坐标和笛卡儿坐标的转换来实现 X 轴运动。主轴箱是由大功率扭矩电动机驱动，绕 Z 轴做 C 轴回转，同时又迅速做 Y 轴上下升降，这两种运动方式的合成就完成了 X 轴向的运动，如图 1-15 所示。由于是两种运动方式的叠加，故机床的快进速度达到 120 m/min，加速度为 $2g$。

a）

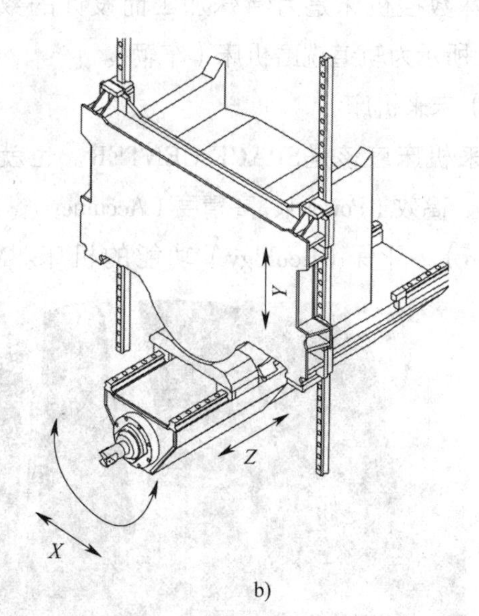

b）

图 1-15 德国 ALFING 公司的 AS 系列（没有 X 轴的加工中心）
a）加工图 b）示意图

（4）立柱倾斜或主轴倾斜

机床结构设计成立柱倾斜（见图 1-16）或主轴倾斜（见图 1-17），其目的是提高

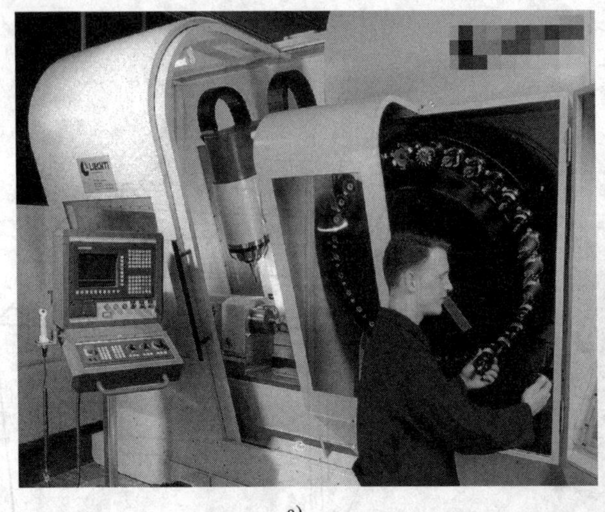

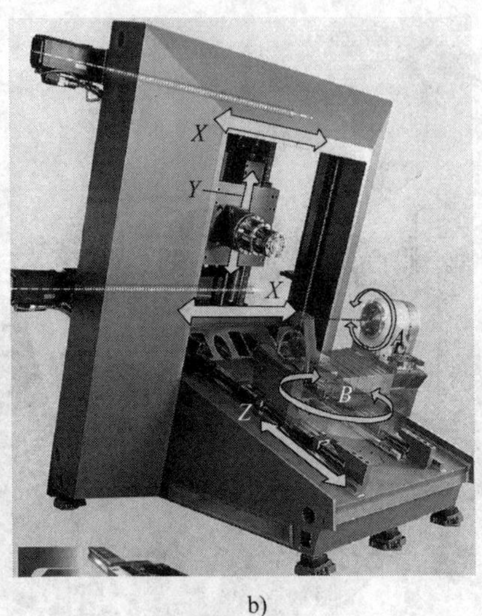

a)　　b)

图 1–16　立柱倾斜型加工中心
a）加工中心外形　b）斜立柱模型

切削速度，因为在加工叶片、叶轮时，X 轴行程不会很长，但 Z 轴和 Y 轴运动频繁，立柱倾斜能使铣刀更快切至叶根深处，同时也为了让切削液更好地冲走切屑并避免与夹具碰撞。

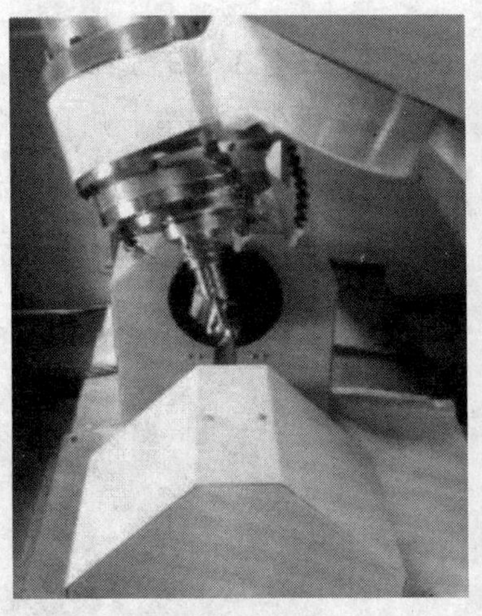

图 1–17　铣头倾斜型叶片加工中心

（5）特殊机床

特殊数控机床是为特殊加工而设计的数控机床，如图 1–18 所示为轨道铣磨机床（车辆）。

（6）未来机床

未来机床应该是SPACE CENTER，也就是具有高速（Speed）、高效（Power）、高精度（Accuracy）、通信（Communication）、环保（Ecology）功能的机床。MAZAK 建立

图 1–18　轨道铣磨机床（车辆）

的未来机床模型是主轴转速 100 000 r/min，加速度为 8*g*，切削速度 2 马赫，同步换刀，干切削，集车削、铣削、激光加工、磨削、测量于一体，如图 1–19 所示。

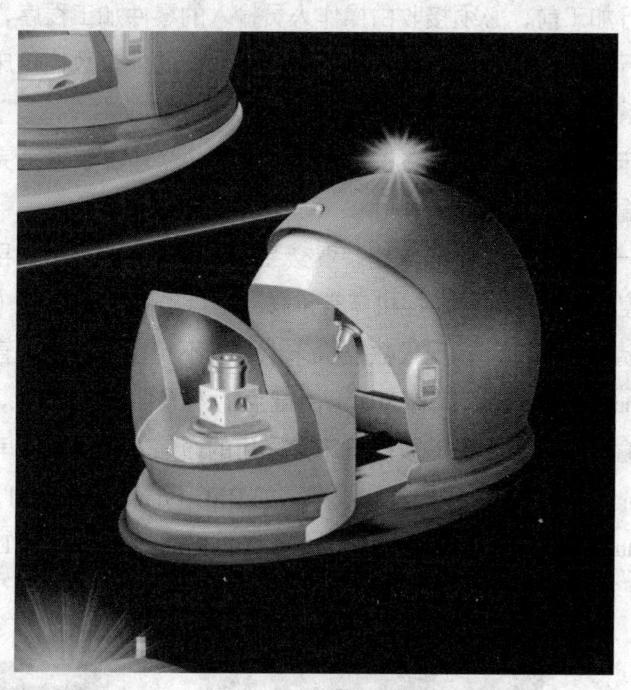

图 1–19　未来数控机床

第二节　数控机床的组成与工作原理

一、数控机床的组成

数控机床一般由计算机数控系统和机床本体两部分组成，如图 1–20 所示。其中的计算机数控系统是由输入 / 输出设备、计算机数控装置（CNC 装置）、可编程控制器、主轴驱动系统和进给伺服驱动系统等组成的一个整体系统。

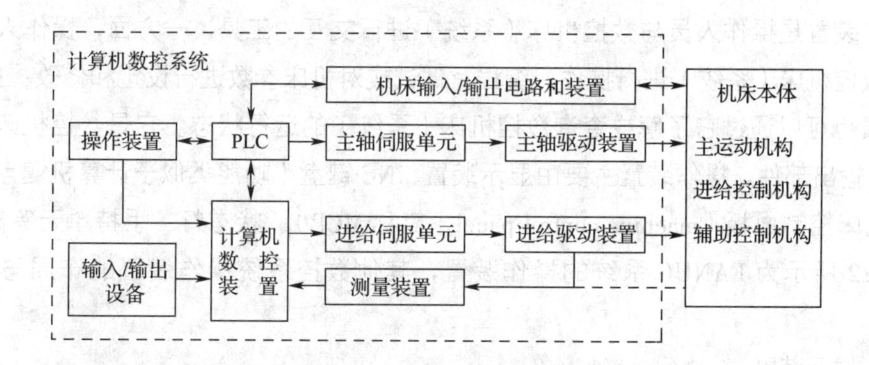

图 1–20　数控机床的组成

1. 输入/输出装置

数控机床在进行加工前，必须接收由操作人员输入的零件加工程序，然后才能根据输入的零件加工程序进行加工控制，从而加工出所需的零件。此外，数控机床中常用的零件加工程序有时也需要在系统外备份或保存。

因此，数控机床中必须具备必要的交互装置，即输入/输出装置来完成零件加工程序或系统参数的输入或输出。

零件加工程序一般存放于便于与数控装置交互的一种控制介质上，早期的数控机床常用穿孔纸带、磁带等控制介质，现代数控机床常用移动硬盘、优盘、CF卡（见图1-21）及其他半导体存储器等控制介质。此外，现代数控机床也可以不用控制介质，直接由操作人员通过手动数据输入（manual data input，简称MDI）由键盘输入零件加工程序；或采用通信方式进行零件加工程序的输入和输出。目前数控机床常采用的通信方式包括：串行通信（如RS232、RS422和RS485等）；自动控制专用接口和规范，如DNC（direct numerical control）方式和MAP（manufacturing automation protocol）协议；网络通信（如Internet、Intranet和LAN等）以及无线通信（无线接收装置、智能终端）等。

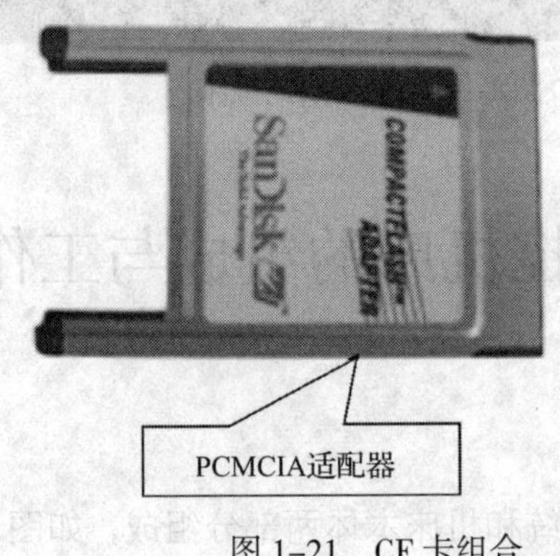

图1-21　CF卡组合

2. 操作装置

操作装置是操作人员与数控机床（系统）进行交互的工具，一方面，操作人员可以通过它对数控机床（系统）进行操作、编程、调试或对机床参数进行设定和修改；另一方面，操作人员也可以通过它了解或查询数控机床（系统）的运行状态。它是数控机床特有的一个输入/输出部件。操作装置主要由显示装置、NC键盘（功能类似于计算机键盘的按键阵列）、机床控制面板（machine control panel，简称MCP）、状态灯、手持单元等部分组成。如图1-22所示为FANUC系统的操作装置，其他数控系统操作装置的布局与其大同小异。

（1）显示装置

数控系统通过显示装置为操作人员提供必要的信息，根据系统所处的状态和操作命令的不同，显示的信息可以是正在编辑的程序、正在运行的程序、机床的加工状态、机床坐标轴的指令或实际坐标值、加工轨迹的图形仿真、故障报警信号等。

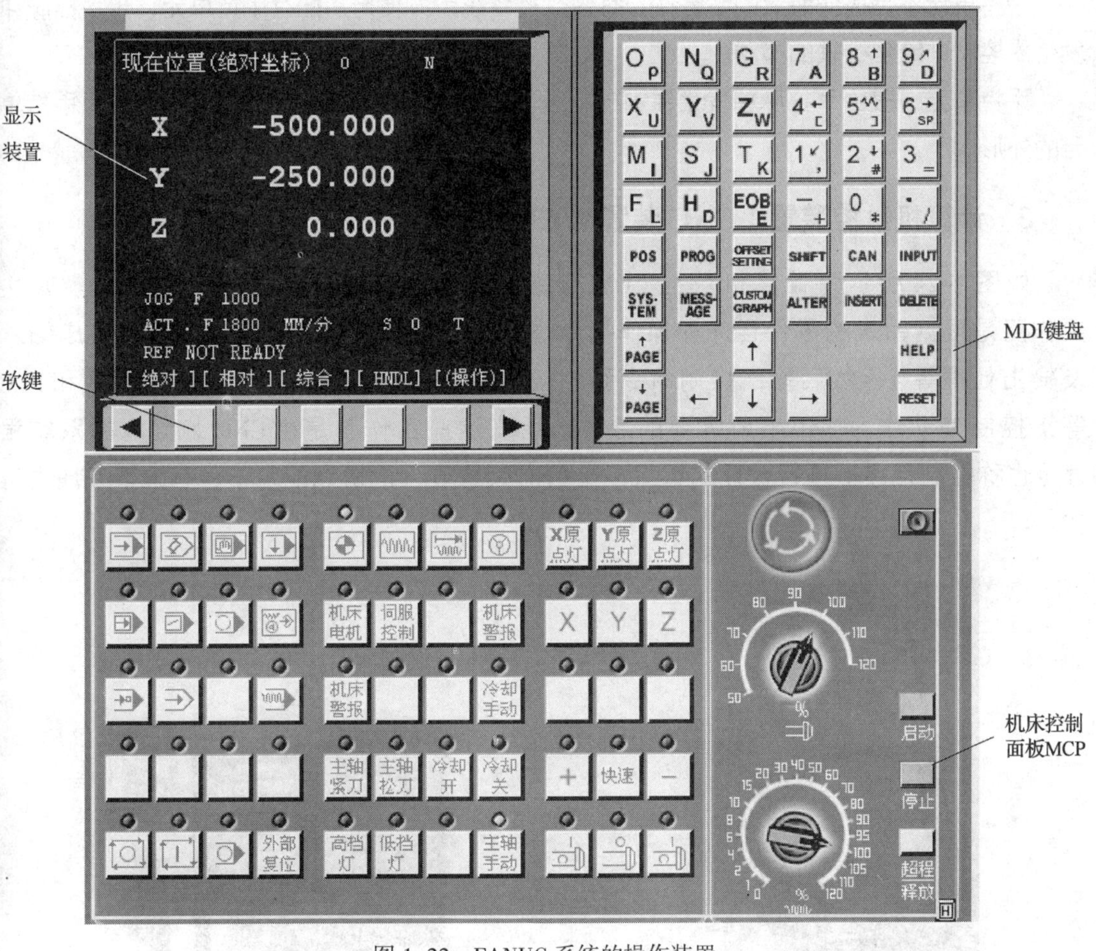

图 1–22 FANUC 系统的操作装置

较简单的显示装置只有若干个数码管，只能显示字符，显示的信息也很有限；较高级的系统一般配有 CRT（阴极射线管）显示器或点阵式液晶显示器，一般能显示图形，显示的信息比较丰富。

（2）NC 键盘

NC 键盘包括 MDI 键盘及软键（功能键）等。

MDI 键盘一般具有标准化的字母、数字和符号（有的通过上挡键实现），主要用于零件加工程序的编辑、参数输入、MDI 操作及系统管理等。

功能键一般用于系统的菜单操作，如图 1–22 所示。

（3）机床控制面板 MCP

机床控制面板集中了系统的所有按钮（故可称为按钮站），这些按钮用于直接控制机床的动作或加工过程，如启动、暂停零件程序的运行，手动进给坐标轴，调整进给速度等，如

图 1–22 所示。

（4）手持单元

手持单元不是操作装置的必需件，有些数控系统为方便用户配有手持单元，用手摇脉冲发生器控制进给坐标轴的移动。

手持单元一般由手摇脉冲发生器 MPG、坐标轴选择开关等组成，图 1–23 所示为手持单元的外形。

3．计算机数控装置（CNC 装置或 CNC 单元）

如图 1–24 所示为计算机数控（CNC）装置，它是计算机数控系统的核心。其主要作用是根据输入的零件程序和操作指令进行相应处理（如运动轨迹处理、机床输入及输出处理等），然后输出控制命令到相应的执行部件（伺服单元、驱动装置和 PLC 等）控制其动作，加工出所需要的零件。所有这些工作都是由 CNC 装置内的系统程序（也称控制程序）进行合理的组织，在 CNC 装置硬件的协调配合下，有条不紊地进行的。

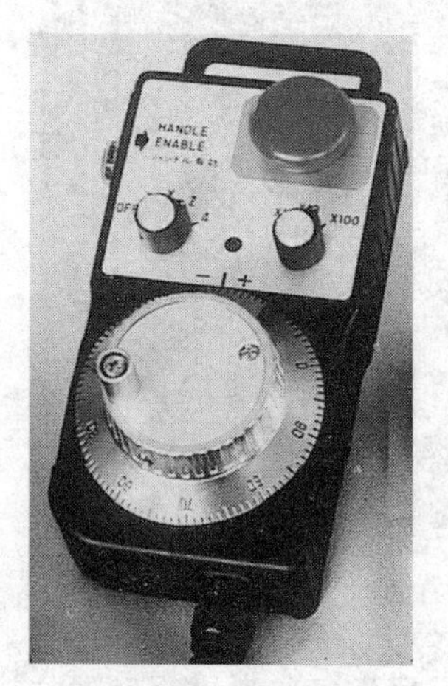

图 1–23　手持单元的外形

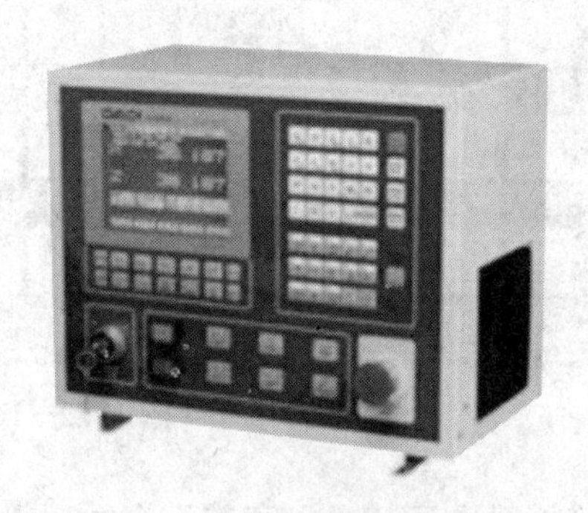

图 1–24　计算机数控装置

4．伺服机构

伺服机构是数控机床的执行机构，由驱动和执行两大部分组成，如图 1–25 所示。它接受数控装置的指令信息，并按指令信息的要求控制执行部件的进给速度、方向和位移。指令信息是以脉冲信息体现的，一个脉冲使机床移动部件产生的位移量称为脉冲当量。常用的脉冲当量为 0.001 ~ 0.01 mm/p。

目前，数控机床的伺服机构中常用的位移执行机构有步进电动机、直流伺服电动机、交流伺服电动机。

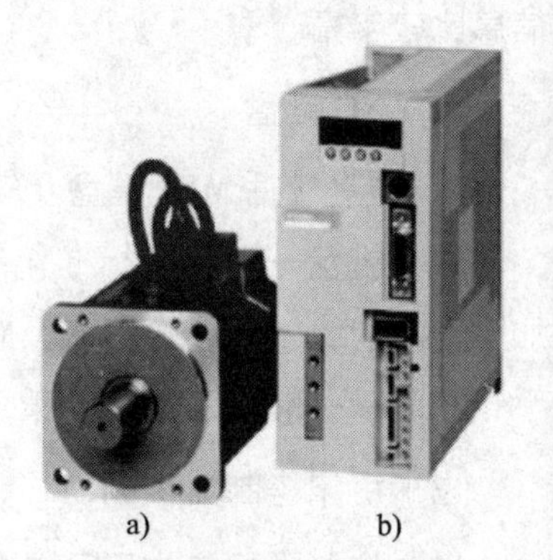

a)　　b)

图 1–25　伺服机构

a）伺服电动机　b）驱动装置

5. 检测装置

检测装置（也称反馈装置）用于对数控机床运动部件的位置和速度进行检测，如图 1–26 所示。它通常安装在机床的工作台、丝杠或驱动电动机转轴上，相当于普通机床的刻度盘和人的眼睛，它把机床工作台的实际位移或速度转变成电信号反馈给 CNC 装置或伺服驱动系统，与指令信号进行比较，以实现位置或速度的闭环控制。检测装置是高性能数控机床的重要组成部分。

数控机床上常用的检测装置有光栅（见图 1–26a）、光电编码器（见图 1–26b）、感应同步器、旋转变压器、磁栅、磁尺、双频激光干涉仪等。

6. 可编程控制器

可编程控制器（programmable logic controller，简称 PLC）是一种以微处理器为基础的通用型自动控制装置，如图 1–27 所示。它是专为在工业环境下应用而设计的。

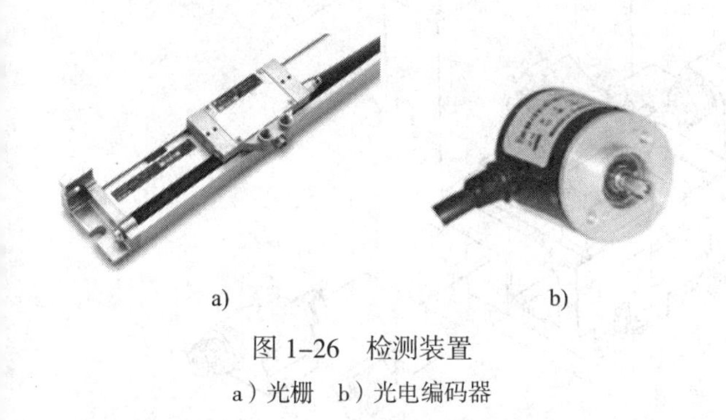

图 1–26　检测装置
a）光栅　b）光电编码器

图 1–27　可编程控制器（PLC）

在数控机床中，PLC 主要完成与逻辑运算有关的一些顺序动作的输入 / 输出控制，它与实现输入 / 输出控制的执行部件——机床输入 / 输出电路和装置（由继电器、电磁阀、行程开关、接触器等组成的逻辑电路）一起共同完成以下任务：

（1）接受 CNC 装置的控制代码 M（辅助功能）、S（主轴功能）、T（刀具功能）等顺序动作信息，对其进行译码，转换成对应的控制信号，一方面，它控制主轴单元实现主轴转速控制；另一方面，它控制辅助装置完成机床相应的开关动作，如卡盘的夹紧和松开（工件的装夹）、刀具的自动更换、切削液的开关、机械手取送刀、主轴正反转及停止和准停等动作。

（2）接受机床控制面板（循环启动、进给保持、手动进给等）和机床侧（行程开关、压力开关、温控开关等）的输入 / 输出信号，一部分信号直接控制机床的动作，另一部分信号送往 CNC 装置，经其处理后，输出指令控制 CNC 系统的工作状态和机床的动作。

7. 机床本体

机床本体是数控机床的主体，是数控系统的控制对象，是实现机械加工的执行部件。它主要由主运动部件、进给运动部件（工作台、滑板以及相应的传动机构）、支承件（立柱和床身等）以及特殊装置（刀具自动交换系统、工件自动交换系统）和辅助装置（如冷却、润滑、排屑、转位和夹紧装置等）组成。数控机床机械部件的组成与普通机床相似，但其传动结构较为简单，在精度、刚度、抗振性等方面要求高，而且其传动系统和变速系统更便于实现自动化控制。

如图 1–28 所示为典型数控车床的机械结构，主要包括主轴传动机构、进给传动机构、刀架、床身和辅助装置（刀具自动交换机构、润滑与切削液装置、排屑和过载限位）等部分。

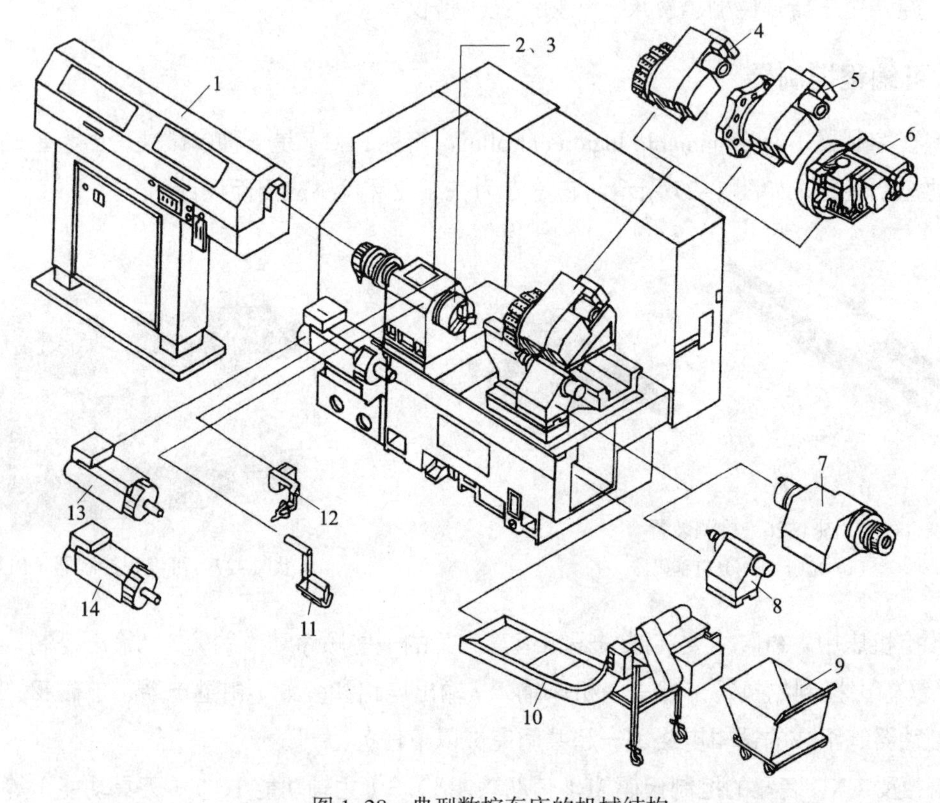

图 1–28　典型数控车床的机械结构

1—自动送料机　2—三爪自定心卡盘　3—弹簧夹头　4—标准刀架　5—专用刀架　6—动力刀架　7—副主轴　8—尾座　9—集屑车　10—排屑器　11—工件接收器　12—接触式机内对刀仪　13—主轴电动机　14—C 轴控制主轴电动机

看一看

阅读完这部分内容后，可到附近的企业中看一看实物。

带有刀库、动力刀具、C 轴控制的数控车床通常称为车削中心，如图 1–29 所示。车削中心除完成车削工序外，还可以进行轴向、径向铣削，钻孔和攻螺纹等，使工序高度集中。

图 1-29　车削中心

想一想

车削中心与数控车床最主要的区别是什么？

二、数控机床的工作原理

数控机床的主要任务是根据输入的零件加工程序和操作指令进行相应的处理，控制机床各运动部件协调动作，加工出合格的零件，其工作原理如图 1-30 所示。

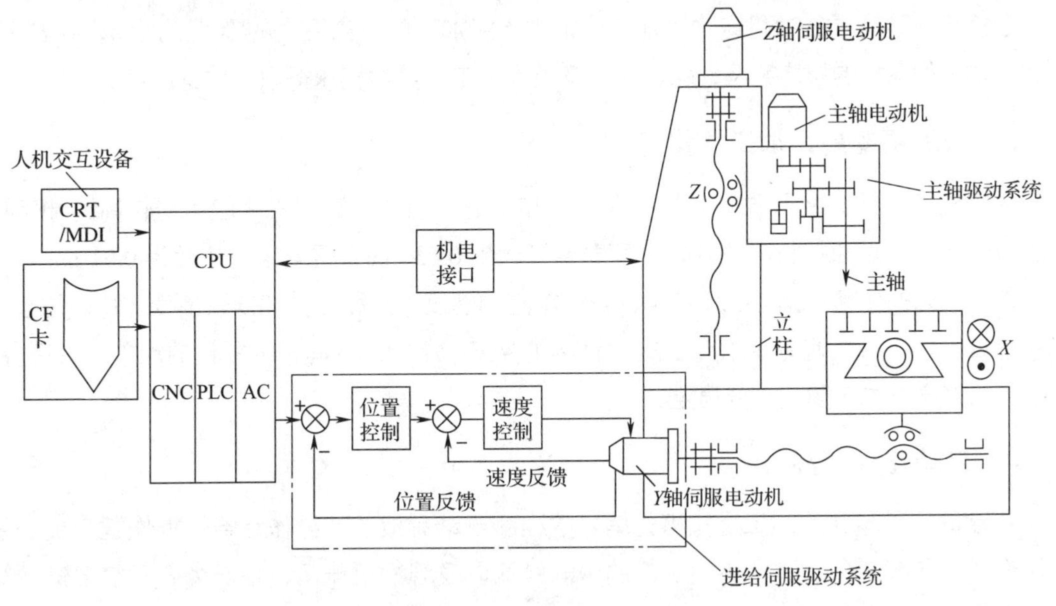

图 1-30　数控机床的工作原理

根据零件图制定工艺方案，采用手工或计算机进行零件加工程序的编制，并把编好的零件加工程序存放于某种控制介质上，经相应的输入装置把存放在该介质上的零件加工程序输入至 CNC 装置。CNC 装置根据输入的零件加工程序和操作指令进行相应的处理，输出位置控制指令到进给伺服驱动系统，以实现刀具和工件的相对移动；输出速度控制指令到主轴伺服驱动系统，以实现主轴转速的控制；输出开关控制指令到 PLC 以实现顺序动作的控制，从而加工出符合图样要求的零件。其中，CNC 系统对零件加工程序的处理流程如图 1–31 所示。

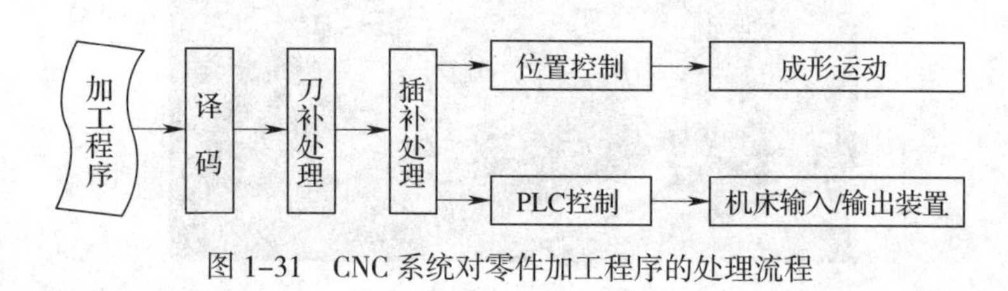

图 1–31　CNC 系统对零件加工程序的处理流程

三、数控机床的特点

1. 适应性强

用数控机床加工形状复杂的零件或新产品时，不必像通用机床那样采用很多工装，仅需要少量工具、夹具。一旦零件图有修改，只需修改相应的程序部分，就可在短时间内将新零件加工出来。因而，生产周期短，灵活性强，为多品种、小批量的生产和新产品的研制提供了有利条件。

2. 适合加工复杂型面的零件

数控机床能完成普通机床难以加工或根本不能加工的复杂型面的零件。所以，在航天、航空领域（如飞机的螺旋桨及蜗轮叶片）及模具加工中数控机床得到了广泛应用。

3. 加工精度高，加工质量稳定

数控机床是按数字形式给出的指令进行加工的，因此，数控机床能达到较高的加工精度。对于中、小型数控机床，定位精度普遍可达到 0.03 mm，重复定位精度为 0.01 mm。另外，数控机床的传动系统与机床结构都具有很高的刚度、热稳定性和制造精度，特别是数控机床的自动加工方式避免了生产者的人为操作误差，所加工的同一批零件的尺寸一致性好，产品合格率高，加工质量十分稳定。

4. 自动化程度高

数控机床对零件的加工是按事先编好的程序自动完成的，操作者除了操作键盘或安装控制介质、装卸工件、进行关键工序的中间检测以及观察机床运行情况外，不需要进行繁杂的重复性手工操作，劳动强度与紧张程度均可大为减轻。另外，数控机床一般都具有较好的安全防护、自动排屑、自动冷却和自动润滑等装置。因此，数控机床的自动化程度很高。

5．生产效率高

数控机床能够减少零件加工所需的机动时间和辅助时间。数控机床的主轴转速和进给量范围比普通机床的范围大，每一道工序都能选用最佳的切削用量，数控机床的结构刚度允许其进行大切削用量的强力切削，从而有效地节省了机动时间。数控机床移动部件在定位中均采用加减速控制，并可选用很高的空行程运动速度，因而缩短了定位和非切削时间。使用带有刀库和自动换刀装置的加工中心时，工件往往只需进行一次装夹就可完成所有的加工工序，减少了半成品的周转时间，生产效率非常高。数控机床加工质量稳定，还可减少检验时间。数控机床的生产效率可比普通机床提高 2 ~ 3 倍，复杂零件的生产效率可提高十几倍甚至几十倍。

6．一机多用

某些数控机床，特别是加工中心，工件经一次装夹后，几乎能完成全部工序的加工，可以代替 5 ~ 7 台普通机床。

7．有利于实现生产管理的现代化

数控系统采用数字信息与标准化代码输入，并具有通信接口，易实现数控机床之间的数据通信，适宜实现计算机之间的连接，组成工业控制网络。同时，用数控机床加工零件时，能准确地计算加工工时，并有效地简化了检验工作以及工装和半成品的管理工作，这些都有利于实现生产管理的现代化（如数字孪生、MES 管理等）。

8．价格较高

数控机床是以数控系统为代表的新技术与传统机械制造产业结合形成的机电一体化产品，它涉及了机械、信息处理、自动控制、伺服驱动、自动检测、软件技术等许多领域，尤其是采用了许多高、新、尖的先进技术，使得数控机床的整体价格较高。

第三节　数控机床的分类

目前数控机床的品种很多，通常按下面几种方法进行分类。

一、按工艺用途分类

1．一般数控机床

最普通的数控机床有钻床、车床、铣床、镗床、磨床和齿轮加工机床，如图 1–32 所示。初期的数控机床与传统的通用机床工艺用途相似，但它们的生产效率和自动化程度比传统机床高，适合单件、小批量生产形状复杂的零件。现在的数控机床的工艺用途已经有了很大的变化。

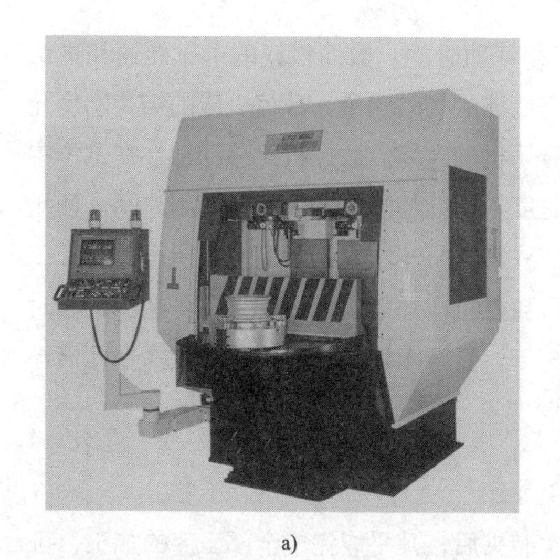

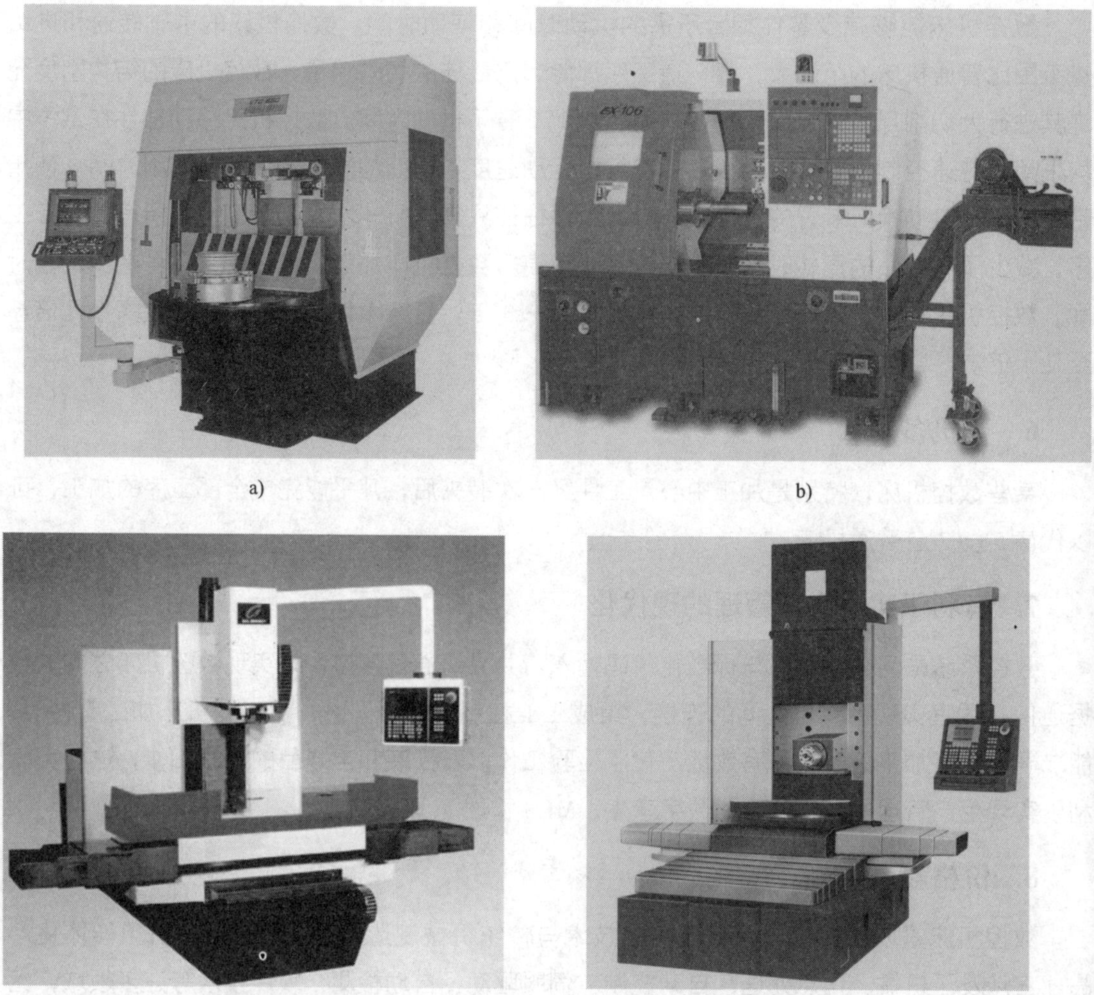

a)

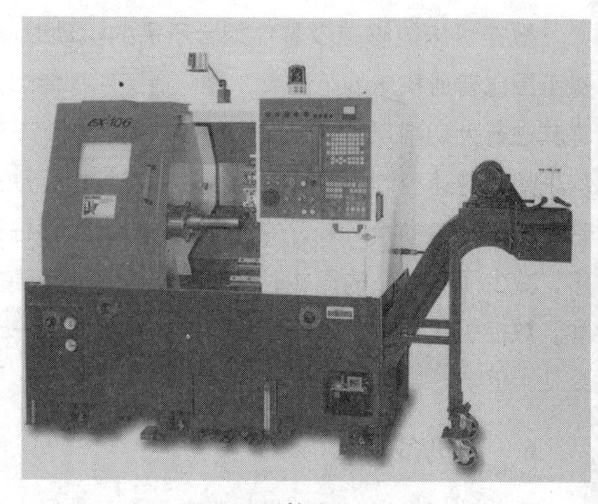

b)

c)

d)

图 1–32　常见的数控机床

a）立式数控车床　b）卧式数控车床　c）立式数控铣床　d）卧式数控铣床

每一种数控机床又可按不同的分类方式细分为不同的类型，现仅以数控车床为例进行介绍。

（1）按数控系统的功能分类

各类数控车床的功能及特点见表 1–1。

（2）按主轴的配置形式分类

1）卧式数控车床。主轴轴线处于水平位置的数控车床。

2）立式数控车床。主轴轴线处于垂直位置的数控车床。

表 1–1 数控车床的功能及特点

种类	图示	功能	特点
经济型数控车床	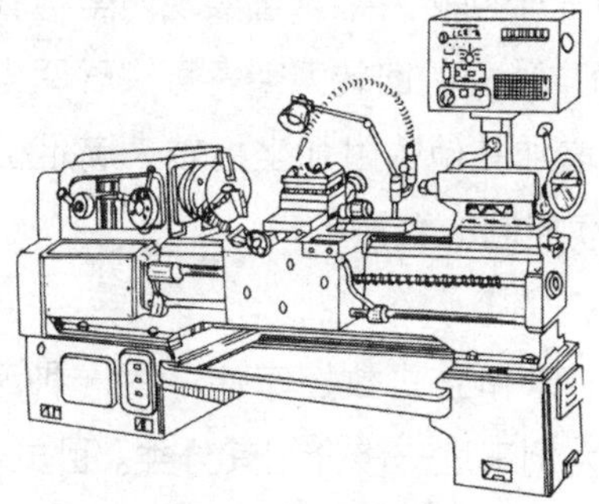	一般是在普通车床的基础上进行改进设计的。采用步进电动机驱动的开环伺服系统。其控制部分采用单板机或单片机实现	此类车床结构简单，价格低廉，现在已经很少采用
全功能型数控车床	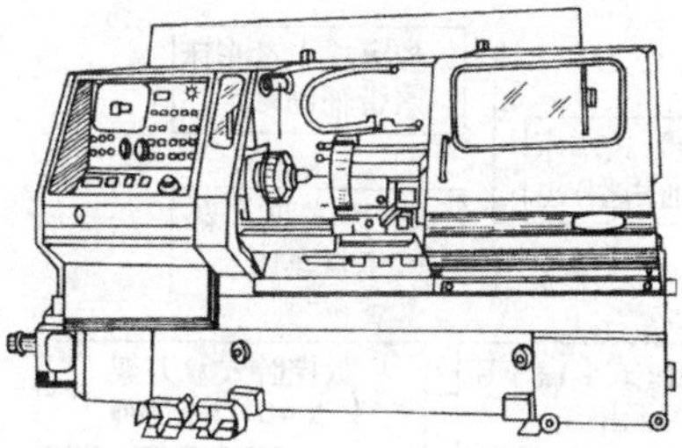	一般采用闭环或半闭环控制系统	具有高刚度、高精度和高效率等特点
车削中心	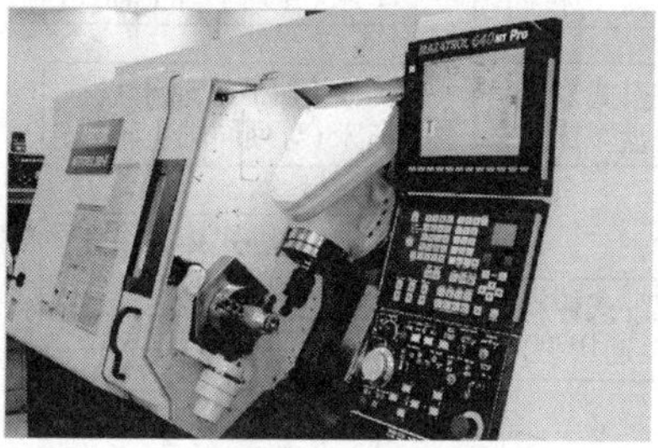	是以全功能型数控车床为主体，并配置刀库、换刀装置、分度装置、铣削动力头和机械手等，实现多工序的复合加工的机床。工件经一次装夹后，它可完成回转类零件的车削、铣削、钻削、铰削、攻螺纹等多种加工工序	其功能全面，但价格较高
FMC（柔性制造单元）车床	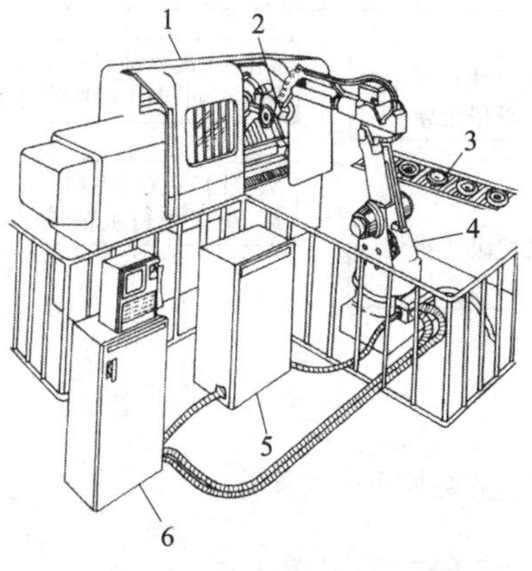 1—数控车床 2—卡爪 3—工件 4—机械手 5—控制柜 6—机械手控制柜	是一个由数控车床、机器人等构成的柔性加工单元	能实现工件搬运、装卸的自动化以及加工、调整、准备的自动化

具有两根主轴的车床称为双轴卧式数控车床或双轴立式数控车床。

（3）按数控系统控制的轴数分类

1）两轴控制的数控车床。机床上只有一个回转刀架，可实现两坐标轴控制。

2）四轴控制的数控车床。机床上有两个独立的回转刀架，可实现四坐标轴控制。

对于车削中心或柔性制造单元，还需增加其他的附加坐标轴来满足机床的功能。目前，我国使用较多的是中、小规格的两坐标连续控制的数控车床。

（4）按布局分类

数控车床按布局不同分为卧式数控车床和立式数控车床，每一种又可分为不同的形式，其分类情况类似，现以卧式数控车床为例来进一步介绍其分类。卧式数控车床的分类如图 1–33 所示。

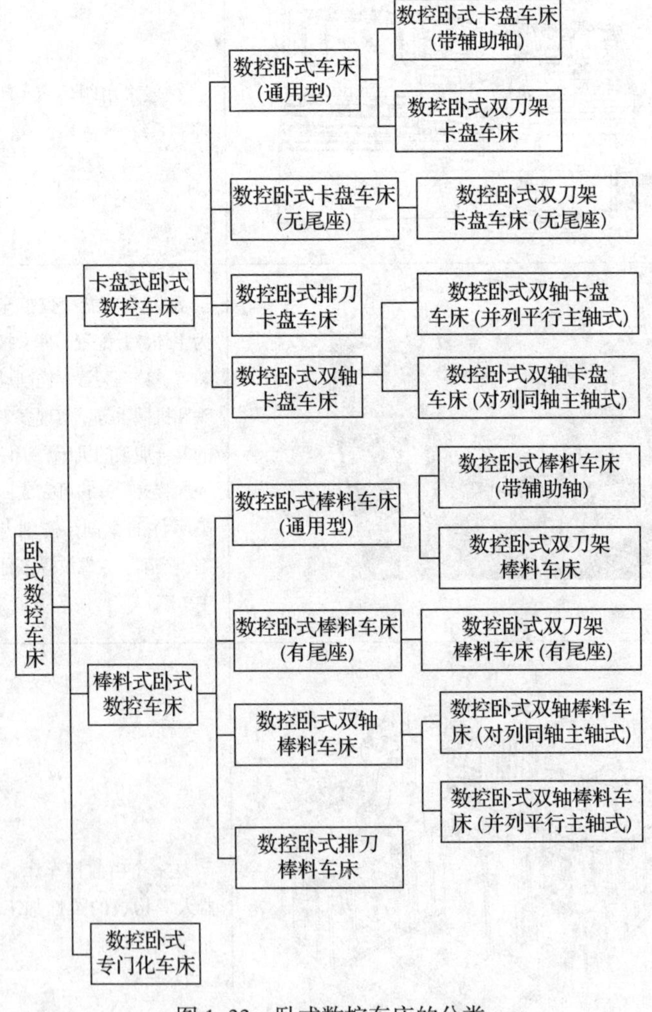

图 1–33　卧式数控车床的分类

1）各种卡盘式卧式数控车床的特点及适用范围见表 1–2。

2）各种棒料式卧式数控车床的特点及适用范围见表 1–3。

表 1–2　　卡盘式卧式数控车床的特点及适用范围

种类	图示	特点及适用范围
数控卧式车床（通用型）	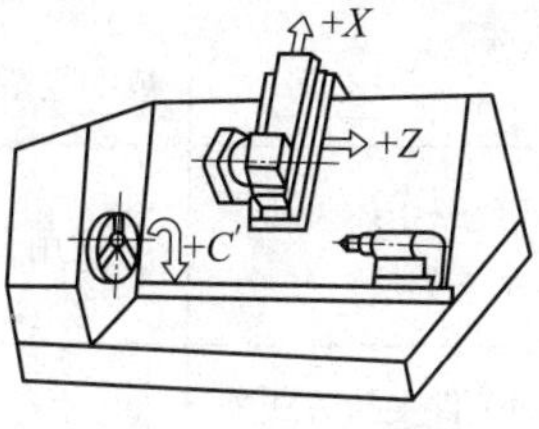	数控卧式车床（通用型）是数控卧式车床的基本类型，适用于各种机械制造业由直线和弧线所构成的回转体零件的单件或成批生产
数控卧式卡盘车床	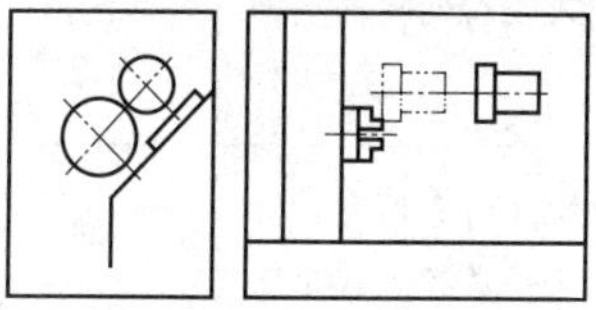	数控卧式卡盘车床是数控卧式车床的基本类型。该车床无尾座，床身导轨较短，适用于盘套类零件的加工。转塔刀架的回转轴线可与主轴轴线平行或垂直
数控卧式排刀卡盘车床	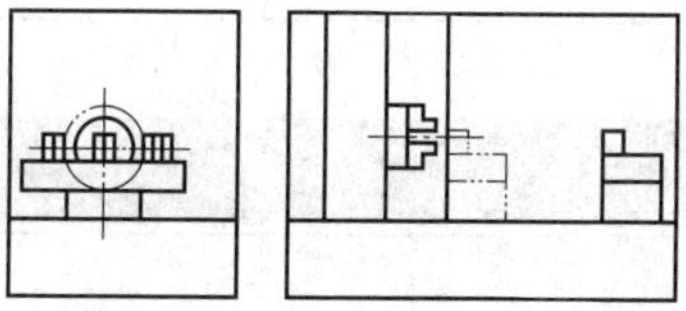	数控卧式排刀卡盘车床是数控卧式车床的基本类型。该车床床身较短，一般无转塔刀架，在长横滑板上布置有多组刀夹，可进行盘类件的加工。小规格数控卧式排刀卡盘车床分为床头移动式和不移动式两种形式
数控卧式双轴卡盘车床	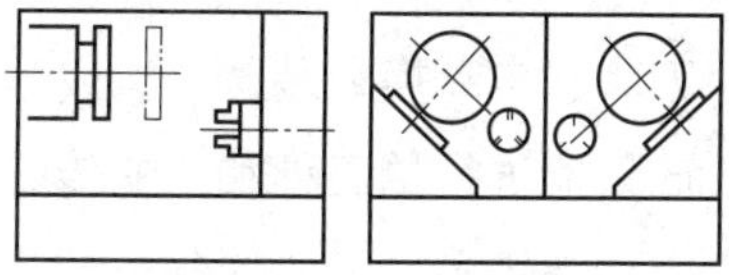 a) 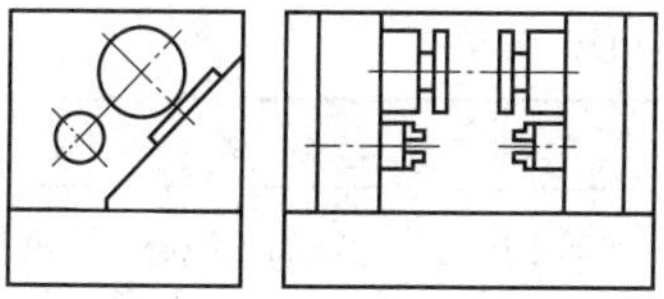 b) a）数控卧式双轴卡盘车床（并列平行主轴式） b）数控卧式双轴卡盘车床（对列同轴主轴式）	数控卧式双轴卡盘车床是数控卧式卡盘车床的基本类型。该车床床身较短，两主轴分别控制或同步控制，主要适用于盘类件的加工。该车床可分为并列平行主轴式和对列同轴主轴式两种形式

3）数控卧式专门化车床。数控卧式专门化车床的形式是以适应用户特定零件加工为目的的数控卧式卡盘车床、数控卧式棒料车床或其他形式的数控卧式车床，现代床头移动的走心机也得到了应用。其性能特征和精度应符合特定零件的加工要求。

表 1–3　棒料式卧式数控车床的特点及适用范围

种类	特点	适用范围
数控卧式棒料车床（通用型）	是数控卧式车床的基本类型。该车床通常具有棒料架、自动送料及夹料装置	适用于中、小规格棒料的批量加工，以及车削各种由直线和弧线所构成的复杂回转体、较短的轴套类零件
数控卧式棒料车床（有尾座）	除有尾座外，其他结构与数控卧式棒料车床（通用型）基本相同。它是数控卧式车床的基本类型	适用于较长的轴套类零件的加工
数控卧式双轴棒料车床	与数控卧式双轴卡盘车床相比，除工件夹持方式外其余均相同。数控卧式双轴棒料车床是数控卧式车床的基本类型。车床床身较短，两主轴可分别控制或同步控制，车床可分为并列平行主轴式或对列同轴主轴式	主要用于轴套类零件的加工
数控卧式排刀棒料车床	与数控卧式排刀卡盘车床相比，除工件夹持方式外其余均相同。数控卧式排刀棒料车床是数控卧式车床的基本类型。小规格数控卧式排刀棒料车床分为床头移动式和不移动式两种形式。车床床身较短，一般无转塔刀架，在长横滑板上布置有多组刀夹	可进行轴套类零件的加工

查一查

镗床、磨床和齿轮加工机床的结构。

2. 加工中心

加工中心是在一般数控机床上加装一个刀库和自动换刀装置，构成一种带自动换刀装置的数控机床。加工中心的出现打破了一台机床只能进行单工种加工的传统概念，达到工件一次装夹后可完成多工序加工的目的。加工中心种类较多，一般的分类方式见表 1–4。

表 1–4　加工中心的分类

分类标准	具体种类
加工范围	车削加工中心、钻削加工中心、镗铣加工中心、磨削加工中心、电火花加工中心等
机床结构	立式加工中心、卧式加工中心、五面加工中心、并联加工中心（虚拟加工中心）
数控系统联动轴数	两坐标加工中心、三坐标加工中心和多坐标加工中心
加工精度	普通加工中心、精密加工中心

（1）立式加工中心

如图 1–34a 所示，立式加工中心的主轴轴线为垂直设置。其结构多为固定立柱式。立式加工中心适用于加工盘类、模具类零件。其结构简单，占地面积小，价格低，配备各种附件后可进行大部分零件的加工。

加工大型的零件时常采用龙门加工中心。如图 1–35 所示，大型龙门加工中心的主轴多为垂直设置，尤其适用于大型或形状复杂的零件，如航空、航天工业及大型汽轮机上零件的加工。其实这是立式加工中心的一种。

（2）卧式加工中心

如图 1–34b 所示，卧式加工中心的主轴轴线为水平设置，分为固定立柱式或固定工作台式。卧式加工中心一般具有 3 ~ 5 个运动坐标轴，它能在工件一次装夹后完成除安装面和顶面以外的其余四个面的加工，最适合加工箱体类工件。

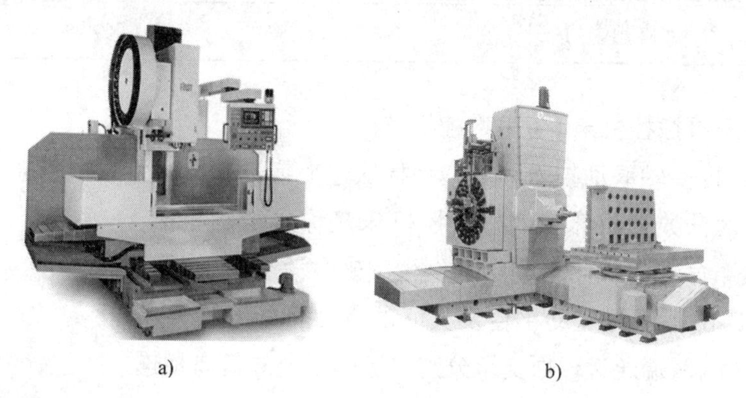

a)　　b)

图 1–34　常见加工中心

a）立式加工中心　b）卧式加工中心

（3）五面加工中心

如图 1–36 所示，五面加工中心兼具立式加工中心和卧式加工中心的功能，工件一次装夹后能完成除安装面外的所有侧面和顶面等五个面的加工。常见的五面加工中心有如图 1–37 所示的两种布局形式，图 1–37a 所示的加工中心主轴可以旋转 90°，可以按照立式加工中心和卧式加工中心两种方式进行切削加工；图 1–37b 所示的加工中心工作台可以带动工件旋转 90°，从而完成除安装面外的五个面的切削加工。

图 1–35　大型龙门加工中心

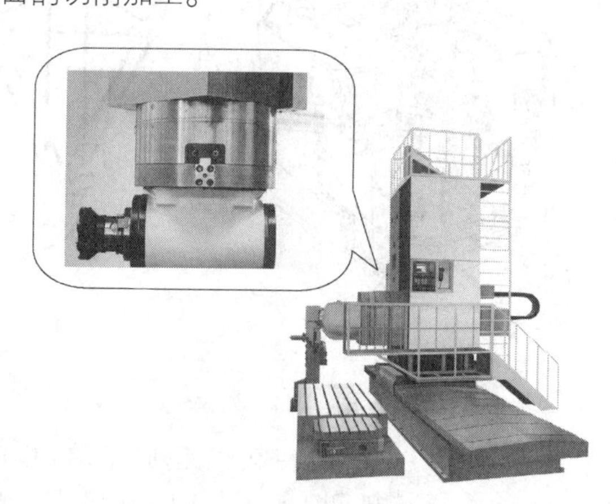

图 1–36　五面加工中心

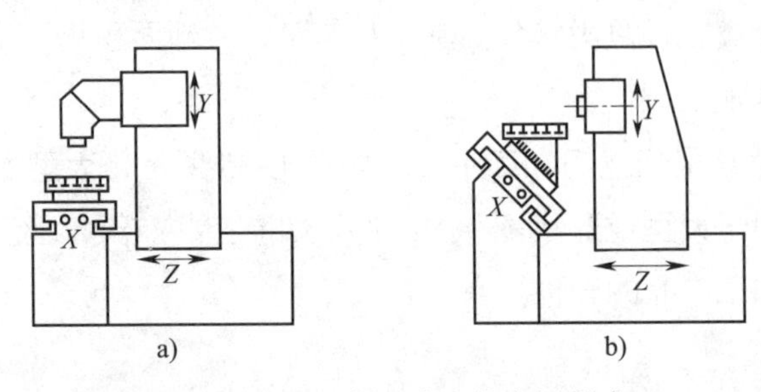

图 1-37　五面加工中心的布局形式

查一查

五面加工中心的应用。

（4）六杆/三杆数控机床（并联数控机床）

在计算机数控多轴联动技术和复杂坐标快速变换运算方法发展的基础上，20 世纪 90 年代初出现了六杆数控机床。六杆数控机床又称虚拟轴机床，是 20 世纪最具革命性的机床运动结构发生突破性改变的典型产品。该数控机床由基座与运动平台及其间的六根可伸缩杆件组成，每根杆件上的两端通过球面支承分别将运动平台与基座相连接，并由伺服电动机和滚珠丝杠按数控指令实现伸缩运动，使运动平台带着主轴部件做任意轨迹的运动。工件固定在基座上，刀具相对于工件做六个自由度的运动，实现所要求的空间加工轨迹。如图 1-38 所示为应用六杆数控技术的并联数控机床，图 1-39 所示为 G 系列六杆加工中心及其主轴结构与加工示意

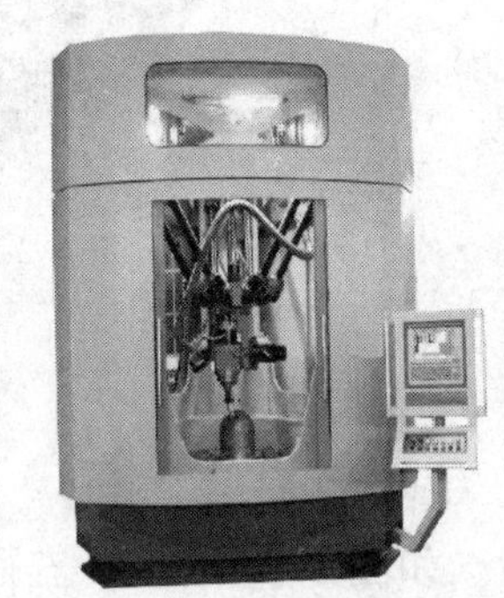

图 1-38　并联数控机床

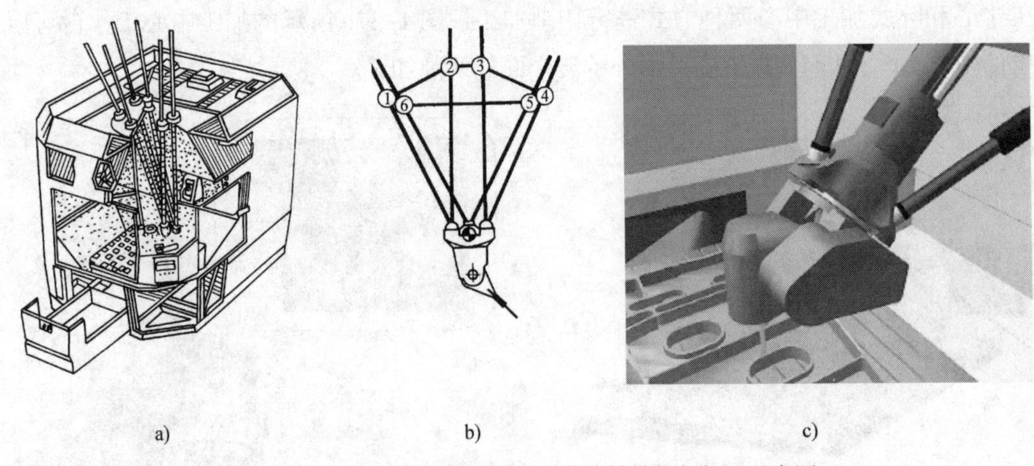

图 1-39　G 系列六杆加工中心及其主轴结构与加工示意图

a）加工中心示意图　b）运动平台与主轴部件示意图　c）主轴加工的三维示意图

图。六杆加工中心的运动平台与主轴部件呈倒置式，基座由框架支承安置在上方，有效地增大了主轴部件的运动空间。如图 1–40 所示为另一种典型的六杆数控机床结构及加工示意图。

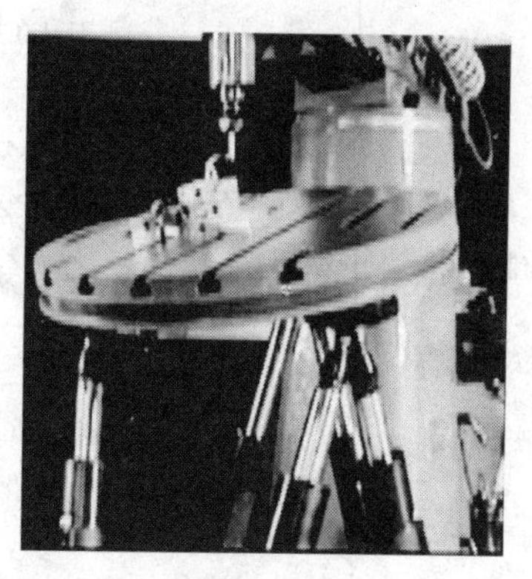

图 1–40　典型的六杆数控机床结构及加工示意图

六杆数控机床既可采用滚珠丝杠驱动，又可采用滚珠螺母驱动。六杆数控机床的关键技术之一是六对球面支承的设计与制造，球面支承将对运动平台的运动精度和定位精度产生直接影响。

查一查

并联加工中心的应用。

二、按加工路线分类

数控机床按照加工路线不同，可以分为点位控制机床、直线控制机床和轮廓控制机床，见表 1–5。

表 1–5　　**数控机床按照加工路线分类**

加工路线	图示与说明	应用范围
点位控制机床	移动时刀具未加工 刀具与工件相对运动时，只控制从一点运动到另一点的准确性，而不考虑两点之间的运动路线和方向	多应用于数控钻床、数控冲床、数控坐标镗床和数控点焊机等

续表

加工路线	图示与说明	应用范围
直线控制机床	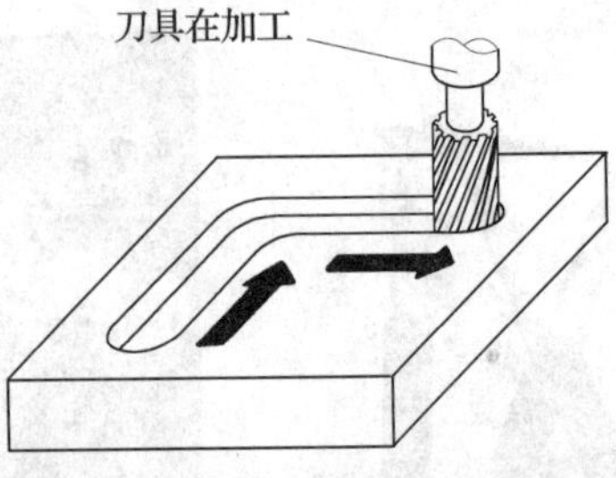 刀具在加工 刀具与工件相对运动时，除实现从起点到终点的准确定位外，还要保证平行于坐标轴的直线切削运动	由于只做平行于坐标轴的直线进给运动（有的可以加工与坐标轴成45°角的直线），因此，不能加工复杂的零件轮廓，多用于简易数控车床、数控铣床、数控磨床等
轮廓控制机床	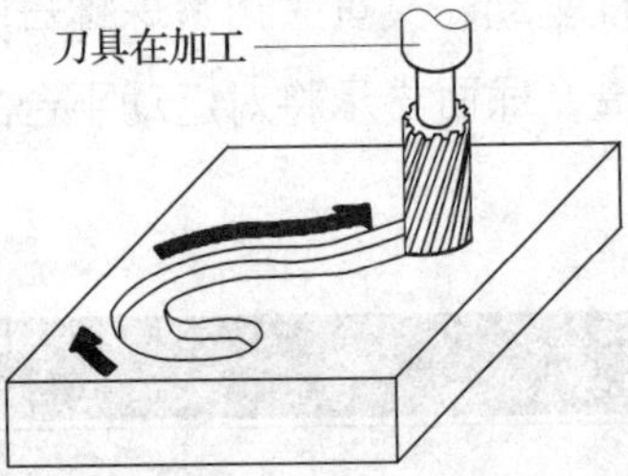 刀具在加工 刀具与工件相对运动时，能对两个或两个以上坐标轴的运动同时进行控制	可以加工平面曲线轮廓或空间曲面轮廓，多用于数控车床、数控铣床、数控磨床、加工中心等

查一查

按加工路线分类时，哪一类数控机床能加工由任意直线组成轮廓的零件？

三、按可控制联动的坐标轴数分类

所谓数控机床可控制联动的坐标轴数，是指数控装置控制几台伺服电动机同时驱动机床移动部件运动的坐标轴数目。如图 1–41 所示为空间平面和曲面的数控加工。

1. 两坐标联动

数控机床能同时控制两个坐标轴联动，即数控装置同时控制 *X* 向和 *Z* 向运动，可用于加工各种曲线轮廓的回转体类零件。或机床本身有 *X*、*Y*、*Z* 三个方向的运动，数控装置中只能同时控制两个坐标轴，实现两个坐标轴联动，但在加工中能实现坐标平面的变换，用于加工如图 1–41a 所示的零件沟槽。

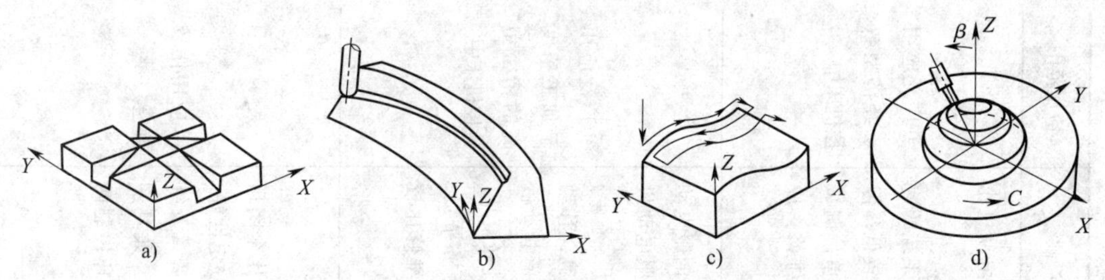

图 1-41　空间平面和曲面的数控加工

a）两坐标联动加工零件沟槽　b）三坐标联动加工曲面

c）两坐标半联动加工曲面　d）五轴联动铣床加工曲面形状零件

2. 三坐标联动

数控机床能同时控制三个坐标轴联动，此时，铣床称为三坐标数控铣床，可用于加工曲面零件，如图 1-41b 所示。

3. 两坐标半联动

数控机床本身有三个坐标轴，能做三个方向的运动，但控制装置只能同时控制两个坐标轴联动，而第三个坐标轴只能做等距周期移动，可加工空间曲面，如图 1-41c 所示。数控装置在 XZ 坐标平面内控制 X 和 Z 两坐标轴联动，加工垂直面内的轮廓表面，控制 Y 坐标轴做等距周期移动，即可加工出零件的空间曲面。

4. 多坐标联动

数控机床能同时控制四个以上坐标轴联动，多坐标数控机床的结构复杂，精度要求高，程序编制复杂，主要应用于加工形状复杂的零件。五轴联动铣床加工曲面形状零件如图 1-41d 所示，六轴联动加工中心如图 1-42 所示。

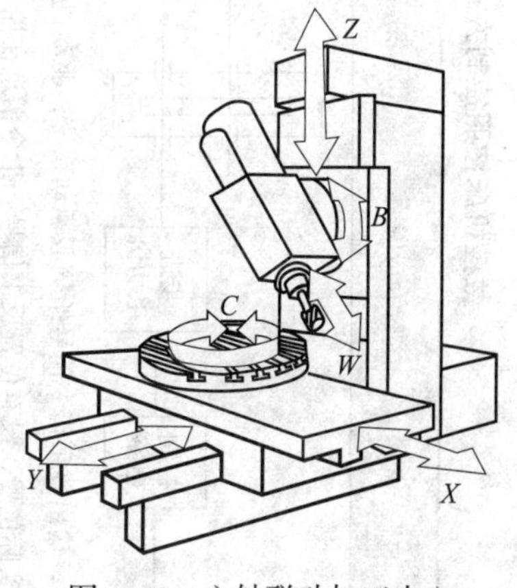

图 1-42　六轴联动加工中心

看一看

身边常用的数控机床是几轴联动的？

四、按控制方式分类

数控机床按照对被控量有无检测及反馈装置可分为开环控制和闭环控制两种。在闭环系统中，根据测量装置安放的部位不同，数控机床又分为全闭环控制和半闭环控制两种。数控机床按照控制方式分类见表 1-6。

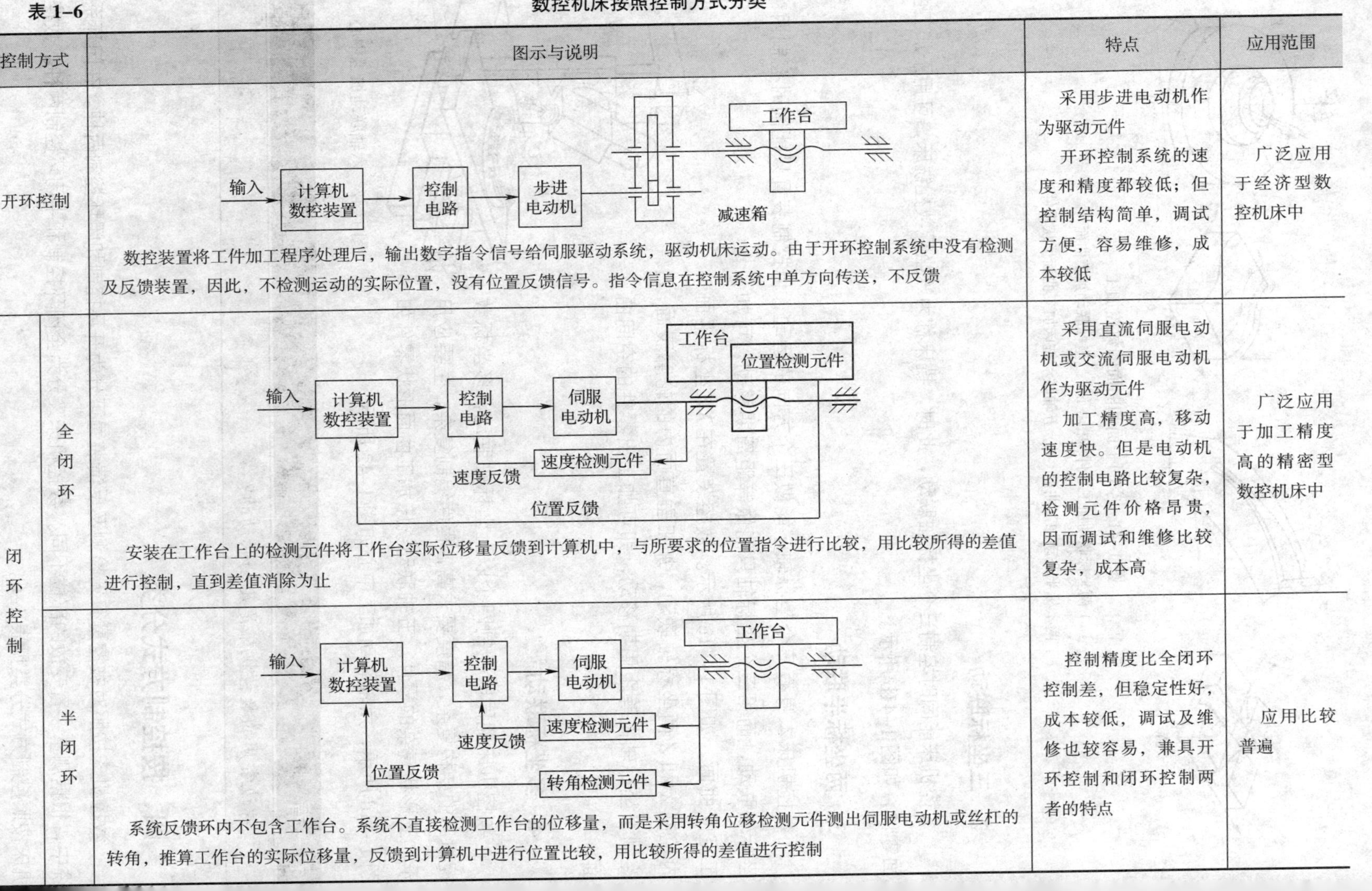

表 1-6 数控机床按照控制方式分类

控制方式		图示与说明	特点	应用范围
开环控制		数控装置将工件加工程序处理后，输出数字指令信号给伺服驱动系统，驱动机床运动。由于开环控制系统中没有检测及反馈装置，因此，不检测运动的实际位置，没有位置反馈信号。指令信息在控制系统中单方向传送，不反馈	采用步进电动机作为驱动元件 开环控制系统的速度和精度都较低；但控制结构简单，调试方便，容易维修，成本较低	广泛应用于经济型数控机床中
闭环控制	全闭环	安装在工作台上的检测元件将工作台实际位移量反馈到计算机中，与所要求的位置指令进行比较，用比较所得的差值进行控制，直到差值消除为止	采用直流伺服电动机或交流伺服电动机作为驱动元件 加工精度高，移动速度快。但是电动机的控制电路比较复杂，检测元件价格昂贵，因而调试和维修比较复杂，成本高	广泛应用于加工精度高的精密型数控机床中
	半闭环	系统反馈环内不包含工作台。系统不直接检测工作台的位移量，而是采用转角位移检测元件测出伺服电动机或丝杠的转角，推算工作台的实际位移量，反馈到计算机中进行位置比较，用比较所得的差值进行控制	控制精度比全闭环控制差，但稳定性好，成本较低，调试及维修也较容易，兼具开环控制和闭环控制两者的特点	应用比较普遍

五、其他分类方式

1. 按加工方式分类

数控机床按照加工方式分类见表 1–7。

表 1–7　数控机床按照加工方式分类

加工方式	图示举例
金属切削类数控机床	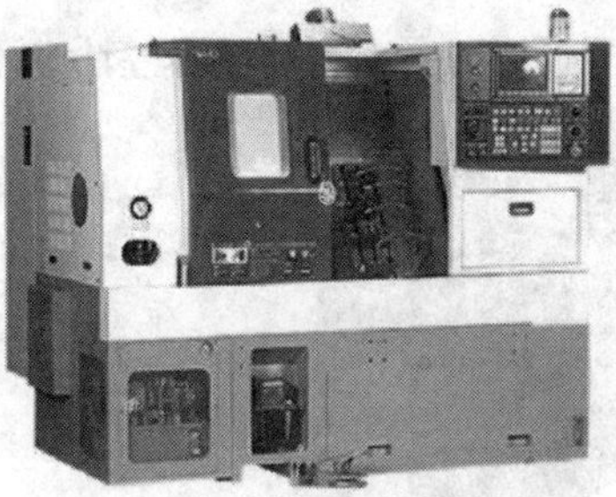 数控车床 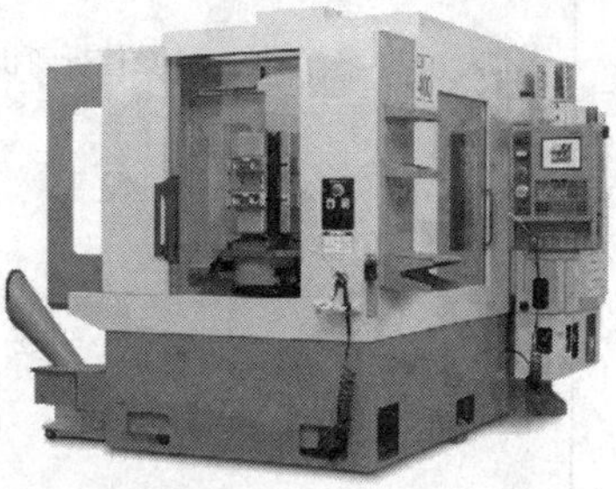　加工中心 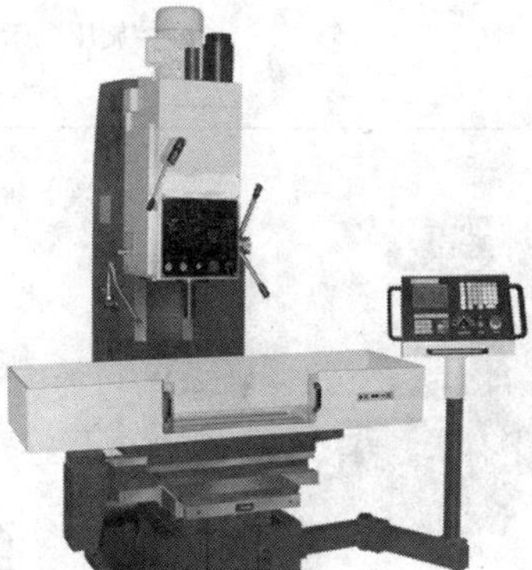　数控钻床 　数控磨床 　数控镗床

续表

加工方式	图示举例
金属成形类数控机床	数控折弯机床 数控全自动弯管机床 数控旋压机床
数控特种加工机床	数控电火花线切割机床 数控电火花成形加工机床 数控激光切割机床

续表

加工方式	图示举例
其他类型数控机床	 数控火焰切割机床

2. 按照功能水平分类

按照功能水平不同，数控机床可分为高档、中档、低档三类。

阅读材料

在我国，对数控机床还有“经济型”的提法，这是一种约定俗成的说法。所谓经济型数控机床，是指由单板机、单片机和步进电动机组成的数控系统以及其他功能简单、价格低廉的数控系统控制的机床。它更多地应用于传统机床或旧机床的改造中，现在已经很少应用了。

思考与练习

1. 试述数控和数控机床的概念。
2. 数控机床由哪几部分组成？各有什么作用？
3. 最早的数控机床于哪年、在哪个国家产生？
4. 按不同的分类方式数控车床可分为哪几种？
5. 按不同的分类方式加工中心可分为哪几种？
6. 试述数控机床的分类方式。
7. 点位控制系统有什么特点？
8. 直线控制数控机床是否可以加工由直线组成的任意轮廓？
9. 开环、闭环和半闭环数控系统在结构形式、精度、成本和影响系统稳定因素方面各有什么特点？

第二章　数控加工工艺基础

第一节　数控加工工艺的制定

一、数控加工工艺的主要内容

1．选择适合在数控机床上加工的零件。

2．分析被加工零件的图样，明确加工内容及技术要求。

3．确定零件的加工方案，制定数控加工工艺路线。如划分工序、安排加工顺序，处理与非数控加工工序的衔接问题等。

4．加工工序的设计。如选取零件的定位基准、确定装夹方案、划分工步、选择刀具和确定切削用量等。

5．数控加工程序的调整。如选取对刀点和换刀点、确定刀具补偿及加工路线等。

其中，起刀点是指数控机床加工中每把刀具进入程序时应该具有的一个明确的起点，即刀具进入程序的起点。如果在一个数控加工程序中要调用多把刀具对工件进行加工，需要使每把刀具都由同一个起点进入程序。那么，在安装各把刀具时，应把各刀的刀位点都安装或校正到同一个空间点上，这个点称为对刀点。

而刀具交换点简称换刀点，是指数控机床使用多把刀具加工时确定的刀具系统交换刀具的坐标点。在数控车床上，换刀点由编程者确定；在加工中心或数控铣床（手工换刀）上，换刀点一般固定于某一点。

二、加工方法的选择

机械零件的结构和形状多种多样，但它们都是由平面、外圆柱面、内圆柱面或曲面、成形面等基本表面所组成的。每一种表面都有多种加工方法，具体选择时应根据零件的加工精度、表面粗糙度、材料、结构和形状、尺寸及生产类型等因素，选用相应的加工方法和加工方案。

1．外圆表面加工方法的选择

外圆表面的主要加工方法是车削和磨削。当要求表面粗糙度值较小时，还要进行光整加工。表 2–1 所列为外圆表面的典型加工方案。可根据加工表面的要求、零件的结构特点以及生产类型、毛坯种类和材料性质、尺寸、几何精度和表面粗糙度要求，并结合现场的设备等条件选用最接近的加工方案。

表 2–1 外圆表面的典型加工方案

加工方案	经济精度等级	表面粗糙度 Ra/μm	适用范围
粗车	IT12 ~ IT11	50 ~ 12.5	适用于淬火钢以外的各种金属
粗车→半精车	IT9	6.3 ~ 3.2	
粗车→半精车→精车	IT8 ~ IT7	1.6 ~ 0.8	
粗车→半精车→精车→滚压（或抛光）	IT7 ~ IT6	0.2 ~ 0.025	
粗车→半精车→磨削	IT7 ~ IT6	0.8 ~ 0.4	主要用于淬火钢，也可用于未淬火钢，但不宜用于加工有色金属
粗车→半精车→粗磨→精磨	IT6 ~ IT5	0.4 ~ 0.1	
粗车→半精车→粗磨→精磨→超精加工（或轮式超精磨）	IT5	0.1 ~ 0.012	
粗车→半精车→粗磨→金刚石车	IT6 ~ IT5	0.4 ~ 0.025	主要用于要求较高的有色金属的加工
粗车→半精车→粗磨→精磨→超精磨或镜面磨	IT5 以上	0.025 ~ 0.006	极高精度的外圆加工
粗车→半精车→粗磨→精磨→研磨	IT5 以上	0.1 ~ 0.006	

2. 内孔表面加工方法的选择

内孔表面加工方法有钻孔、扩孔、铰孔、镗孔、拉孔、磨孔和光整加工。常用的孔加工方案见表 2–2，应根据被加工孔的加工要求、尺寸、具体生产条件、批量及毛坯上有无预制孔等情况合理选用。

表 2–2 常用的孔加工方案

加工方案	经济精度等级	表面粗糙度 Ra/μm	适用范围
钻孔	IT12 ~ IT11	12.5	加工未淬火钢及铸铁的实心毛坯，也可用于加工有色金属，孔径小于 15 mm
钻孔→铰孔	IT9	3.2 ~ 1.6	
钻孔→铰孔→精铰孔	IT8 ~ IT7	1.6 ~ 0.8	
钻孔→扩孔	IT11 ~ IT10	12.5 ~ 6.3	加工未淬火钢及铸铁的实心毛坯，也可用于加工有色金属，孔径大于 15 mm
钻孔→扩孔→铰孔	IT9 ~ IT8	3.2 ~ 1.6	
钻孔→扩孔→粗铰孔→精铰孔	IT7	1.6 ~ 0.8	
钻孔→扩孔→机铰孔→手铰孔	IT7 ~ IT6	0.4 ~ 0.2	
钻孔→扩孔→拉孔	IT9 ~ IT7	1.6 ~ 0.1	大批量生产（精度由拉刀的精度决定）
粗镗孔（或扩孔）	IT12 ~ IT11	12.5 ~ 6.3	除淬火钢外各种材料，毛坯有铸出孔或锻出孔
粗镗孔（粗扩孔）→半精镗孔（精扩孔）	IT9 ~ IT8	3.2 ~ 1.6	
粗镗孔（扩孔）→半精镗孔（精扩孔）→精镗孔（铰孔）	IT8 ~ IT7	1.6 ~ 0.8	
粗镗孔（扩孔）→半精镗孔（精扩孔）→精镗孔（铰孔）→浮动镗刀精镗	IT7 ~ IT6	0.4 ~ 0.2	

续表

加工方案	经济精度等级	表面粗糙度 Ra/μm	适用范围
粗镗孔（扩孔）→半精镗孔→磨孔	IT8 ~ IT7	0.8 ~ 0.2	主要用于淬火钢，也可用于未淬火钢，但不宜用于加工有色金属
粗镗孔（扩孔）→半精镗孔→粗磨→精磨	IT7 ~ IT6	0.2 ~ 0.1	
粗镗孔→半精镗孔→精镗→金刚镗	IT7 ~ IT6	0.2 ~ 0.05	主要用于加工精度要求高的有色金属
钻孔→（扩孔）→粗铰孔→精铰孔→珩磨 钻孔→（扩孔）→拉孔→珩磨 粗镗孔→半精镗孔→精镗→珩磨	IT7 ~ IT6	0.2 ~ 0.025	精度要求很高的孔
以研磨代替上述方案中的珩磨	IT6 以上	0.1 ~ 0.025	

3. 平面加工方法的选择

平面的主要加工方法有铣削、刨削、车削、磨削和拉削等，精度要求高的平面还需要经过研磨或刮削。常见的平面加工方案见表 2–3，其中经济精度等级是指平行平面之间距离尺寸的公差等级。

表 2–3　　常见的平面加工方案

加工方案	经济精度等级	表面粗糙度 Ra/μm	适用范围
粗车→半精车	IT9	6.3 ~ 3.2	适用于工件端面的加工
粗车→半精车→精车	IT8 ~ IT7	1.6 ~ 0.8	
粗车→半精车→磨削	IT7 ~ IT6	0.8 ~ 0.4	
粗刨（或粗铣）→精刨（或精铣）	IT10 ~ IT8	6.3 ~ 1.6	适用于一般不淬硬平面（端铣的表面粗糙度值可较小）的加工
粗刨（或粗铣）→精刨（或精铣）→刮削	IT7 ~ IT6	0.8 ~ 0.1	适用于加工精度要求较高的不淬硬平面，批量较大时宜采用宽刃精刨方案
粗刨（或粗铣）→精刨（或精铣）→宽刃精刨	IT6	0.8 ~ 0.2	
粗刨（或粗铣）→精刨（或精铣）→磨削	IT6	0.8 ~ 0.2	适用于加工精度要求较高的淬硬平面或不淬硬平面
粗刨（或粗铣）→精刨（或精铣）→粗磨→精磨	IT7 ~ IT6	0.4 ~ 0.025	
粗刨→拉削	IT9 ~ IT7	0.8 ~ 0.2	在大量生产中适用于加工较小的不淬硬平面
粗铣→精铣→磨削→研磨	IT5 以上	0.1 ~ 0.006	适用于高精度平面的加工

三、加工阶段的划分

1. 各加工阶段的任务和目的

当零件的加工质量要求较高时，往往不可能用一道工序来满足要求，而要用几道工序逐步达到所要求的加工质量。为保证加工质量和合理地使用设备、人力，通常按工序性质不同，零件的加工过程可分为粗加工、半精加工、精加工和光整加工四个阶段。各加工阶段的主要任务和目的见表 2–4。

表 2–4　各加工阶段的主要任务和目的

阶段	主要任务	目的
粗加工	切除毛坯上大部分多余的金属	使毛坯在形状和尺寸上接近零件成品，提高生产效率
半精加工	使主要表面达到一定的精度，留有一定的精加工余量；并可完成一些次要表面的加工，如扩孔、攻螺纹、铣键槽等	为主要表面的精加工（如精车、精磨等）做好准备
精加工	保证各主要表面达到规定的尺寸精度和表面质量要求	全面保证加工质量
光整加工	对零件上精度和表面质量要求很高（IT6 级以上，表面粗糙度 $Ra \leqslant 0.2\ \mu m$）的表面需进行光整加工	主要目的是提高尺寸精度、减小表面粗糙度值。一般不用于提高位置精度

加工阶段的划分应根据零件的质量要求、结构特点和生产纲领灵活掌握，不应绝对化。加工质量要求不高、工件刚度高、毛坯精度高、加工余量小、生产纲领不大的工件，可不必划分加工阶段。对于刚度高的重型工件，由于装夹及运输很费时，也常在一次装夹下完成全部粗加工和精加工。

对于不划分加工阶段的工件，为减少粗加工中产生的各种变形对加工质量的影响，应在粗加工后松开夹紧机构，停放一段时间，让工件充分变形，然后再用较小的夹紧力重新夹紧工件并进行精加工。

2. 划分加工阶段的意义

（1）保证加工质量

工件在粗加工时，切除的金属层较厚，切削力和夹紧力较大，切削温度也较高，将会引起较大的变形。按加工阶段加工，粗加工造成的加工误差可以通过半精加工和精加工来纠正，从而保证零件的加工质量。

（2）便于及时发现毛坯缺陷

对毛坯的各种缺陷（如铸件的气孔、夹砂和余量不足等）在粗加工后即可发现，便于及时修补或决定是否报废，以免继续加工造成不必要的浪费。

（3）便于安排热处理工序

粗加工后一般要安排去应力热处理，以消除内应力。精加工前，要安排淬火等最终热处理。热处理引起的变形可以通过精加工予以消除。

（4）合理使用设备

粗加工余量大，切削用量大，可采用功率大、刚度高、效率高而精度低的机床。精加工切削力小，对机床破坏小，应采用高精度机床。这样，便发挥了设备的各自特点，既能提高生产效率，又能延长精密设备的使用寿命。

四、工序的划分

1. 工序划分的原则

工序的划分可以采用两种不同的原则，即工序集中和工序分散。

（1）工序集中

工序集中是指每道工序包括尽可能多的加工内容，从而使工序的总数减少。工序集中原则适用于在高效的专用设备和数控机床上加工工件。采用工序集中原则的优点是：提高生产效率；减少工序的数目，缩短工艺路线，简化生产计划和生产组织工作；减少机床数量、操作工人数和占地面积；减少工件装夹次数，不仅保证了各加工表面间的相互位置精度，而且减少了夹具数量和装夹工件的辅助时间。但是，加工设备和工艺装备投资大，调整及维修比较麻烦，生产准备周期较长，不利于转产。

（2）工序分散

工序分散就是将工件的加工分散在较多的工序内进行，每道工序的加工内容很少。工序分散原则适用于结构简单的加工设备和工艺装备。采用工序分散原则的优点是：加工设备和工艺装备操作简单，调整和维修方便，转产容易；有利于选择合理的切削用量，减少机动时间。但是，工艺路线较长，占地面积大，所需设备及工人数多，加工精度受操作人员的技术水平影响大。

2. 工序划分的方法

工序划分主要考虑生产纲领、所用设备及零件本身的结构和技术要求等。大批量生产时，若使用多轴、多刀的高效加工中心，可按工序集中原则组织生产；若在由组合机床组成的自动线上加工，工序一般按分散原则划分。随着现代数控技术的发展，特别是加工中心的应用，工艺路线的安排更多地趋向于工序集中。单件、小批量生产时，通常采用工序集中原则。成批生产时，可按工序集中原则划分，也可按工序分散原则划分，应视具体情况而定。对于结构尺寸和质量都很大的重型零件，应采用工序集中原则，以减少装夹次数和运输量。对于刚度低、精度高的零件，应按工序分散原则划分工序。

（1）数控车削工序的划分方法

在数控车床上加工零件时，一般应按工序集中原则划分工序，在一次装夹下尽可能完成大部分甚至全部表面的加工。根据零件的结构和形状不同，通常选择外圆、端面或内孔装夹，并尽量保证设计基准、工艺基准和编程原点的统一。在批量生产中，常用下列两种方法划分工序：

1）按零件加工表面划分。将位置精度要求较高的表面安排在一次装夹下完成加工，以免多次装夹所产生的安装误差影响位置精度。例如，如图 2–1 所示的轴承内圈，其内孔对小端面的垂直度、滚道和大挡边对内孔回转中心的角度差以及滚道与内孔间的壁厚差均有严格的要求，精加工时划分成两道工序，用两台数控车床完成加工。第一道工序采用图 2–1a 所示的以大端面和大外圆装夹的方案，将滚道、小端面及内孔等安排在一次装夹下车出，很容易保证上述的位置精度。第二道工序采用图 2–1b 所示的以内孔和小端面装夹的方案，车削大外圆和大端面。

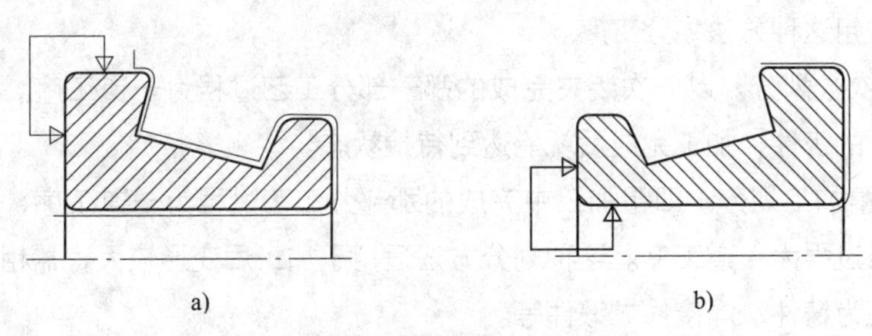

图 2–1　轴承内圈的加工方案

a）以大端面和大外圆装夹　b）以内孔和小端面装夹

2）按粗、精加工划分。对毛坯余量较大和加工精度要求较高的零件，应将粗车和精车分开，划分成两道或更多的工序。将粗车安排在精度较低、功率较大的数控车床上进行，将精车安排在精度较高的数控车床上进行。

例如，加工如图 2–2a 所示的手柄，毛坯为 ϕ32 mm 的棒料，批量生产，用一台数控车床加工，要求划分工序并确定装夹方式。

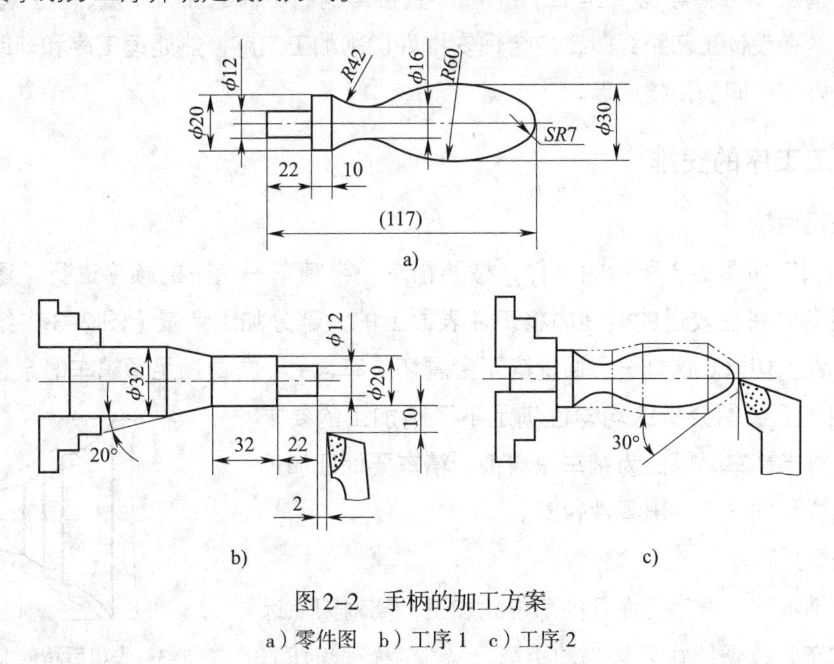

图 2–2　手柄的加工方案

a）零件图　b）工序 1　c）工序 2

工序 1：如图 2-2b 所示，夹住外圆柱面，车 ϕ12 mm 和 ϕ20 mm 的圆柱面→圆锥面（粗车掉 R42 mm 圆弧部分余量）→留出总长余量后切断。

工序 2：如图 2-2c 所示，用 ϕ12 mm 的外圆柱面和 ϕ20 mm 的端面装夹，车 30° 锥面→所有圆弧表面半精车→所有圆弧表面精车成形。

（2）数控铣削加工工序的划分方法

在数控铣床上加工零件时，一般按工序集中原则划分工序，具体划分方法如下：

1）按所用刀具划分。以同一把刀具完成的那一部分工艺过程为一道工序，这种方法适用于工件的待加工表面较多、机床连续工作时间较长、加工程序的编制和检验难度较大等情况。加工中心常用这种方法划分工序。

2）按装夹次数划分。以一次装夹完成的那一部分工艺过程为一道工序。这种方法适用于加工内容不多的工件，加工完成后就能达到待检状态。

3）按粗、精加工划分。即粗加工中完成的那部分工艺过程为一道工序，精加工中完成的那一部分工艺过程为一道工序。这种划分方法适用于加工后变形较大，需粗、精加工分开的零件，如毛坯为铸件、焊接件或锻件等。

4）按加工部位划分。即以完成相同型面的那一部分工艺过程为一道工序，对于加工表面多而复杂的零件，可按其结构特点（如内形、外形、曲面和平面等）划分成多道工序。

五、加工顺序的安排

在选定加工方法、划分工序后，拟定工艺路线的主要内容就是合理安排这些加工方法和加工工序的顺序。零件的加工工序通常包括切削加工工序、热处理工序和辅助工序（包括表面处理、清洗和检验等）。这些工序的顺序直接影响到零件的加工质量、生产效率和加工成本。因此，在设计工艺路线时，应合理安排好切削加工工序、热处理工序和辅助工序的顺序，并解决好工序间的衔接问题。

1. 加工工序的安排

（1）先粗后精

例如，加工如图 2-3 所示的零件，按照粗车→半精车→精车的顺序进行，逐步提高加工精度。粗车时将在较短的时间内将工件表面上的大部分加工余量（图 2-3 中细双点画线所围成的区域）切掉。这样一方面提高了金属切除率，另一方面满足了精车时余量均匀性的要求。若粗车后所留余量的均匀性满足不了精加工的要求时，则要安排半精车，以此为精车做准备。精车要保证加工精度，按图样尺寸一刀切出零件轮廓。

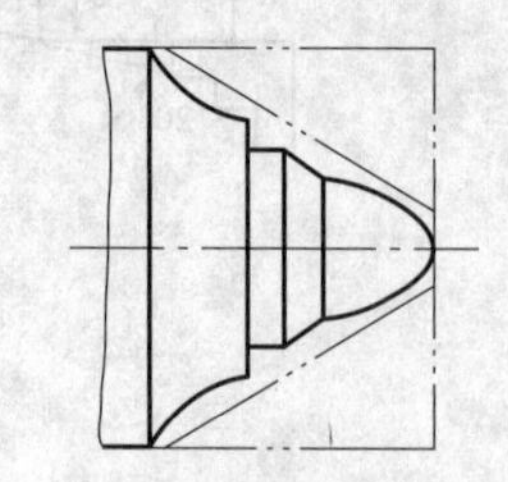

图 2-3 先粗后精的加工工序示例

（2）先近后远

在一般情况下，离对刀点近的部位先加工，离对刀点远的部位后加工，以便缩短刀具移动距离，减少空行程时间。

对于车削而言，先近后远还有利于保持坯料或半成品的刚度，改善其切削条件。

例如，加工如图 2–4 所示的零件，当第一刀背吃刀量未超限时，应该按 $\phi34_{-0.1}^{\ 0}$ mm 轴段→ $\phi36_{-0.1}^{\ 0}$ mm 轴段→ $\phi38_{-0.1}^{\ 0}$ mm 轴段的次序，先近后远地安排车削顺序。

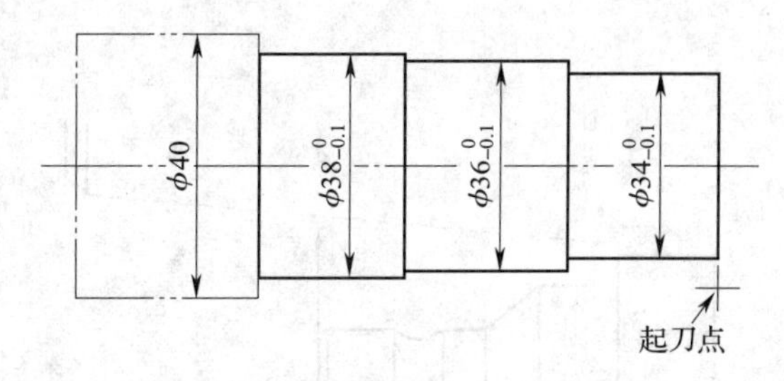

图 2–4　先近后远的加工工序示例

（3）内外交叉原则

对于既有内表面（内型腔）又有外表面需要加工的零件，安排加工顺序时，应先进行内、外表面的粗加工，后进行内、外表面的精加工。切不可将零件上一部分表面（外表面或内表面）加工完毕再加工其他表面（内表面或外表面）。

（4）基面先行原则

应优先加工用做精基准的表面。这是因为定位基准的表面越精确，装夹误差就越小。例如，加工轴类零件时，通常先加工中心孔，再以中心孔为精基准加工外圆表面和端面。

（5）先主后次原则

应先加工零件的主要工作表面、装配基面，从而及早发现毛坯中主要表面可能出现的缺陷。次要表面的加工可穿插进行，放在主要加工表面加工到一定程度后、最终精加工之前进行。

（6）先面后孔原则

箱体、支架类零件的平面轮廓尺寸较大，一般先加工平面，再加工孔和其他尺寸。这样安排加工顺序，一方面用加工过的平面定位时稳定、可靠；另一方面，在加工过的平面上加工孔较容易，并能提高孔的加工精度，特别是钻孔时可以使孔的轴线不易偏斜。

2. 退刀路线的确定

在数控机床加工过程中，刀具从起始点（或换刀点）运动起，直至返回该点并结束加工程序所经过的路径，包括切削加工的路径（加工路线）及刀具引入（进刀路线）、切出（退刀路线）等非切削空行程，称为进给路线。为了提高加工效率，刀具从起始点（或换刀点）运动到接近工件部位及加工完成后退回起始点（或换刀点）时，都是以快速运动方式运动的。确定数控机床系统的退刀路线时，原则上首先要考虑安全性，即在退刀过程中不能与工件发生碰撞；其次要考虑使退刀路线最短。其中，安全是首要原则。

根据刀具加工零件部位的不同，退刀路线的确定方式也不同。数控机床系统提供了以下三种退刀方式：

（1）斜线退刀方式

斜线退刀方式路线最短，适用于加工外圆表面的偏刀退刀，如图 2–5 所示。

（2）车槽刀退刀方式

车槽刀退刀方式是指刀具先径向垂直退刀，到达指定位置时再轴向退刀，如图 2–6 所示。车槽时即采用这种退刀方法。

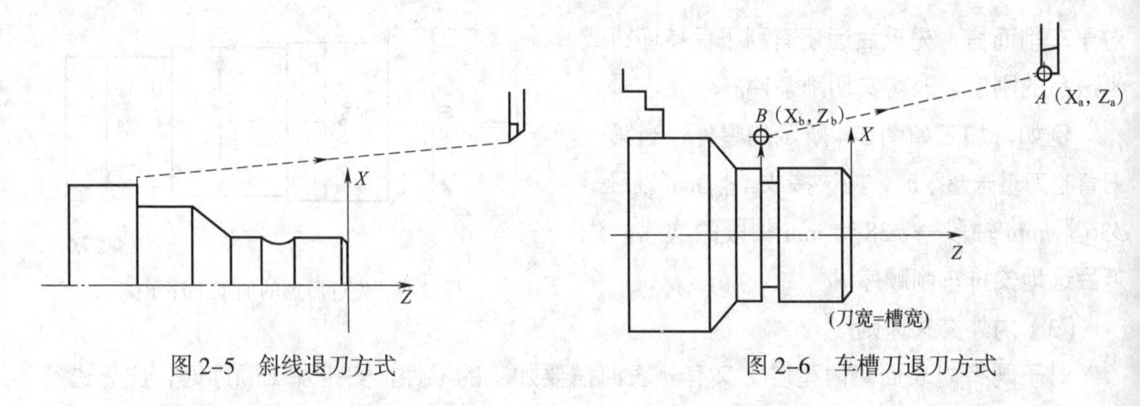

图 2–5　斜线退刀方式　　　　图 2–6　车槽刀退刀方式

（3）内孔车刀退刀方式

内孔车刀退刀方式与车槽刀退刀方式恰好相反，即先轴向退刀，到达指定位置时再径向退刀，粗车孔时即采用这种退刀方式。精车孔时通常先径向退刀，然后轴向退刀至孔外，再沿斜线退刀，如图 2–7 所示。

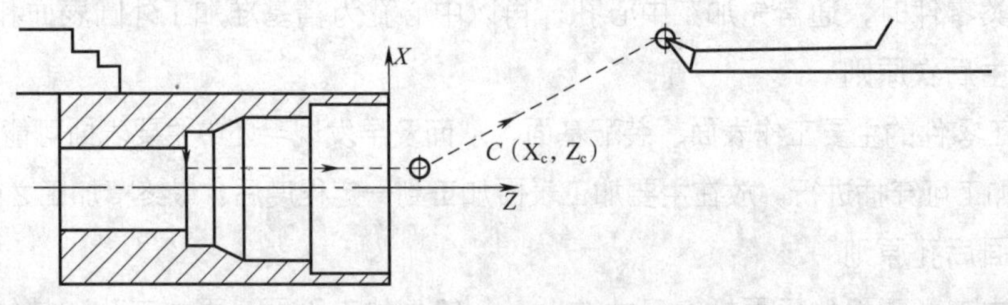

图 2–7　内孔车刀精车孔退刀方式

想一想

以上介绍的退刀路线基本上是以数控车削加工作为实例的。那么，在数控铣削加工时退刀路线怎样确定？

3. 热处理工序的安排

为提高材料的力学性能，改善材料的切削加工性能，消除工件的内应力，在工艺过程中要适当安排一些热处理工序。热处理工序在工艺路线中的安排主要取决于零件的材料和热处理的目的。

（1）预备热处理

预备热处理的目的是改善材料的切削加工性能，消除毛坯制造时的残余应力，改善组织。其工序位置多在机械加工之前，常用的有退火、正火等。

（2）消除残余应力热处理

由于毛坯在制造和机械加工过程中产生的内应力会引起工件变形，影响加工质量，因此，要安排消除残余应力热处理。消除残余应力热处理最好安排在粗加工之后、精加工之前。

对精度要求不高的零件，一般将消除残余应力的人工时效和退火安排在毛坯进入机加工车间之前进行。对精度要求较高的复杂铸件，在机加工过程中通常安排两次时效处理，其工艺路线为：铸造→粗加工→时效→半精加工→时效→精加工。对高精度零件，如精密丝杠、精密主轴等，应安排多次消除残余应力热处理，甚至采用冷处理以稳定尺寸。

（3）最终热处理

最终热处理的目的是提高零件的强度、表面硬度和耐磨性，常安排在精加工工序（磨削）之前。常用的有淬火、渗碳、渗氮和碳氮共渗等。

4. 辅助工序的安排

辅助工序主要包括检验、清洗、去毛刺、去磁、倒钝锐边、涂防锈油和平衡等。其中，检验工序是主要的辅助工序，是保证产品质量的主要措施之一。一般情况下，检验工序安排在粗加工全部结束后及精加工之前、重要工序之后、工件在不同车间之间转移前后和工件全部加工结束后。

5. 数控加工工序与普通工序的衔接

数控加工工序前后一般都穿插有其他普通工序，如果衔接不好就容易产生矛盾。因此，要解决好数控加工工序与非数控加工工序之间的衔接问题，最好的办法是建立相互状态的要求，例如，是否要为后道工序留加工余量，留多少加工余量；定位面与孔的精度要求及几何公差等。其目的是确保相互能满足加工需要，且质量目标与技术要求明确，交接验收有依据。关于手续问题，如果是在同一个车间，可由编程人员与主管该零件的工艺员协商确定，在制定工序工艺文件中互审会签，共同负责；如果不在同一个车间，则应用交接状态表进行规定，共同会签，然后反映在工艺规程中。

第二节　工件在数控机床上的定位与装夹

一、工件在数控机床上的定位

使工件在机床上或夹具中占有正确位置的过程称为定位。

在工件的机械加工工艺过程中，合理地选择定位基准对保证工件的尺寸精度和相互位置精度起着重要的作用。定位基准分为粗基准和精基准两种。毛坯在开始加工时，都是以未经加工的表面定位的，这种基准面称为粗基准；用已加工后的表面作为定位基准面称为精基准。

1. 粗基准的选择

选择粗基准时必须达到两个基本要求，一是应保证所有加工表面都有足够的加工余量；二是应保证工件加工表面和不加工表面之间具有一定的位置精度。粗基准的选择原则如下：

（1）相互位置要求原则

选取与加工表面相互位置精度要求较高的不加工表面作为粗基准，以保证不加工表面与加工表面的位置要求。加工如图 2–8 所示的套筒时，以不加工的外圆表面 1 作为粗基准，不仅可以保证内孔表面 2 加工后壁厚均匀，而且还可以在一次装夹中加工出大部分要加工的表面。

由于手轮在铸造时有一定的几何误差，因此，第一次装夹车削时应选择手轮内缘的不加工表面作为粗基准，加工后就能保证轮缘厚度 a 基本相等，如图 2–9a 所示。如果选择手轮外圆（加工表面）作为粗基准，加工后因铸造误差不能消除，使轮缘厚薄明显不一致，如图 2–9b 所示。即在车削前应该找正手轮内缘，或用三爪自定心卡盘反撑在手轮的内缘上进行车削。

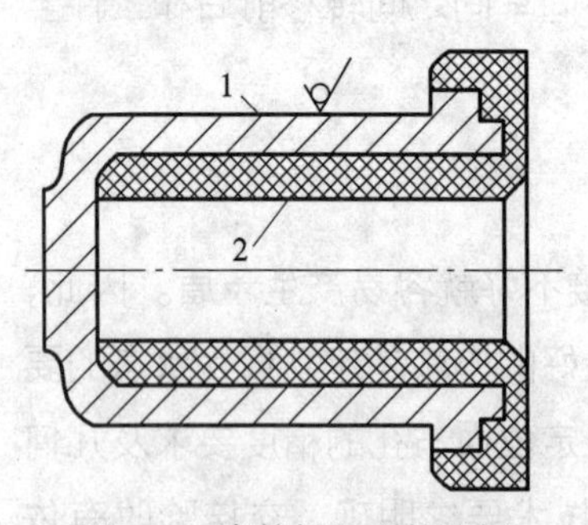

图 2–8　套筒粗基准的选择

1—外圆表面　2—内孔表面

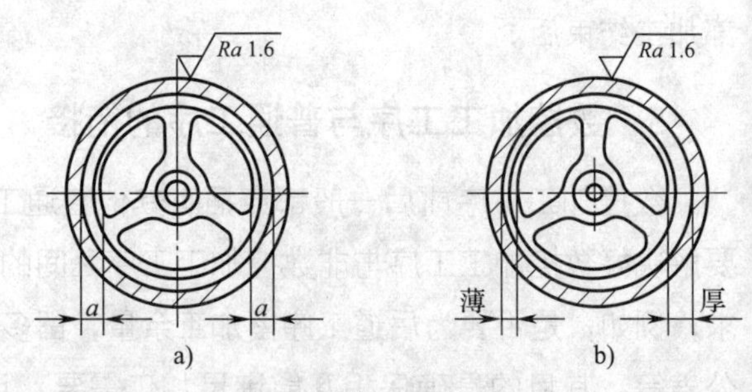

图 2–9　手轮粗基准的选择

a）正确　b）不正确

（2）加工余量合理分配原则

以余量最小的表面作为粗基准，以保证各加工表面有足够的加工余量。如图 2–10 所示，台阶轴毛坯的大端和小端外圆有 5 mm 的偏心量，应以余量较小的 ϕ58 mm 外圆表面作为粗基准。如果选 ϕ114 mm 的外圆作为粗基准加工 ϕ58 mm 毛坯外圆，则无法加工出 ϕ50 mm 的外圆。

（3）重要表面原则

为保证重要表面的加工余量均匀，应选择重要加工面作为粗基准。加工如图 2–11 所示的床身导轨时，为了保证导轨面的金相组织均匀、一致并且有较高的耐磨性，应使其加工余量小而均匀。因此，应先选择导轨面为粗基准，加工与床腿的连接面，如图 2–11a 所示；然后，再以连接面为精基准加工导轨面，如图 2–11b 所示。这样才能保证加工导轨面时被切去的金属层尽可能薄而且均匀。

（4）不重复使用原则

粗基准未经加工，表面比较粗糙且精度低，二次装夹时，它在机床上（或夹具中）的实际位置可能与第一次装夹时不一样，从而产生定位误差，导致相应加工表面出现较大的位置

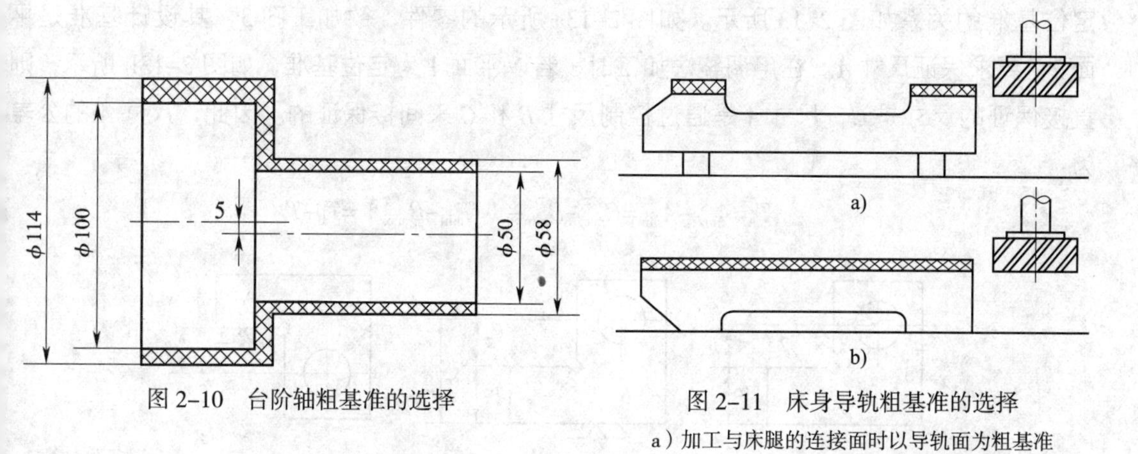

图 2–10　台阶轴粗基准的选择

图 2–11　床身导轨粗基准的选择

a）加工与床腿的连接面时以导轨面为粗基准

b）加工导轨面时以连接面为精基准

误差。因此，粗基准一般不应重复使用。如图 2–12 所示的零件，若在加工端面 *A*、内孔 *C* 和钻孔 *D* 时均使用未经加工的 *B* 表面定位，则钻孔的位置精度就会相对于内孔和端面产生偏差。当然，若毛坯制造精度较高而工件加工精度要求不高时，则粗基准也可以重复使用。

（5）便于工件装夹原则

作为粗基准的表面，应尽量平整、光滑，没有飞翅、冒口、浇口或其他缺陷，以便于使工件定位准确，夹紧可靠。

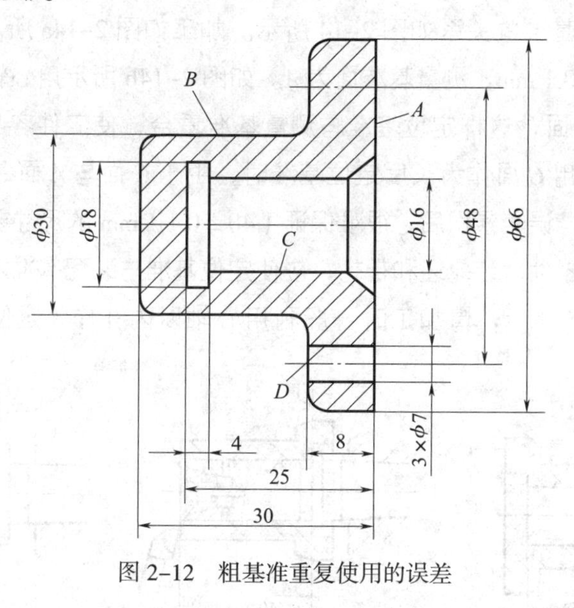

图 2–12　粗基准重复使用的误差

2. 精基准的选择

（1）基准重合原则

直接选择加工表面的设计基准作为定位基准称为基准重合原则。采用基准重合原则可以避免由定位基准与设计基准不重合而引起的定位误差（基准不重合误差）。设计基准与定位基准的关系如图 2–13 所示。如图 2–13a 所示的零件，欲加工孔 3，其设计基准是平面 2，要求保证尺寸 A。在用调整法加工时，若以平面 1 为定位基准，如图 2–13b 所示，则直接保证的尺寸是 C，尺寸 A 是通过控制尺寸 B 和 C 来间接保证的。因此，尺寸 A 的公差为：

$$T_A=A_{max}-A_{min}=C_{max}-B_{min}-(C_{min}-B_{max})=T_B+T_C$$

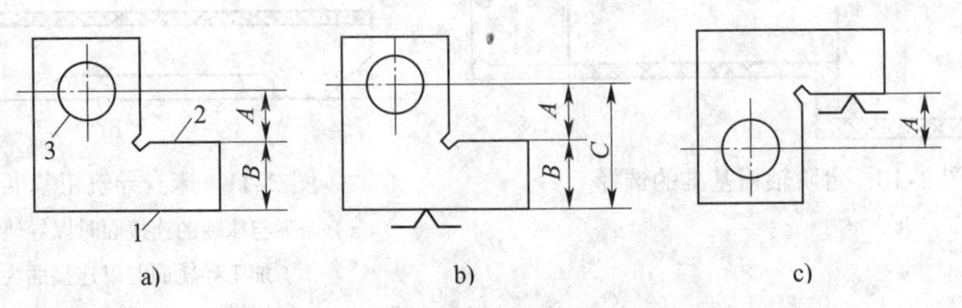

图 2–13　设计基准与定位基准的关系

由此可以看出，尺寸 A 的加工误差中增加了一个从定位基准（平面 1）到设计基准（平面 2）之间尺寸 B 的误差，这个误差就是基准不重合误差。由于基准不重合误差的存在，只有提高本道工序尺寸 C 的加工精度，才能保证尺寸 A 的精度；当本道工序尺寸 C 的加工精度不能满足要求时，还需提高前道工序尺寸 B 的加工精度，增大了加工的难度。若按图 2–13c 所示用平面 2 定位，则符合基准重合原则，可以直接保证尺寸 A 的精度。

定位基准与测量基准的关系如图 2–14 所示。加工如图 2–14a 所示的套类零件，A 和 B 之间的长度公差为 ±0.1 mm，测量基准面为 A。如图 2–14b 所示用心轴装夹进行加工时，因为轴向定位基准是 A 面，这样定位基准与测量基准重合，使工件容易达到长度公差要求。如果按图 2–14c 所示用 C 面作为长度定位基准时，由于 C 面与 A 面之间也有一定误差，这样就产生了间接误差，误差累积后，很难保证（40±0.1）mm 的尺寸要求。

对于一般的套类零件、齿轮坯和带轮，应使定位基准与装配基准重合，以保证达到装配精度要求，如图 2–15 所示，精加工时一般利用心轴以内孔作为定位基准来加工外圆及其

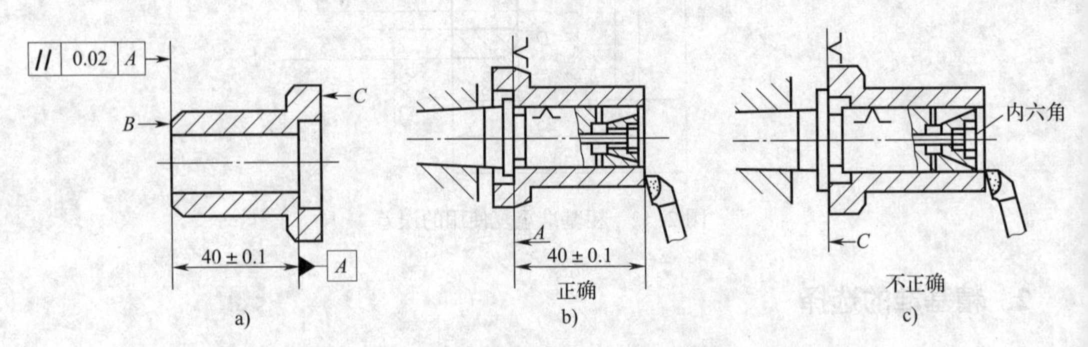

图 2–14　定位基准与测量基准的关系

a）工件　b）直接定位　c）间接定位

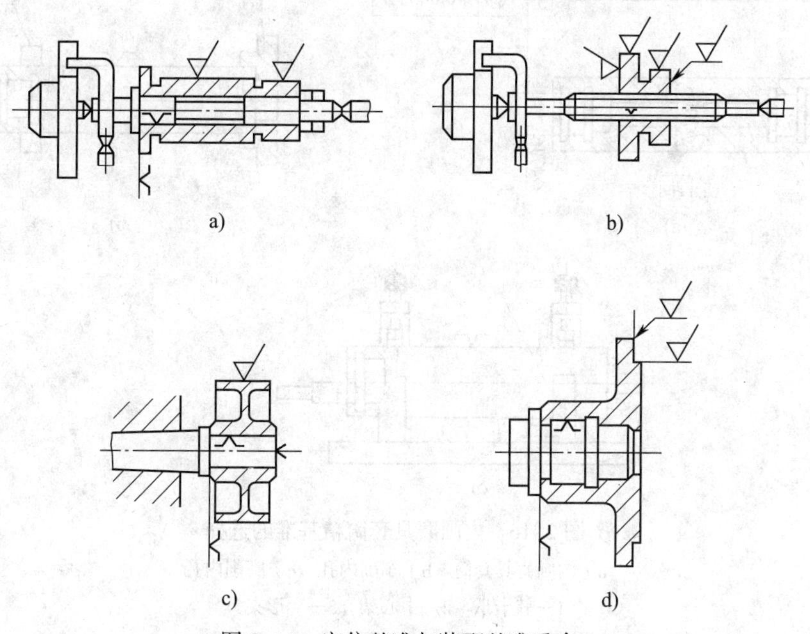

图 2–15 定位基准与装配基准重合

a）套类零件 b）齿轮坯 c）带轮 d）法兰盘

他表面。在车床上配车三爪自定心卡盘的法兰时，如图 2–15d 所示，一般先车好内孔和螺纹，然后把它安装在主轴上再车削用于安装三爪自定心卡盘的凸肩和端面。这种加工方法的定位基准与装配基准重合，使装配精度容易达到满意的效果。

应用基准重合原则时，要具体情况具体分析。定位过程中产生的基准不重合误差是在用夹具装夹及采用调整法加工一批工件时产生的。若用试切法加工，设计要求的尺寸一般可直接测量，不存在基准不重合误差的问题。在带有自动测量功能的数控机床上加工时，可在工艺中安排坐标系检测工步，即每个零件加工前由 CNC 系统自动控制测量头检测设计基准，并自动计算、修正坐标值，消除基准不重合误差。因此，不必遵循基准重合原则。

（2）基准统一原则

同一零件的多道工序尽可能选择同一个定位基准称为基准统一原则。这样既可保证各加工表面间的相互位置精度，避免或减少因基准转换而引起的误差，又简化了夹具的设计与制造工作，降低了成本，缩短了生产准备周期。

如图 2–16a 所示的内圆磨具套筒的外圆长度较长，形状复杂，在车削和磨削内孔时，应以外圆作为定位精基准。

车削内孔和内螺纹时，应一端用软卡爪夹住，以外圆作为精基准，如图 2–16b 所示。磨削两端内孔时，把工件装夹在 V 形夹具中，同样以外圆作为精基准，如图 2–16c 所示。

基准重合和基准统一原则是选择精基准的两个重要原则。但是，实际生产中有时会遇到两者相互矛盾的情况。此时，若采用统一的定位基准能够保证加工表面的尺寸精度，则应遵

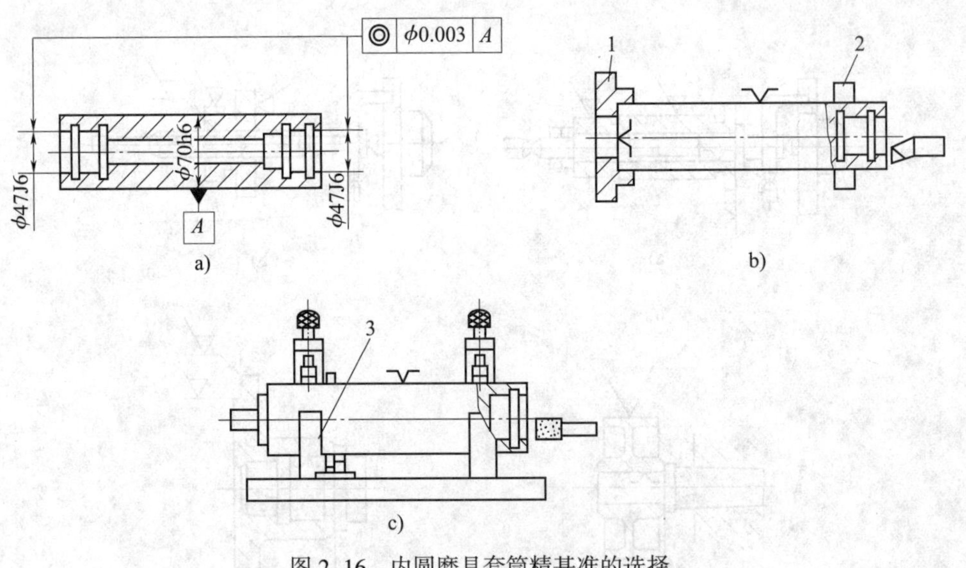

图 2–16　内圆磨具套筒精基准的选择

a）内圆磨具套筒　b）车削内孔　c）磨削内孔

1—软卡爪　2—中心架　3—V 形夹具

循基准统一原则；若不能保证尺寸精度，则应遵循基准重合原则，以免使工序尺寸的实际公差值减小，增大加工难度。

（3）自为基准原则

对于研磨、铰孔等精加工或光整加工工序要求加工余量小而均匀，常选择加工表面本身作为定位基准，称为自为基准原则。采用自为基准原则时，只能提高加工表面本身的尺寸精度、形状精度，而不能提高加工表面的位置精度，加工表面的位置精度应由前道工序保证。

（4）互为基准原则

为了使各加工表面之间具有较高的位置精度，或为了使加工表面具有均匀的加工余量，可采取两个加工表面互为基准反复加工的方法，称为互为基准原则。

（5）便于装夹原则

所选精基准应能保证工件定位准确、稳定，装夹方便、可靠，夹具结构简单、适用，操作方便、灵活。同时，定位基准应有足够大的接触面积，以承受较大的切削力。

3. 辅助基准的选择

辅助基准是为了便于装夹或易于实现基准统一而人为制成的一种定位基准。如轴类零件加工中所用的两个中心孔，它不是零件的工作表面，只是出于工艺上的需要才加工出来的。如图 2–17 所示的零件，为便于装夹，毛坯上专门铸出工艺搭子，这也是典型的辅助基准，加工完毕应将其从零件上切除。

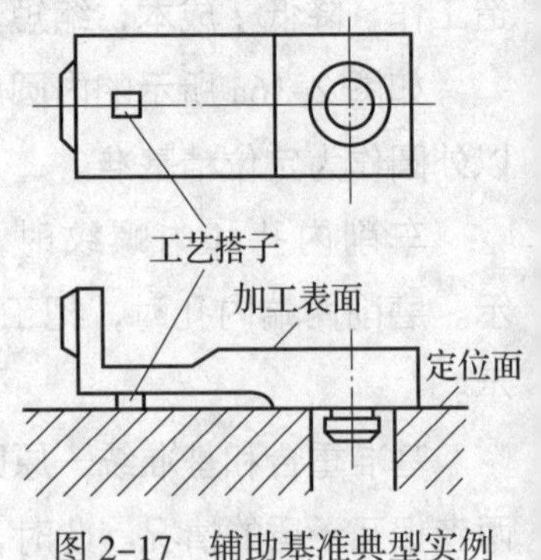

图 2–17　辅助基准典型实例

查一查

除以上所介绍的实例外，还有哪些应用辅助基准的零件加工实例？

二、定位元件及其应用

工件的定位是通过工件上的定位基准面和夹具上定位元件工作表面之间的配合或接触实现的，一般应根据工件上定位基准面的形状选择相应的定位元件。

1. 平面定位元件

用于平面定位的定位元件有多种形式，其中最常用的平面定位元件大致有固定支承、自位支承、可调支承和辅助支承。

（1）固定支承

固定支承有支承钉和支承板两种形式。

1）支承钉。支承钉是基本定位元件，可以用它直接体现定位点，其结构尺寸已标准化。现执行的是机械行业标准《机床夹具零件及部件　支承钉》（JB/T 8029.2—1999）。如图 2–18 所示为三种常用支承钉的结构。图中 A 型支承钉为平头支承钉，用于工件已加工表面的定位。B 型支承钉为球头支承钉，用于工件毛坯表面的定位，由于毛坯表面质量不稳定，为求得较稳固的点接触，故采用球面支承。C 型支承钉采用齿纹头结构，它的应用特点主要是能在负荷力作用下与工件表面形成弹性变形接触，产生一定的啮合力，从而增大与工件表面的摩擦，增加定位稳定性，一般用于工件侧面定位或倾斜状态下的定位；使用中，齿纹头结构也易于损伤工件表面，所以，C 型支承钉多用于还需进行精加工的工件表面定位。

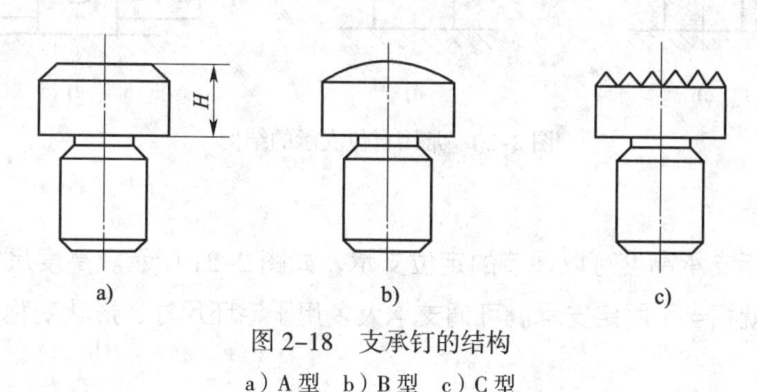

图 2–18　支承钉的结构

a）A 型　b）B 型　c）C 型

2）支承板。工件上幅面较大或跨度较大的大型精加工平面常用来作为第一定位基准，为使工件装夹稳固、可靠，夹具上的定位元件多采用支承板来体现定位平面。如图 2–19 所示为两种常用支承板的结构，参见机械行业标准《机床夹具零件及部件　支承板》（JB/T 8029.1—1999）。A 型支承板多用于工件的侧面、顶面及不易存屑的方向上定位。B 型支承板有利于清屑，使切屑难以进入定位表面。

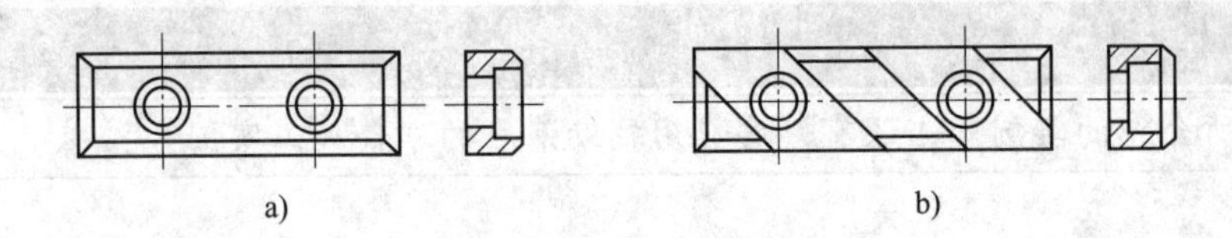

图 2–19　支承板的结构

a）A 型　b）B 型

（2）自位支承

自位支承（又称浮动支承）是指根据工件表面实际情况自动调整支承方向和接触部位的浮动支承。如图 2–20 所示为几种常用自位支承的结构。无论使用哪种形式的自位支承，其作用相当于一个固定支承，即它只在该部位限制一个移动自由度，主要目的是提高工件的刚度和稳定性，用于毛坯面定位或刚度不足的场合。

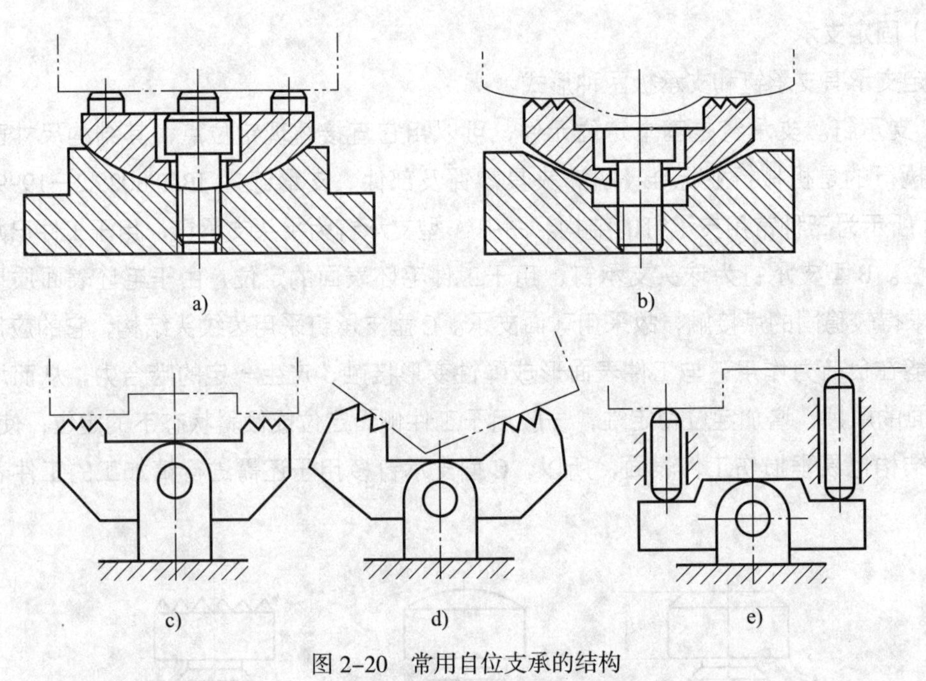

图 2–20　常用自位支承的结构

（3）可调支承

可调支承是指支承高度可以调节的定位支承，如图 2–21 所示。高度尺寸调好以后，用锁紧螺母固定，就相当于固定支承。可调支承大多用于毛坯尺寸、形状变化较大的场合以及粗加工时的定位。

（4）辅助支承

为提高工件的装夹刚度及稳定性，防止工件的切削振动及变形，或者为工件的预定位而设置的非正式定位支承称为辅助支承，辅助支承不起定位作用。

如图 2–22a 所示的工件需铣削顶面，为防止工件左端在切削力作用下产生变形和铣削振动，在工件左端悬伸部位下设置辅助支承来提高工件的装夹稳定性和刚度。

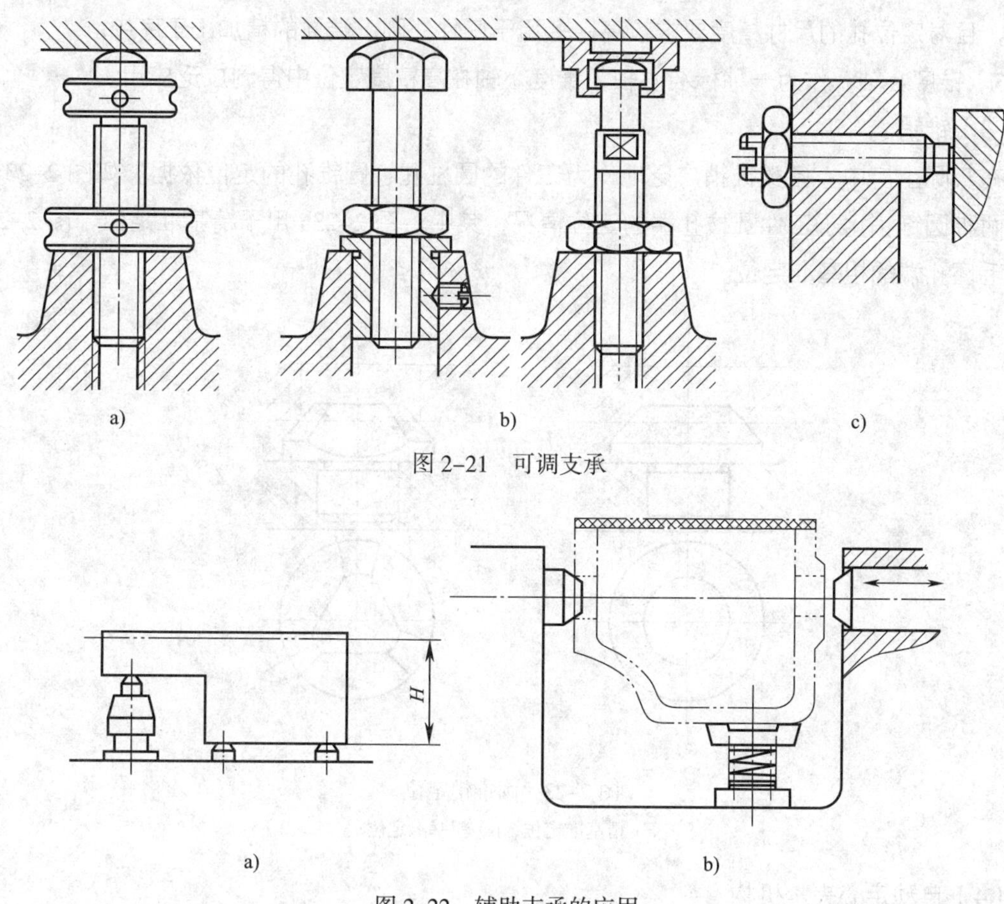

图 2-21　可调支承

图 2-22　辅助支承的应用

a）铣削工件的顶面　b）铣削变速箱壳体的顶面

如图 2-22b 所示为较沉重的变速箱壳体需铣削顶面，在箱体底部设置一处辅助支承，既为工件提供了预定位位置，又方便操作工人装夹工件，同时可起到提高装夹刚度的作用。

2. 孔类定位元件

工件以圆孔定位时，夹具上为工件的各类孔所提供的常用定位元件主要有各类定位销、定位心轴、锥销以及自动定心夹紧机构四类。

（1）定位销

定位销分为短销和长销两种。短销只能限制两个移动自由度，而长销除限制两个移动自由度外，还可以限制两个转动自由度。

（2）定位心轴

定位心轴常被应用于车床、磨床、铣床上装夹内孔尺寸较大的套筒类、盘类工件，主要包括间隙配合心轴、过盈配合心轴及锥度心轴。

1）间隙配合心轴。其应用特点是工件装夹迅速、方便，但定位精度较低。

2）过盈配合心轴。其应用特点为定位精度高，但工件装拆不方便。另外，切削力不宜过大，且对定位孔的尺寸精度要求较高，多用于工件外圆、端面的精加工工序中。

3）锥度心轴。作为一种标准心轴，锥度心轴在高精度定位中得到广泛应用。

（3）锥销

在实际生产中，各类锥销广泛地作为工件的圆柱孔、圆锥孔的定位依据。如图 2-23 所示为两种圆锥销用于工件圆柱孔端的定位情况，其中，图 2-23a 用于精基准定位，图 2-23b 用于毛坯孔端的粗基准定位。

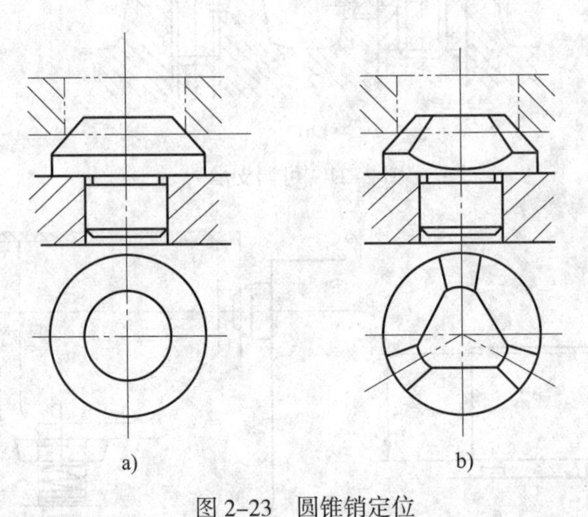

图 2-23 圆锥销定位
a）精基准定位 b）粗基准定位

（4）自动定心夹紧机构

在机床夹具中，广泛应用着各种类型的自动定心夹紧机构。这类机构是在对工件进行夹紧的过程中，利用等量的弹性变形或斜面、杠杆等结构的等量移动原理，对回转类工件的内、外表面实行自动定位，图 2-24 所示为一种自动定心夹紧心轴。

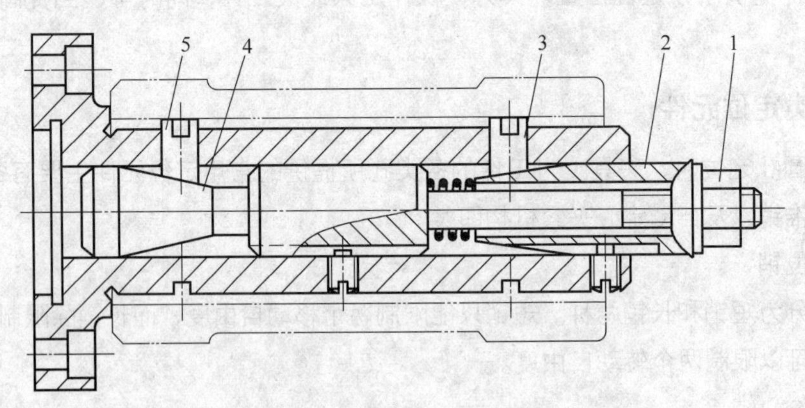

图 2-24 自动定心夹紧心轴
1—螺母 2—锥套 3、5—定位元件 4—心轴

3. 外圆柱面定位元件

工件以外圆柱面作为定位表面时，根据工件外圆柱面的完整程度及装夹要求，夹具可

设置 V 形架、定位套、外拨动顶尖及各类自动定心装置等定位元件为工件提供空间位置依据。

（1）V 形架

如图 2-25 所示为 V 形架的应用，其结构简单，定位稳定、可靠，对中性好。

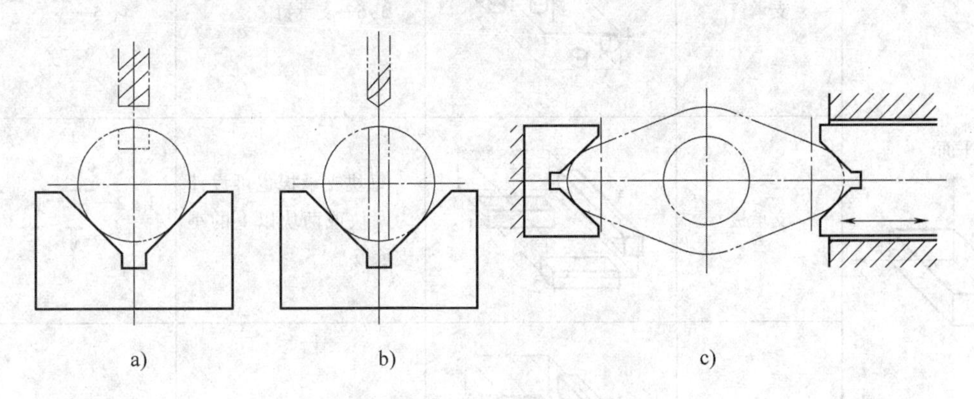

图 2-25　V 形架的应用

a）圆柱面铣槽　b）圆柱面钻孔　c）异形零件定位

（2）定位套

如图 2-26a 所示为工件在短定位套中定位。图 2-26b 所示为工件以较长外圆柱面在长定位套中定位，长定位套对工件提供了四点约束，消除了两个移动自由度和两个转动自由度。这类定位往往不太稳定，工件外圆柱直径误差较大时，与定位套成单方向线接触，定位精度及定位质量很低。

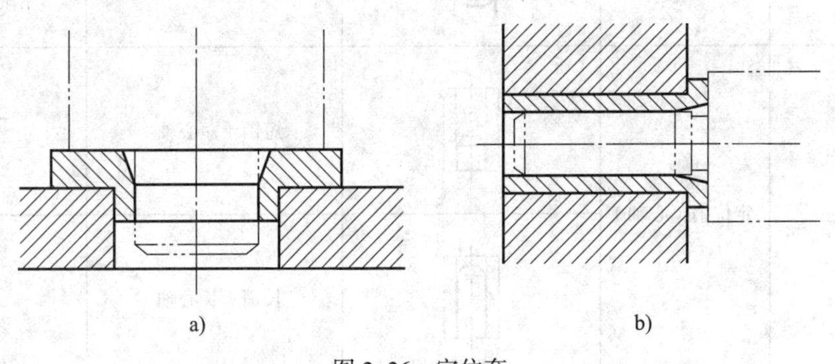

图 2-26　定位套

a）工件在短定位套中定位　b）工件在长定位套中定位

4. 常见定位元件的应用

常见定位元件及其应用见表 2-5。如图 2-27 所示，一面两孔定位是数控铣削加工过程中最常用的定位方式之一，即以工件上的一个较大平面和平面上相距较远的两个孔组合定位，平面支承限制了$\overset{\frown}{x}$、$\overset{\frown}{y}$和$\vec{z}$三个自由度，一个圆柱销限制了$\vec{x}$和$\vec{y}$两个自由度，另一个圆柱销限制$\overset{\frown}{z}$自由度。为保证能够顺利装夹工件，第二个销通常采用削边结构；有时也选用加工精度较高的圆柱销。

表 2–5　　常见定位元件及其应用

工件定位基准面	定位元件	定位方式简图	定位元件的特点	限制的自由度
平面	支承钉		1~6—支承钉	1、2、3—$\overleftrightarrow{z}$、$\overset{\frown}{x}$、$\overset{\frown}{y}$ 4、5—$\overleftrightarrow{x}$、$\overset{\frown}{z}$ 6—$\overleftrightarrow{y}$
	支承板		每块支承板也可设计为两块或两块以上的小支承板	1、2—$\overleftrightarrow{z}$、$\overset{\frown}{x}$、$\overset{\frown}{y}$ 3—$\overleftrightarrow{x}$、$\overset{\frown}{z}$
	固定支承与浮动支承		1、3—固定支承 2—浮动支承	1、2—$\overleftrightarrow{z}$、$\overset{\frown}{x}$、$\overset{\frown}{y}$ 3—$\overleftrightarrow{x}$、$\overset{\frown}{z}$
	固定支承与辅助支承		1、2、3、4—固定支承 5—辅助支承	1、2、3—$\overleftrightarrow{z}$、$\overset{\frown}{x}$、$\overset{\frown}{y}$ 4—$\overleftrightarrow{x}$、$\overset{\frown}{z}$ 5—提高刚度，不限制自由度
圆孔	定位销（心轴）		短销（短心轴）	$\overleftrightarrow{x}$、$\overleftrightarrow{y}$
			长销（长心轴）	$\overleftrightarrow{x}$、$\overleftrightarrow{y}$ $\overset{\frown}{x}$、$\overset{\frown}{y}$
	锥销		单锥销	$\overleftrightarrow{x}$、$\overleftrightarrow{y}$、$\overleftrightarrow{z}$
			1—固定销 2—活动销	1—$\overleftrightarrow{x}$、$\overleftrightarrow{y}$、$\overleftrightarrow{z}$ 2—$\overset{\frown}{x}$、$\overset{\frown}{y}$

续表

工件定位基准面	定位元件	定位方式简图	定位元件的特点	限制的自由度
外圆柱面 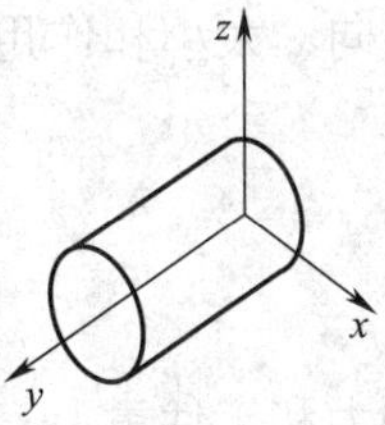	支承板或支承钉		短支承板或支承钉	$\overleftrightarrow{z}$（或$\overset{\frown}{x}$）
		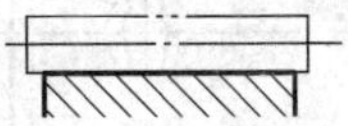	长支承板或两个支承钉	$\overleftrightarrow{z}$、$\overset{\frown}{x}$
	V形架	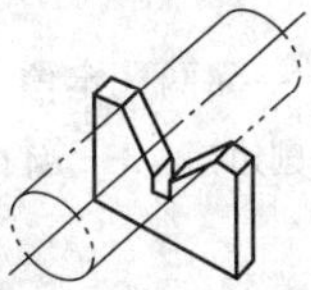	窄V形架	$\overleftrightarrow{x}$、$\overleftrightarrow{z}$
		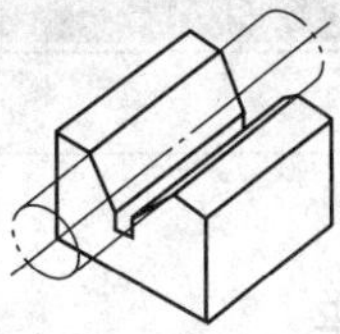	宽V形架或两个窄V形架	$\overleftrightarrow{x}$、$\overleftrightarrow{z}$ $\overset{\frown}{x}$、$\overset{\frown}{z}$
		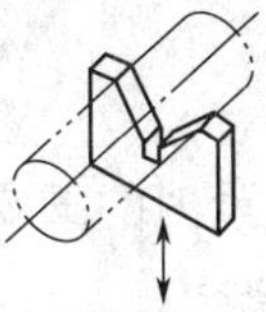	垂直运动的窄活动V形架	$\overleftrightarrow{x}$（或$\overset{\frown}{x}$）
	定位套	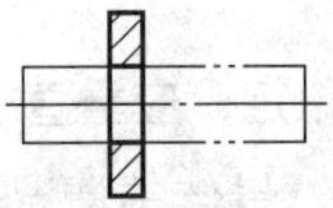	短套	$\overleftrightarrow{x}$、$\overleftrightarrow{z}$
		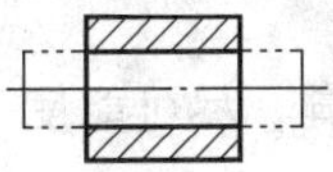	长套	$\overleftrightarrow{x}$、$\overleftrightarrow{z}$ $\overset{\frown}{x}$、$\overset{\frown}{z}$
	半圆孔衬套	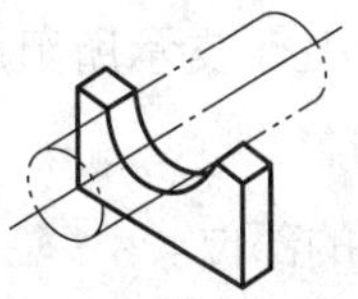	短半圆孔	$\overleftrightarrow{x}$、$\overleftrightarrow{z}$
			长半圆孔	$\overleftrightarrow{x}$、$\overleftrightarrow{z}$ $\overset{\frown}{x}$、$\overset{\frown}{z}$
	锥套	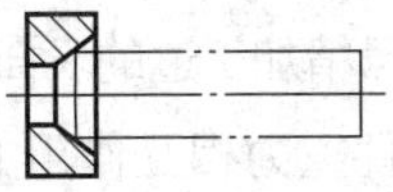	单锥套	$\overleftrightarrow{x}$、$\overleftrightarrow{y}$、$\overleftrightarrow{z}$
		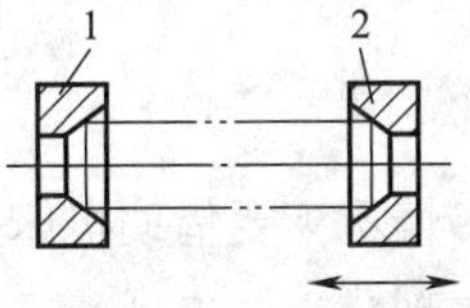 1 2	1—固定锥套 2—活动锥套	1—$\overleftrightarrow{x}$、$\overleftrightarrow{y}$、$\overleftrightarrow{z}$ 2—$\overset{\frown}{x}$、$\overset{\frown}{z}$

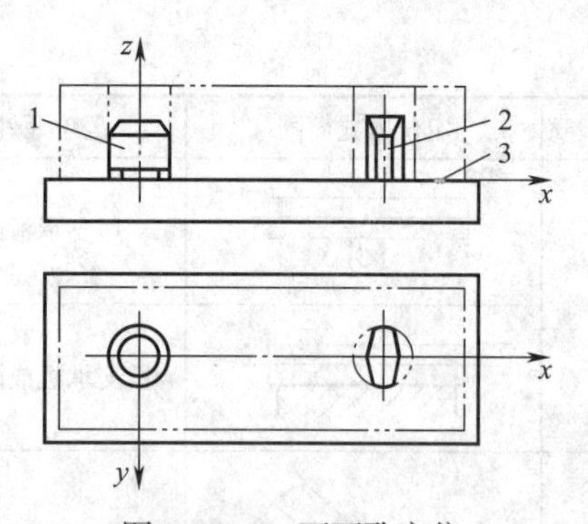

图 2–27　一面两孔定位

1—圆柱销　2—削边销　3—定位平面

查一查

在数控加工中还用到哪些定位元件？

三、工件在数控机床上的装夹

1. 夹紧力的确定

设计夹紧装置时，首先要合理地确定夹紧力的三要素，即夹紧力的方向、大小和作用点，然后才能根据操作空间设计出相应的夹紧装置。

（1）夹紧力方向选择的原则

1）夹紧力的方向应有助于工件的定位稳定，应垂直于主要定位基面。

2）夹紧力的方向应有利于减小夹紧力，最佳的情况是使夹紧力、切削力和工件重力三者方向一致，这样夹紧力最小。

3）夹紧力的方向应是工件刚度高的方向，尽可能使工件变形最小。

（2）夹紧力作用点的确定

1）夹紧力的作用点应对准支承或位于几个支承所组成的面积范围之内，以免产生变形或使工件定位不稳定。

2）夹紧力的作用点应落在工件刚度高的部位。

3）夹紧力的作用点应尽量靠近加工面，这样可减小工件的振动，提高加工质量。

4）夹紧力的作用点应尽量避免作用在已精加工过的表面上，以免损伤已经精加工的表面。

夹紧力的大小与夹紧力、切削力和工件重力相互作用的方向，以及切削力和工件重力的大小密切相关，其计算可查相关手册。

2. 机床夹具的分类

工件在机床上进行机械加工时，很多情况下要借助机床夹具的夹持，所以机床夹具应用广泛。根据不同的分类方法，机床夹具可划分为若干种类，见表 2–6。

表 2–6 机床夹具的分类

分类方法	具体种类
按夹紧动力源分类	手动夹具、液动夹具、电动夹具、气动夹具、磁力夹具等
按所应用的机床及工序内容分类	钻床夹具、铣床夹具、车床夹具、镗床夹具、磨床夹具、齿轮加工机床夹具、电加工机床夹具等
按通用化程度分类	通用夹具、专用夹具、成组夹具（拼装夹具）、组合夹具

做一做

对所在学校所用夹具按不同的分类方式进行分类。

看一看

熟悉所在学校中常用的夹具，并指出夹具的组成。

3. 机床夹具的作用

（1）提高劳动生产率

依靠夹具所设置的专门定位元件和高效夹紧装置，可以快速而准确地完成对工件的装夹，缩短装夹辅助工时。同时，正确运用夹具，合理装夹工件，可以使工件装夹后更加稳定、可靠。同时参与装夹和加工的工件数量可以增多，并有可能采用较大的切削用量和多刀加工，使切削效率显著提高。所以，采用高效专用夹具对提高整批工件的劳动生产率可发挥相当大的作用。

（2）保证工件的加工精度，稳定整批工件的加工质量

夹具的设计和应用着重于解决工件的可靠定位和稳定装夹，可使同一批工件的装夹结果高度统一，使各工件的加工条件差异大为减小，也排除了因操作者不同而造成的加工误差。所以，采用夹具可以在保证工件加工精度的基础上极大地稳定整批工件的加工质量。

（3）改善工人劳动条件

采用夹具后，使工件的装卸方便而快捷，减轻工人劳动强度。采用液压、气动夹具时，省力、安全，可使工人从繁重的劳动中得以解脱。

（4）降低对操作工人的等级要求

夹具的应用使得工件的装夹过程大为简化。使得一些生产技术并不熟练的工人有可能胜任原来只有熟练技术工人才能完成的工作。因此，自动夹具的应用可以相应地降低对操作工人的装夹技术要求。

（5）使用夹具可以改变和扩大原机床的功能，实现“一机多用”。

第三节　数控加工用刀具

一、数控加工刀具的种类

数控加工刀具的种类见表 2–7。

表 2–7　　数控加工刀具的种类

分类方法	类别		说明
按结构分类	整体式刀具		刀尖与刀体为一个整体
	镶嵌式刀具	焊接式	根据刀体结构不同，机夹式刀具可分为可转位和不转位两类
		机夹式	
	减振式刀具		当刀具的工作臂长与直径之比较大时，为了减少刀具的振动，提高加工精度，多采用此类刀具
	内冷式刀具		切削液通过刀体内部由喷孔喷射到刀具的切削刃部
	特殊型刀具		如复合刀具
按材料分类	高速钢刀具	普通高速钢	具有较高的耐热性与强度，切削速度较高，工艺性能好，热处理变形小，可以承受较大的切削力和冲击力。多为常用刀具
		高性能高速钢	
		粉末冶金高速钢	
	硬质合金刀具	钨钴类硬质合金	硬度较高，耐磨性、耐热性较高，切削性能和耐用度远高于高速钢刀具。适用于高速切削
		钨钴钛类硬质合金	
		通用硬质合金	
		碳化钛基硬质合金	
	陶瓷刀具		具有很高的高温硬度、优良的耐磨性和抗黏结能力，化学稳定性好，但脆性大，抗弯强度和冲击韧度低，热导率低，一般用于高硬度材料的精加工
	立方氮化硼刀具		硬度较高，耐热性和耐磨性均较高。一般用于高硬度材料、难加工材料的精加工
	金刚石刀具		硬度高，耐磨性极好，但是耐热温度较低，切削时易因黏附作用而损坏。主要用于高硬度、耐磨材料和有色金属及其合金的加工
按切削工艺分类	车削刀具		分为外圆、内孔、外螺纹、内螺纹、车槽等多种
	钻削刀具		分为小孔、短孔、深孔、攻螺纹、铰孔等多种
	镗削刀具		分为粗镗、精镗等刀具
	铣削刀具		分为面铣、立铣、三面刃铣等刀具
	特殊型刀具		有带柄自紧夹头、强力弹簧夹头刀柄、可逆式（自动反向）攻螺纹夹头刀柄、增速夹头刀柄、复合刀具和接杆类等

做一做

对所在学校所用的刀具进行分类。

二、刀具材料

常用数控加工刀具材料的特点及应用见表 2–8。

表 2–8　　常用数控加工刀具材料的特点及应用

<table>
<tr><th>种类</th><th colspan="2">特点及应用</th></tr>
<tr><td rowspan="3">高速钢</td><td colspan="2">高速钢是一种含碳（C）、钨（W）、钼（Mo）、铬（Cr）、钒（V）等元素的合金钢，热处理后具有高红硬性。当切削温度高达 600 ℃以上时，该合金钢的硬度仍无明显下降，用其制造的刀具切削速度可达 60 m/min 以上，因此得名“高速钢”。按化学成分不同，高速钢可分为普通高速钢及高性能高速钢</td></tr>
<tr><td>普通高速钢</td><td>分为钨系高速钢和钨钼系高速钢两种。主要用于制造切削硬度不高于 300HBW 的金属材料的切削刀具（如钻头、丝锥、锯条等）和精密刀具（如滚刀、插齿刀、拉刀等）</td></tr>
<tr><td>高性能高速钢</td><td>包括钴高速钢和超硬型高速钢（硬度为 68 ~ 70HRC），主要用于制造切削难加工金属（如高温合金、钛合金和高强钢等）的刀具</td></tr>
<tr><td>硬质合金[①]</td><td colspan="2">硬质合金的分类及代号如下：<table><tr><th>字母符号</th><th>材料组</th></tr><tr><td>HW</td><td>主要含碳化钨（WC）的未涂层的硬质合金，粒度大于等于 1 μm</td></tr><tr><td>HF</td><td>主要含碳化钨（WC）的未涂层的硬质合金，粒度小于 1 μm</td></tr><tr><td>HT</td><td>主要含碳化钛（TiC）或氮化钛（TiN）或者两种都有的未涂层的硬质合金</td></tr><tr><td>HC</td><td>对上述硬质合金表面涂覆涂层</td></tr></table>注：HT 类硬质合金也可称为“金属陶瓷”。
切削加工用硬质合金的应用按照被加工材料分类，P、M、K、N、S 和 H 分别代表切屑的颜色为蓝色、黄色、红色、绿色、褐色、灰色
硬质合金刀具的应用范围相当广泛，在数控刀具材料中占主导地位。既可用于加工各种铸铁、有色金属和非金属材料，也适用于加工各种钢材和耐热合金等。硬质合金既可用于制造各种机夹可转位刀具和焊接刀具，也可制造各种尺寸较小的整体复杂刀具，如整体式立铣刀、铰刀、丝锥、钻头、复合孔加工刀具和齿轮滚刀等</td></tr>
<tr><td rowspan="3">陶瓷</td><td colspan="2">陶瓷刀具的硬度可达 91 ~ 95HRA，耐磨性比硬质合金高十几倍，适用于加工冷硬铸铁和淬火钢。陶瓷刀具有良好的抗黏结性能，它与多种金属的亲和力小，化学稳定性好，即使在熔化时与钢也不起化合作用
陶瓷刀具最大的缺点是脆性大、抗弯强度和冲击韧度低、导热性差</td></tr>
<tr><td>Al_2O_3 基陶瓷</td><td>有较高的抗弯强度和断裂韧性，抗机械冲击和耐热冲击的能力也有所提高，适用于铣削、刨削。可对各种铸铁及钢料进行粗加工、精加工</td></tr>
<tr><td>Si_3N_4 基陶瓷</td><td>这类陶瓷刀具有比 Al_2O_3 基陶瓷刀具更高的强度、韧性和疲劳强度，有更高的切削稳定性能，更高的热稳定性，在 1 300 ~ 1 400 ℃能正常切削，并允许更高的切削速度
Si_3N_4 基陶瓷的热导率为 Al_2O_3 基陶瓷的 2 ~ 3 倍，耐热冲击能力比 Al_2O_3 基陶瓷提高 1 ~ 2 倍，具有良好的抗崩刃能力
此类刀具适用于端铣和切削有氧化皮的毛坯工件，可对铸铁、淬火钢等高硬材料进行半精加工和精加工</td></tr>
</table>

① 因本书中采用了大量国产硬质合金牌号，在 ISO 代码中没有对应项，故后文均采用国产牌号。

续表

种类		特点及应用
陶瓷	Sialon陶瓷	它是迄今为止陶瓷刀具材料中强度最高的材料。其断裂韧性、化学稳定性、抗氧化性能都很好，有些品种的强度甚至随温度的升高而提高，称其为超强度材料。它在断续切削中不易崩刃，是高速粗加工铸铁及镍基合金理想的刀具材料
	其他刀具陶瓷	氧化锆（ZrO_2）陶瓷刀具可用来加工铝合金、铜合金 二硼化钛（TiB_2）陶瓷材料具有高熔点（T=2 980 ℃）、高硬度、极好的化学稳定性和物理性能。其导热性能强，热膨胀系数小，与熔融金属不侵蚀，在高温下具有优异的力学性能。TiB_2及其复合材料是极具发展前景的高新技术材料。TiB_2陶瓷刀具可用来加工汽车发动机等精密铝合金件
立方氮化硼（CBN）		立方氮化硼材料非常适用于数控机床加工用刀具。立方氮化硼刀具有很好的红硬性，可以高速切削高温合金，切削速度要比硬质合金高3 ~ 5倍，在1 300 ℃高温下仍能保持良好的切削性能，刀具寿命是硬质合金的20 ~ 200倍 立方氮化硼刀具可加工以前只能用磨削方法加工的特种钢材，并获得很高的尺寸精度和极小的表面粗糙度值，可以实现以车代磨 它具有优良的化学稳定性，适用于加工钢铁类材料 虽然它的导热性比金刚石差，但比其他材料高，抗弯强度和断裂韧性介于硬质合金和陶瓷之间
金刚石		金刚石刀具适合加工的金属材料有铝及其铝合金、铜及其铜合金、硬质合金，以及钛、镁、锌、铅等各种有色金属，广泛应用于飞机、汽车、摩托车、内燃机、船舶等壳体、缸体类重要部件和各类通用机械、精密机械、电子仪器的零件加工。它适合加工的非金属材料有木材、增强塑料、橡胶、石墨、陶瓷等，广泛应用于各种设备的重要配件的加工 金刚石刀具包括天然金刚石刀具、人造聚晶金刚石（PCD）刀具和复合金刚石刀片三类。其中，人造聚晶金刚石（PCD）较为常用。它的主要加工对象是有色金属，如铝合金、铜合金、镁合金等，也可用于加工钛合金、金、银、铂、各种陶瓷制品。PCD刀具具有刀具寿命长、金属切除率高等优点，缺点是价格昂贵，加工成本高

看一看

你所在学校所用硬质合金刀具是哪一种？

三、刀具涂层技术

数控加工刀具常采用涂层技术。刀具表面涂层技术是一种优质的表面改性技术，它是指在普通高速钢和硬质合金刀片表面采用化学气相沉积（CVD）或物理气相沉积（PVD）的工艺方法，涂覆一薄层（5 ~ 12 μm）高硬度难熔金属化合物（如TiC、TiN、Al_2O_3等）。

经过涂层技术处理的刀片既保持了普通刀片基体的强度和韧性，又使表面有高的硬度和耐磨性，更小的摩擦因数和高的耐热性。较好地解决了材料硬度与强度及韧性的矛盾。

1. 化学气相沉积（CVD）技术的应用

化学气相沉积技术主要用于硬质合金车削类刀具的表面涂层。其涂层与基体结合强度高，薄膜厚度可达7 ~ 9 μm。其涂层刀具适用于中型、重型切削的高速粗加工及半精加工，在硬质合金可转位刀具上应用极广泛。在干式切削加工中，CVD 涂层技术仍占有极其重要的地位。但 CVD 工艺有先天性的缺陷：一是工艺处理温度高，易造成刀具材料抗弯强度的下降；二是薄膜内部为拉应力状态，使用中易导致微裂纹的产生；三是 CVD 工艺所排放的废气、废液会造成工业污染，对环境影响较大，与目前所提倡的绿色加工相抵触。

2. 物理气相沉积（PVD）技术的应用

物理气相沉积技术可作为最终处理工艺用于高速钢类刀具的涂层。PVD 工艺处理温度低，在 600 ℃以下对刀具材料的抗弯强度没有影响，薄膜内部为压应力，更适合于硬质合金精密复杂类刀具的涂层。由于纳米级涂层的出现，使得 PVD 涂层刀具质量又有了新的突破。这种薄膜涂层不仅结合强度高，硬度接近立方氮化硼，抗氧化性能好，并可有效地控制精密刀具刃口形状及精度，在进行高精度加工时，其加工精度毫不逊色于未涂层刀具。PVD 技术普遍用于硬质合金立铣刀、钻头、阶梯钻、油孔钻、铰刀、丝锥、可转位铣刀片、异形刀具、焊接刀具等的涂层处理。PVD 工艺对环境没有不利影响，符合目前绿色加工的发展方向。

常用数控加工刀具涂层材料及应用特点见表 2–9。

表 2–9　常用数控加工刀具涂层材料及应用特点

刀具种类	涂层种类	应用特点
硬质合金刀具	TiC 涂层	采用 CVD 涂层技术。涂层有很高的显微硬度和耐磨性，抗磨料磨损的能力强，可使切削速度提高 40% 左右
	TiN 涂层	抗黏结能力和抗扩散能力比 TiC 好。虽然 TiN 涂层比 TiC 涂层的抗后面磨损能力稍差，但是抗前面月牙洼磨损性能比 TiC 涂层优越，最适合切削易粘刀的材料，使已加工表面的表面粗糙度值减小，刀具寿命延长
	Al_2O_3 涂层	具有优越的抗高温氧化性能和抗前面月牙洼磨损的性能，适用于高速钢和铸铁的加工
	TiC–TiN 复合涂层	兼具 TiC 涂层和 TiN 涂层的优点，提高了涂层刀片的综合性能并扩大了其适用范围
	TiC–Al_2O_3 涂层	既具有 TiC 涂层的较高抗磨料磨损性能，又具有 Al_2O_3 涂层较高的热稳定性和化学稳定性。能够进行高速切削，刀具寿命较长且无崩刃的缺点 主要用于硬质合金车削、铣削类刀具，适用于中型、重型、高速切削的粗加工及半精加工，特别在干式切削中占有极其重要的地位
	金刚石涂层	主要采用 CVD 涂层技术，将金刚石沉积在可转位刀片或旋转刀具的表面上。用于具有复杂形状切削刃的刀具以及具有复杂断屑槽形状的多刃刀具 在加工塑料和其他非金属复合材料时，刀具寿命比不采用此涂层的硬质合金刀具延长 10 ~ 20 倍或更长，而且提高了材料切除率 适宜加工表面质量要求高、抗磨料磨损和抗腐蚀磨损的材料，如铝合金、铜合金、纤维增强塑料、石墨、陶瓷预烧体、胶合板、木板等。不适宜加工软钢、铸铁、不锈钢、钛合金、硬质陶瓷等
高速钢刀具	TiN 涂层	主要采用 PVD 涂层技术。有较高的热稳定性，可用于钻头、丝锥、铣刀、滚刀等复杂刀具上

其中，硬质合金刀片在涂覆后，强度和韧性都有所下降，不适合重负荷或冲击大的粗加工，也不适合高硬材料的加工。为提高涂层刀片的切削刃强度，涂覆前，切削刃须经钝化处理，因而刀片切削刃锋利程度降低，不适合进给量很小的精密切削。涂层刀片在低速切削时容易产生剥落及崩刃现象。

查一查

不同的刀具生产厂家所生产的刀具牌号是否一样？应用范围是否相同？

四、刀具的磨损

1. 刀具磨损的概念

新刃磨好的刀具经过一定时间切削后会产生磨损，其形态如图 2–28 所示。刀具的磨损是一种连续、逐渐的破坏形式，当刀具磨损到一定程度时，必须重磨或更换新刀；否则，不但影响工件的加工精度和表面质量，而且还会使刀具磨损得更快，甚至崩刃，造成重磨困难和刀具材料浪费。

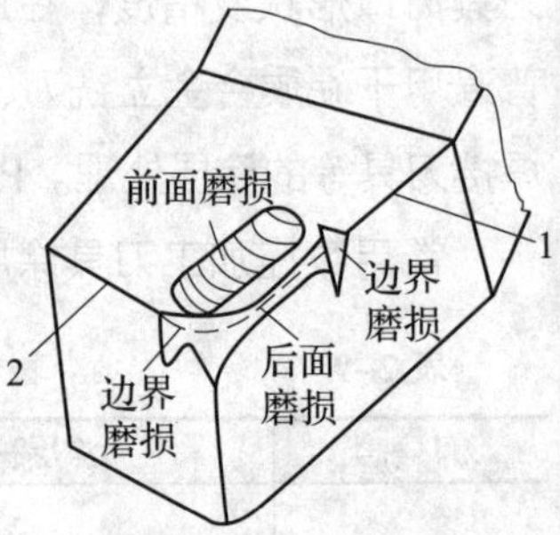

图 2–28 刀具磨损形态

1—主切削刃 2—副切削刃

2. 刀具磨损过程及磨钝标准

（1）刀具的磨损过程

刀具的磨损过程一般可分为三个阶段，如图 2–29 所示为刀具磨损过程曲线。通常所说的刀具磨损主要指后面的磨损，因为大多数情况下后面都有磨损，后面磨损量 VB 的大小对加工精度和表面质量影响较大，而且测量也较方便，故目前一般都用后面上的磨损量来反映刀具磨损的程度。刀具磨损阶段的刀具表现、切削状况以及特点与应用见表 2–10。

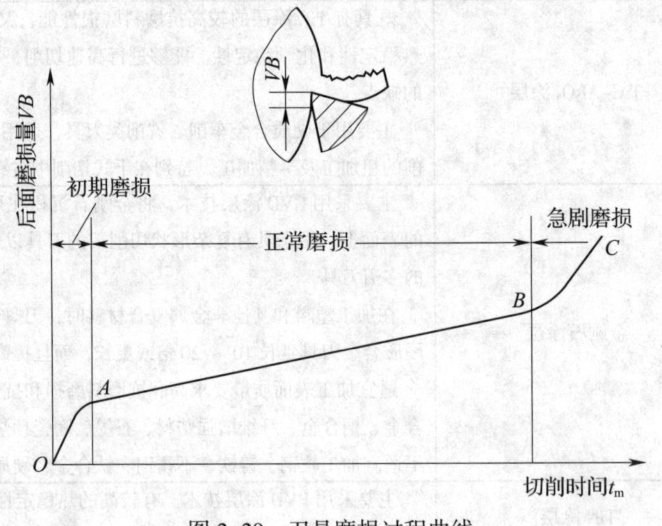

图 2–29 刀具磨损过程曲线

表 2–10　刀具磨损阶段的刀具表现、切削状况以及特点与应用

阶段	刀具表现及切削状况	特点与应用
初期磨损（OA 段）	新刃磨的刀具后面存在着粗糙不平之处及显微裂纹、氧化或脱碳层等缺陷，表层组织较不耐磨，且因切削刃较锋利，后面与加工表面接触面积较小，压应力较大	磨损较快
正常磨损（AB 段）	经初期磨损后，刀具的粗糙不耐磨表面已经磨平，形成一个稳定区域，刀具的磨损变得缓慢而均匀	正常磨损阶段是刀具工作的有效时间，使用刀具时不应超过这一阶段
急剧磨损（BC 段）	当磨损量增加到一定限度后，加工表面的表面粗糙度值增大，后面与工件的接触状况恶化，摩擦加剧，切削力与切削温度迅速升高，磨损速度增加很快，甚至伴有刺耳的噪声、振动及崩刃现象，以至于刀具损坏而失去切削能力	应当避免达到这个磨损阶段，应在这一阶段到来之前就及时换刀或更换切削刃

（2）刀具的磨钝标准

刀具磨损到一定限度就不能再继续使用，即对刀具规定一个允许磨损量的最大限度，这一磨损限度称为磨钝标准。

国际标准化组织（ISO）统一规定，以 1/2 处后面上测定的磨损量 VB 作为刀具磨钝标准。自动化生产中用的精加工刀具常以沿工件径向的刀具磨损尺寸作为衡量刀具的磨钝标准，称为刀具径向磨损量 NB，如图 2–30 所示。

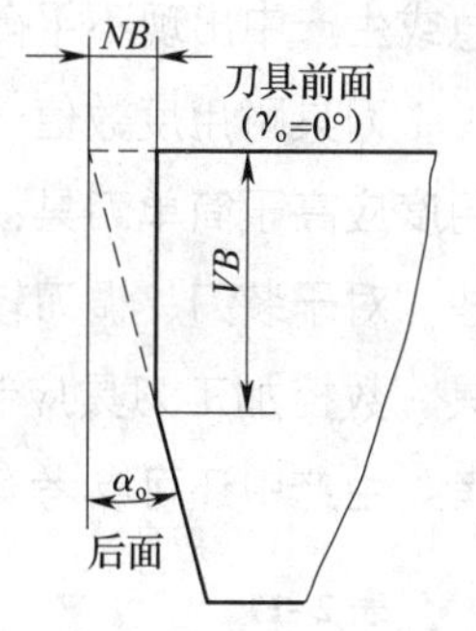

图 2–30　车刀的径向磨损量

加工条件不同，磨钝标准也有变化。例如，精加工的磨钝标准较小，粗加工则取较大值。工件的可加工性、刀具制造及刃磨难易程度等都是确定磨钝标准时应考虑的因素。推荐车刀的磨钝标准如下：

1）高速钢或陶瓷车刀。后面是有规则的磨损时，取 VB=0.3 mm；后面是无规则的磨损、划伤、剥落或有严重沟痕时，取 VB_{max}=0.6 mm。

2）硬质合金车刀。后面是有规则的磨损时，取 VB=0.3 mm；后面是无规则的磨损时，则 VB_{max}=0.6 mm；前面磨损量 KT=0.06+0.3f，其中 f 为进给量。

在实际生产中，不能经常卸下刀具测量磨损量，操作者可根据直觉来判断刀具是否达到工艺磨钝标准，如已加工表面的表面粗糙度值增大，切屑发毛、变色，切削温度急剧上升，产生振动或噪声增大等，都说明刀具已经磨钝，需要及时换刀。在大量生产和自动线上一般根据工件的精度要求用统计方法制定磨钝标准，定时换刀。在现代加工中，也可采用在机检测的方式进行在线控制。

3. 刀具耐用度

（1）刀具耐用度的概念

刀具一次刃磨后从开始切削直到磨损量达到磨钝标准为止的实际切削时间称为刀具耐用度，用 T 表示，单位为 min。耐用度为切削时间，它不包括对刀、夹紧、测量、快进、回程等辅助时间。

刀具耐用度的大小表示刀具磨损的快慢，刀具耐用度大，表示刀具磨损慢；耐用度小，表示刀具磨损快。另外，刀具耐用度与刀具寿命是两个不同的概念。刀具寿命是指一把新刀从投入使用到报废为止总的切削时间，刀具寿命等于刀具耐用度乘以刃磨次数。

（2）刀具耐用度合理数值的确定

当刀具耐用度一定时，为了提高生产效率，应首先考虑增大背吃刀量，其次是增大进给量，然后根据刀具耐用度、已定的背吃刀量和进给量确定切削速度。这样既能保持刀具耐用度，发挥刀具切削性能，又能提高生产效率。由于刀具耐用度确定得太低和太高都使生产效率降低，因此，刀具耐用度存在一个合理数值。

确定刀具耐用度合理数值的方法一般有两种，一是根据加工一个零件花费时间最少的观点来制定刀具耐用度，称为最大生产率耐用度；二是根据加工一个零件的成本最低的观点来制定刀具耐用度，称为最低成本耐用度。生产中常采用最低成本耐用度，只有当生产任务紧急或生产中出现不平衡环节时，才选用最大生产率耐用度。

刀具耐用度数值一般根据企业具体生产条件来确定。复杂刀具的制造成本较高，它的耐用度应高于简单刀具；可转位刀具的切削刃转位迅速，更换刀片简便，刀具耐用度规定得低些；对于装刀、调刀较为复杂的多刀机床、组合机床等，刀具耐用度可定得高些；自动线刀具、数控加工刀具应制定较高的刀具耐用度。常用的刀具耐用度见表 2–11，可供选用时参考。生产中还可参考有关手册查出。

表 2–11　常用的刀具耐用度　min

刀具类型	耐用度	刀具类型	耐用度
高速钢车刀、刨刀、镗刀	30 ~ 60	硬质合金面铣刀	90 ~ 180
硬质合金焊接车刀	15 ~ 60	齿轮刀具	200 ~ 300
硬质合金可转位车刀	15 ~ 45	组合机床、自动线刀具	240 ~ 480
高速钢钻头	80 ~ 120		

查一查

不同涂层刀具的耐用度。

第四节　加工余量与确定方法

一、加工余量的概念

加工余量是指加工过程中所切去的金属层厚度。加工余量有工序余量和加工总余量之分。工序余量是指相邻两工序的工序尺寸之差；加工总余量是指毛坯尺寸与零件图样的设计尺寸之差，它等于各工序余量之和。即：

$$Z_{\Sigma} = \sum_{i=1}^{n} Z_i$$

式中　Z_{Σ}——加工总余量，mm；

Z_i——工序余量，mm；

n——工序数量。

由于工序尺寸有公差，实际切除的余量是一个变值，因此，工序余量分为基本余量（又称公称余量）、最大工序余量和最小工序余量。

为了便于加工，工序尺寸的公差一般按“入体原则”标注，即被包容面的工序尺寸取上极限偏差为零；包容面的工序尺寸取下极限偏差为零；毛坯尺寸的公差一般采取双向对称分布。

中间工序的工序余量与工序尺寸及其公差的关系如图 2-31 所示。由图 2-31 可知，工序的基本余量、最大工序余量和最小工序余量可按下式计算：

对于被包容面：

$$Z=L_a-L_b$$

$$Z_{max}=L_{amax}-L_{bmin}=Z+T_b$$

$$Z_{min}=L_{amin}-L_{bmax}=Z-T_a$$

对于包容面：

$$Z=L_b-L_a$$

$$Z_{max}=L_{bmax}-L_{amin}=Z+T_b$$

$$Z_{min}=L_{bmin}-L_{amax}=Z-T_a$$

式中　Z——工序余量的基本尺寸，mm；

Z_{max}——最大工序余量，mm；

Z_{min}——最小工序余量，mm；

L_a——上工序的基本尺寸，mm；

L_b——本工序的基本尺寸，mm；

T_a——上工序尺寸的公差，mm；

T_b——本工序尺寸的公差，mm。

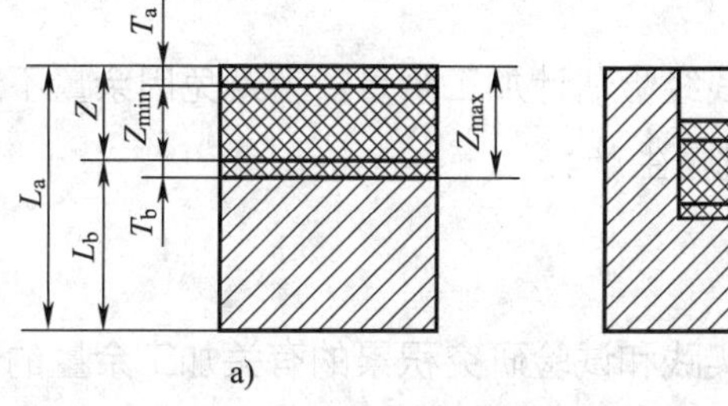

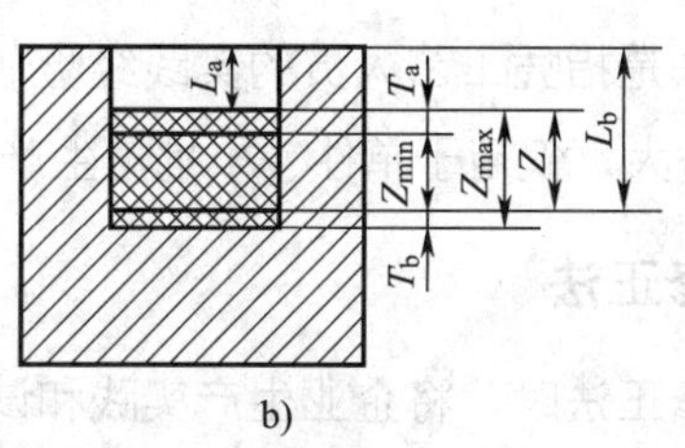

图 2-31　工序余量与工序尺寸及其公差的关系

a）被包容面　b）包容面

加工余量有单边余量和双边余量之分。平面的加工余量则指单边余量，它等于实际切削的金属层厚度。对于内孔和外圆等回转体表面，在数控机床加工过程中，加工余量有时指双边余量，即以直径方向计算，实际切削的金属层厚度为加工余量的一半，如图 2–32 所示。加工余量和加工尺寸的分布如图 2–33 所示。

对于外圆表面：

$$2Z=d_a-d_b$$

对于内孔表面：

$$2Z=d_b-d_a$$

式中 $2Z$——直径上的加工余量，mm；

d_a——上工序的基本尺寸，mm；

d_b——本工序的基本尺寸，mm。

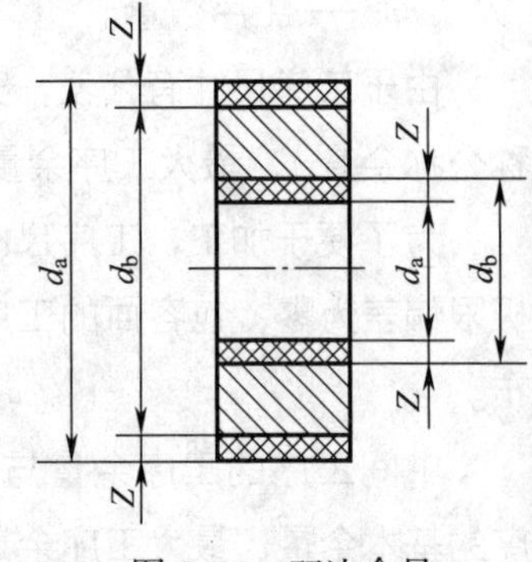

图 2–32 双边余量

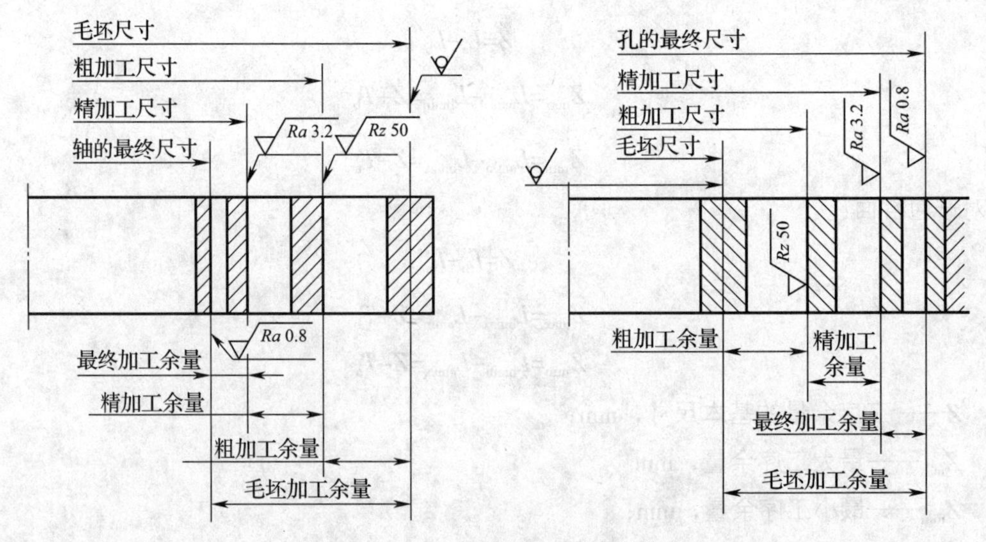

图 2–33 加工余量和加工尺寸的分布

二、确定加工余量的方法

1. 经验估算法

经验估算法是指凭工艺人员的实践经验估计加工余量。为避免因余量不足而产生废品，所估余量一般偏大，仅用于单件、小批量生产。

2. 查表修正法

采用查表修正法时，将企业生产实践和试验研究积累的有关加工余量的资料制成表格，并汇编成手册。这种方法目前应用最广泛。

确定加工余量时，可先从手册中查得所需的数据，然后再结合企业的实际情况进行适当修正。查表时应注意表中的余量值为基本余量值，对称表面的加工余量是双边余量，非对称表面的加工余量是单边余量。

3. 分析计算法

分析计算法是根据上述的加工余量计算公式和一定的试验资料，对影响加工余量的各项因素进行综合分析和计算来确定加工余量的一种方法。用这种方法确定的加工余量比较经济合理，但必须有比较全面和可靠的试验资料。目前，只在材料十分贵重以及军工生产企业或少数大量生产的企业中采用。

确定加工余量时应该注意以下几个问题：

（1）采用最小加工余量原则。在保证加工精度和加工质量的前提下，余量越小越好，以缩短加工时间，减少材料消耗，降低加工费用。

（2）余量要充分，防止因余量不足而造成废品。

（3）余量中应包含因热处理而引起的变形量。

（4）大零件取大余量。零件越大，切削力、内应力引起的变形越大。因此，工序加工余量应取大一些，以便通过本道工序消除变形量。

（5）总加工余量（毛坯余量）和工序余量要分别确定。总加工余量的大小与所选择的毛坯制造精度有关。粗加工工序的加工余量不能用查表法确定，应等于总加工余量减去其他各工序的余量之和。

三、影响加工余量的因素

加工余量的大小对零件的加工质量和制造的经济性有较大的影响。余量过大，会浪费原材料及机械加工的工时，增加机床、刀具及能源等的消耗；余量过小，则不能消除上工序留下的各种误差、表面缺陷和本工序的装夹误差，容易产生废品。因此，应根据影响余量大小的因素合理地确定加工余量。影响加工余量大小的因素有以下几种：

1. 上工序的各种表面缺陷和误差

（1）上工序表面粗糙度 Ra 和缺陷层 D_a

为了使工件的加工质量逐步提高，一般每道工序都应切到待加工表面以下的正常金属组织，将上工序留下的表面粗糙度 Ra 和缺陷层 D_a 全部切去，如图 2–34 所示。

（2）上工序的尺寸公差 T_a

上工序的尺寸公差 T_a 直接影响本工序的基本余量，因此，本工序的余量应包含上工序的尺寸公差 T_a。

（3）上工序的几何误差（也称空间误差）ρ_a

当几何公差与尺寸公差之间的关系是包容原则时，尺寸公差控制几何误差，可不计 ρ_a 值。但当几何公差与尺寸公差之间是独立原则或最大实体原则时，尺寸公差不控制几何误差，此时加工余量中要包括上工序的几何误差 ρ_a。如图 2–35 所示的小轴，其轴线有直线度误差 ω，须在本工序中纠正，因此直径方向的加工余量应增加 2ω。轴线弯曲对加工余量的影响如图 2–35 所示。

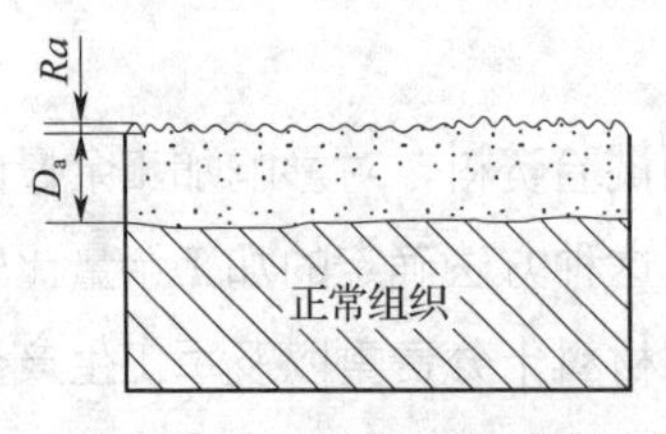

图 2–34　表面粗糙度及缺陷层

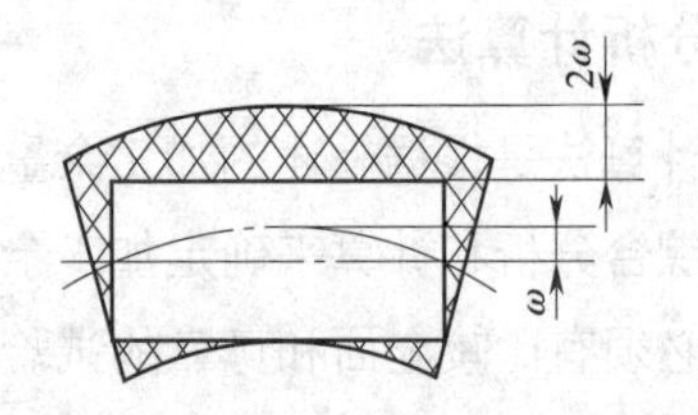

图 2–35　轴线弯曲对加工余量的影响

2. 本工序的装夹误差 ε_b

装夹误差包括定位误差、夹紧误差（夹紧变形）及夹具本身的误差。由于装夹误差的影响，使工件待加工表面偏离了正确的位置，所以确定加工余量时还应考虑装夹误差的影响。如图 2–36 所示为装夹误差对加工余量的影响。用三爪自定心卡盘夹持工件外圆磨削内孔时，由于三爪自定心卡盘定心不准，使工件轴线偏离主轴回转轴线 e 值，导致内孔磨削余量不均匀，甚至造成局部表面无加工余量的情况。为保证全部待加工表面有足够的加工余量，孔的直径余量应增加 $2e$。

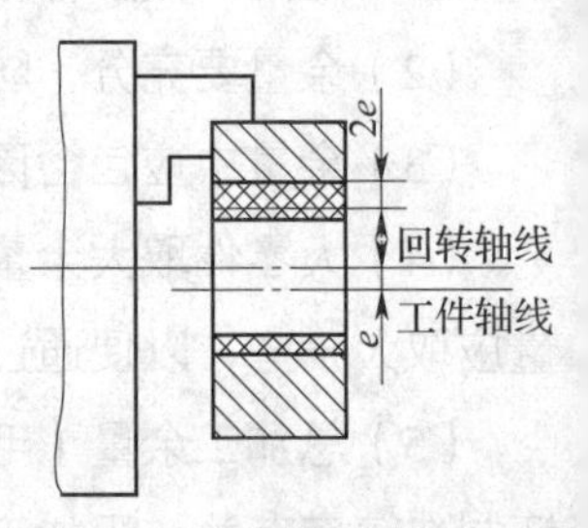

图 2–36　装夹误差对加工余量的影响

查一查

影响加工余量的因素还有哪些？

第五节　机械加工精度及表面质量

一、加工精度和表面质量的基本概念

机械产品的工作性能和使用寿命总是与组成产品的零件的加工质量及产品的装配精度直接相关。而零件的加工质量又是整个产品质量的基础，零件的加工质量包括加工精度和表面质量两个方面的内容。

1. 加工精度

所谓加工精度，是指零件加工后的几何参数（尺寸、几何形状和相互位置）与理想零件几何参数相符合的程度，它们之间的偏离程度则为加工误差。加工误差的大小反映了加工精度的高低。加工精度包括尺寸精度和几何精度。

（1）尺寸精度

尺寸精度限制加工表面与其基准间的尺寸误差不超过一定的范围。

（2）几何精度

几何精度包括形状精度、方向精度、位置精度和跳动精度。其中以形状精度、位置精度为主。形状精度限制加工表面的宏观几何形状误差，如圆度、圆柱度、平面度、直线度等；位置精度限制加工表面与其基准间的相互位置误差，如平行度、垂直度、同轴度、位置度等。

2. 表面质量

机械加工表面质量包括以下两个方面的内容：

（1）表面层的几何形状偏差

1）表面粗糙度。指零件表面的微观几何形状误差。

2）表面波纹度。指零件表面周期性的几何形状误差。

（2）表面层的物理性能和力学性能

1）冷作硬化。表面层因加工中塑性变形而引起的表面层硬度提高的现象。

2）残余应力。表面层因机械加工产生强烈的塑性变形和金相组织的可能变化而产生的内应力。按应力性质不同分为拉应力和压应力。

3）表面层金相组织变化。表面层因切削加工时产生切削热而引起的金相组织的变化。

二、表面质量对零件使用性能的影响

1. 对零件耐磨性的影响

零件的耐磨性不仅与材料及热处理有关，而且还与零件接触表面的表面粗糙度有关。当两个零件相互接触时，实质上只是两个零件接触表面上的一些凸峰相互接触。因此，实际接触面积比理论接触面积要小得多，从而使单位面积上的压力很大。当其超过材料的屈服强度时，就会使凸峰部分产生塑性变形甚至被折断或因接触面的滑移而迅速磨损。以后随着接触面积的增大，单位面积上的压力减小，磨损减慢。零件的表面粗糙度值越大，磨损越快，但这不等于说零件表面粗糙度值越小越好。如果零件的表面粗糙度值小于合理值，则由于摩擦面之间润滑油被挤出而形成干摩擦，从而会使磨损加快。试验表明，最佳表面粗糙度 Ra 值为 1.2 ~ 0.3 μm。另外，零件表面有冷作硬化层或经淬硬也可提高零件的耐磨性。

2. 对零件疲劳强度的影响

零件表面层的残余应力性质对疲劳强度的影响很大。当残余应力为拉应力时，在拉应力作用下，会使表面的裂纹扩大，从而降低零件的疲劳强度，缩短产品的使用寿命；相反，残余压应力可以延缓疲劳裂纹的扩展，提高零件的疲劳强度。

同时，表面冷作硬化层的存在以及加工纹路方向与载荷方向一致都可以提高零件的疲劳强度。

3. 对零件配合性质的影响

在间隙配合中，如果配合表面粗糙，磨损后会使配合间隙增大，改变了原配合性质。在过盈配合中，如果配合表面粗糙，则装配后表面的凸峰将被挤平，从而使有效过盈量减小，降低了配合的可靠性。所以，对有配合要求的表面也应标注对应的表面粗糙度值。

三、影响加工精度的因素及提高精度的主要措施

由机床、夹具、工件和刀具所组成的一个完整的系统称为工艺系统。在加工过程中，工件与刀具的相对位置就决定了零件加工的尺寸、形状和位置。因此，加工精度的问题也就涉及整个工艺系统的精度问题。工艺系统的种种误差在加工过程中会在不同的情况下以不同的方式和程度反映为加工误差。根据工艺系统误差的性质不同，可将其归纳为工艺系统的几何误差、工艺系统受力变形引起的误差、工艺系统热变形引起的误差以及工件内应力引起的误差。

1. 工艺系统的几何误差及改善措施

工艺系统的几何误差包括加工方法的原理误差，机床的几何误差、调整误差，刀具和夹具的制造误差，工件的装夹误差以及工艺系统磨损所引起的误差，本节仅就机床几何误差中的主轴误差和导轨误差对加工精度的影响进行简略分析。

（1）主轴误差

机床主轴是装夹刀具或工件的位置基准，它的误差也将直接影响工件的加工质量。机床主轴的回转精度是机床主要精度指标之一，它在很大程度上决定着工件加工表面的形状精度。主轴的回转误差主要包括主轴的径向圆跳动、轴向窜动和摆动。

造成主轴径向圆跳动的主要原因有：轴颈与轴孔圆度误差、轴承滚道的形状误差、轴与孔安装后不同轴以及滚动体误差等。使用该主轴装夹工件将产生形状误差。

造成主轴轴向窜动的主要原因有：推力球轴承端面滚道的跳动、轴承间隙等。以车床为例，造成的加工误差主要表现为车削端面与轴线的垂直度误差。

由于前、后轴承，前、后轴承孔或前、后轴颈不同轴造成主轴在转动过程中出现摆动现象。摆动不仅给工件造成尺寸误差，而且还造成形状误差。

提高主轴旋转精度的方法主要包括提高主轴组件的设计、制造和安装精度，采用高精度的轴承等，这无疑将加大制造成本。再有就是通过工件的定位基准或被加工面本身与夹具定位元件之间组成的回转副来实现工件相对于刀具的转动，如外圆磨床头架上的固定顶尖。这样机床主轴组件的误差就不会对工件的加工质量构成影响。

（2）导轨误差

导轨是机床的重要基准，它的各项误差将直接影响被加工零件的精度。以数控车床为

例，机床导轨误差对工件精度的影响如图 2–37 所示，当床身导轨在水平面内出现弯曲（前凸）时，工件上产生腰鼓形，如图 2–37a 所示；当床身导轨与主轴轴线在水平面内不平行时，工件上会产生锥形，如图 2–37b 所示；而当床身导轨与主轴轴线在垂直面内不平行时，工件上会产生鞍形，如图 2–37c 所示。

事实上，数控车床导轨在水平面和垂直面内的几何误差对加工精度的影响程度是不一样的。影响最大的是导轨在水平面内的弯曲或与主轴轴线的平行度，而导轨在垂直面内的弯曲或与主轴轴线的平行度对加工精度的影响则小到可以忽略的程度。车床导轨的几何误差对加工精度的影响如图 2–38 所示，当导轨在水平面和垂直面内都有一个误差 $\varDelta$ 时，前者造成的半径方向的加工误差 $\Delta R=\varDelta$，而后者 $\Delta R \approx \dfrac{\varDelta^2}{d}$，可以忽略不计。因此，称数控车床导轨的水平方向为误差敏感方向，而称垂直方向为误差非敏感方向。推广来看原始误差所引起的刀具与工件间的相对位移，如果该误差产生在加工表面的法线方向，则对加工精度构成直接影响，即为误差敏感方向；若位移产生在加工表面的切线方向，则不会对加工精度构成直接影响，即为误差非敏感方向。

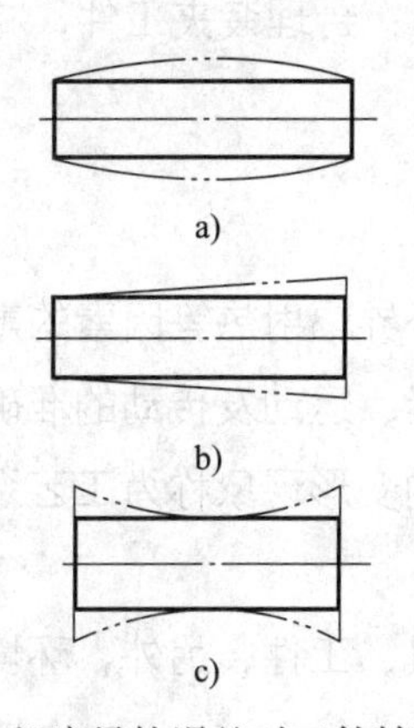

图 2–37 机床导轨误差对工件精度的影响

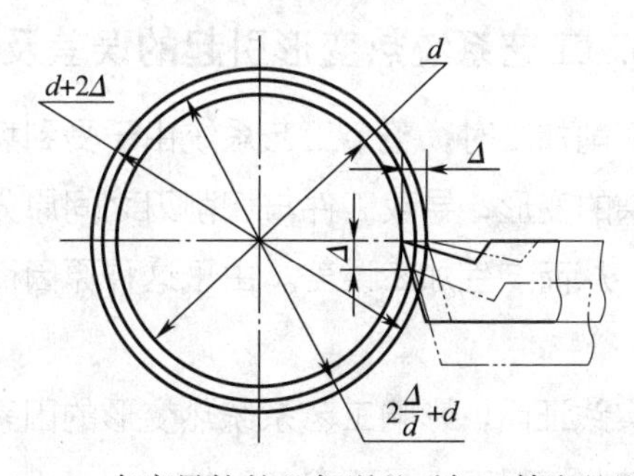

图 2–38 车床导轨的几何误差对加工精度的影响

因此，减小导轨误差对加工精度的影响一方面可以通过提高导轨的制造、安装和调整精度来实现；另一方面也可以利用误差非敏感方向来设计及安排定位加工。如转塔车床转塔刀架的设计就充分注意到了这一点，其转塔定位选在了误差非敏感方向上，既没有把制造精度定得很高，又保证了实际加工的精度。

2. 工艺系统受力变形引起的误差及改善措施

工艺系统在切削力、传动力、惯性力、夹紧力以及重力等的作用下会产生相应的变形，从而破坏已调整好的刀具与工件之间的正确位置，使工件产生几何误差和尺寸误差，工艺系统受力变形引起的加工误差如图 2–39 所示。

车削细长轴时，在切削力的作用下，工件因弹性变形而产生“让刀”现象，使工件产生腰鼓形的圆柱度误差，如图 2–39a 所示。在内圆磨床上用横向切入法磨削孔时，由于内圆磨头主轴的弯曲变形，磨出的孔会出现带有锥度的圆柱度误差，如图 2–39b 所示。

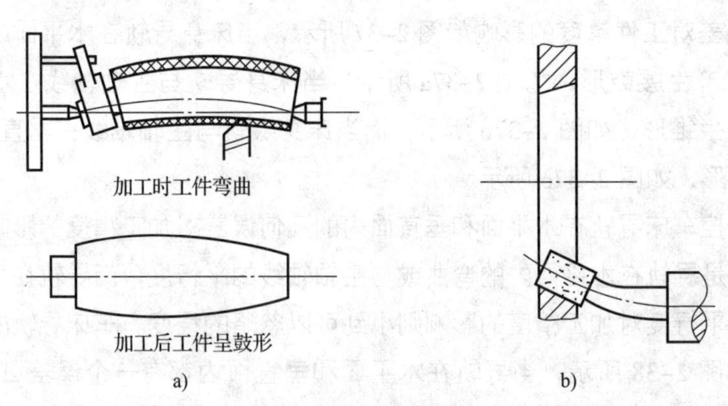

图 2–39　工艺系统受力变形引起的加工误差
a）腰鼓形的圆柱度误差　b）带有锥度的圆柱度误差

工艺系统受力变形通常是弹性变形，一般来说，工艺系统抵抗变形的能力越大，加工误差就越小。在实际生产中常采取的措施包括：减小接触面间的表面粗糙度值，增大接触面积；适当预紧，减少接触变形，提高接触刚度；合理地布置肋板，提高局部刚度；减少受力变形，提高工件刚度（如车削细长轴时利用中心架或跟刀架）；合理装夹工件，减少夹紧变形（如加工薄壁套时采用开口过渡环或专用卡爪夹紧）。

3. 工艺系统热变形引起的误差及改善措施

切削加工时，整个工艺系统由于受到切削热、摩擦热及外界辐射热等因素的影响，常发生复杂的变形，导致工件与切削刃之间原先调整好的相对位置、运动及传动的准确性都发生变化，从而产生加工误差。由于这种原因而引起的工艺系统的变形现象称为工艺系统的热变形。

实践证明，影响工艺系统热变形的因素主要有机床、刀具、工件，另外，环境温度的影响在某些情况下也是不容忽视的。

（1）机床的热变形

对机床的热变形构成影响的因素主要有电动机和机械动力源等的能量损耗转化发出的热；传动部件、运动部件在运动过程中产生的摩擦热；切屑或切削液落在机床上所传递的切削热；外界的辐射热。

这些热都将不同程度地使机床床身、工作台和主轴等部件发生变形，如图 2–40 所示为机床热变形对加工精度的影响。

为了减小机床热变形对加工精度的影响，通常在机床大件的结构设计上采取对称结构或采用主动控制方式均衡关键件的温度，以减小其因受热而出现的弯曲变形或扭曲变形对加工的影响；在结构连接设计上，其布局应使关键部件的热变形方向对加工精度影响较小；对发热量较大的部件，应采取足够的冷却措施或设法隔离热源。在工艺措施方面，可让机床空运转一段时间之后，当其达到或接近热平衡时再调整机床，对零件进行加工；或将精密机床安装在恒温室中使用。

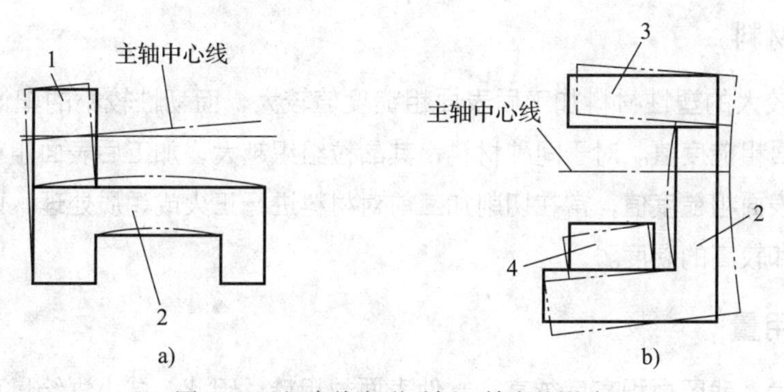

图 2-40 机床热变形对加工精度的影响

a）床身、主轴变形 b）床身、工作台、主轴变形

1—主轴箱 2—床身 3—横梁 4—工作台

（2）工件的热变形

由于切削热的作用，工件在加工过程中会产生热变形，因其热膨胀影响了尺寸精度和形状精度。

为了减小热变形对加工精度的影响，常采用切削液冷却切削区的方法；也可通过选择合适的刀具或改变切削参数的方法来减少切削热或减少传入工件的热量；对大型或较长的工件，在夹紧状态下应使其末端能自由伸缩。

4. 工件内应力引起的误差及改善措施

所谓内应力，就是当外界载荷去掉后仍残留在工件内部的应力。内应力是工件在加工过程中其内部宏观或微观组织因发生了不均匀的体积变化而产生的。

具有内应力的零件处于一种不稳定的相对平衡状态，可以保持形状精度的暂时稳定。但它的内部组织有强烈的倾向要恢复到一种稳定的没有内应力的状态，一旦外界条件产生变化，如环境温度的改变、继续进行切削加工、受到撞击等，内应力的暂时平衡就会被打破而进行重新分布，零件将产生相应的变形，从而破坏原有精度。

为减小或消除内应力对零件加工精度的影响，在零件的结构设计中应尽量简化结构，使壁厚均匀，以减小在铸件、锻件制造中产生的内应力；在毛坯制造之后，或粗加工后、精加工前，安排时效处理以消除内应力；切削加工时，应将粗、精加工分开在不同的工序进行，使粗加工后有一定的间隔时间让内应力重新分布，以减小对精加工的影响。

四、影响表面粗糙度的工艺因素及主要改善措施

零件在切削加工过程中，由于刀具几何形状和切削运动引起的残留面积、黏结在刀具刃口上的积屑瘤划出的沟纹、工件与刀具之间的振动引起的振动波纹以及刀具后面磨损造成的挤压与摩擦痕迹等原因，使零件表面比较粗糙。影响表面粗糙度的工艺因素主要有工件材料、切削用量、刀具几何参数及切削液等。

1. 工件材料

一般韧性较大的塑性材料加工后表面粗糙度值较大，而韧性较小的塑性材料加工后易得到较小的表面粗糙度值。对于同种材料，其晶粒组织越大，加工后表面粗糙度值越大。因此，为了减小表面粗糙度值，常在切削加工前对材料进行正火或调质处理，以获得均匀、细密的晶粒组织和较高的硬度。

2. 切削用量

进给量越大，残留面积高度越高，零件表面越粗糙。因此，减小进给量可有效地减小表面粗糙度值。

切削速度对表面粗糙度的影响也很大。在中速切削塑性材料时，由于容易产生积屑瘤，且塑性变形较大，因此，加工后零件表面粗糙度值较大。通常采用低速或高速切削塑性材料，可有效地避免积屑瘤的产生，这对减小表面粗糙度值有积极作用。

3. 刀具几何参数

主偏角、副偏角及刀尖圆弧半径对零件表面粗糙度有直接影响。在进给量一定的情况下，减小主偏角和副偏角或增大刀尖圆弧半径可减小表面粗糙度值。另外，适当增大前角和后角，减小切削变形以及切屑与前面、工件与后面间的摩擦，抑制积屑瘤的产生，也可减小表面粗糙度值。

4. 切削液

切削液的冷却和润滑作用能减小切削过程中的界面摩擦，降低切削区温度，使切削层金属表面的塑性变形程度下降，抑制积屑瘤的产生，因此，可大大减小表面粗糙度值。

工作经验

改善工艺系统热变形的状态，影响尺寸精度的因素及改善措施见表 2–12，影响形状精度的因素及改善措施见表 2–13，影响位置精度的因素及改善措施见表 2–14。

表 2–12　影响尺寸精度的因素及改善措施

误差来源	影响结果	改善措施
测量误差（量具的制造误差、测量方法误差等）	不能正确地反映工件的实际尺寸	1. 根据被测尺寸的精度要求，合理选用并正确使用量具（仪） 2. 采用正确的测量方法 3. 控制环境温度
调整误差	用调整法加工时，被测量的样件不能完全反映加工中各种随机误差造成的尺寸分散，从而影响调整尺寸的正确性	试切一组工件，按尺寸分布的平均位置调整刀具位置。试切工件的数量由所要求的尺寸公差及实际加工尺寸的分散范围决定

续表

误差来源	影响结果	改善措施
刀具误差与刀具磨损	1．定尺寸刀具误差及磨损直接影响了加工尺寸 2．用调整法加工时，刀具磨损使一批工件的尺寸不同 3．数控加工时，刀具制造、安装、对刀误差及刀具磨损等会影响尺寸的正确性	1．及时控制刀具尺寸 2．及时调整机床 3．提高刀具安装精度 4．掌握刀具磨损规律，进行补偿
进给误差	进给机构的传动误差和微量进给时产生的“爬行”现象使实际进给量与显示值或程序控制值不符	1．提高进给机构精度 2．用千分表等测量实际进给量 3．采用闭环控制系统
工件的装夹误差（夹具制造、定位误差，导向、对刀、找正误差，夹紧变形等）	使加工表面的设计基准与刀具相对位置发生变化，引起加工表面的位置误差	1．正确选择定位基准 2．提高夹具制造精度 3．合理确定夹紧方法和夹紧力的大小 4．提高找正精度并正确装夹

表 2–13　　影响形状精度的因素及改善措施

<table>
<tr><th colspan="2">误差来源</th><th>影响结果</th><th>改善措施</th></tr>
<tr><td colspan="2">机床传动误差（传动元件制造误差与安装误差）</td><td>车螺纹时，如 $v_f/\omega_w \neq$ 常数，将产生螺距误差；展成法加工齿轮时，如 $\omega_t/\omega_w \neq$ 常数，将产生齿形和齿距误差（v_f 和 ω_w 分别为刀具直线运动速度和回转角速度，ω_t 为工件回转角速度）</td><td>1．尽量缩短传动链
2．增大末端传动副的降速比，提高末端传动元件的制造与安装精度
3．采用校正机构</td></tr>
<tr><td colspan="2">成形运动原理误差</td><td>用模数铣刀铣削齿轮时产生齿形误差</td><td>计算其误差，满足工件精度要求时才能采用</td></tr>
<tr><td rowspan="2">刀具误差</td><td>刀具几何形状的制造误差及其安装误差</td><td>采用成形法或展成法加工时，直接导致被加工表面的形状误差</td><td>1．提高成形刀具切削刃的制造精度
2．提高刀具安装精度</td></tr>
<tr><td>刀尖尺寸的磨损</td><td>切削路线较长时或加工难加工材料的工件时影响被加工表面的形状精度</td><td>1．选择高耐磨性的刀具材料
2．选用合理的切削用量
3．自动补偿刀具磨损</td></tr>
</table>

表 2–14　　影响位置精度的因素及改善措施

<table>
<tr><th colspan="2">误差来源</th><th>影响结果</th><th>改善措施</th></tr>
<tr><td rowspan="2">机床误差</td><td>机床几何误差</td><td>1．成形刀具与机床装夹面的位置误差，影响了工件加工表面与定位基准面之间的位置精度
2．成形运动轨迹关系不正确，造成同一次装夹中各加工表面之间的位置误差</td><td rowspan="2">1．提高机床几何精度
2．减小或补偿机床热变形
3．减小或补偿机床受力变形</td></tr>
<tr><td>机床热变形与受力变形</td><td>破坏了机床的几何精度，造成加工表面之间或加工表面与定位基准面之间的位置误差</td></tr>
</table>

续表

误差来源	影响结果	改善措施
夹具误差（夹具制造、安装误差）	直接影响加工表面与定位基准面之间的位置精度	1. 提高夹具制造精度 2. 提高夹具安装精度
找正误差	采用找正法（划线找正或直接找正）装夹工件时，直接影响加工表面与找正基准面之间的位置精度	1. 提高找正基准面的精度 2. 提高找正操作水平 3. 采用与加工精度要求相适应的找正方法和找正工具
工件定位基准与设计基准不重合	直接影响加工表面与设计基准面之间的位置精度	1. 以设计基准作为定位基准 2. 提高设计基准与定位基准之间的位置精度
工件定位基准面误差	影响加工表面与定位基准面之间的位置精度。在多次装夹加工中影响各加工表面之间的位置精度	1. 提高定位基准面的加工精度 2. 提高定位基准面与定位元件的接触精度
基准转换	在多工序加工中，定位基准转换会加大不同工序（安装）中加工表面之间的位置误差	1. 尽量采用统一的精基准 2. 采用工序集中原则 3. 提高定位基准面本身的精度和定位基准面之间的位置精度

第六节 数控加工工艺文件

数控加工工艺文件主要包括数控加工编程任务书、工序卡、数控刀具调整单、机床控制面板开关调整单、工件装夹和零点设定卡、数控加工进给路线图、数控加工工艺附图卡、数控加工程序单、数控加工工序质量控制书等。这些文件尚无统一的标准，各企业可根据本单位的特点制定上述工艺文件，现选几例，仅供参考。

一、数控加工编程任务书

数控加工编程任务书记载并说明了工艺人员对数控加工工序的技术要求、工序说明和数控加工前应保证的加工余量，是编程员与工艺人员协调工作和编制数控程序的重要依据之一，见表 2–15。

表 2–15　数控加工编程任务书

<table>
<tr><td colspan="2">××× 机械厂</td><td colspan="3" rowspan="3">数控加工编程任务书</td><td colspan="2">产品零件图号</td><td colspan="2">DEK 0301</td><td colspan="2">任务书编号</td></tr>
<tr><td colspan="2" rowspan="2">工艺处</td><td colspan="2">零件名称</td><td colspan="2">摇臂壳体</td><td colspan="2">18</td></tr>
<tr><td colspan="2">使用数控设备</td><td colspan="2">BFT 130</td><td>共 页</td><td>第 页</td></tr>
<tr><td colspan="11">主要工序说明及技术要求：
数控精加工各孔及铣凹槽，详见本产品工序卡中工序号 70 的要求</td></tr>
<tr><td colspan="2">编程任务收到日期</td><td colspan="3"></td><td colspan="2">经手人</td><td></td><td>批准</td><td colspan="2"></td></tr>
<tr><td>编制</td><td></td><td>审核</td><td></td><td>编程</td><td></td><td>审核</td><td></td><td>批准</td><td colspan="2"></td></tr>
</table>

二、工序卡

数控加工工序卡与普通加工工序卡有许多相似之处，但不同的是该卡中应反映所使用的辅具、刀具、切削参数、切削液等，它是操作人员配合数控程序进行数控加工的主要指导性工艺资料。工序卡应按已确定的工步顺序填写。数控加工工序卡见表 2-16。

表 2-16　　数控加工工序卡

×××机械厂	数控加工工序卡		产品名称或代号	零件名称	零件图号
			JS	行星架	0102—4
工艺序号	程序编号	夹具名称	夹具编号	使用设备	车间
		镗胎			

工步号	工步内容	加工面	刀具号	刀具规格/mm	主轴转速/(r/min)	进给速度/(mm/min)	背吃刀量/mm	备注
1	N5 ~ N30，将 ϕ65H7 的孔镗至 ϕ63 mm		T13001					
2	N40 ~ N50，将 ϕ50H7 的孔镗至 ϕ48 mm		T13006					
3	N60 ~ N70，将 ϕ65H7 的孔镗至 ϕ64.8 mm		T13002					
4	N80 ~ N90，镗孔 ϕ65H7		T13003					
5	N100 ~ N105，ϕ65H7 的孔孔边倒角 C1.5 mm		T13004					
6	N110 ~ N120，将 ϕ50H7 的孔镗至 ϕ49.8 mm		T13007					
7	N130 ~ N140，镗孔 ϕ50H7		T13008					
8	N150 ~ N160，ϕ50H7 的孔孔边倒角 C1.5 mm		T13009					
9	N170 ~ N240，铣 $\phi 6^{+0.3}_{0}$ mm 的环沟		T13005					
编制		审核		批准		年 月 日	共 页	第 页

若在数控机床上只加工零件的一个工步时，也可不填写工序卡。在工序加工内容不太复杂时，可把零件草图反映在工序卡上。

三、数控刀具调整单

数控刀具调整单主要包括数控刀具卡（简称刀具卡）和数控刀具明细表（简称刀具表）两部分。

进行数控加工时，对刀具的要求十分严格，一般要在机外对刀仪上事先调整好刀具直径和长度。刀具卡主要反映刀具编号、刀具结构、尾柄规格、组合件名称代号、刀片型号和材料等，它是组装刀具和调整刀具的依据。数控刀具卡见表 2-17。数控刀具明细表是调刀人员调整刀具时输入的主要依据，见表 2-18。

表 2–17　　　　数控刀具卡

零件图号		JS0102—4	数控刀具卡				使用设备
刀具名称		镗刀					TC—30
刀具编号		T13003	换刀方式	自动	程序编号		
刀具组成	序号	编号		刀具名称	规格 /mm	数量	备注
	1	7013960		拉钉		1	
	2	390.140—5063050		刀柄		1	
	3	391.35—4063110M		镗刀柄		1	
	4	448S—405628—11		镗刀体		1	
	5	2148C—33—1103		精镗单元	ϕ50 ~ 72	1	
	6	TRMR110304—21SIP		刀片		1	

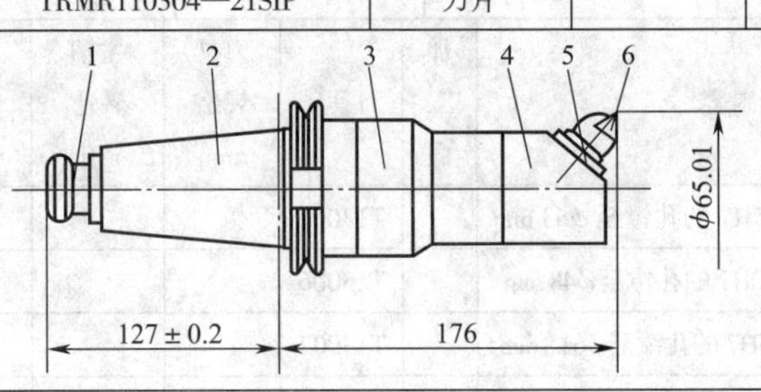

备注										
编制		审核		批准		年　月　日		共　页		第　页

表 2–18　　　　数控刀具明细表

零件图号	零件名称	材料	数控刀具明细表	程序编号	车间	使用设备
JS0102—4						

刀号	刀位号	刀具名称	刀具图号	刀具			刀补地址		换刀方式	加工部位
				直径 /mm		长度 /mm				
				设定	补偿	设定	直径	长度	自动 / 手动	
T13001		镗刀		ϕ63		137			自动	
T13002		镗刀		ϕ64.8		137			自动	
T13003		镗刀		ϕ65.01		176			自动	
T13004		镗刀		$\phi 65\times45°$		200			自动	
T13005		环沟铣刀		ϕ50	ϕ50	200			自动	
T13006		镗刀		ϕ48		237			自动	
T13007		镗刀		ϕ49.8		237			自动	
T13008		镗刀		ϕ50.01		250			自动	
T13009		镗刀		$\phi 50\times45°$		300			自动	
编制		审核		批准			年　月　日		共　页	第　页

四、机床调整单

机床调整单是机床操作人员在加工前调整机床的依据。它主要包括机床控制面板开关调整单、工件装夹和零点设定卡两部分。

1. 机床控制面板开关调整单

机床控制面板开关调整单主要记录机床控制面板上有关“开/关”的位置，如进给速度、调整旋钮位置或超调（倍率）旋钮位置、垂直校验开关及冷却方式等内容。数控镗铣床控制面板调整单见表 2-19。

表 2-19　　数控镗铣床控制面板调整单

零件号			零件名称			工序号		制表	
F—倍率开关									
F1		F2		F3		F4		F5	
F6		F7		F8		F9		F10	
S—倍率开关									
S1		S2		S3		S4		S5	
S6		S7		S8		S9		S10	
刀具补偿调整									
1	T03	−1.20			6				
2	T54	+0.69			7				
3	T15	+0.29			8				
4	T37	−1.29			9				
5					10				

各轴切削开关											
X	N001 ~ N080	0	*Y*		0	*Z*		0	*B*	N001 ~ N080	0
	N080 ~ N110	1			0			0		N081 ~ N110	1
垂直校验开关位置						0					
工件冷却						1					

注：1. 在机床调整单中应给出倍率旋钮的位置。倍率一般为 10% ~ 120%，即将程序中给出的进给速度变为其值的 10% ~ 120%。

2. 对于有刀具半径补偿运算的数控系统，应将实际所用刀具半径值记入机床调整单。

3. 垂直校验表示在一个程序段内，从第一个“字符”到程序段结束“字符”，总“字符”数是偶数个。若在一个程序内“字符”数目是奇数个，则应在这个程序段内加一“空格”字符。若程序中不要求垂直校验时，应在机床调整单的垂直校验栏内填入“0（断）”。这时不检查程序段中字符数目是奇数还是偶数。

4. 冷却方式开关给出的是油冷还是雾冷。

5. 数控机床的功能不同，机床调整单的形式也不同。

2. 工件装夹和零点设定卡

数控加工工件装夹和零点（编程坐标系原点）设定卡（简称装夹和零点设定卡）表明了数控加工工件定位方法和夹紧方法，也表明了工件零点设定的位置和坐标方向、使用夹具的名称和编号等。工件装夹和零点设定卡见表 2–20。

表 2–20　　工件装夹和零点设定卡

<table>
<tr><td>零件图号</td><td>JS0102—4</td><td colspan="2" rowspan="2">数控加工工件装夹和零点设定卡</td><td colspan="3">工序号</td></tr>
<tr><td>零件名称</td><td>行星架</td><td colspan="3">装夹次数</td></tr>
<tr><td colspan="4" rowspan="3">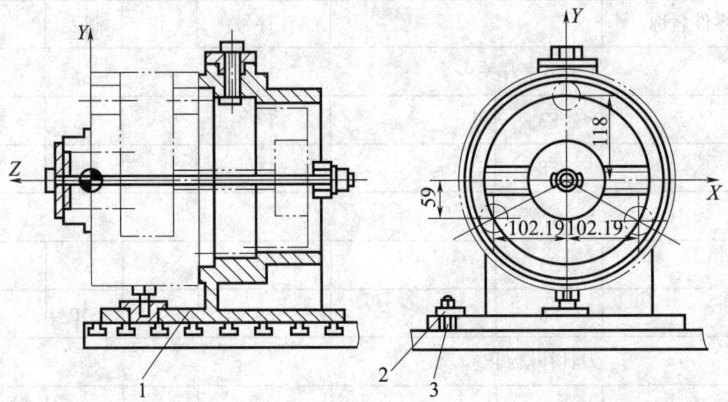
</td><td>3</td><td>T 形槽螺栓</td><td></td></tr>
<tr><td>2</td><td>压板</td><td></td></tr>
<tr><td>1</td><td>镗铣夹具板</td><td>GS52—61</td></tr>
<tr><td>编制</td><td>审核</td><td>批准</td><td>第　页</td><td></td><td></td><td></td></tr>
<tr><td></td><td></td><td></td><td>共　页</td><td>序号</td><td>夹具名称</td><td>夹具图号</td></tr>
</table>

五、数控加工进给路线图

在数控加工中，刀具相对于工件运动的轨迹称为加工进给路线。设计好数控加工刀具进给路线是编制合理的加工程序的条件之一。另外，在数控加工中要经常注意并防止刀具在运动中与工件、夹具等发生意外的碰撞。因此，机床操作者要了解刀具进给路线，了解并计划好夹紧位置以及控制夹紧元件的高度，以避免发生碰撞事故。这在上述工艺文件中难以说明或表达清楚，常采用进给路线图加以说明。

为简化进给路线图，一般可采取统一约定的符号来表示，不同的机床可以采用不同的图例与格式。数控机床加工进给路线见表 2–21。

六、数控加工工艺附图卡

对于比较复杂的零件加工工艺的编制，有时要给出工序图，这时一般以数控加工工艺附图卡的形式给出。表 2–22 所列为数控加工工艺附图卡。

表 2-21　　数控机床加工进给路线

数控机床加工进给路线图		零件图号	ZG03.01	工序号	50	工步号	2	程序编号	ZG03.01—2
机床型号	程序段号	N8301~N8339	加工内容	铣扇形框内、外形				共　页	第　页

						编程		校对		审核
符号	⊙	⊗								
含义	抬　刀	下　刀	编程原点	起　始	进给方向	进给线相交	爬斜坡	钻　孔	行　切	轨迹重叠	回　切

表 2–22　　数控加工工艺附图卡

（单位）	数控加工工艺附图卡				产品名称或代号	零件名称	材料	零件图号
					平面类凸廓零件	凸模	铸铝 ZL4	10—1001
工序号	程序编号	夹具名称	夹具编号	使用设备		车间		
	O1/O11	机床用平口虎钳		TK7640 型数控立式镗铣床		数控实训中心		
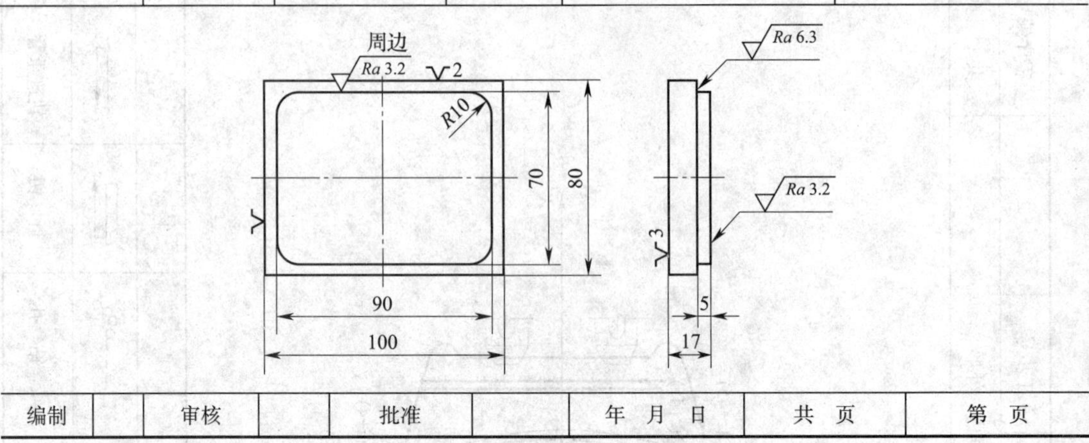								
编制		审核		批准		年　月　日	共　页	第　页

七、数控加工程序单

数控加工程序单是编程人员根据工艺分析情况，经过数值计算，按照机床特定的指令代码编制而成的，见表 2–23。它是记录数控加工工艺过程、工艺参数、位移数据的清单，也是手动数据输入（MDI）和置备控制介质、实现数控加工的主要依据。

表 2–23　　数控加工程序单

（单位）		数控加工程序单		程序号		零件图号		机床	
				产品号		零件名称		共　页	第　页
材料		毛坯种类		第一次加工数量		每台数量		单件质量	
工步号	程序段号	程序内容				备注			
标记	修改内容	修改者	修改日期			编制日期	审核日期	批准日期	反馈日期

八、数控加工工序质量控制书

为了保证零件的加工质量，常用数控加工工序质量控制书的形式控制加工过程，以方便在出现问题时找出原因。表 2–24 所列为数控加工工序质量控制书。

表 2-24　　数控加工工序质量控制书

（单位）	工序质量控制书		产品名称或代号	零件名称	材料	零件图号
			平面类凸廓零件	凸模	铸铝 ZL4	10—1001
工序号	程序编号	夹具名称	夹具编号	使用设备		车间
	O11/O12	机床用平口虎钳		TK7640 型数控立式镗铣床		数控实训中心
序号	检测项目	技术要求	控制要求			
			检测频次		检测日期	
1	高度 /mm	总高 17	全数检测		游标卡尺	
		轮廓高 5				
2	轮廓尺寸 /mm	长 90	全数检测		游标卡尺、游标深度卡尺	
		宽 70			游标卡尺、游标深度卡尺	
		圆角 $R10$			目测	

编制		审核		批准		年　月　日	共　页	第　页

看一看

看看自己所用的数控工艺文件是否与此相同？

第七节　成组技术在数控加工中的应用

随着传统的单一品种、大批量生产方式在制造业中的比重逐步下降，多品种及中、小批量生产不断增加。在新条件下如何组织生产、提高生产效率、降低成本、增加经济效益，这给人们提出了新的问题。成组技术正是解决以上问题的有效途径之一。成组技术（GT）不仅是一种方法，也是自然和社会的一种哲理，并可为制造业所利用。

成组技术的基础是相似性。相似性是指不同类型、不同层次的系统间存在某些共有的物理、化学、几何、生物学或功能等方面的具体属性或特征。“相似”是指属性或特征相同，但在数量上有差别的现象。

零件的相似性是制造业应用成组技术的基础。每种零件具有多种特征，如结构、形状、技术条件、材料、工艺和生产管理等多方面。因此，零件的相似性即为零件间确定其特征的相似性。此外，有些特征之间存在着相关性，如零件的几何形状、结构和材料的相似性与工艺相似性有较密切的联系。

相似性只是提供了分组、分类的条件，但要真正取得效益，还要从相似性而来的“重复使用”手段，重复使用设计图样和工艺文件、重复使用工艺装备、重复使用生产和作业计划等。总之，在企业的一切工作中均能发现重复机会并加以利用，从而节约生产中的大量人力、物力，既降低成本，又满足短期内供应市场（交付用户），对市场做出快速反应的要求。这是成组技术的本质。

一、成组工艺的编制方法

对零件进行分类编码时，首先要将零件划分为回转体和非回转体两类。因为这两大类零件的结构和工艺有很大区别，从而使编制成组工艺的方法也完全不同，下面分别进行讨论。

1. 用复合零件法编制回转体零件成组工艺

在编制回转体零件成组工艺时，要将不同的零件合在一组内加工，要求做到“机床、工艺装备（包括夹具、刀具和辅助工具）和调整”的三统一。回转体零件的加工主要是内、外回转表面的车削，定位、夹紧方式较简单，所用夹具式样少。编制成组工艺的重点是“成组调整”。“成组调整”的要点如下：

（1）用同一夹具、同一套刀具和辅助工具加工一组零件。

（2）加工同一零件组内的不同零件时，允许更换刀具，但主要依靠尺寸的调节来适应。

（3）用各种快速调整措施缩短更换零件时的调整时间。

基于回转体零件的这些特点，常用复合零件法编制成组工艺。复合零件必须拥有同组零件的全部待加工表面要素，由于其他零件所具有的待加工表面要素都比复合零件少，因此，按复合零件编制的成组工艺既能加工复合零件本身，也必然能加工同组的其他零件，只要删去该组零件成组工艺中不为其他零件所具有的表面要素和工序、工步即可。由于复合零件的上述特点，因此，复合零件可以是零件组中某个具体的零件，也可以是虚拟的假想零件，尤以假想零件的情况为多。如图 2–41 所示为由 7 个表面要素或工步组成的回转体复合零件概念图。

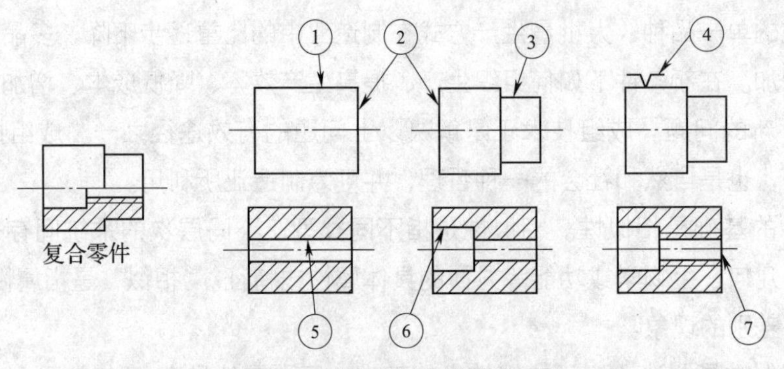

图 2–41 回转体复合零件概念图

2. 用复合路线法编制非回转体零件成组工艺

对于非回转体零件，为了满足成组工艺的要求，应该做到“机床、夹具和工艺”三统一。由于非回转体零件几何形状不对称、不规则，其装夹和定位方式远比回转体零件复杂，因此，“夹具的统一”是“三统一”中的关键。同时，不可能将复合零件原理用于非回转体零件。因此，常用复合路线法编制非回转体零件的成组工艺。复合路线法是以同组零件中最复杂的工艺路线为基础，与组内其他零件的工艺路线相比较，凡组内其他零件所需要而最复杂工艺路线所没有的工序应分别添上，最后能形成满足全组零件加工要求的成组工艺过程。如图 2–42 所示为按复合路线法编制成组工艺过程的概念图。

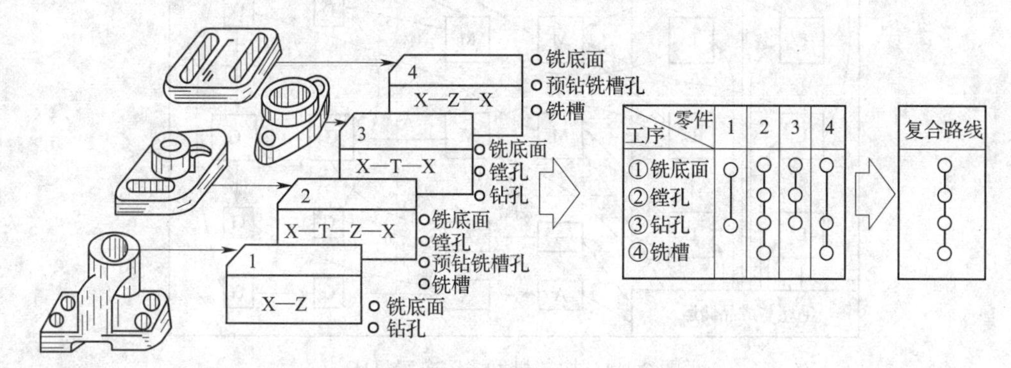

图 2–42　按复合路线法编制成组工艺过程的概念图

二、成组生产组织形式

在企业实施成组技术，必须采用相应的生产组织形式。现有两种成组生产组织形式，即成组单机和成组生产单元。

1. 成组单机

成组单机是成组生产组织的最简单形式，即在一台机床上实现成组生产。由于生产中存在许多中、小尺寸以及形状不太复杂、精度要求并不高的相似零件，因此，一台机床可以将零件全部加工完毕。特别是车削加工中心和镗铣加工中心在生产中的使用，更加扩大了成组单机的使用范围。由于成组单机在组织生产和管理上简单、方便，因此，这是在企业实施成组技术时优先被推荐的成组生产组织。

2. 成组生产单元

由于生产中存在大量多工序加工的零件，因此，在车间中由一组机床和一组生产工人共同完成相关零件组的全部工艺过程的成组生产组织称为成组生产单元，简称成组单元。因此，成组单机是成组单元的一个特例，成组单元是成组生产的基本组织形式。

三、成组技术在车间设备布置（Layout）中的应用

中、小批量生产中采用“机群式”的传统设备布置方式将相同类型的机床（如车床、铣床、磨床等）排列在一起，如图 2–43 所示。“机群式”的优点是在小批量生产条件下便于共用同类工具、夹具，此外班长也便于管理。但是物料运送路线的混乱状态却增大了管理的难度。如果按零件组（族）组织成组生产，并建立成组单元，机床就可以布置为“成组单元”形式，如图 2–44 所示。这样，物料流动直接从一台机床到另一台机床，不需要迂回，既便于管理，又可将物料搬运工作简化，并将运送工作量降至最低。

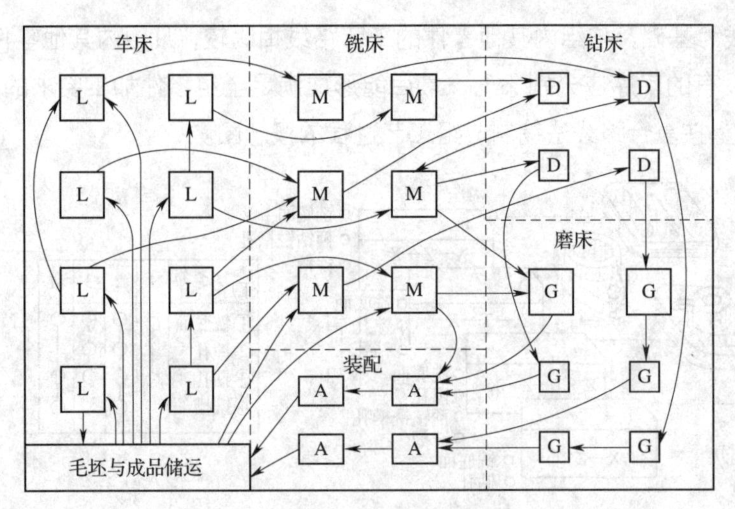

图 2–43 按“机群式”布置机床

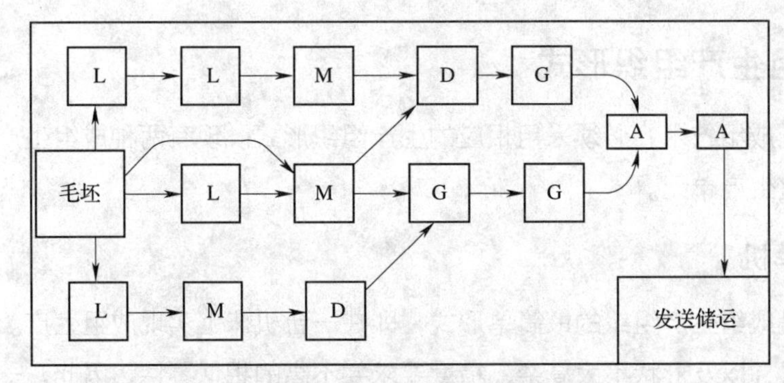

图 2–44 按“成组单元”形式布置机床

L—车床 M—铣床 D—钻床 G—磨床 A—装配

回转体零件实现成组工艺的基本原则是调整的统一，如在多工位机床上加工时（如转塔车床、自动车床、数控车床），调整的统一是夹具和刀具附件的统一，即采用相同夹具条件下用同一套刀具实现统一，因此，用同一套刀具及其附件是实现回转体零件成组工艺的基本要求。由于 CNC 车削中心的进步及完善，在 CNC 车削中心上很容易实现回转体零件的成组工艺。

如图 2–45 所示为在数控车床上加工套类零件组的成组调整。

非回转体零件实现成组工艺的基本原则之一是零件组必须采用统一的夹具——成组夹具。成组夹具是可调整夹具，即夹具的结构可分为基本部分（如夹具体、传动装置等）和可调整部分（如定位元件、夹紧元件等称为调整件）。基本部分对某一零件组或同类数个零件组都适用，当加工零件组中某一零件时只需要调整或更换夹具上的可调整部分，即调整和更换少数几个定位元件或夹紧元件，就可以加工同一组中的任何零件。

在现有夹具系统中，如通用可调整夹具、专业化可调整夹具、组合夹具均可作为成组夹具使用。采用哪一种夹具结构，主要根据批量的大小、加工精度的高低、产品的生命周期等因素决定。通常，零件组批量大、加工精度要求高时都采用专业化可调整夹具，零件组批量小可采用通用可调整夹具和组合夹具，如产品生命周期短，适合用组合夹具。

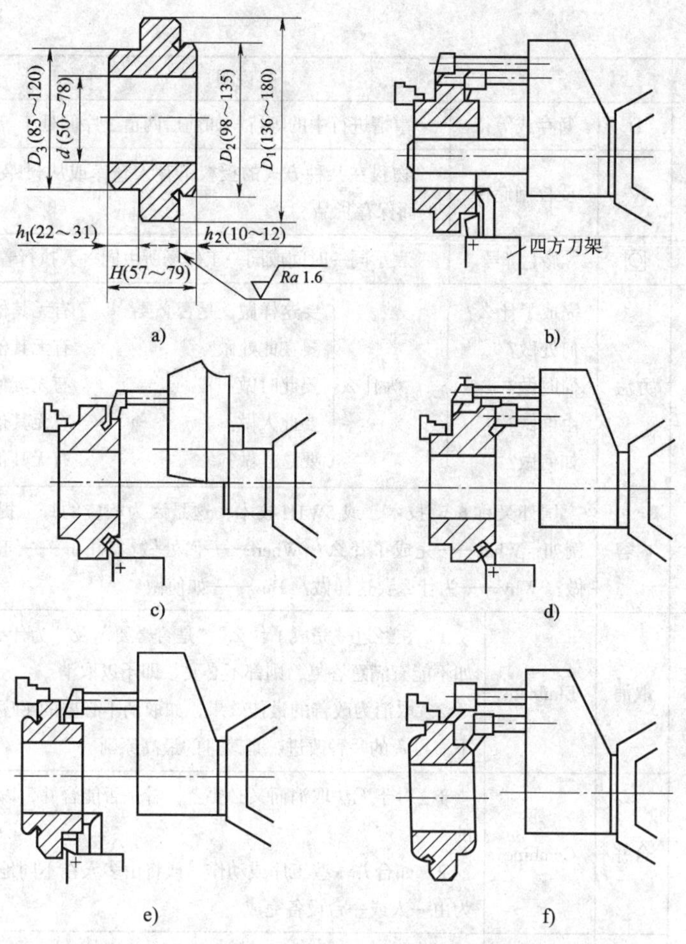

图 2–45 在数控车床上加工套类零件组的成组调整

a）零件图 b）第 1 工位 c）第 2 工位 d）第 3 工位 e）第 4 工位 f）第 5 工位

做一做

利用实训时间，对已经练习的工件的工艺进行成组调整。

四、数控加工优化

1. 优化方法

优化方法见表 2–25。

表 2–25 **优化方法**

项目	说明		
符号	○	操作	工艺过程、方法或工作程序中的主要步骤
	⇨	搬运、运输	物料或设备从一处向另一处移动
	□	检验	对物体的质量或数量及某种操作执行情况的检查

续表

<table>
<tr><th>项目</th><th colspan="3">说明</th></tr>
<tr><td rowspan="3">符号</td><td>D</td><td>暂存或等待</td><td>事情进行中的等待，如前后两道工序间处于等待的工作、零件</td></tr>
<tr><td>▽</td><td>受控制储存</td><td>物料在某种方式的授权下存入仓库或从仓库发放，或为了控制目的而保存货品</td></tr>
<tr><td>◎</td><td>派生符号</td><td>表示同一时间或同一工作场所由同一人执行着操作与检验的工作</td></tr>
<tr><td rowspan="2">技巧（六大提问技术）</td><td>方法</td><td colspan="2">完成了什么？
何处做？
何时做？
由谁做？
如何做？
} 为什么 {
要这样做，是否必要？ 有无其他更好的成就？
要在此处做？ 有无其他更合适的地方？
要此时做？ 有无其他更合适的时间？
要此人做？ 有无其他更合适的人？
要这样做？ 有无其他更合适的方法？</td></tr>
<tr><td>内容</td><td colspan="2">国外又称 6 W 技术，或 5W1H 技术，这是因为相应的每一提问都有一个字母 W，例如，What——完成了什么？ Where——何处做？ When——何时做？ Who——由谁做？ Why——为什么要这样做？ How——如何做</td></tr>
<tr><td rowspan="4">“ECRS”四大原则</td><td>取消</td><td>Elminate</td><td>1. 在经过“完成了什么”“是否必要”及“为什么”等问题的提问后，如不能有满意答复，则都不必要，即予以取消
2. 取消为改善的最佳效果，如取消不必要的工序、操作、动作，这是不需投资的一种改进，是改进的最高原则</td></tr>
<tr><td>合并</td><td>Combine</td><td>1. 对于无法取消而又必要者，看是否能合并，以达到省时、简化的目的
2. 如合并一些工序或动作，或将由多人在不同地点从事的不同操作改为由一人或一台设备完成</td></tr>
<tr><td>重排</td><td>Rearrange</td><td>1. 经过取消、合并后，可再根据“何人、何处、何时”三个提问进行重排
2. 使加工顺序更合理</td></tr>
<tr><td>简化</td><td>Simple</td><td>1. 用最简单的设备、工具代替复杂的设备、工具
2. 用较简单、省力、省时的动作代替繁重的动作</td></tr>
<tr><td rowspan="5">五个方面</td><td>操作分析</td><td colspan="2">1. 这是最重要的分析，它涉及产品的设计
2. 如产品设计做某些微小变动，很可能改变整个制造过程；或通过操作分析省去某些工序；减少某些搬运；或合并某一工序，使原需在两处进行的工作合并在一处完成等</td></tr>
<tr><td>搬运分析</td><td colspan="2">1. 搬运问题需考虑搬运质量、距离及消耗的时间
2. 运输方法和工具的改进可减少搬运人员的劳动强度和时间的消耗
3. 调整厂区或车间、设备的布置与排列可缩短运送的距离和时间等</td></tr>
<tr><td>检验分析</td><td colspan="2">1. 检验的目的是剔除不合格的产品，应根据产品的功能和精度要求进行
2. 选择合理、适宜的检验方法，以及决定是否需设计更好的工具、夹具、量具等</td></tr>
<tr><td>储存分析</td><td colspan="2">1. 储存分析应着重对仓库管理、物资供应计划和作业进度等进行检查和分析
2. 保证及时供应材料及零件，避免不必要的物料积压</td></tr>
<tr><td>等待分析</td><td colspan="2">1. 等待应减至最低限度，要分析引起等待的原因
2. 如等待是由设备造成的，则可从改进设备着手</td></tr>
</table>

续表

项目	说明	
六大步骤	选择	选择所需研究的工作。主要从经济因素、技术因素和人的因素三个方面来考虑所选择研究的问题
	记录	用程序分析的有关图表对现行的方法进行全面记录
	分析	1. 用“5W1H”提问技术对记录的事实进行逐项提问 2. 根据“ECRS”四大原则，对有关程序进行取消、合并、重排、简化
	建立	在以上基础上，建立最实用以及最经济、合理的新方法
	实施	采取措施使此新方法得以实现
	维持	坚持规范及经常性的检查，维持该标准方法不变
改善对象	基本原则	1. 尽可能取消不必要的工序 2. 合并工序，减少搬运 3. 安排最佳的顺序 4. 使各工序尽可能经济化 5. 找出最经济的移动方法 6. 尽可能地减少在制品的储存
	工序因素	1. 去除不需要的工序或操作 2. 改变工作顺序 3. 改变设备或利用新设备 4. 改变企业布置或重新编排设备 5. 改变操作或储存的位置 6. 改变订购材料的规格 7. 发挥每个工人的技术专长
	搬运因素	1. 取消某些操作 2. 改变物品存放的场所或位置 3. 改变企业布置 4. 改变搬运方法 5. 改变工艺过程或工作顺序 6. 改变产品设计 7. 改变原材料或零部件的规格
	等待因素	1. 改变工作顺序 2. 改变企业布置 3. 改造设备或用新设备
	检验因素	1. 它们是否真的必须执行？有什么效果 2. 有无重复 3. 由别人做是否更方便 4. 能否用抽样或数理统计进行控制

2. 优化手段

进行优化时，应根据研究对象的不同而采用不同的图表。在数控机床上车削长轴的分析方法如图 2-46 所示，现在优化手段常采用图表的形式，表 2-26 所列为人型及物料型流程程序图标准表格。

工作名称：车削长轴
开　　始：钢棒由储存架至锯床
结　　束：涂防锈油至成品库

1⇨ 由储存处运至锯床(1.5m)
① 装夹在锯床上
② 锯成ϕ15mm×368mm
③ 装上四轮车
2⇨ 运至1号车床(3m)
④ 用三爪自定心卡盘夹紧
⑤ 车端面并钻中心孔
□ 检验总长
⑥ 取下并放入零件盒
3⇨ 运至2号车床(1.2m)
⑦ 用三爪自定心卡盘夹紧
⑧ 粗车长头外圆
⑨ 掉头夹紧
⑩ 粗车短头外圆
□ 检验外径
4⇨ 至退火炉(1.8m)
⑪ 装夹具
⑫ 放入炉内
⑬ 加热
⑭ 自炉内取出
⑮ 冷却
5⇨ 运至2号车床(1.8m)
⑯ 装上车床
⑰ 精车外圆
⑱ 车槽、倒角
□ 检验
6⇨ 至钻床(1.2m)
⑲ 钻孔
⑳ 扩孔
㉑ 攻螺纹
7⇨ 至热处理(1.8m)
㉒ 放入炉内
㉓ 加热
㉔ 自炉内取出
㉕ 淬火
□ 检验
8⇨ 至表面处理(3m)
㉖ 去油
㉗ 氧化
□ 检验
9⇨ 至磨床(1.5m)
㉘ 研孔
㉙ 磨外圆
□ 检验
㉚ 清洗
10⇨ 至中间库(1.5m)
㉛ 涂油、包装
11⇨ 至成品库(1.5m)

现行方法
○ 31
□ 6
⇨ 11(19.8m)
合计48

图 2–46　车削长轴的分析方法（物料型流程程序图）

表 2–26　　人型及物料型流程程序图标准表格

编号：　　　　　　　　　　　　　　　　　　　　共　页　第　页

工作部门：________图号：________

工作名称：________编号：________

开　　始：____________

结　　束：____________

研究者：____________年__月__日

审阅者：____________年__月__日

统计表			
项别	现行方法	改良方法	节省
操作次数：			
运送次数：			
检验次数：			
等待次数：			
储存次数：			
运输距离：　　/m			
共需距离：　　/m			

续表

现行方法													改良方法								
步骤	情况					工作说明	距离/m	需时/min	改善要点				步骤	情况					工作说明	距离/m	需时/min
	操作	运送	检验	等待	储存				删除	合并	排列	简化		操作	运送	检验	等待	储存			
	○	⇨	□	D	▽									○	⇨	□	D	▽			
	○	⇨	□	D	▽									○	⇨	□	D	▽			
	○	⇨	□	D	▽									○	⇨	□	D	▽			
	○	⇨	□	D	▽									○	⇨	□	D	▽			
	○	⇨	□	D	▽									○	⇨	□	D	▽			
	○	⇨	□	D	▽									○	⇨	□	D	▽			
	○	⇨	□	D	▽									○	⇨	□	D	▽			
	○	⇨	□	D	▽									○	⇨	□	D	▽			
	○	⇨	□	D	▽									○	⇨	□	D	▽			
	○	⇨	□	D	▽									○	⇨	□	D	▽			
	○	⇨	□	D	▽									○	⇨	□	D	▽			
	○	⇨	□	D	▽									○	⇨	□	D	▽			
	○	⇨	□	D	▽									○	⇨	□	D	▽			
	○	⇨	□	D	▽									○	⇨	□	D	▽			
	○	⇨	□	D	▽									○	⇨	□	D	▽			
	○	⇨	□	D	▽									○	⇨	□	D	▽			
	○	⇨	□	D	▽									○	⇨	□	D	▽			
	○	⇨	□	D	▽									○	⇨	□	D	▽			
	○	⇨	□	D	▽									○	⇨	□	D	▽			
	○	⇨	□	D	▽									○	⇨	□	D	▽			
	○	⇨	□	D	▽									○	⇨	□	D	▽			
	○	⇨	□	D	▽									○	⇨	□	D	▽			
	○	⇨	□	D	▽									○	⇨	□	D	▽			
	○	⇨	□	D	▽									○	⇨	□	D	▽			
	○	⇨	□	D	▽									○	⇨	□	D	▽			
	○	⇨	□	D	▽									○	⇨	□	D	▽			
	○	⇨	□	D	▽									○	⇨	□	D	▽			

做一做

对本学校的复杂零件工艺进行分析，并将分析结果填入表 2–26。

思考与练习

1. 零件加工可分为哪几个加工阶段？

2. 划分加工阶段的意义是什么？

3. 加工工序的划分原则是什么？数控车削与数控铣削工序的划分方法有哪些？

4. 粗基准和精基准的选择原则是什么？

5. 常用的定位元件有哪几类？

6. 数控机床用夹具的作用是什么？

7. 常用的数控加工用刀具有哪几类？

8. 刀具的磨损分为哪几个阶段？

9. 怎样确定工件的加工余量？

10. 影响加工余量的因素有哪些？

11. 表面质量对零件使用性能的影响表现在哪几个方面？

12. 常用的数控加工工艺文件有哪几种？

13. “ECRS”四大原则的内容是什么？

14. 如图 2–47 所示台阶轴的加工步骤为：车平右端面，车 ϕ32 mm 的外圆，长为 L；车 ϕ60 mm 的外圆，长为 $30_{-0.15}^{\ 0}$ mm；切断并保证总长为 $80_{-0.1}^{\ 0}$ mm。求编制程序时的尺寸 L。

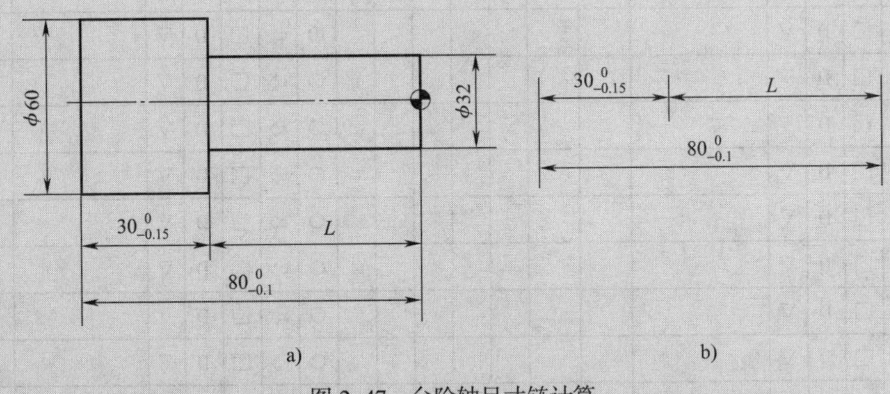

图 2–47　台阶轴尺寸链计算

a）零件图　b）尺寸链简图

15. 加工如图 2–48 所示的台阶轴，试计算 $\phi 24_{-0.04}^{\ 0}$ mm 的外圆（含倒角）轴向尺寸的变化范围。

16. 铣削如图 2–49 所示的柱形零件上 $10_{-0.036}^{\ 0}$ mm 宽的槽时，通过保证尺寸 H 间接保证图样要求，问尺寸 H 及其公差应为多少？

17. 如图 2–50a 所示为轴套零件图，图 2–50b 所示为车外圆及端面工序图，图 2–50c 所示为钻孔时三种定位方案的加工简图。钻孔时需保证设计尺寸（10 ± 0.1）mm，试分别计算三种定位方案的工序尺寸 A_1、A_2、A_3。

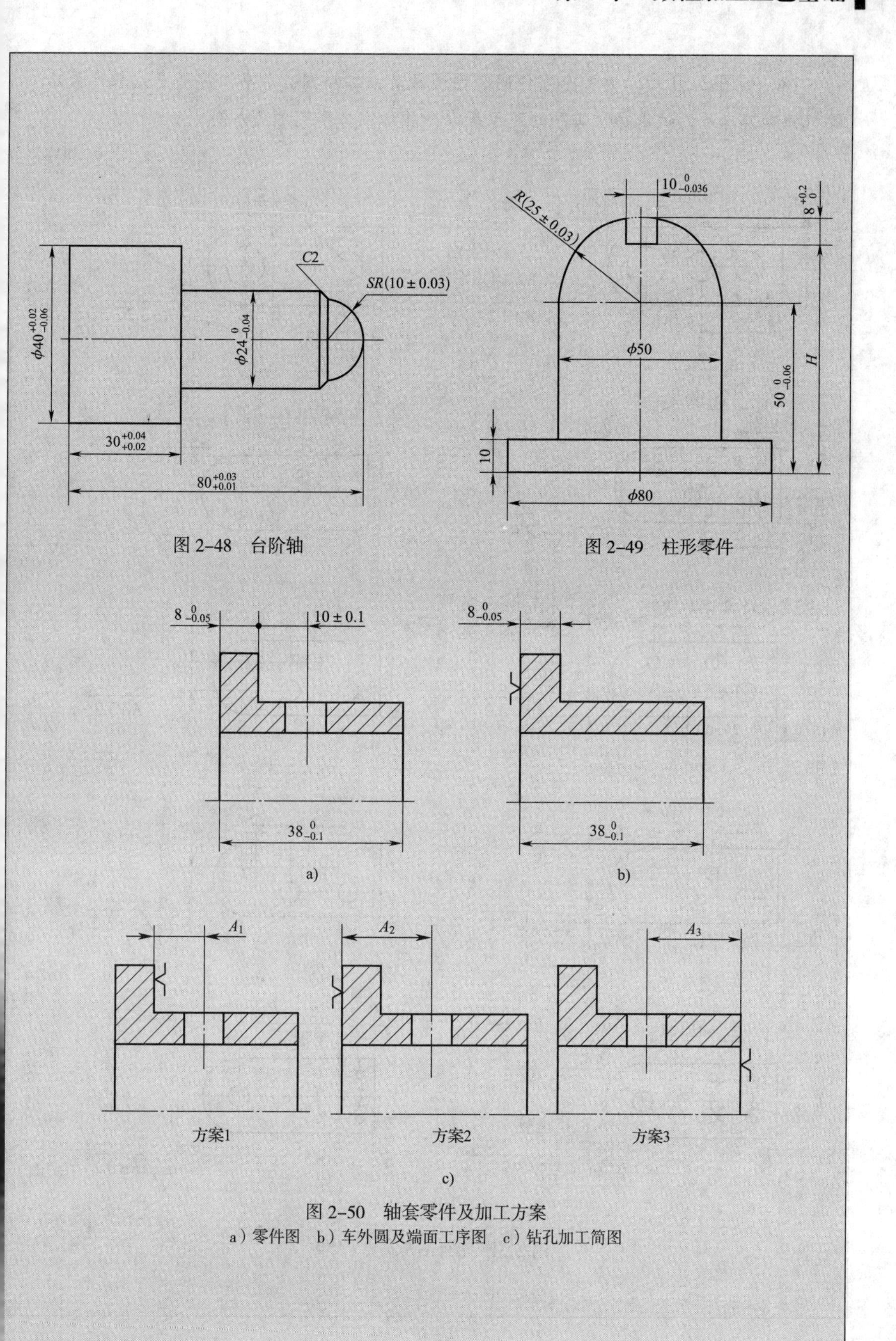

图 2–48 台阶轴

图 2–49 柱形零件

图 2–50 轴套零件及加工方案

a）零件图 b）车外圆及端面工序图 c）钻孔加工简图

18. 如图 2-51 所示为 5 个零件的零件图及有关工序图，每个工序图是该零件最后一道机械加工工序，试选择该工序的定位基准，并标注工序尺寸及公差。

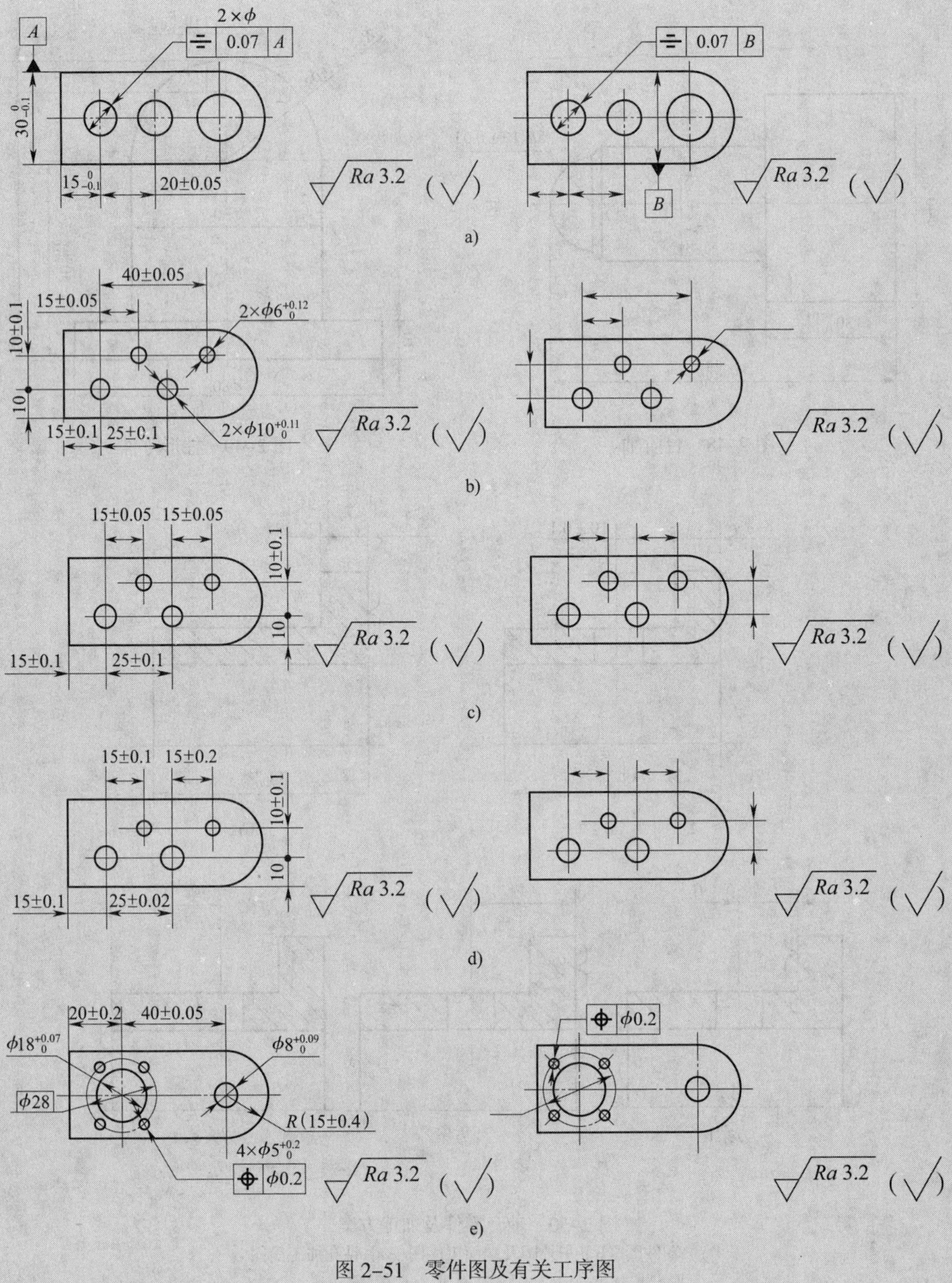

a)

b)

c)

d)

e)

图 2-51　零件图及有关工序图

19. 如图 2-52a 所示为零件的部分要求，图 2-52b、c 所示为工艺过程中最后两道工序。试确定 H_1、H_2 和 H_3 的数值。

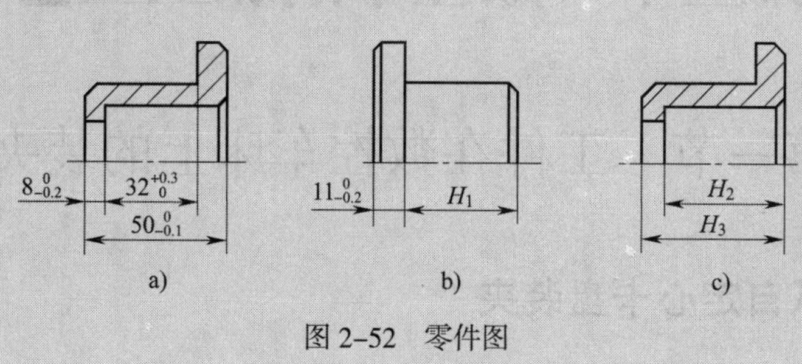

图 2-52　零件图

第三章　数控车削加工工艺

第一节　工件在数控车床上的装夹

一、用三爪自定心卡盘装夹

无论是在普通车床上还是在数控车床上，三爪自定心卡盘（见图 3-1a）均属于常用夹具。用它夹持工件时一般不需要找正，装夹速度较快。把它略微改进，还可以方便地装夹方料（见图 3-1b）以及其他形状的材料，同时还可以装夹小直径的圆棒料，如图 3-2 所示。

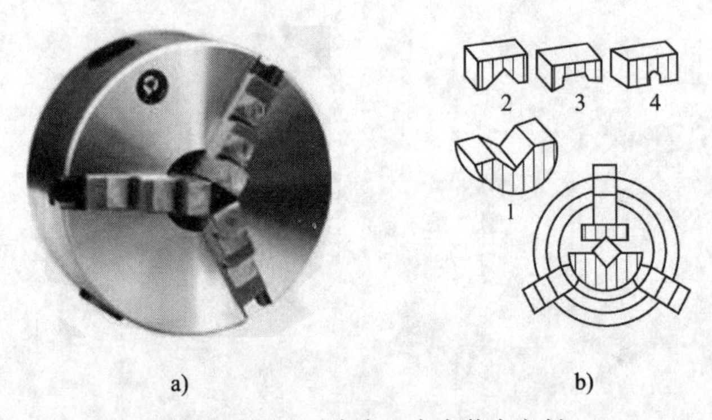

图 3-1　用三爪自定心卡盘装夹方料

a）三爪自定心卡盘　b）装夹方料

1—带 V 形槽的半圆体　2—带 V 形槽的矩形件　3、4—带其他形状槽的矩形件

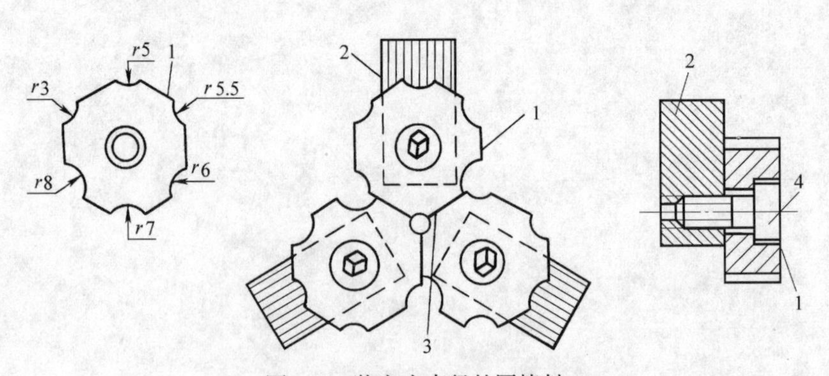

图 3-2　装夹小直径的圆棒料

1—附加软六方卡爪　2—三爪自定心卡盘的卡爪　3—垫片　4—螺栓

想一想

三爪自定心卡盘的卡爪是怎样调整的？

二、用四爪单动卡盘装夹

四爪单动卡盘（见图 3-3a）也是普通车床和数控车床上的常用夹具。它适用于装夹形状不规则或大型的工件，夹紧力较大，装夹精度较高，不受卡爪磨损的影响，但装夹时不如三爪自定心卡盘方便。装夹圆棒料时，可以在四爪单动卡盘内放上一块 V 形架，如图 3-3b 所示，以方便装夹。

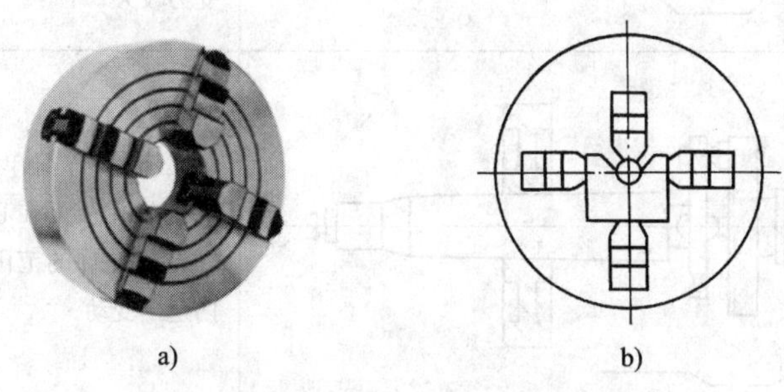

a)　　b)

图 3-3　用四爪单动卡盘装夹圆棒料

a）四爪单动卡盘　b）放 V 形架装夹圆棒料

想一想

四爪单动卡盘的找正方法有哪些？

三、其他常用的装夹方法

常用装夹方法的特点及适用范围见表 3-1。

表 3-1　　常用装夹方法的特点及适用范围

序号	装夹方法	图示	特点	适用范围
1	用外梅花顶尖装夹		工件两端用顶尖顶紧即可车削，装夹方便、迅速	适用于装夹带孔工件，孔径大小应在顶尖允许的范围内
2	用内梅花顶尖装夹		用顶尖顶紧即可车削，装夹简便、迅速	适用于装夹不留中心孔的轴类工件，需要磨削时，采用无心磨床磨削
3	靠摩擦力装夹		利用顶尖顶紧工件后产生的摩擦力克服切削力	适用于精车加工余量较小的圆柱面或圆锥面

续表

序号	装夹方法	图示	特点	适用范围
4	用中心架装夹	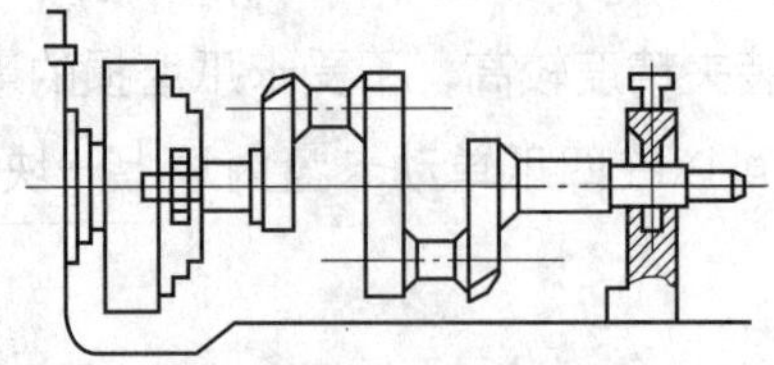	用三爪自定心卡盘或四爪单动卡盘配合中心架装夹工件，切削时中心架受力较大	适用于加工曲轴等较长的异形轴类工件
5	用锥形心轴装夹	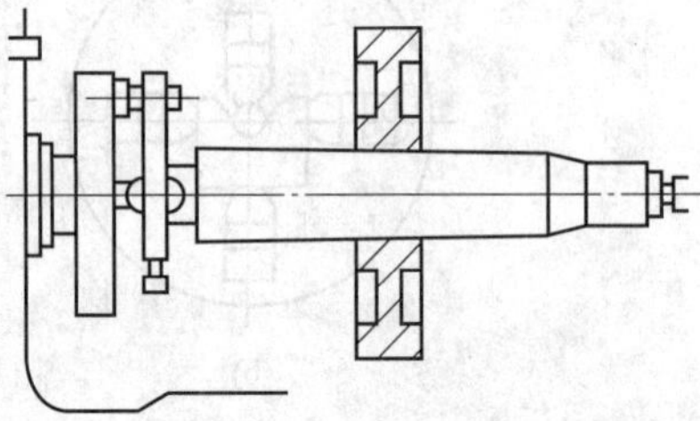	心轴制造简单，工件的孔径可在心轴锥度允许的范围内适当变动	适用于齿轮拉孔后精车外圆等
6	用夹顶式整体心轴装夹	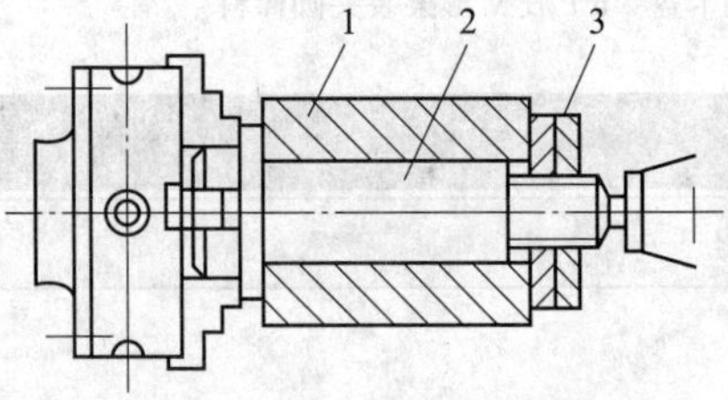 1—工件　2—心轴　3—螺母	工件与心轴为间隙配合，靠螺母旋紧后的端面摩擦力克服切削力	对于内孔与外圆同轴度要求一般的工件车削外圆时使用
7	用胀力心轴装夹	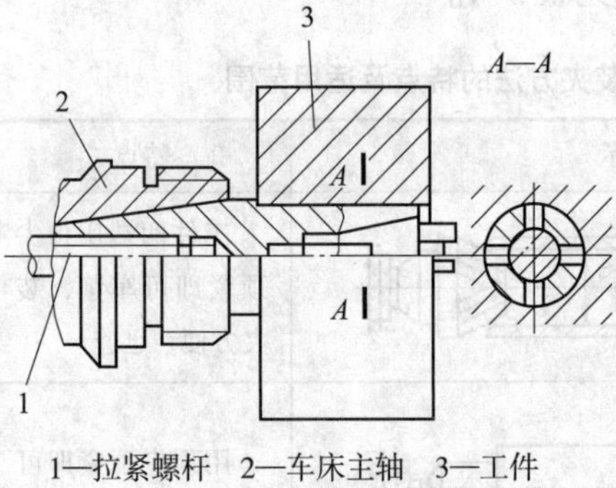 1—拉紧螺杆　2—车床主轴　3—工件	心轴通过圆锥的相对位移产生弹性变形，胀开后把工件夹紧，装卸工件方便	对于内孔与外圆同轴度要求较高的工件车削外圆时使用
8	用花键心轴装夹	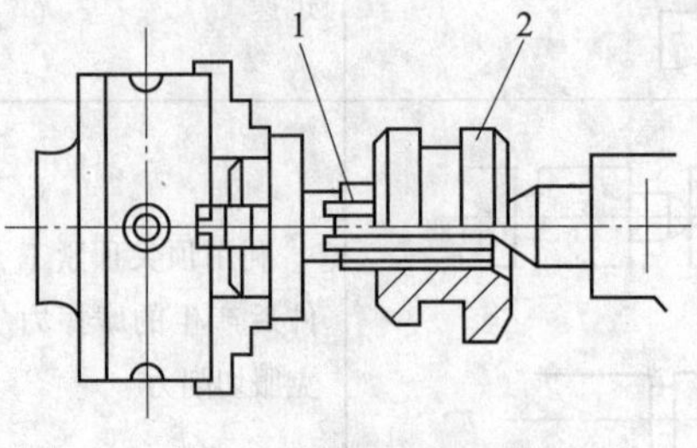 1—花键心轴　2—工件	花键心轴外圆带有锥度，工件轴向推入即可夹紧	适用于具有矩形花键或渐开线花键孔的齿轮和其他工件

续表

序号	装夹方法	图示	特点	适用范围
9	用外螺纹心轴装夹	1—工件 2—外螺纹心轴	利用工件本身的内螺纹旋入心轴后紧固，装卸工件不方便	适用于有内螺纹和对外圆同轴度要求不高的工件
10	用内螺纹心轴装夹	1—工件 2—内螺纹心轴	利用工件本身的外螺纹旋入心轴后紧固，装卸工件不方便	适用于多台阶而轴向尺寸较短的工件

查一查

在数控车床上还用到哪些夹具？

第二节 数控车削用刀具及选用

一、刀具前面形状的选择

数控车削用刀具的前面在正交平面内通常有以下五种形状，如图 3–4 所示。

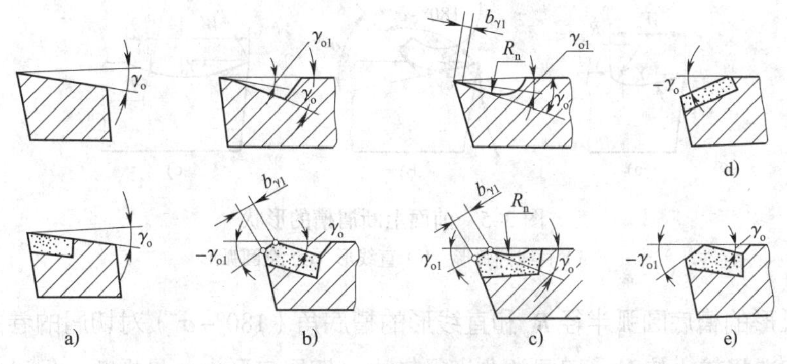

图 3–4 前面的形状

a）正前角平面型 b）正前角平面带倒棱型 c）正前角曲面带倒棱型 d）负前角平面型 e）负前角双面型

1. 正前角平面型

正前角平面型（见图 3-4a）的特点是结构简单，切削刃锋利，但强度低，传热能力差，切削变形小，不易断屑。多用于各种高速钢刀具和切削刃形状较复杂的成形刀具，以及加工铸铁、青铜等脆性材料用的硬质合金刀具。

2. 正前角平面带倒棱型

如图 3-4b 所示，在正前角刀具切削刃附近的前面上磨出倒棱，即得到正前角平面带倒棱型刀具。倒棱能提高切削刃强度，是防止因前角 γ_o 增大而使切削刃强度削弱的一种措施。这种形式的刀具多用于粗加工铸件、锻件或断续切削。其中正倒棱适用于高速钢车刀，负倒棱适用于硬质合金车刀。

倒棱的宽度 $b_{\gamma1}$ 应恰当，应保证切屑仍能沿正前角的前面流出；否则，前角 γ_o 变为负值。倒棱宽度 $b_{\gamma1}$ 的取值与进给量 f 有关，常取 $b_{\gamma1} \approx (0.3 \sim 0.8) f$，精加工取小值，粗加工取大值。倒棱前角 γ_{o1}：高速钢刀具 $\gamma_{o1} \approx 0° \sim 5°$；硬质合金刀具 $\gamma_{o1} \approx -5° \sim -10°$。对于进给量很小（$f \leqslant 0.2$ mm/r）的精加工刀具，为使切削刃锋利，不宜磨出倒棱。

切削刃磨出刀尖圆弧也是提高切削刃强度、减少刀具破损的有效方法，断续切削时适当加大刀尖圆弧半径 r_ε，可提高刀具抗冲击能力；钝圆切削刃还有一定的挤压及消振作用，可改善已加工表面质量。

一般情况下，常取 $r_\varepsilon < f/3$。轻型切削时 r_ε=0.02 ~ 0.03 mm；中型切削时 r_ε=0.05 ~ 0.1 mm；对于强力切削的重型切削时 r_ε=0.15 mm。

3. 正前角曲面带倒棱型

正前角曲面带倒棱型（见图 3-4c）是在平面带倒棱型的基础上改进而成的，前面为曲面，断屑槽的形状可做成直线圆弧形、直线形、全圆弧形等，如图 3-5 所示。

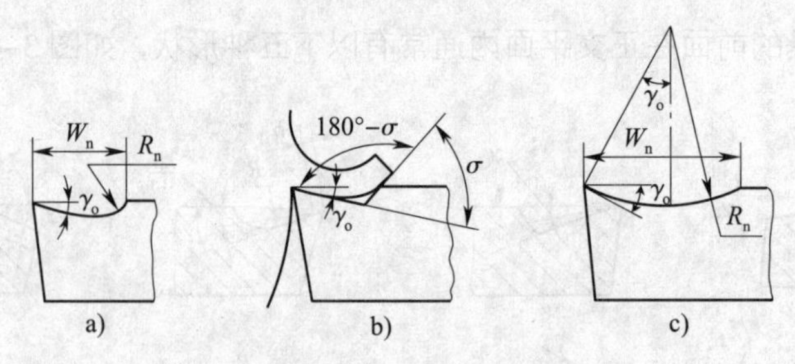

图 3-5　前面上断屑槽的形状

a）直线圆弧形　b）直线形　c）全圆弧形

直线圆弧形的槽底圆弧半径 R_n 和直线形的槽底角（$180°-\sigma$）对切屑的卷曲变形有直接影响。当它们选择较小值时，切屑卷曲半径较小，切屑变形大，易折断；但过小时易使切屑堵塞在断屑槽内，增大切削力，甚至崩刃。一般条件下，常取 R_n=（0.4 ~ 0.7）W_n；槽底角取

110° ~ 130°。这两种槽形较适于加工碳素钢、合金结构钢、工具钢等，一般 γ_o 为 5° ~ 15°。全圆弧形断屑槽可获得较大的前角，且不至于使刃部强度过于削弱。加工纯铜、不锈钢等高塑性材料时，γ_o 可增至 25° ~ 30°。

4．负前角平面型

切削高强度、高硬度材料时，为使脆性大的硬质合金刀片承受压应力，充分发挥硬质合金刀片的潜能，常采用负前角平面型刀具，如图 3-4d 所示。这是因为硬质合金的抗压强度比抗弯强度高 3 ~ 4 倍。但负前角会使切削力和能耗增大，机床易产生振动，使用时应注意。如图 3-6 所示为前角为正值或负值时的受力情况。

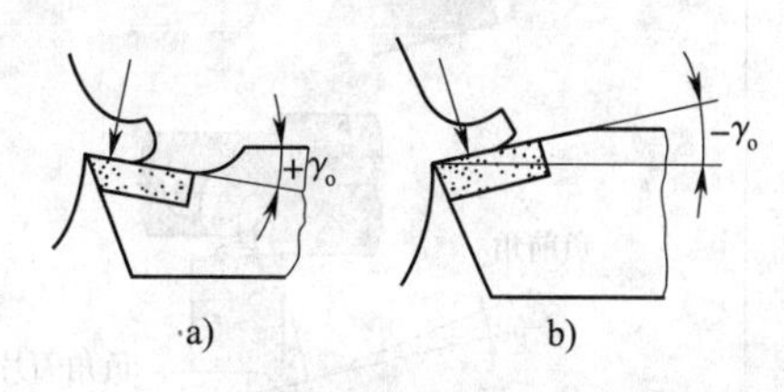

图 3-6　前角为正值或负值时的受力情况

a）正前角　b）负前角

5．负前角双面型

当刀具磨损主要产生于前面时，刃磨前面使刀具材料损失过大，也可采用负前角双面型，如图 3-4e 所示。这时负前角的棱面应具有足够的宽度，以确保切屑沿该面流出。

二、前角的选择

数控车削用刀具常用角度如图 3-7 所示。

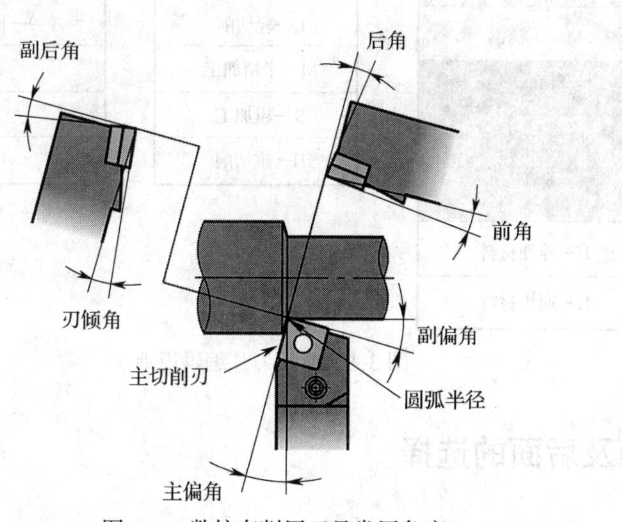

图 3-7　数控车削用刀具常用角度

如图 3-8 所示，前角对切削力、切屑排出、切削热、刀具寿命影响都很大。正前角大，切削刃锋利；正前角每增加 1°，切削功率减少 1%；正前角大，切削刃强度下降；负前角过大，切削力增加。

大负前角用于切削硬材料、黑皮、断续切削等需要刀尖强度高时的切削，而大正前角用于软材料、易切削材料、工件与机床刚度差时的切削。常用刀片编码规则如图 3-9 所示。

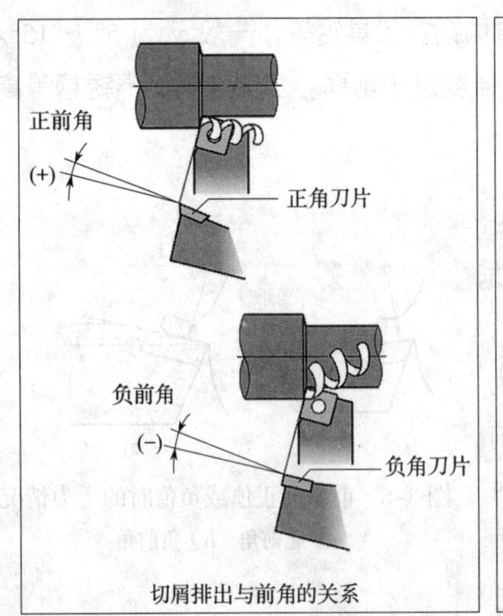

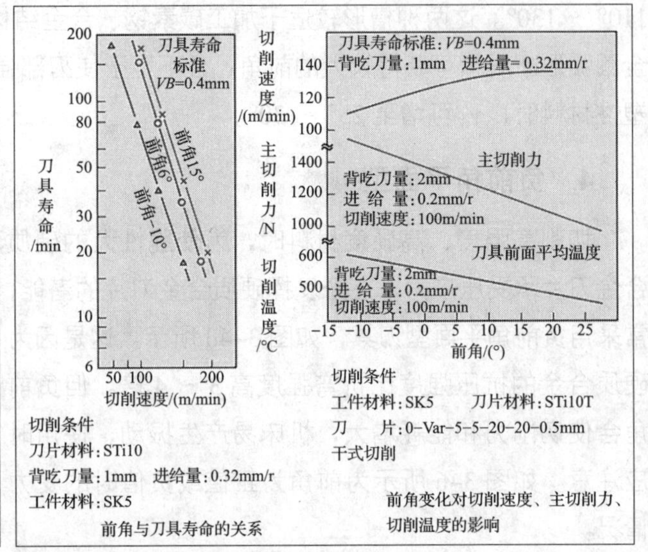

图 3-8 前角与刀具寿命的关系

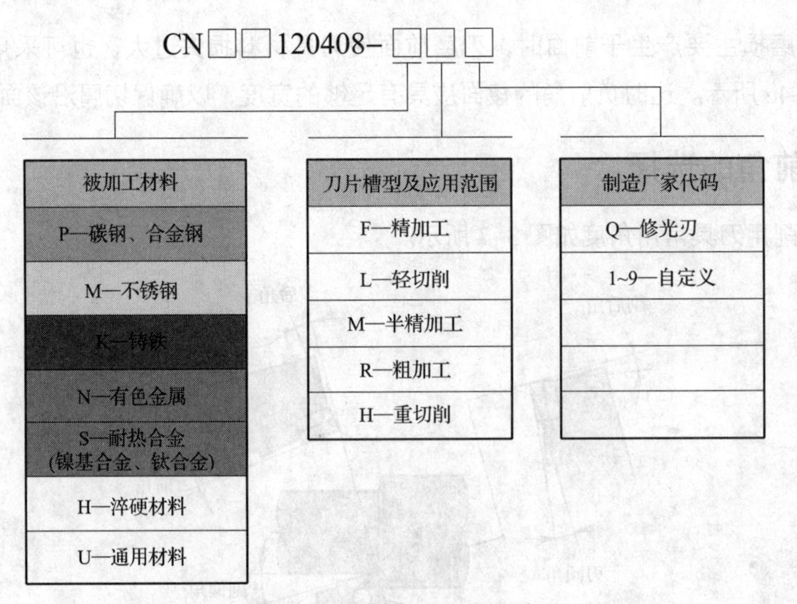

图 3-9 常用刀片编码规则

三、后角及后面的选择

1. 主后角 α_o 及后面的选择

增大主后角，可减小主后面与过渡表面之间的摩擦。主后角也影响楔角 β_o 的大小，从而可配合前角来调整切削刃的锋利程度和刀具的强度。主后角 α_o 过小会引起刀具和过渡表面之间的剧烈摩擦，使切削区的温度急剧升高，其现象是切屑颜色加深，工件因热膨胀而使尺寸加大，甚至产生严重的加工硬化；反之，增大后角能明显改善上述情况，但后角 α_o 过大时，将使楔角 β_o 过小，切削刃强度削弱，散热条件变差，反而使刀具寿命缩短。

2. 后角的选择

在保证刀具有足够的强度和散热体积的基础上，应保证刀具锋利和减小后面与工件的摩擦。所以，后角的选择应根据刀具、工件材料和加工条件而定。在粗加工时以确保刀具强度为主，应取较小的后角（α_o=4° ~ 6°）；在精加工时以保证加工表面质量为主，一般取 α_o=8° ~ 12°。工件材料硬度、强度高或者加工脆性材料时取较小的后角；反之，后角可取大值。高速钢刀具的后角比同类型的硬质合金刀具稍大一些。当工艺系统刚度低时，为防止产生振动，取较小的后角 α_o。为减振或消振还可以在后面上磨出 $b_{\alpha1}$=0.1 ~ 0.2 mm，α_{o1}=0° 的刃带；或 $b_{\alpha1}$=0.1 ~ 0.2 mm，α_{o1}=−5° ~ −10° 的消振棱，如图 3-10 所示。

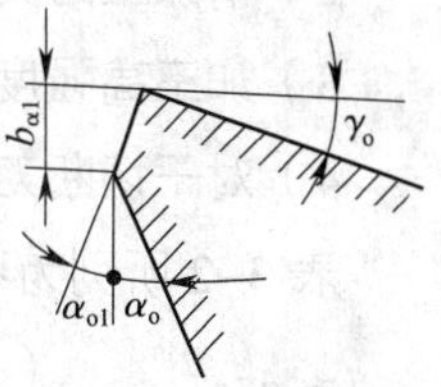

图 3-10　后面的消振棱

3. 副后角 α'_o 及后面的选择

一般刀具的副后角取与主后角相同的数值。只有切断刀、锯片等刀具，因受结构强度的限制，只允许取较小的副后角，α'_o=1° ~ 2°。

四、主偏角及副偏角的选择

1. 主偏角的作用

主偏角对切削过程的影响如下：

首先是影响主切削刃单位长度上的负荷、刀尖强度和散热条件。当背吃刀量和进给量为定值时，主偏角的变化将改变切削层形状，使切削层参数发生变化，从而影响切削刃上的负荷。

当主偏角 κ_r 减小时，由于切削层公称宽度增加，切削层公称厚度减小，使作用在主切削刃单位长度上的负荷减轻；且刀尖角增大，刀尖强度提高，散热条件改善。这两个变化都有利于延长刀具寿命。其次，会影响切削分力的比值。当背吃刀量和进给量为定值，主偏角 κ_r 减小时，使径向切削力增大，轴向切削力减小，容易引起工艺系统振动。

此外，主偏角还影响断屑效果、排屑方向以及残留面积高度等。增大主偏角 κ_r 有利于切屑折断，有利于孔加工刀具使切屑沿轴向流出。减小主偏角 κ_r 可减小表面粗糙度值。

2. 副偏角的作用

工件已加工表面靠副切削刃最终形成，副偏角 κ'_r 影响刀尖强度、散热条件、刀具寿命、振动等，减小副偏角 κ'_r 可提高刀尖强度，增大散热体积，减小表面粗糙度值，有利于延长刀具寿命。

3. 主偏角 κ_r 及副偏角 κ'_r 的选择

（1）主偏角的选择原则

1）在加工强度、硬度高的材料时，为延长刀具寿命，应选取较小的主偏角。

2）在工艺系统刚度不足的情况下，为减小径向力，应选取较大的主偏角。

3）根据加工表面形状要求决定，如加工台阶轴时取 $\kappa_r \geq 90°$；如需要中间切入工件时，应取 κ_r=45° ~ 60°；车外圆及端面时，取 κ_r=45° 等。

（2）副偏角的选择原则

1）在不引起振动的情况下，一般刀具的副偏角可选取较小的数值。

2）精加工刀具的副偏角应取得更小些，必要时，可磨出一段 κ'_r=0° 的修光刃。

3）加工高强度、高硬度材料或断续切削时应取较小的副偏角，以提高刀尖强度。

4）对于切断刀，为了使刀头强度和重磨后刀头宽度变化较小，只能取较小的副偏角。

表 3–2 所列为不同加工条件下主偏角、副偏角参考值。

表 3–2　　主偏角、副偏角参考值

适用范围及加工条件	加工系统刚度足够，加工淬硬钢、冷硬铸铁	加工系统刚度较高，可中间切入，加工外圆、端面及倒角	加工系统刚度较低，粗车、强力车削	加工系统刚度低，加工台阶轴、细长轴，多刀车削、仿形车削	切断、车槽
主偏角 κ_r	10° ~ 30°	45°	60° ~ 70°	75° ~ 93°	≥ 90°
副偏角 κ'_r	5° ~ 10°	45°	10° ~ 15°	6°~ 10°	1° ~ 2°

五、过渡刃的选择

刀尖是刀具工作条件最恶劣的部位。刀尖处磨有过渡刃后，则能显著地改善刀尖的切削性能，延长刀具寿命。

过渡刃有圆弧型和直线型两种，如图 3–11 所示。

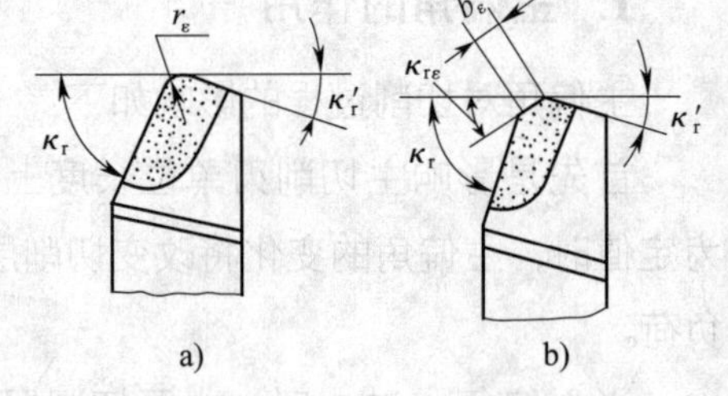

图 3–11　过渡刃
a）圆弧型　b）直线型

1. 圆弧型过渡刃

（1）圆弧型过渡刃的特点

选用合理的刀尖圆弧半径 r_ε 可延长刀具寿命，并对工件表面有较好的修光作用，但刃磨较困难；刀尖圆弧半径过大时，会使径向力增大，易引起振动。

（2）圆弧型过渡刃的参考值

高速钢车刀：r_ε=1 ~ 3 mm；硬质合金车刀：r_ε=0.5 ~ 1.5 mm。

2. 直线型过渡刃

（1）直线型过渡刃的特点

可延长刀具寿命，改善工件表面质量。过渡刃偏角 $\kappa_{r\varepsilon}$ 越小，对工件表面的修光作用越好。直线型过渡刃刃磨方便，适用于各类刀具。

（2）直线型过渡刃的参考值

1）粗加工及强力切削车刀：$\kappa_{r\varepsilon}=\frac{1}{2}\kappa_r$；$b_\varepsilon$=0.5 ~ 2 mm（$a_p$ 的 1/5 ~ 1/4）。

2）精加工车刀：$\kappa_{r\varepsilon}$=1° ~ 2°，b_{ε} =0.5 ~ 1 mm。

3）切断刀：$\kappa_{r\varepsilon}$=45°，b_{ε} =0.5 ~ 1 mm（约为主切削刃宽度的 1/5）。

在刃磨过渡刃时切勿将其磨得过大；否则，会使径向力增大，易引起振动。

六、刃倾角的选择

1. 刃倾角的功用

刃倾角的大小可以控制切屑流向，影响刀尖强度和切削平稳性，刃倾角对切削过程的影响见表 3–3。刃倾角 λ_s 对切削刃承受冲击的影响如图 3–12 所示。

表 3–3　　刃倾角对切削过程的影响

刃倾角		λ_s=0°	λ_s<0°	λ_s>0°
图示				
切屑	流向	在前面上近似于切削刃的法向流出	流向已加工表面	流向待加工表面
	影响	应防止切屑缠绕在切削区附近的刀具或刀架上，以免影响后续切削的正常进行	会擦伤已加工表面，但刀头强度较高，常用于粗加工	刀头的强度较低，适用于精加工
刀尖强度和切削平稳性	特点	主切削刃同时切入或切出	刀尖位于主切削刃的最低点离刀尖较远的切削刃首先接触工件，然后逐渐切入	主切削刃逐渐切入工件
	影响	刀尖受冲击力大	保护刀尖免受冲击力，而且提高了刀尖的强度	刀尖受冲击力小；刃倾角的值越大，同时参加切削的主切削刃越长，切削过程越平稳

增大刃倾角可使实际切削前角增大，实际切削刃刃口圆弧半径减小，使切削刃锋利，便于实现微量切削。

2. 刃倾角的选择

（1）粗加工普通碳钢及灰铸铁时，取 λ_s=0° ~ –5°；精加工取 λ_s=0° ~ 5°；冲击较大的断续加工取 λ_s=–5° ~ –12°。

（2）车削淬硬钢时，可取 λ_s=–5° ~ –15°。

（3）工艺系统刚度较低时，尽量不选用负值刃倾角。

（4）微量精车外圆、内孔及微量精刨平面时，可采用

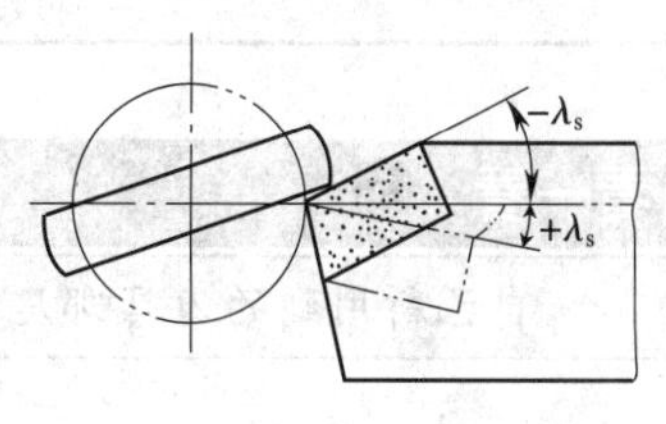

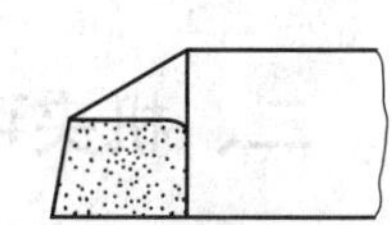

图 3–12　刃倾角 λ_s 对切削刃承受冲击的影响

λ_s=40° ~ 75° 的大刃倾角。

（5）铰通孔时，为使切屑向前排出，采用正值刃倾角；攻螺纹时，为使切屑向后排出，可采用负值刃倾角。

做一做

在实训时，请根据所加工的工件，按照上述内容选择合适的数控车削刀具。

第三节　数控车削用可转位刀片与夹紧方式

一、数控车削用可转位刀具的种类和用途

数控车削用可转位刀具的种类和用途见表 3–4。

表 3–4　　数控车削用可转位刀具的种类和用途

种类		用途
可转位车刀	可转位外表面车刀	适用于各种材料外回转表面和端面的粗车、半精车及精车
	可转位内表面车刀	适用于加工通孔或盲孔
	可转位仿形车刀	适用于仿形车削各种材料的仿形表面，常采用圆形、三角形和平行四边形刀片
	可转位螺纹车刀	适用于加工各种圆柱螺纹、管螺纹、锥管螺纹
	可转位切断刀、车槽刀	适用于对棒料、管件进行切断以及车削环槽、成形槽或端面槽
可转位自夹紧切断刀	可转位自夹紧切断刀	适用于对工件进行切断、车槽
可转位孔加工刀具	可转位浅孔钻	适用于高效率地加工铸铁、碳钢、合金钢等，可进行钻孔、铣削等
	可转位套料钻	适用于浅孔、深孔的套料加工，可节省原材料，减少加工余量
	可转位深孔钻	适用于加工深径比 50 ~ 100 的各种深孔
	可转位锪钻	包括沉孔锪钻、倒角锪钻、反沉孔锪钻，适用于在预钻孔上锪沉孔或锪平端面
	可转位铰刀	适用于各种材料的铰削
	可转位镗刀	有单刃、多刃及复合镗刀，适用于各种材料的高效镗削

看一看

自己所用到的刀具哪几种是采用可转位刀片的？

二、机夹可转位刀片及代码

硬质合金可转位刀片的国家标准采用了 ISO 国际标准，产品型号的表示方法、品种规格、尺寸系列、制造公差以及测量方法等都与 ISO 标准相同。另外，为适应我国的国情，还在国

际标准规定的 9 个号位之后加一条短横线，再用一个字母和一位数字表示刀片断屑槽形式和宽度。因此，我国可转位刀片的型号共用 10 个号位的内容来表示主要参数的特征。按照规定，任何一个型号的刀片都必须用前 7 个号位，后 3 个号位在必要时才使用。但对于车刀刀片，第 10 个号位属于标准要求标注的部分。无论有无第 8 和 9 两个号位，第 10 个号位都必须用短横线“—”与前面的号位隔开，并且不得使用第 8 和 9 两个号位已使用过的字母（如 E、F、T、S、R、L、N 等）。第 8 和 9 两个号位如只使用其中一位，则写在第 8 号位上，中间不需空格。在实际生产过程中，有的刀片生产厂家又根据自己的特点，采用自己的表示方式。

可转位刀片型号的表示方法如图 3–13 所示，10 个号位表示的内容见表 3–5。

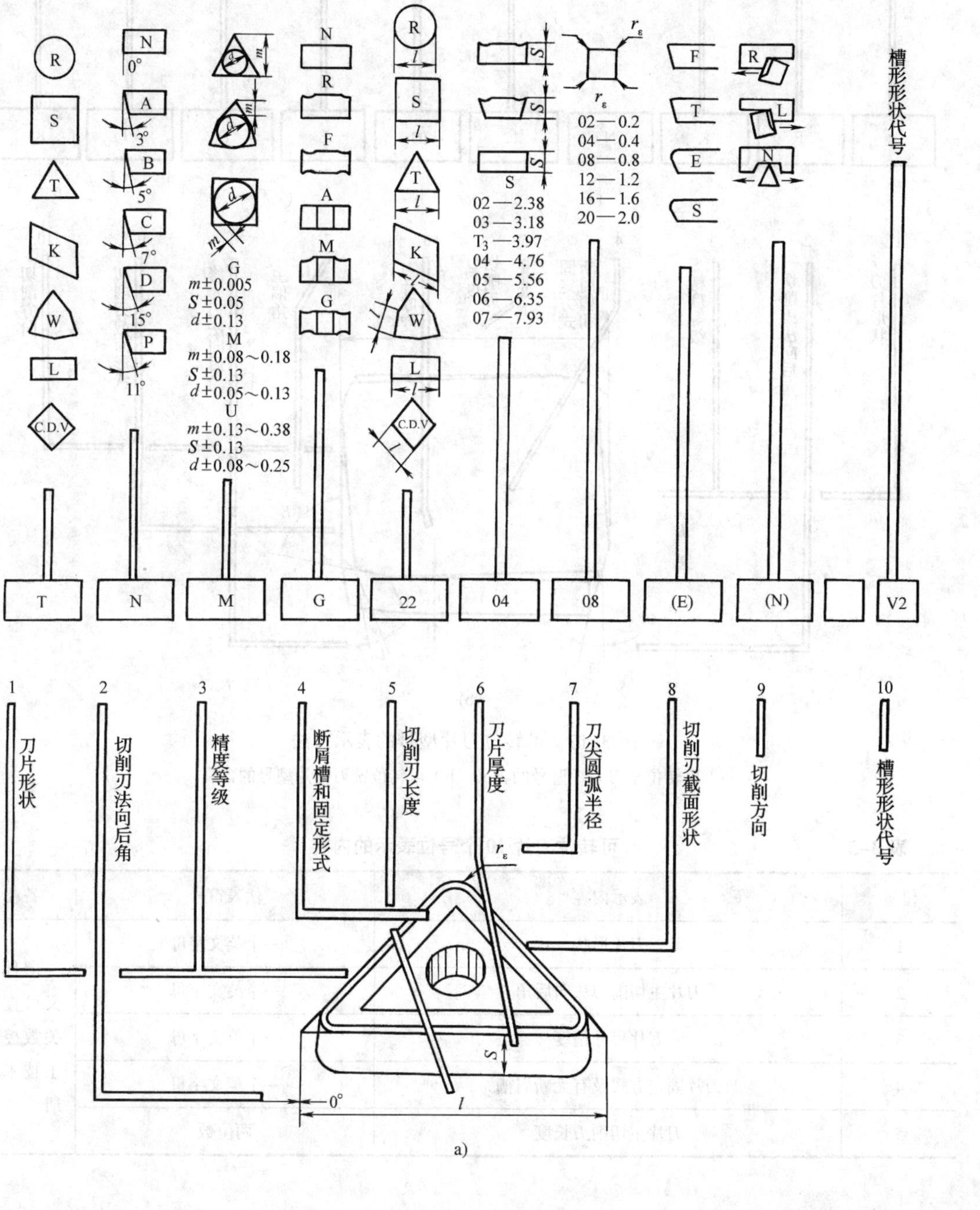

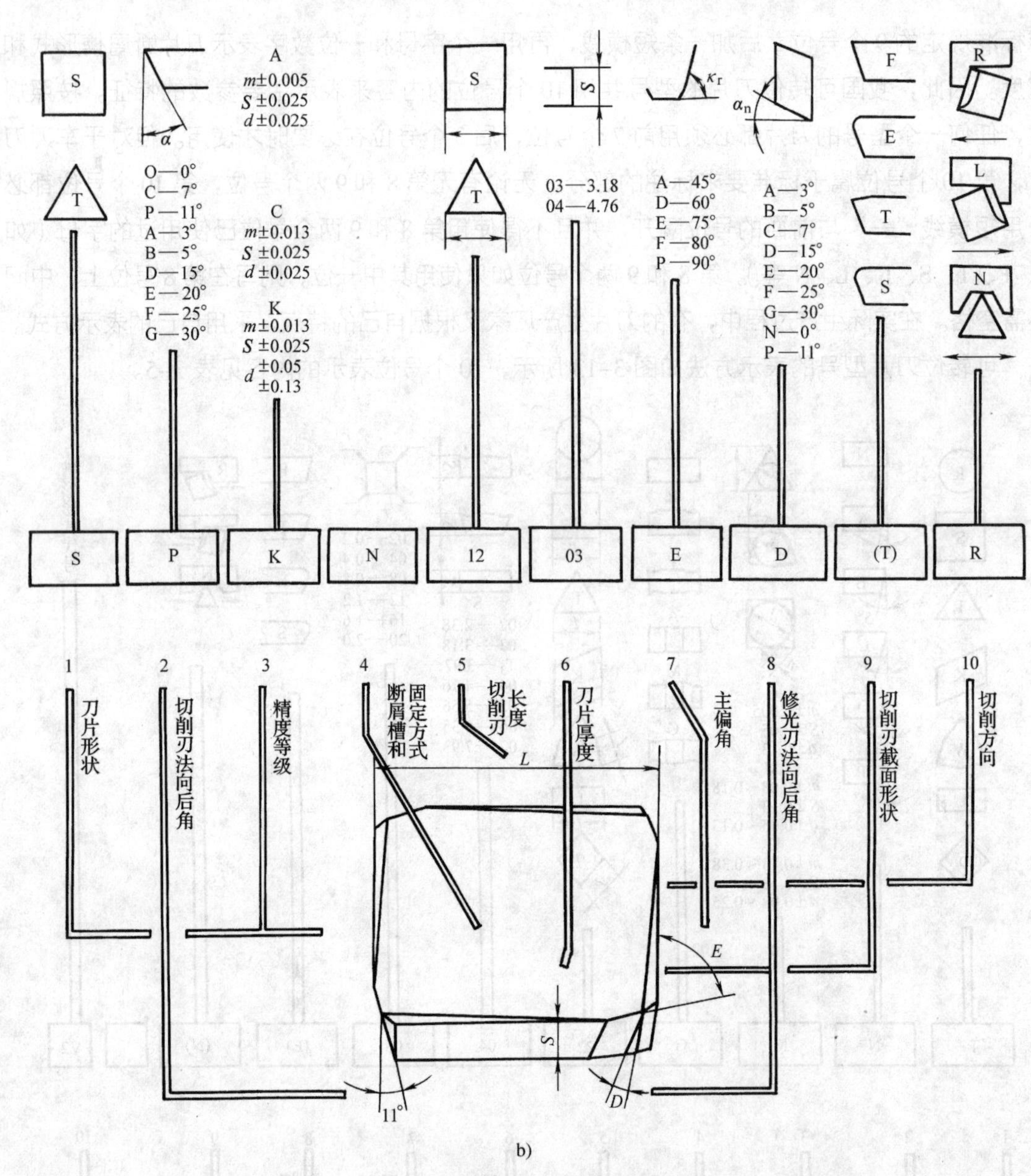

b）

图 3-13　可转位刀片型号的表示方法

a）可转位车刀刀片型号的含义　b）可转位铣刀刀片型号的含义

表 3-5　　**可转位刀片 10 个号位表示的内容**

位号	表示内容	代表符号	备注
1	刀片形状	一个英文字母	具体含义可查相关数控加工技术手册
2	刀片主切削刃法向后角	一个英文字母	
3	刀片尺寸精度	一个英文字母	
4	刀片固定方式及有无断屑槽	一个英文字母	
5	刀片主切削刃长度	两位数	

续表

位号	表示内容	代表符号	备注
6	刀片厚度，主切削刃到刀片定位底面的距离	两位数	具体含义可查相关数控加工技术手册
7	刀尖圆弧半径或刀尖转角形状	两位数或一个英文字母	
8	切削刃形状	一个英文字母	
9	刀片切削方向	一个英文字母	
10	刀片断屑槽形式及槽宽	一个英文字母及一个阿拉伯数字	

查一查

可转位刀片每一位字母（或每组数字）表示的含义。

三、可转位刀片的选择

在实际生产中，应根据被加工工件的材料、表面粗糙度要求和加工余量等条件来决定刀片的类型。这里主要介绍车削加工中刀片的选择方法。

1. 刀片材料的选择

车刀刀片的材料主要有高速钢、硬质合金、涂层硬质合金、陶瓷、立方氮化硼和金刚石等。其中，应用最多的是硬质合金和涂层硬质合金刀片。选择刀片材料时，主要依据被加工工件的材料、被加工表面的精度要求、切削负荷的大小以及切削过程中有无冲击和振动等。

2. 刀片尺寸的选择

刀片尺寸的大小取决于有效切削刃长度 L，有效切削刃长度与背吃刀量 a_p 和主偏角 κ_r 有关，其关系如图 3–14 所示。

3. 刀片形状的选择

刀片形状主要依据被加工工件的表面形状、切削方法、刀具寿命和刀片的转位次数等因素来选择。刀尖角度会影响加工性能，两者的关系如图 3–15 所示。

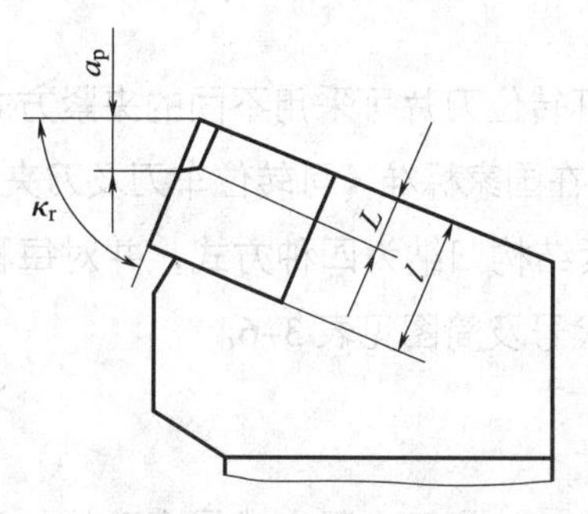

图 3–14 有效切削刃长度 L 与背吃刀量 a_p 和主偏角 κ_r 的关系

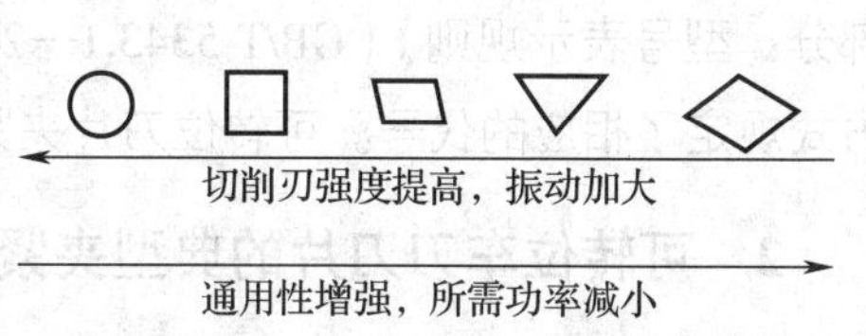

图 3–15 刀尖角度与加工性能的关系

看一看

自己所用刀片的形状是哪一种？

4. 刀尖圆弧半径的选择

刀尖圆弧半径的大小直接影响刀尖的强度及被加工工件的表面粗糙度。刀尖圆弧半径大，表面粗糙度值增大，切削力增大且易产生振动，切削性能变差，但切削刃强度提高，刀具前面、后面磨损减少。通常在背吃刀量较小的精加工、细长轴加工以及机床刚度较低的情况下，刀尖圆弧半径应小些；而在需要切削刃强度高、工件直径大的粗加工中，刀尖圆弧半径应大些。国家标准规定刀尖圆弧半径的尺寸系列为 0.2 mm、0.4 mm、0.8 mm、1.2 mm、1.6 mm、2.0 mm、2.4 mm 和 3.2 mm。刀尖圆弧半径一般宜选取进给量的 2 ~ 3 倍。

如图 3–16a、b 所示分别为刀尖圆弧半径与表面粗糙度和刀具寿命的关系。

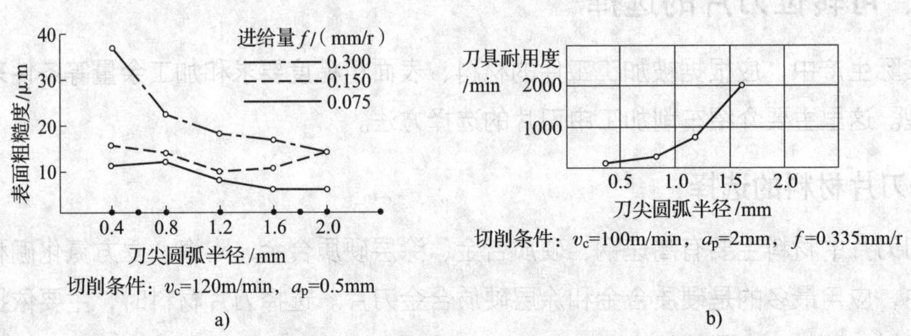

图 3–16 刀尖圆弧半径与表面粗糙度和刀具寿命的关系

a）与表面粗糙度的关系 b）与刀具寿命的关系

做一做

在实训时选择不同刀尖圆弧半径的刀具进行加工，看看是否与图 3–16 相符？

四、可转位刀片的夹紧方式和典型结构

1. 夹紧方式

根据加工方法、加工要求和被加工型面的不同，可转位刀片可采用不同的夹紧方式与结构。由于刀具的编号与刀片标记、刀片夹紧方式有关，在国家标准《可转位车刀及刀夹 第 1 部分：型号表示规则》（GB/T 5343.1—2007）中将夹紧结构归纳为四种方式，并对每种夹紧方式规定了相应的代号。可转位刀片夹紧方式的标准代号及简图见表 3–6。

2. 可转位车刀刀片的典型夹紧结构及应用

可转位车刀刀片典型夹紧结构的特点及应用见表 3–7。常见夹紧方式最合适的加工范围见表 3–8。

表 3–6 可转位刀片夹紧方式的标准代号及简图

夹紧方式	标准代号	简图	夹紧方式	标准代号	简图
上压夹紧式	C		销钉、杠杆夹紧式	P	
螺钉夹紧式	S		复合夹紧式	M	

表 3–7 可转位车刀刀片典型夹紧结构的特点及应用

名称	结构简图	特点	应用
杠杆式	1—刀柄 2—杠杆 3—弹簧套 4—刀垫 5—刀片 6—紧定螺钉	紧定螺钉往下移动时，杠杆受力摆动，将带孔刀片夹紧在刀柄上 定位精确，受力合理，夹紧稳定、可靠，刀片转位或更换迅速、方便，排屑通畅 夹固元件多，结构较复杂，制造困难	一般刀片后角为 0°，刀具具有正前角和负刃倾角，适用于中、轻型负荷的切削加工
偏心销式	1—光偏心销 2—刀柄 3—刀垫 4—刀片	利用旋转偏心销的头部将刀片夹紧后自锁。结构简单、紧凑，零件少，刀片转位迅速、方便，制造容易，成本低，不阻碍切屑流动 刀片常常只能由一个侧面靠近刀槽的侧面定位，有较大冲击负荷时夹紧不十分可靠	适用于中、小型车床上连续切削的精加工和半精加工
上压式	1—刀垫固定螺钉 2—刀柄 3—刀垫 4—刀片 5—爪形压板 6—双头螺柱	结构简单，夹紧力与切削力方向一致，夹紧可靠；刀片多用不带孔的，刀片转位和装卸方便；刀片在刀槽内能两面靠紧，可获得较高的刀尖位置精度；压板最好超过刀片中心 1 mm 左右 若设计不当，排屑空间过窄，会阻碍切屑流动，夹固元件易被损伤；且刀头体积大，影响操作 压板的典型结构有爪形压板、桥形压板和蘑菇形压板	通常为正前角车刀，也可为负前角；大部分刃倾角为 0°，也有少量做成负刃倾角的 适用于精加工，也可用于中、重型负荷及断续车削

续表

名称	结构简图	特点	应用
钩销式	1—刀柄　2—刀垫　3—刀片 4—钩销　5—螺钉	通过旋紧螺钉推动钩销，将刀片压紧在刀槽的定位面上 优点是结构简单，夹紧可靠，钩销制造比杠杆容易，定位精度高，排屑通畅	一般适用于有正前角和负刃倾角的车刀。在立装刀片的车刀上经常使用。可用于中、轻型负荷车削
杠销式	1—刀柄　2—刀垫　3—刀片 4—杠销　5—紧定螺钉	利用杠杆原理，当杠销下端受力后绕中部台阶球面接触点摆动，将刀片压紧在刀槽中 结构简单、紧凑，定位精度较高，夹紧可靠，操作方便，排屑通畅，可承受冲击，但夹紧行程较小	适用于中、小型机床上进行车削加工
压孔式	1—刀柄　2—刀片　3—螺钉	采用带沉孔的刀片，用螺钉将刀片夹紧在刀柄上 刀柄上螺孔轴线与刀片中心至第二侧定位面有 0.1 ~ 0.2 mm 的偏心距，以保证刀片能贴紧定位面 结构简单，零件少，排屑通畅，夹紧可靠	刀片有后角，通常前角、刃倾角为0°，广泛用于车削铝、铜及塑料等材料
楔销式	1—刀柄　2—刀垫　3—刀片　4—定位销 5—楔块　6—双头螺柱	利用楔块将刀片压向定位销，从而将刀片夹紧。结构比较简单，夹紧力大，夹紧可靠，操作方便，排屑通畅 夹紧力与切削力的方向相反，定位销易变形，精度差	能承受冲击，适用于强力切削

续表

名称	结构简图	特点	应用
复合式	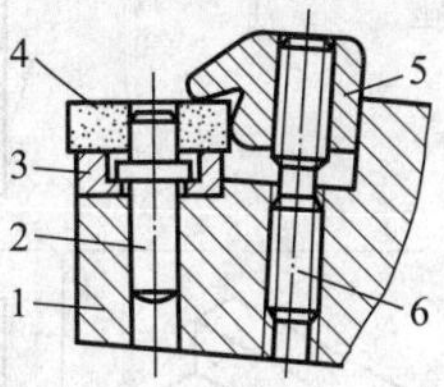 1—刀柄 2—定位销 3—刀垫 4—刀片 5—特殊楔块 6—双头螺柱	采用两种夹紧方式同时夹紧刀片，夹紧可靠，能承受较大的切削负荷及冲击 常用的有楔压复合、拉压复合、偏心楔块复合、杠销楔块复合等形式	适用于重负荷及断续车削的车刀

表 3-8 常见夹紧方式最合适的加工范围

加工范围	夹紧方式		
	杠杆式	上压式	螺钉式
可靠夹紧、紧固	3	3	3
仿形加工、具有易接近性	2	3	3
重复性	3	2	3
仿形加工、轻负荷加工	2	3	3
断续加工	3	2	3
外圆加工	3	1	3
内孔加工	3	3	3

注：1—可行；2—适合；3—非常适合。

看一看

自己所用的可转位刀片采用的是哪种装夹方法？

第四节 数控车削刀具系统

一、刀具系统的常用形式

数控车床刀具系统常用的有两种形式，一种是刀块式车刀系统，用凸键定位，螺钉夹紧，定位可靠，夹紧牢固，刚度高，但换装费时，不能自动夹紧，如图 3-17 所示；另一种是圆柱齿条式车刀系统，可实现自动夹紧，换装快捷，刚度比刀块式车刀系统稍低，如图 3-18 所示。

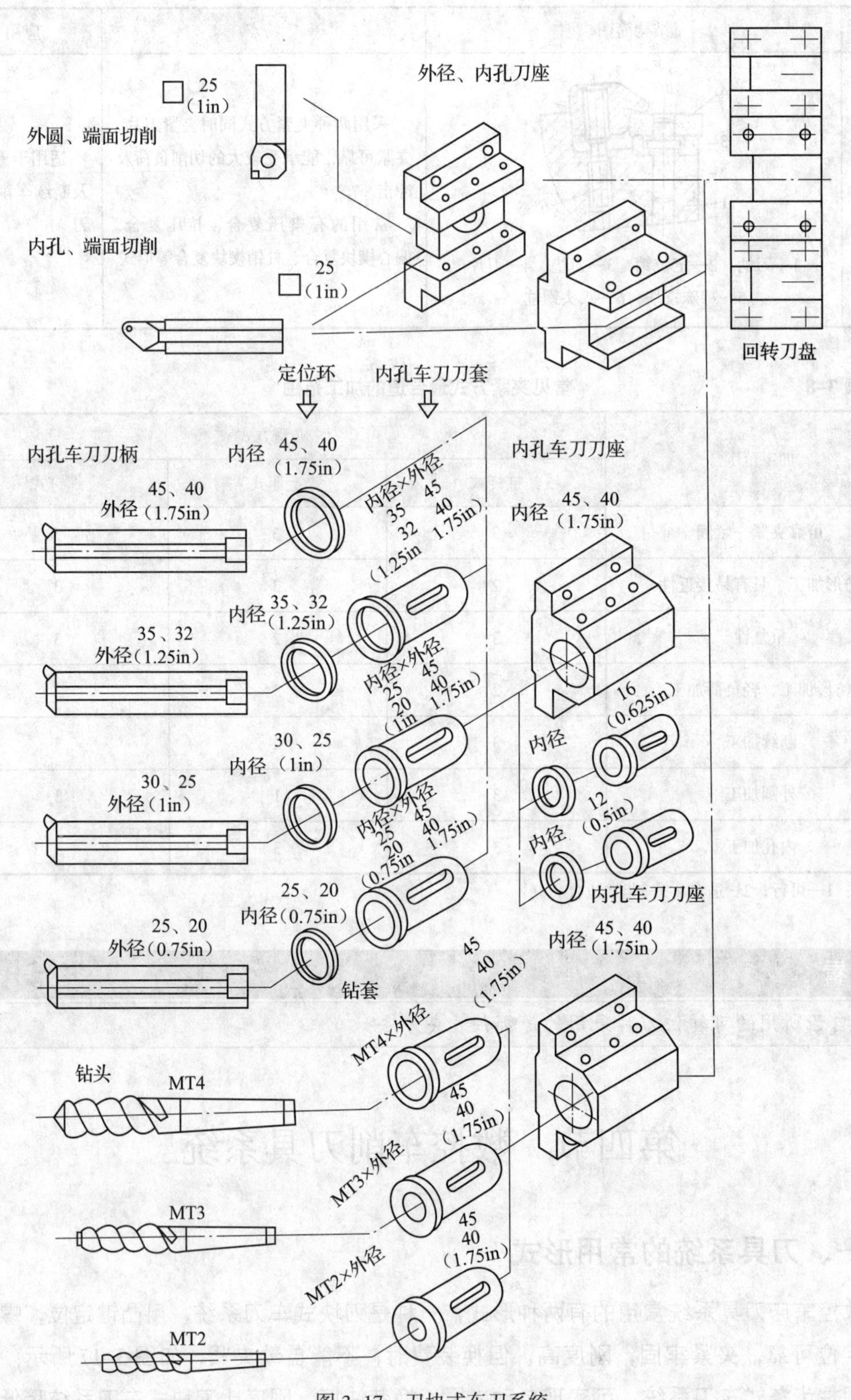

25
(1in)
外圆、端面切削
外径、内孔刀座
内孔、端面切削
25
(1in)
回转刀盘
定位环
内孔车刀刀套
内孔车刀刀柄
内径
45、40
(1.75in)
内孔车刀刀座
45、40
外径 (1.75in)
内径×外径
35 45
32 40
(1.25in 1.75in)
内径
45、40
(1.75in)
内径
35、32
(1.25in)
35、32
外径(1.25in)
内径×外径
25 45
20 40
(1in 1.75in)
16
(0.625in)
内径
30、25
内径 (1in)
30、25
外径(1in)
内径×外径
25 45
20 40
(0.75in 1.75in)
12
(0.5in)
内径
内孔车刀刀座
25、20
内径(0.75in)
25、20
外径(0.75in)
钻套
内径
45、40
(1.75in)
45
40
(1.75in)
MT4×外径
钻头
MT4
45
40
(1.75in)
MT3×外径
MT3
45
40
(1.75in)
MT2×外径
MT2

图 3-17　刀块式车刀系统

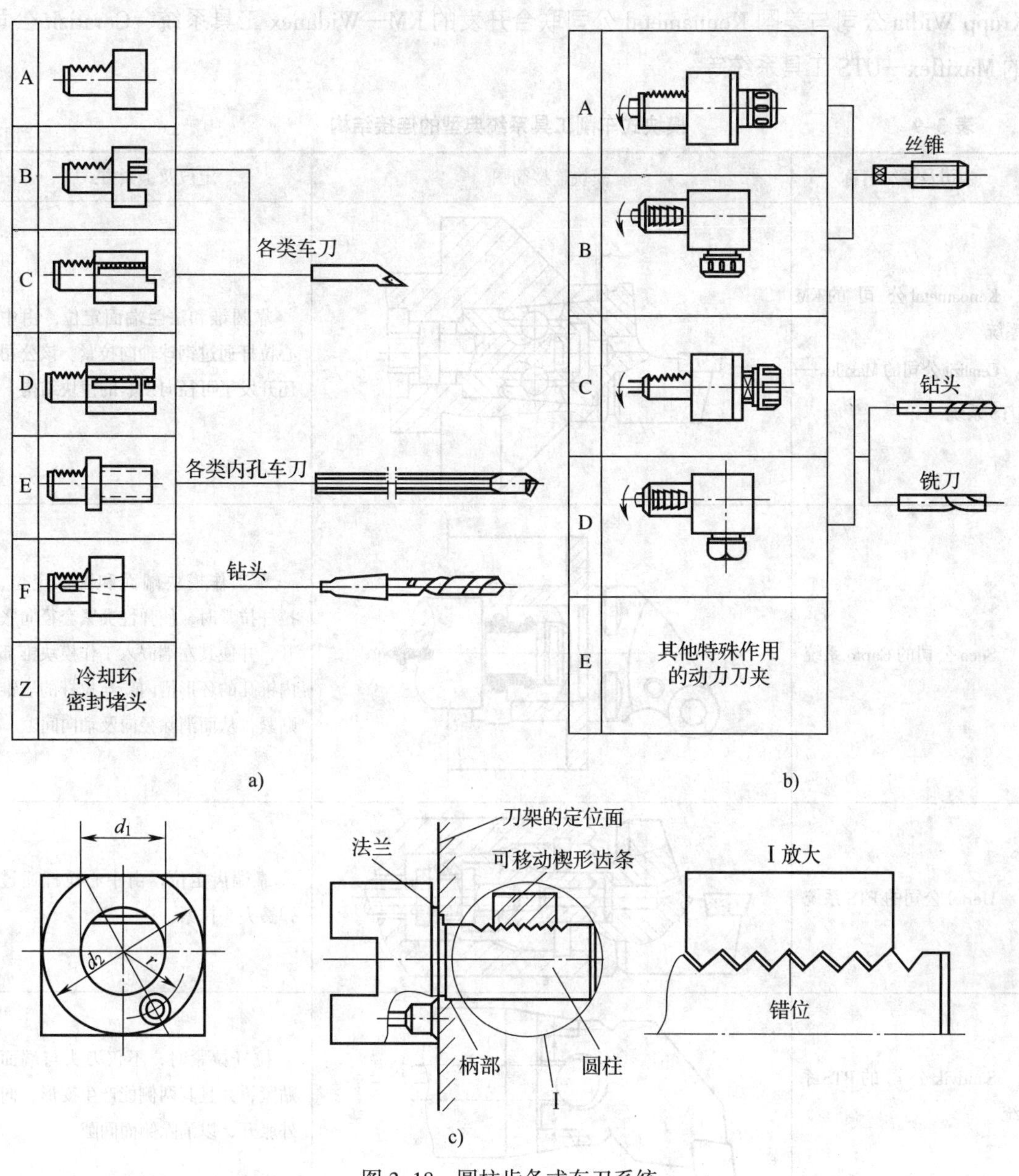

图 3-18　圆柱齿条式车刀系统

a）非动力刀夹组合形式　b）动力刀夹组合形式　c）柄部及其工作状态

看一看

你所在学校有没有以上介绍的车刀系统？若有，属于哪一种？

二、刀具系统连接结构

模块式车削工具（刀具）系统典型的连接结构见表 3-9。有些工具生产厂已实现了这两种工具系统的通用化，进一步增加了工具系统的柔性，并便于使用和管理，如德国

Krupp Widia 公司与美国 Kennametal 公司联合开发的 KM—Widanex 工具系统、Ceratizit 公司的 Maxiflex—UTS 工具系统等。

表 3–9 模块式车削工具系统典型的连接结构

公司及系统名称	模块连接简图	定位及锁紧方式
Kennametal 公司的 KM 系统 Ceratizit 公司的 Maxiflex—UTS 系统	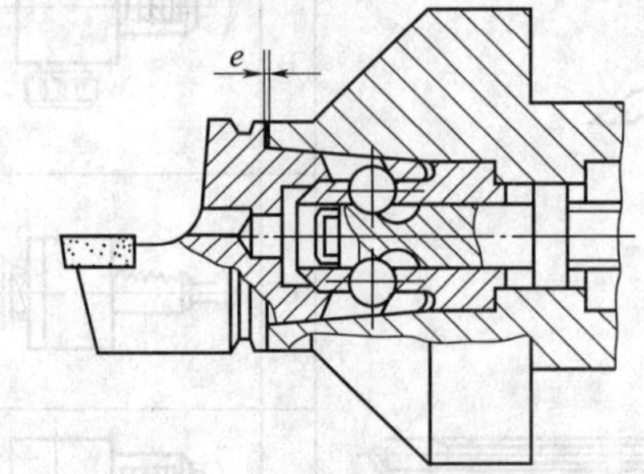 e	靠圆锥和法兰端面定位，由中心拉杆通过钢球轴向拉紧。该公司还开发了可径向顶紧的模块结构
Seco 公司的 Capto 系统	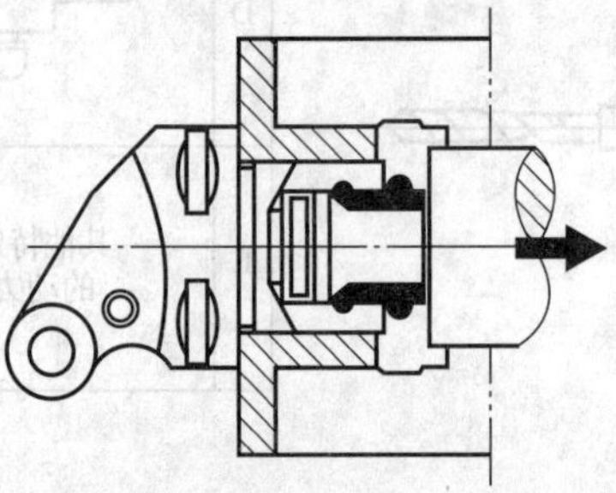	靠工作模块端面和圆锥定位，拉杆拉紧时，使弹性夹紧套径向胀开，并使其左端嵌入工作模块锥部内锥孔的环形槽内，与拉杆的短锥贴紧，从而消除径向及轴向间隙
Hertel 公司的 FTS 系统	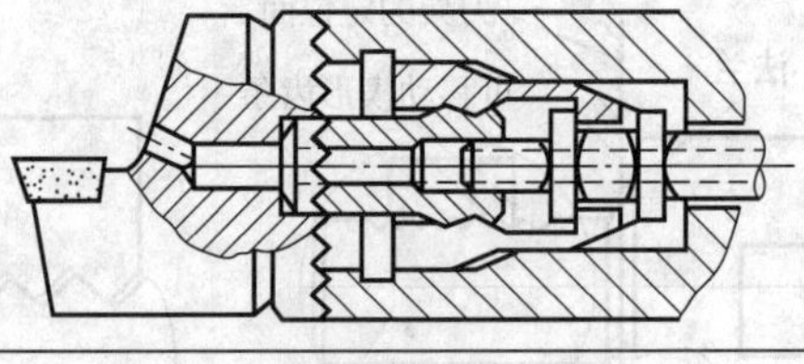	靠端齿定位，由中心拉杆通过弹簧夹头拉紧
Sandvik 公司的 BTS 系统	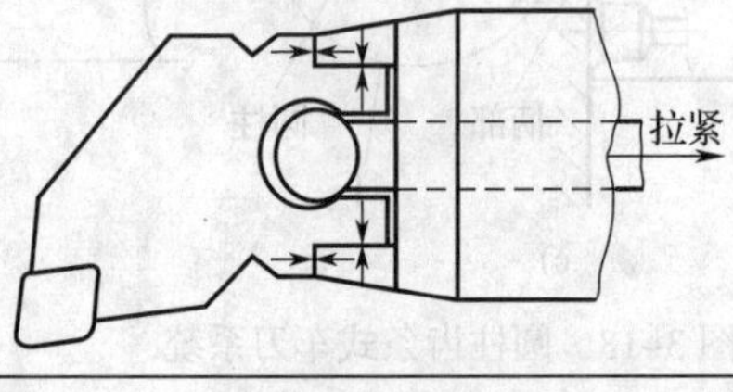 拉紧	拉杆拉紧时，不仅刀头与端面贴紧，并且其两侧能产生变形，向外胀开，以消除侧面间隙
Widia 公司的 Multiflex 系统	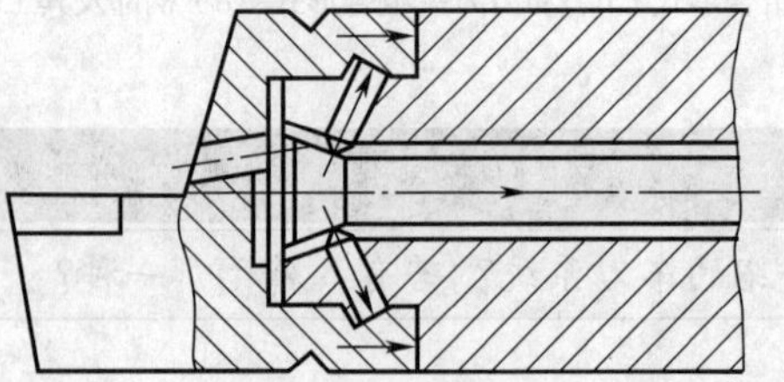	通过碟形弹簧和增力杠杆将力传递到拉杆前端，然后拉杆前端的锥面再通过圆柱销拉紧切削头

看一看

模块式车削刀具系统在刀具装夹方面与经济型四工位刀具系统相比有什么优越性？

第五节　数控车削的孔加工刀具

在数控车床上常用的孔加工方式有钻孔、车孔、铰孔等。

一、孔加工刀具的分类

孔加工刀具按照其用途不同可分为两类，一类是钻头，主要用于在实心材料上加工孔（有时也用于扩孔），根据钻头构造及用途的不同，可分为麻花钻、可转位浅孔钻、深孔钻、扁钻、中心钻等；另一类是对已有孔进行再加工的刀具，如扩孔钻、铰刀及内孔车刀等。

二、钻孔刀具

钻孔刀具应根据工件材料、加工尺寸及加工质量要求等合理选用。

1. 麻花钻

在数控车床上钻孔时主要采用普通麻花钻。

按照材质分类，麻花钻分为高速钢麻花钻和硬质合金麻花钻两种。

根据柄部不同，麻花钻有莫氏锥柄和圆柱柄（直柄）两种。直径为 8 ~ 80 mm 的麻花钻多为莫氏锥柄，可直接装在带有莫氏锥孔的刀柄内，刀具长度不能调节。直径为 0.1 ~ 20 mm 的麻花钻多为圆柱柄，可装在钻夹头上。中等尺寸的麻花钻两种形式均可选用。如图 3-19 所示为常见的锥柄、圆柱柄麻花钻。

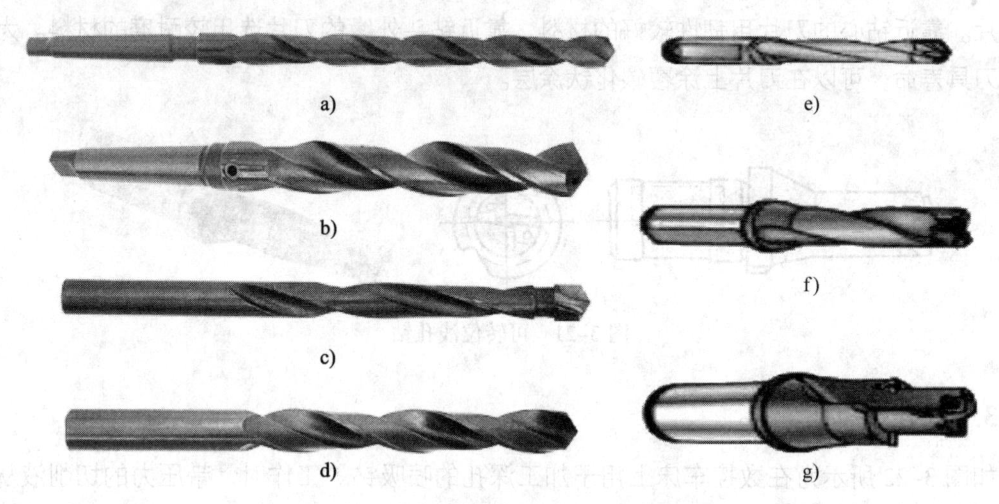

图 3-19　常见的锥柄、直柄麻花钻

a）锥柄加长麻花钻　b）内冷却锥柄麻花钻　c）镶硬质合金直柄麻花钻
d）直柄麻花钻　e）涂层镶刃钻　f）U 钻　g）阶梯钻

麻花钻切削部分的几何形状和切削角度如图 3-20 所示，它有两条主切削刃、两条副切削刃和一条横刃。两个螺旋槽是切屑流经的表面，为前面；与工件过渡表面（即孔底）相对的端部两螺旋圆锥面为主后面；与工件已加工表面（即孔壁）相对的两条刃带为副后面。前面与主后面的交线为主切削刃，前面与副后面的交线为副切削刃，两条主后面的交线为横刃。

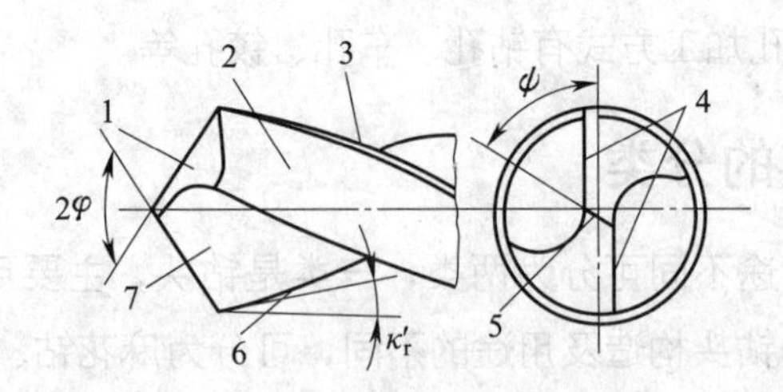

图 3–20　麻花钻切削部分的几何形状和切削角度

1—主后面　2—刃背　3—副后面（刃带）　4—主切削刃　5—横刃　6—副切削刃　7—前面（螺旋槽）

横刃与主切削刃在端面上投影间的夹角称为横刃斜角，横刃斜角 ψ=50° ~ 55°；主切削刃上各点的前角、后角是变化的，外缘处前角约为 30°，钻心处前角接近 0°，甚至是负值；两条主切削刃在与其平行的平面内的投影之间的夹角称为顶角，标准麻花钻的顶角 2φ=118°。

麻花钻的导向部分起导向、修光、排屑和输送切削液的作用，也是切削部分的后备部分。

2. 可转位浅孔钻

可转位浅孔钻如图 3–21 所示。它用于数控机床上钻浅孔，如钻箱体零件的孔等。其结构是在带排屑槽及内冷却通道钻体的头部装有一组刀片，多采用深孔刀片，通过刀片中心压紧刀片。靠近钻心的刀片用韧性较好的材料，靠近钻头外缘的刀片选用较耐磨的材料。为了延长刀具寿命，可以在刀片上涂覆碳化钛涂层。

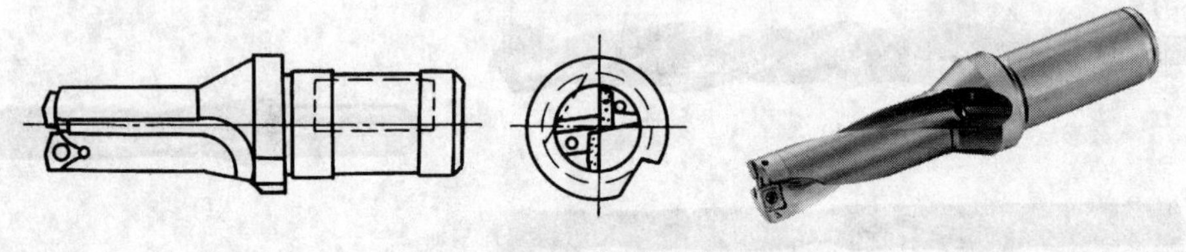

图 3–21　可转位浅孔钻

3. 深孔钻

如图 3–22 所示为在数控车床上用于加工深孔的喷吸钻。工作时，带压力的切削液从进液口流入连接套，其中 1/3 的切削液从内管四周月牙形喷嘴喷入内管。由于月牙槽缝隙很窄，切削液喷入时产生喷射效应，能使内管中形成负压区。另外约 2/3 的切削液流入内管和外管的间隙到切削区，与切屑汇合后被吸入内管并迅速向后排出，压力切削液流速快，到达切削区时呈雾状喷出，有利于冷却，经喷嘴流入内管的切削液流速增大，加强“吸”的作用，提高排屑效果。

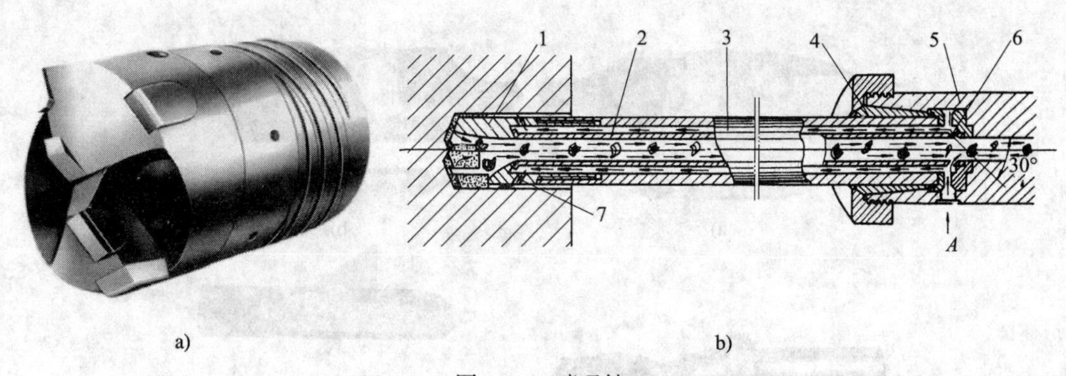

图 3–22　喷吸钻

a）实物图　b）喷吸钻的工作原理

1—喷吸钻头部　2—内套管　3—外套管　4—弹簧夹头　5—刀柄　6—月牙孔　7—小孔

喷吸钻一般用于加工直径为 65 ~ 180 mm 的深孔，孔的精度可达 IT10 ~ IT7 级，表面粗糙度 *Ra* 值可达 1.6 ~ 0.8 μm。

4. 扁钻

扁钻的切削部分磨成一个扁平体，主切削刃磨出顶角、后角，并形成横刃；副切削刃磨出后角与副偏角，并控制钻孔的直径。扁钻没有螺旋槽，制造简单，成本低，其结构如图 3–23 所示。

5. 中心钻

中心钻常用于在零件两端钻中心孔。常用的中心钻如图 3–24 所示。

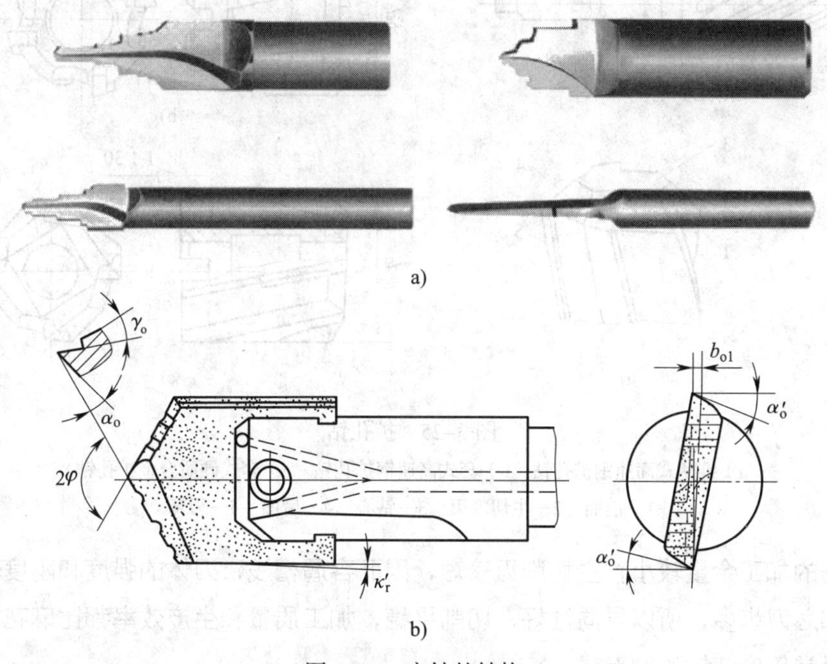

图 3–23　扁钻的结构

a）实物图　b）装配式扁钻的结构

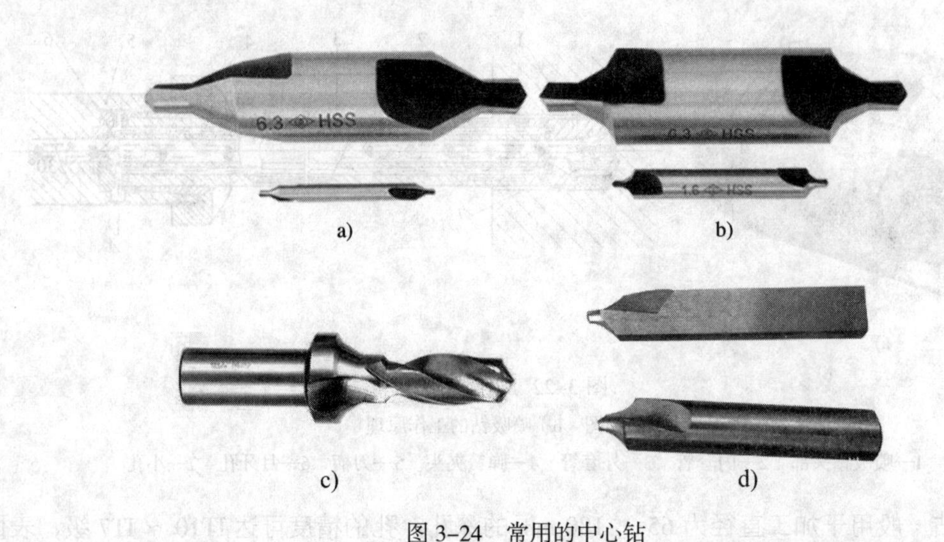

图 3–24　常用的中心钻

a）不带护锥中心钻（A 型）　b）带护锥中心钻（B 型）　c）C 型中心钻　d）R 型中心钻

三、扩孔钻

标准扩孔钻一般有 3 ～ 4 条主切削刃，切削部分的材料为高速钢或硬质合金，结构形式有直柄式、锥柄式和套式等。如图 3–25a、b、c 所示分别为锥柄式高速钢扩孔钻、套式高速钢扩孔钻和套式硬质合金扩孔钻。

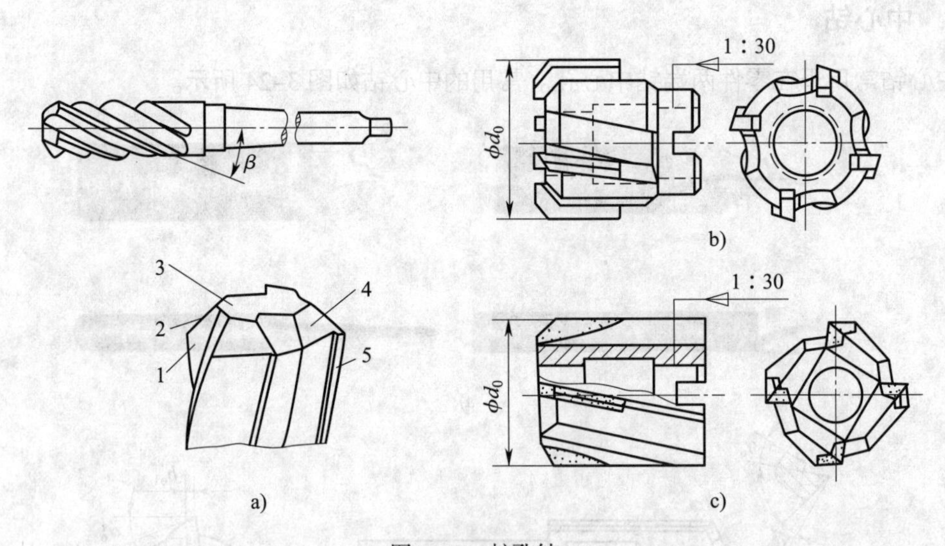

图 3–25　扩孔钻

a）锥柄式高速钢扩孔钻　b）套式高速钢扩孔钻　c）套式硬质合金扩孔钻

1—前面　2—主切削刃　3—钻心　4—后面　5—刃带

扩孔钻的加工余量较小，主切削刃较短，因而容屑槽浅，刀体的强度和刚度较高。它没有横刃，加之刀齿多，所以导向性好，切削平稳，加工质量和生产效率都比麻花钻高。在小批量生产时常用麻花钻改制而成。

在数控车床上，除了使用一般的扩孔钻外，还使用可转位扩孔钻，如图 3–26 所示。这种扩孔钻的两个可转位刀片的外刃位于同一个外圆直径上，并且刀片径向可做微量（±0.1 mm）调整，以控制扩孔直径。

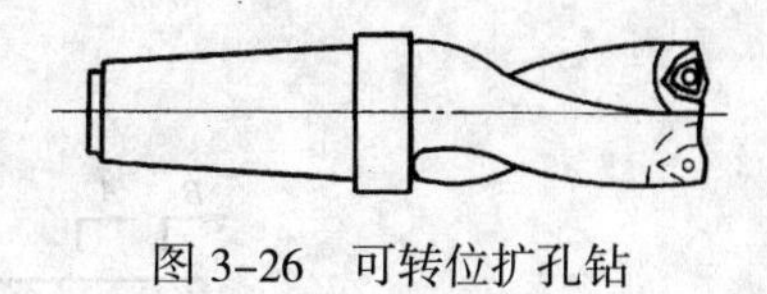

图 3–26　可转位扩孔钻

四、铰刀

常用的铰刀多是通用标准铰刀，此外还有机夹硬质合金刀片单刃铰刀和浮动铰刀等。

1. 通用标准铰刀

通用标准铰刀有直柄、锥柄和套式三种，如图 3–27 所示。锥柄铰刀直径为 10 ~ 32 mm，直柄铰刀直径为 6 ~ 20 mm，小孔直柄铰刀直径为 1 ~ 6 mm，套式铰刀直径为 25 ~ 80 mm。

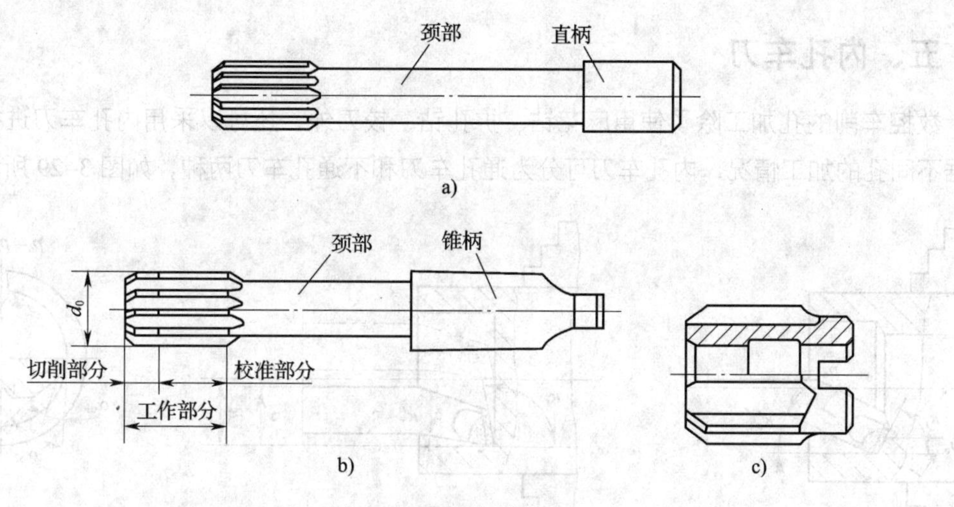

图 3–27　通用标准铰刀
a）直柄铰刀　b）锥柄铰刀　c）套式铰刀

铰刀的工作部分包括切削部分与校准部分。切削部分为锥形，担负主要切削工作。切削部分的主偏角为 5° ~ 15°，前角一般为 0°，后角一般为 5° ~ 8°。校准部分的作用是校正孔径、修光孔壁和导向。为此，校准部分带有很窄的刃带（γ_o=0°，α_o=0°）。校准部分包括圆柱部分和倒锥部分，圆柱部分保证铰刀直径和便于测量，倒锥部分可减小铰刀与孔壁的摩擦以及孔径扩大量。标准铰刀有 4 ~ 12 齿。

2. 硬质合金刀片单刃铰刀

硬质合金刀片单刃铰刀的结构如图 3–28 所示。刀片 3 通过楔套 4 用螺钉 1 固定在刀体上，通过螺钉 7、销 6 可调节铰刀尺寸。导向块 2 可通过粘接和铜焊固定。机夹单刃铰刀应有很高的刃磨质量，因为精密铰削时半径上的铰削余量为 10 μm 以下，所以刀片的切削刃要磨得异常锋利。

铰削精度为 IT7 ~ IT6 级、表面粗糙度 *Ra* 值为 1.6 ~ 0.8 μm 的大直径通孔时，可选用专为加工中心设计的浮动铰刀。

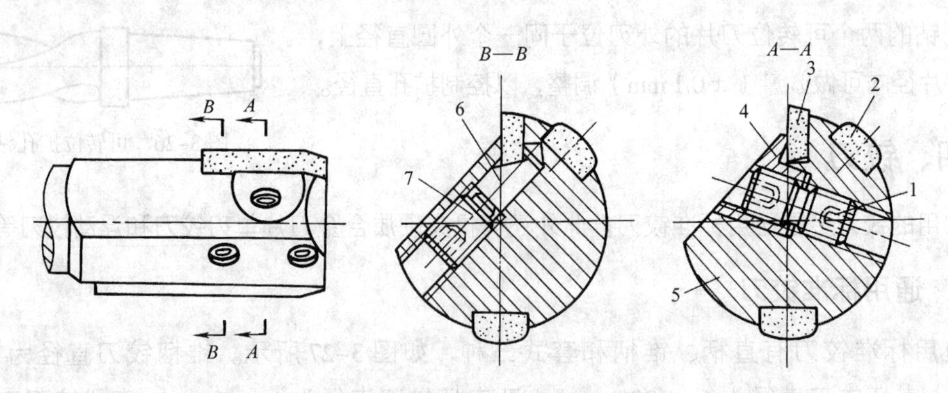

图 3–28　硬质合金刀片单刃铰刀的结构

1、7—螺钉　2—导向块　3—刀片　4—楔套　5—刀体　6—销

五、内孔车刀

数控车削的孔加工除了使用麻花钻、扩孔钻、铰刀外，还可以采用内孔车刀进行车削。根据不同孔的加工情况，内孔车刀可分为通孔车刀和不通孔车刀两种，如图 3–29 所示。

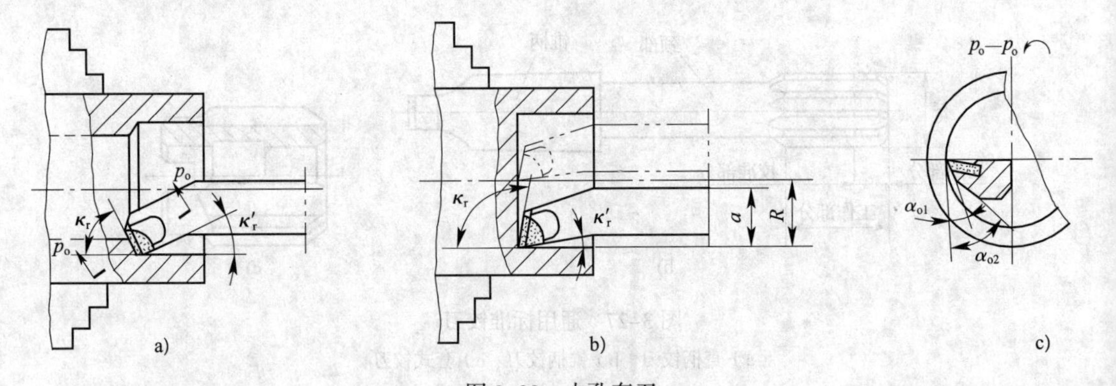

图 3–29　内孔车刀

a）通孔车刀　b）不通孔车刀　c）内孔车刀的两个后角

1. 通孔车刀

如图 3–29a 所示，通孔车刀切削部分的几何形状基本上与外圆车刀相似，为了减小径向切削抗力，防止车孔时产生振动，主偏角 κ_r 应取得大些，一般在 60° ~ 75°，副偏角 κ_r' 一般为 15° ~ 30°。为了防止内孔车刀后面与孔壁的摩擦，又不使后角磨得太大，一般磨成两个后角，如图 3–29c 中的 α_{o1} 和 α_{o2}。其中，α_{o1} 取 6° ~ 12°，α_{o2} 取 30° 左右。

2. 不通孔车刀

不通孔车刀用来车削不通孔或台阶孔，切削部分的几何形状基本上与偏刀相似，它的主偏角 κ_r>90°，一般为 92° ~ 95°（见图 3–29b），后角的要求与通孔车刀一样。不同之处是不通孔车刀的小刀头装在刀柄的最前端，刀尖到刀柄外端的距离 a 小于孔的半径 R；否则，无法车平孔的底面。

内孔车刀的结构如图 3-30 所示，它可以做成整体式（见图 3-30a），也可把高速钢或硬质合金做成较小的刀头，安装在碳钢或合金钢制成的刀柄前端的方孔中，并在顶端或上面用螺钉固定，如图 3-30b、c 所示。

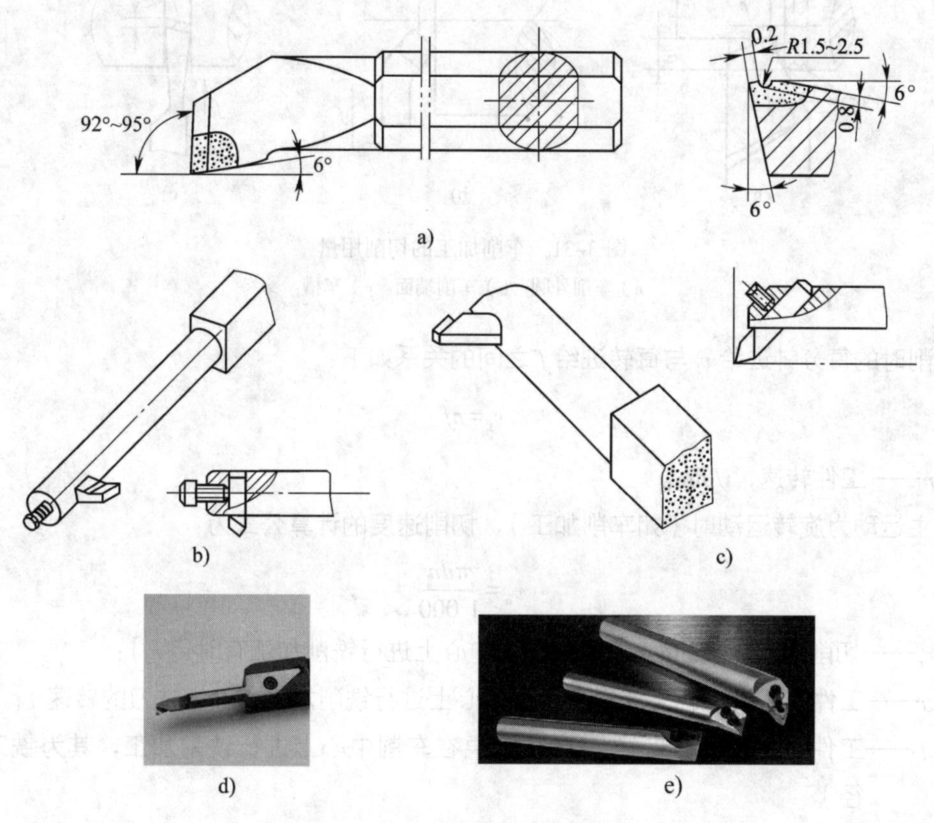

图 3-30 内孔车刀的结构

a）整体式 b）通孔车刀 c）不通孔车刀 d）、e）实物图

第六节 数控车削切削用量的确定

一、切削用量的概念

如图 3-31 所示，车削加工的切削用量包括背吃刀量 a_p、进给量（每转进给）f 和切削速度 v_c。车削外圆、端面和槽时，车刀的背吃刀量和进给量如图 3-31 所示。

车削外圆时背吃刀量 a_p 的计算公式为：

$$a_p = \frac{d_w - d_m}{2}$$

式中 a_p——背吃刀量，mm；

d_w——待加工表面直径，mm；

d_m——已加工表面直径，mm。

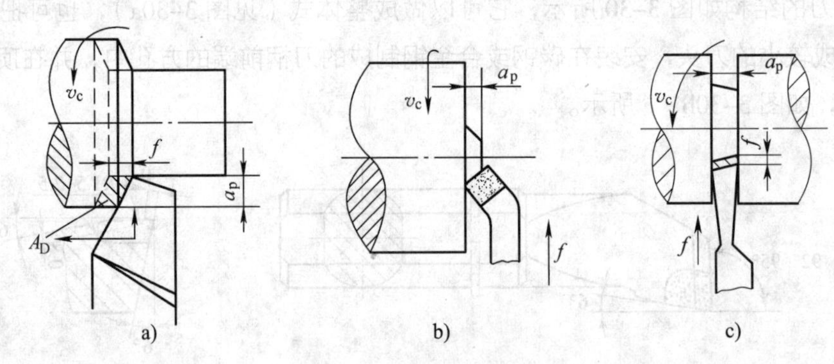

图 3–31　车削加工的切削用量

a）车削外圆　b）车削端面　c）车槽

车削时的每分钟进给 v_f 与每转进给 f 之间的关系如下：

$$v_f = nf$$

式中　n——工件转速，r/min。

当主运动为旋转运动时（如车削加工），切削速度的计算公式为：

$$v_c = \frac{\pi dn}{1\ 000}$$

式中　v_c——切削速度，m/min（如果在车削中心上进行铣削加工有时用 v_f）；

n——工件转速，r/min（如果在车削中心上进行铣削加工，其为铣刀的转速）；

d——工件待加工表面直径，mm（如果在车削中心上进行铣削加工，其为铣刀的直径）。

二、切削用量的确定

1. 背吃刀量 a_p 的确定

背吃刀量应根据机床、工件和刀具的刚度来确定。在刚度允许的条件下，应尽可能使背吃刀量等于工件的加工余量，这样可以减少进给次数，提高生产效率。为了保证加工表面质量，可留少许精加工余量，一般为 0.2 ~ 0.5 mm。

2. 主轴转速 n 的确定

车削加工的主轴转速 n 应根据允许的切削速度 v 和工件直径 d 来选择。切削速度 v_c 的单位为 m/min，由刀具的耐用度决定，计算时可参考切削用量手册选取。

3. 进给速度 v_f 的确定

进给速度 v_f 是数控机床切削用量中的重要参数，其大小直接影响表面粗糙度值和车削效率，主要根据零件的加工精度和表面粗糙度要求以及刀具、工件的材料性质选取。最大进给速度受机床刚度和进给系统的性能限制。

计算进给速度时，可查阅切削用量手册选取进给量 f，然后按公式 $v_f=nf$（mm/min）计算进给速度。确定进给速度的原则如下：

（1）当工件的质量要求能够得到保证时，为提高生产效率，可选择较高的进给速度。一般在 100 ~ 200 mm/min 范围内选取。

（2）在切断、加工深孔或用高速钢刀具加工时，宜选择较低的进给速度，一般在 20 ~ 50 mm/min 范围内选取。

（3）当加工精度、表面质量要求较高时，进给速度应选小些，一般在 20 ~ 50 mm/min 范围内选取。

（4）刀具空行程时，特别是远距离“回参考点”时，可以选取该机床数控系统设定的最高进给速度。

想一想

在数控车床上进给量的设定与普通车床上有什么不同？

三、车削螺纹时切削用量的确定

1. 主轴转速

因数控机床系统和结构等原因，车削螺纹时主轴的转速有一定的限度，该限度因机床的种类而异。例如，大多数经济型数控车床的数控系统推荐车削螺纹时的主轴转速为：

$$n \leqslant \frac{1\,200}{P} - k$$

式中　P——工件螺纹的螺距，mm；

k——保险系数，一般取 80。

想一想

在普通机床上车削螺纹时对于主轴转速有没有限制？

2. 螺纹牙型高度（螺纹总切深）

螺纹牙型高度是指在螺纹牙型上牙顶到牙底之间垂直于螺纹轴线的距离。如图 3-32 所示，螺纹牙型高度是指车削时车刀总切入深度。根据 GB/T 192 ~ 197 系列普通螺纹国家标准的规定，普通螺纹的牙型理论高度 H=0.866P，实际加工时，由于螺纹车刀刀尖圆弧半径的影响，螺纹的实际切深有变化。根据 GB/T 197—2018 的规定，螺纹车刀可在牙底最小削平高度 H/8 处削平或倒圆，则螺纹实际牙型高度可按下式计算：

$$h=0.649\,5P$$

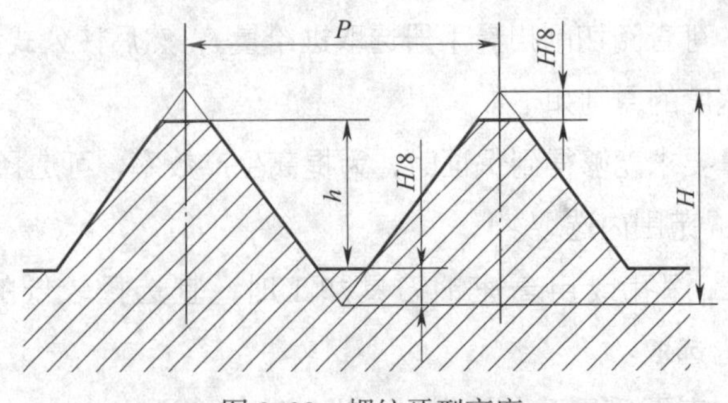

图 3-32 螺纹牙型高度

查一查

以上介绍的螺纹牙型高度以三角形螺纹为例，查一查梯形螺纹牙型高度的计算公式。

3. 径向起点和终点的确定

在外螺纹加工中，径向起点（编程大径）的确定取决于螺纹大径；径向终点（编程小径）的确定取决于螺纹小径。因为编程大径确定后，螺纹总切深在加工时是由编程小径（螺纹小径）来控制的。螺纹小径的确定应满足螺纹中径公差的要求。对于普通螺纹可用粗略算法来编制程序，通常螺纹大径 D 比公称尺寸减小 $0.12P$，螺纹小径可根据公式 $d_1=d-2h$ 来确定。

4. 分段切削时的背吃刀量

如果螺纹牙型较深，螺距较大，可分段切削，每次进给时的背吃刀量用螺纹深度减去精加工背吃刀量所得的差按递减规律分配，如图 3-33 所示。车削螺纹时常用进给次数与背吃刀量可查阅切削用量手册。螺纹切削的进给方式分为递减横向进给方式、恒定背吃刀量进给方式、等容积横向进给方式。

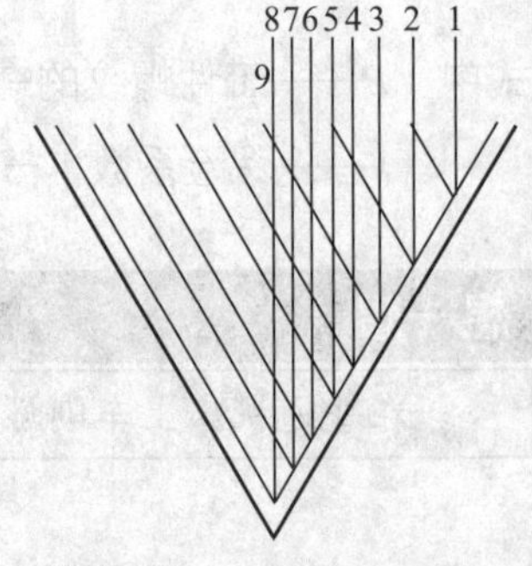

图 3-33 螺纹分段切削

（1）递减横向进给方式

车削螺纹时，根据螺纹牙型的深度，螺纹车刀的进给量由大到小，直至最后完成切削。这种进给方式称为递减横向进给方式，是现代数控机床最常用的方式。其进给量的分布按下式确定：

$$\Delta d_i=\frac{a_{\rm p}}{\sqrt{n-1}}\times\sqrt{Q_i}$$

式中 Δd_i——每次横向背吃刀量，mm；

$a_{\rm p}$——螺纹牙深，mm，参见表 3-10 ~ 表 3-14，其中米制 60° 螺纹（单齿螺纹刀片）见表 3-10，UN60° 螺纹（单齿螺纹刀片）见表 3-11，惠氏螺纹（单齿螺纹刀片）见表 3-12，BSPT 55° 螺纹（单齿螺纹刀片）见表 3-13，NPT 60° 螺纹（单齿螺纹刀片）见表 3-12；

n——进给次数，参见表 3-10 ~ 表 3-14；

Q_i——$Q_1=0.3$，$Q_2=1$，…，$Q_n=n-1$。

表 3–10　米制 60° 螺纹（单齿螺纹刀片）

螺距 /mm	牙深 /mm		进给次数	螺距 /mm	牙深 /mm		进给次数
	外螺纹	内螺纹			外螺纹	内螺纹	
0.5	0.34	0.34	4	2.50	1.58	1.49	10
0.75	0.50	0.48	4	3.00	1.89	1.95	12
0.8	0.54	0.52	4	3.50	2.20	2.04	12
1.00	0.67	0.63	5	4.00	2.50	2.32	14
1.25	0.8	0.77	6	4.50	2.80	2.62	14
1.50	0.94	0.90	6	5.00	3.12	2.89	14
1.75	1.14	1.07	8	5.50	3.41	3.20	16
2.00	1.28	1.20	8	6.00	3.72	3.46	16

表 3–11　UN60° 螺纹（单齿螺纹刀片）

牙数	牙深 /mm		进给次数	牙数	牙深 /mm		进给次数
	外螺纹	内螺纹			外螺纹	内螺纹	
32	0.52	0.49	4	11	1.48	1.38	9
28	0.62	0.59	5	10	1.63	1.49	10
24	0.71	0.66	5	9	1.79	1.66	11
20	0.83	0.78	6	8	2.01	1.86	12
18	0.93	0.86	6	7	2.28	2.11	12
16	1.03	0.95	7	6	2.66	2.44	14
14	1.17	1.10	8	5	3.19	2.93	14
13	1.26	1.17	8	$4\frac{1}{2}$	3.52	3.27	16
12	1.36	1.26	8	4	3.96	3.65	16

表 3–12　惠氏螺纹（单齿螺纹刀片）

牙数	牙深 /mm		进给次数	牙数	牙深 /mm		进给次数
	外螺纹	内螺纹			外螺纹	内螺纹	
28	0.64	0.64	5	16	1.12	1.12	8
26	0.68	0.68	5	14	1.23	1.23	8
20	0.87	0.87	6	12	1.42	1.42	8
19	0.91	0.91	6	11	1.54	1.54	9
18	1.07	1.07	7	10	1.69	1.69	10

续表

牙数	牙深 /mm		进给次数	牙数	牙深 /mm		进给次数
	外螺纹	内螺纹			外螺纹	内螺纹	
9	1.87	1.87	11	5	3.34	3.34	14
8	2.09	2.09	12	$4\frac{1}{2}$	3.70	3.70	16
7	2.41	2.41	12	4	4.15	4.15	16
6	2.80	2.80	14				

表 3–13 **BSPT55° 螺纹（单齿螺纹刀片）**

牙数	牙深 /mm		进给次数	牙数	牙深 /mm		进给次数
	外螺纹	内螺纹			外螺纹	内螺纹	
28	0.64	0.64	5	11	1.52	1.52	9
19	0.91	0.91	6	8	2.07	2.07	12
14	1.22	1.22	8				

表 3–14 **NPT60° 螺纹（单齿螺纹刀片）**

牙数	牙深 /mm		进给次数	牙数	牙深 /mm		进给次数
	外螺纹	内螺纹			外螺纹	内螺纹	
27	0.76	—	6	$11\frac{1}{2}$	1.74	1.74	12
18	1.12	1.12	8	8	2.49	2.49	15
14	1.43	1.43	10				

（2）恒定背吃刀量进给方式

恒定背吃刀量即每一刀的背吃刀量都相同。数控车削螺纹加工中越来越多地使用这种进给方式。由于这种方式的背吃刀量固定，因此切屑厚度就确定，切屑形成从而得以优化。恒定背吃刀量的起始值为 0.12 ~ 0.18 mm，且保证车去最后一次背吃刀量时进给量至少为 0.08 mm。例如，螺距为 2 mm 的外螺纹，牙深为 1.28 mm，则每次进给量按下式推算，即 1.28=1.2+0.08=10×0.12+0.08。该式表明：最后一刀进给量为 0.08 mm，其余各刀进给量为 0.12 mm。

（3）等容积横向进给方式

等容积横向进给方式是指每一刀加工切削下来的金属体积相同的进给方式。其背吃刀量分配情况如下：

第 1 刀的背吃刀量 $\Delta d_1=t/4$（t 为牙深，半径值）；

第 n 刀的背吃刀量 $\Delta d_n=\Delta d_1\times\sqrt{n}-\sqrt{n-1}$；

最后一刀的背吃刀量 Δd_e 不小于 0.05 mm。

查一查

英制螺纹的切削用量。

第七节　典型轮廓的数控车削工艺

一、车外圆

工件旋转，车刀做纵向进给运动的轨迹严格与工件轴线平行，就能车出外圆柱面。

1. 外圆车刀及其安装

（1）外圆车刀

1）90° 车刀。90° 车刀一般可称为偏刀，其主偏角 κ_r=90°，可分为右偏刀和左偏刀两种，如图 3–34 所示。

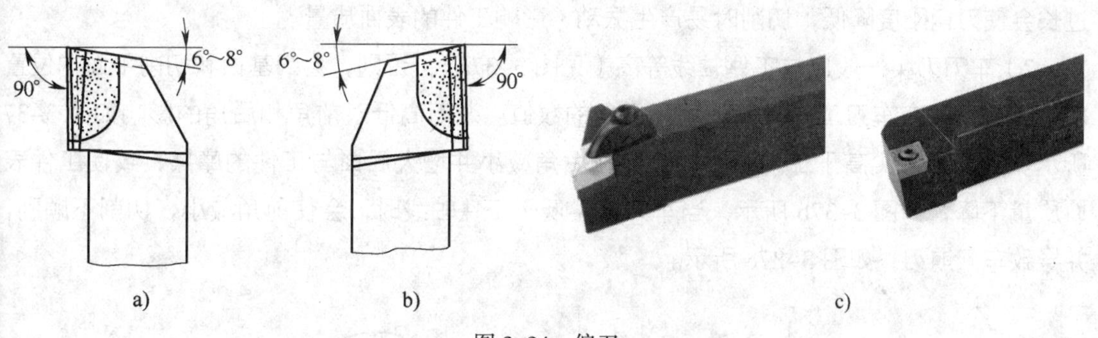

图 3–34　偏刀

a）右偏刀　b）左偏刀　c）右偏刀外形

右偏刀是指车刀从车床尾座向主轴箱方向进给的车刀，一般用来车削工件的外圆、端面和右向台阶，如图 3–35a 所示。车外圆时，因其主偏角较大，作用于工件上的径向切削力较小，不易将工件顶弯。

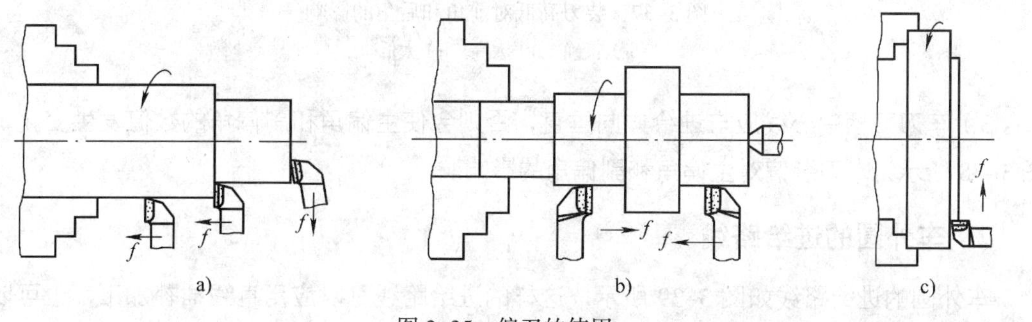

图 3–35　偏刀的使用

a）右偏刀的使用　b）车台阶轴　c）车端面

左偏刀是指车刀从车床主轴箱向尾座方向进给的车刀，一般用来车削左向台阶和工件的外圆，也可以车削直径较大、长径比较小的工件端面，如图 3–35b、c 所示。

2）75° 车刀。75° 车刀的主偏角 κ_r=75°，刀尖角 ε_r 大于 90°。刀头强度高，较耐用，适用于粗车轴类工件的外圆以及强力切削铸件、锻件等余量较大的工件，如图 3–36 所示。

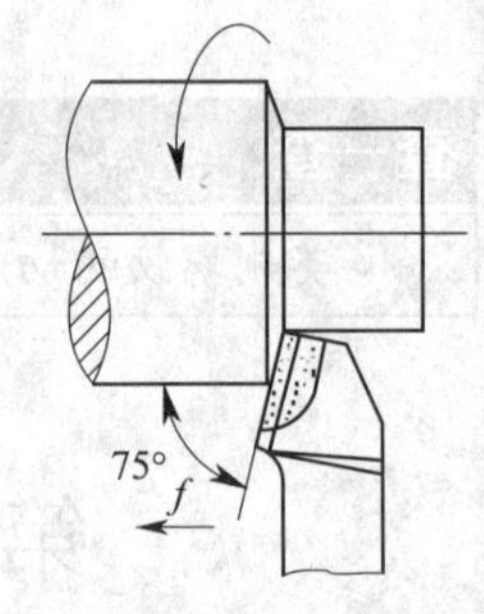

图 3–36　75° 车刀

想一想

在车削外圆时，75° 车刀与 90° 车刀有什么不同？

（2）车刀的安装

车刀安装得正确与否，将直接影响切削能否顺利进行和工件的加工质量。因此，安装车刀时应注意以下几个问题：

1）车刀安装在刀架上时伸出部分不宜过长，一般为刀柄高度的 1 ~ 1.5 倍。伸出部分过长会使刀柄刚度降低，切削时易产生振动，影响工件的表面质量。

2）车刀刀尖一般应与工件轴线等高（见图 3–37a）；否则，会因基面和切削平面的位置发生变化而改变车刀工作时的前角和后角的数值。装刀高低对前角和后角的影响如图 3–37 所示。当车刀刀尖高于工件轴线时，会使后角减小并增大后面与工件的摩擦，致使工件表面质量下降，如图 3–37b 所示；当车刀刀尖低于工件轴线时，会使前角减小，切削不顺利，并导致车刀崩刃，如图 3–37c 所示。

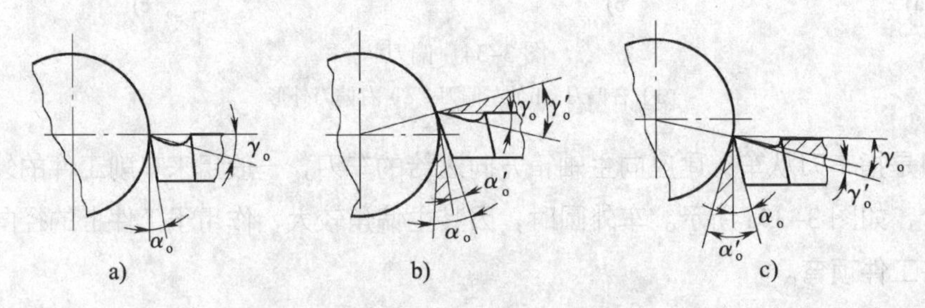

图 3–37　装刀高低对前角和后角的影响

a）正确　b）太高　c）太低

3）车刀刀柄中心线应与进给方向垂直，否则会使主偏角和副偏角的数值发生变化，如图 3–38 所示为车刀装偏对主偏角和副偏角的影响。

2. 车外圆的进给路线

车外圆的进给路线如图 3–39 所示，这样的进给路线可以应用直线插补加工，也可以应用循环加工。

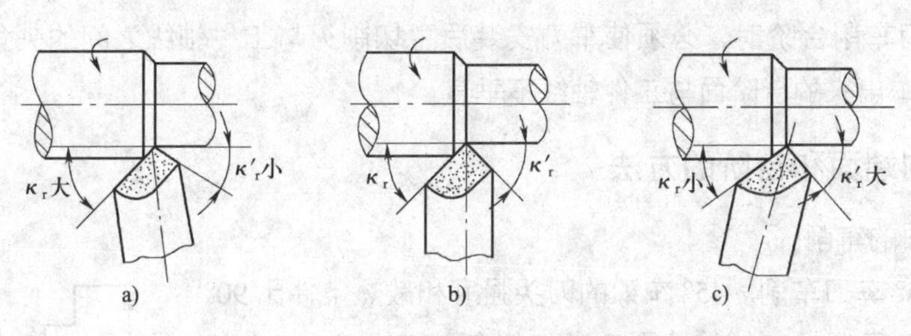

图 3-38 车刀装偏对主偏角和副偏角的影响

a）κ_r 增大 b）装夹正确 c）κ_r 减小

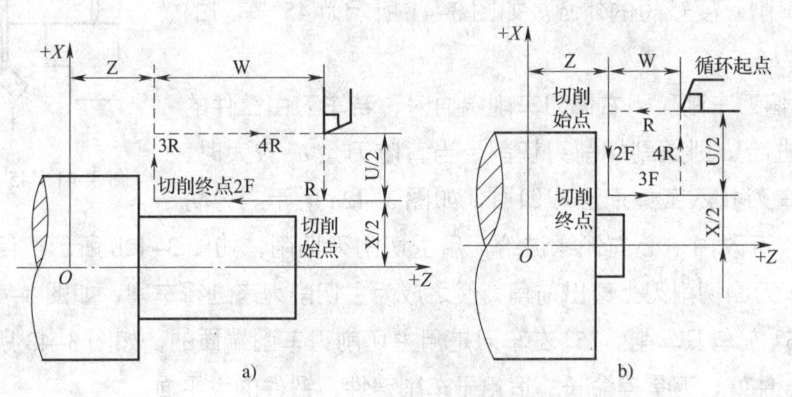

图 3-39 车外圆的进给路线

a）进给路线一 b）进给路线二

二、车端面和台阶

1. 车刀的选择

一般车削端面和台阶常用的车刀为 45° 车刀以及 90° 的左偏刀和右偏刀，也可用 75° 左车刀。

2. 车刀的安装

车端面时，车刀的刀尖要对准工件的中心；否则，车削后工件端面中心处留有凸头，如图 3-40a 所示。使用硬质合金车刀时，如不注意这一点，车削到中心处会使刀尖崩碎，如图 3-40b 所示。

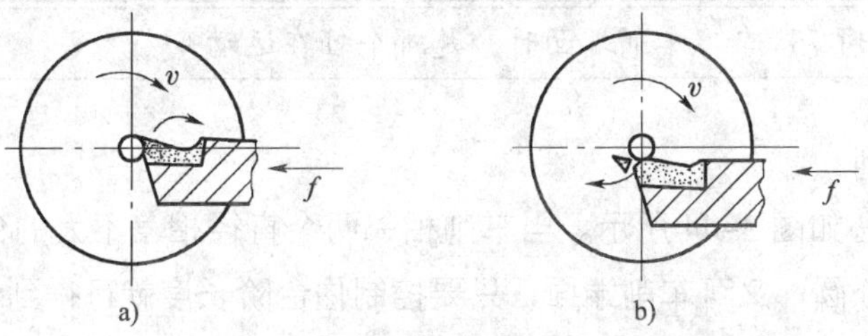

图 3-40 车刀刀尖不对准工件中心的后果

a）工件中心留有凸头 b）刀尖崩碎

用右偏刀车削台阶时，必须使车刀安装后主切削刃与工件轴线之间的夹角等于或大于90°；否则，车出来的台阶面与工件轴线不垂直。

3. 车削端面和台阶的方法

（1）端面的车削

1）用45°车刀车削。45°车刀的刀头强度和散热条件比90°车刀好，常用于车削工件的端面及进行倒角。但由于45°车刀主偏角较小（κ_r为45°），车削外圆时径向切削力较大，所以，一般只用于车削长度较短的外圆。如图3–41所示为45°车刀的使用。

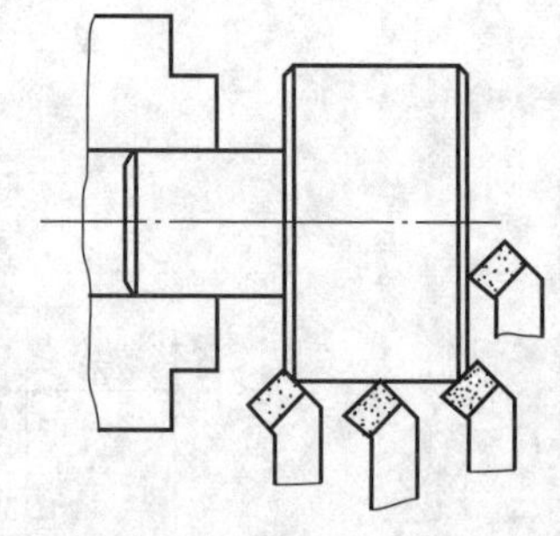

图3–41 45°车刀的使用

2）用右偏刀车削。用右偏刀车削端面时，若车刀由工件的外缘向中心进给，则是副切削刃切削。当背吃刀量a_p较大时，切削力会使车刀扎入工件而形成凹面，如图3–42a所示。为防止产生凹面，可改由中心向外缘进给，用主切削刃切削，如图3–42b所示，但背吃刀量要小。或者在车刀副切削刃上磨出前角，使之成为主切削刃来进行车削，如图3–42c所示。

3）用75°左车刀车削。75°左车刀是用主切削刃车削端面的，如图3–43所示。其刀尖强度和散热条件好，刀具寿命长，适用于车削铸件、锻件的大平面。

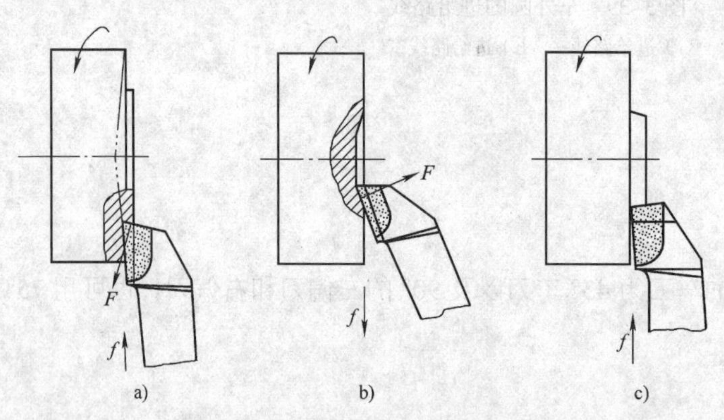

图3–42 用右偏刀车削端面

a）向中心进给 b）由中心向外缘进给 c）在副切削刃上磨前角

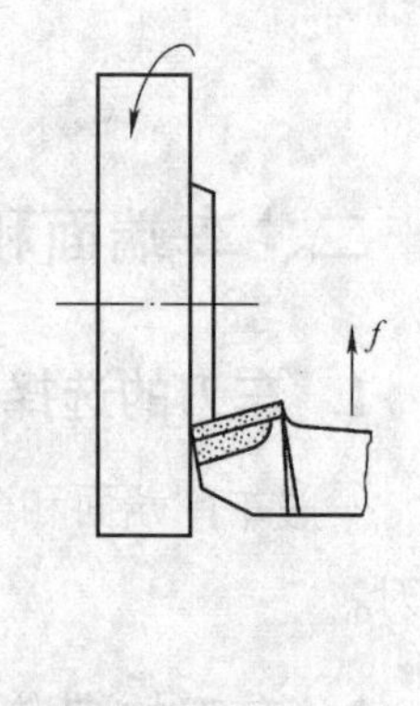

图3–43 用75°左车刀车削端面

看一看

在数控车床上用75°车刀车削端面时，是哪个轴在运动？

（2）台阶的车削

车削台阶的方法如图3–44所示。当车削相邻两个直径相差不大的台阶时，可用90°偏刀。这样既可车削外圆，又可车削端面，只要控制住台阶长度就可得到台阶面，如图3–44a所示。应当注意车刀安装后的主偏角必须等于90°。

如果车削相邻两个直径相差较大的台阶，可先用主偏角小于90°的车刀粗车，再把

90° 偏刀的主偏角装成 93° ~ 95°，分几次进给，进给时应留精车外圆和端面的余量，如图 3-44b 所示。车削台阶轴的进给路线如图 3-45 所示。

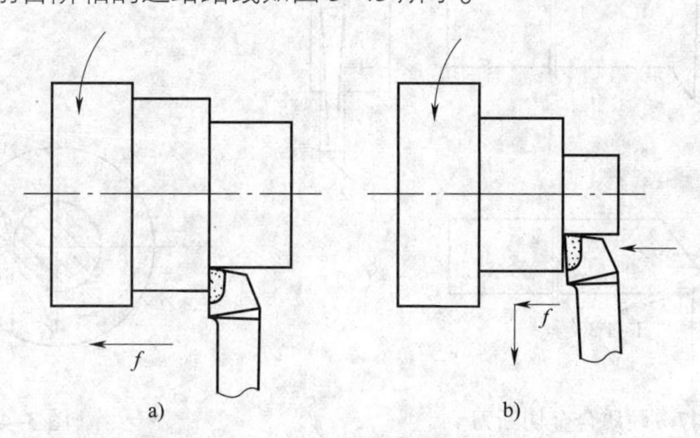

图 3-44　车削台阶的方法

a）车削直径相差不大的台阶　b）车削直径相差较大的台阶

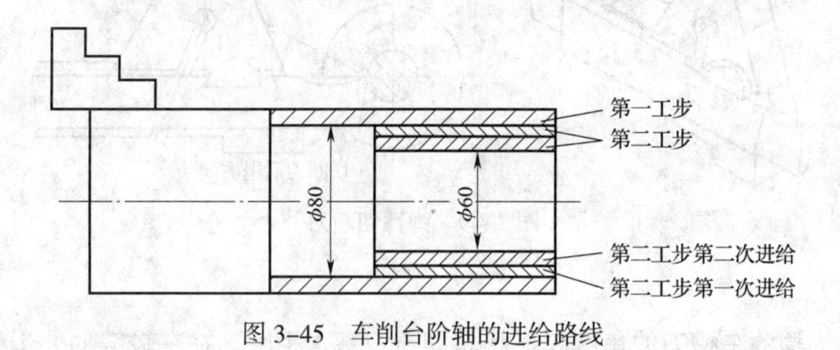

图 3-45　车削台阶轴的进给路线

三、切断及车槽

1. 车刀的选择

（1）切断刀

切断刀以横向进给为主，前端的切削刃为主切削刃，两侧的切削刃为副切削刃。一般切断刀的主切削刃较窄，刀头较长，所以刀头强度较低。常见的切断刀有高速钢切断刀（见图 3-46）、硬质合金切断刀（见图 3-47）、反切刀（见图 3-48）和弹性切断刀（见图 3-49）。

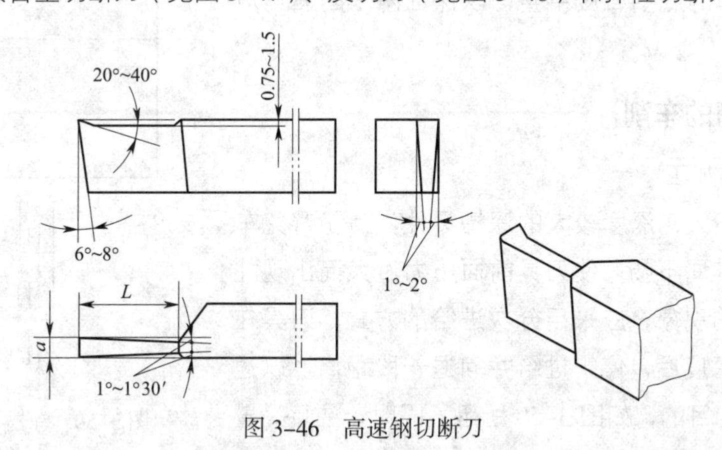

图 3-46　高速钢切断刀

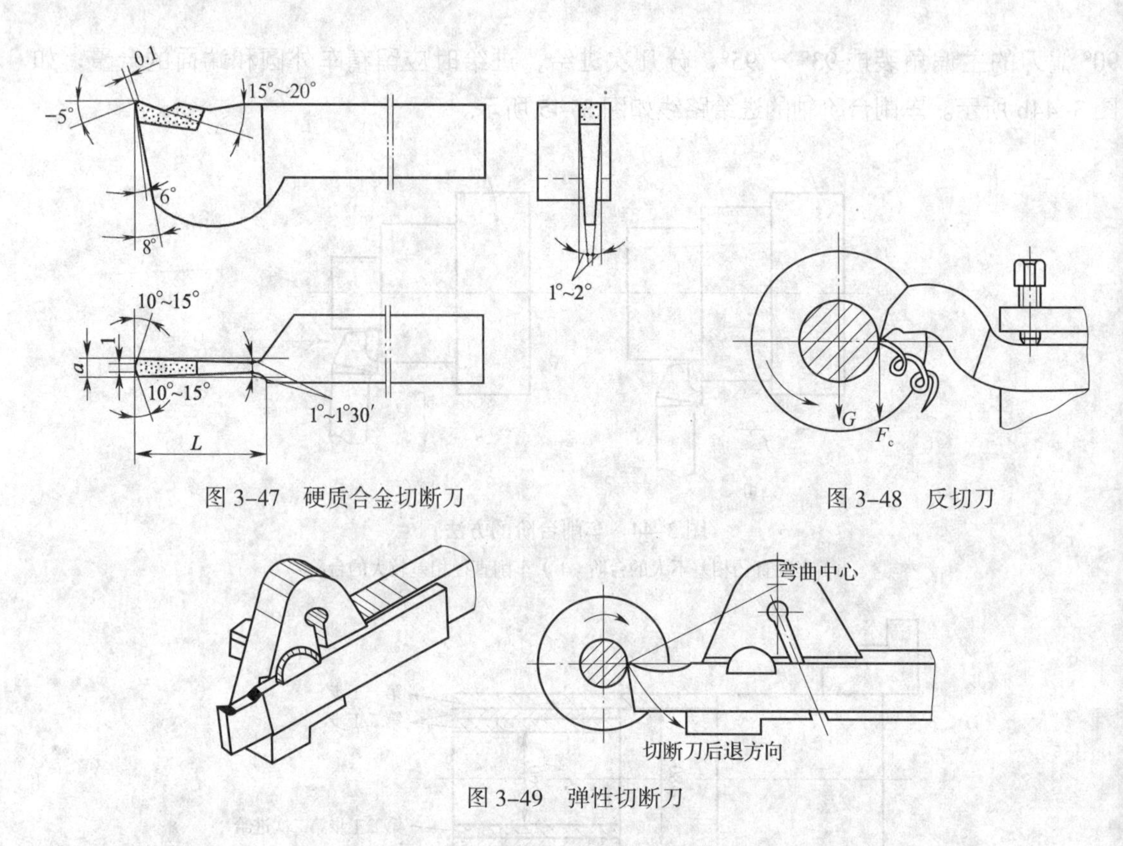

图 3–47 硬质合金切断刀

图 3–48 反切刀

图 3–49 弹性切断刀

（2）车槽刀

一般车外沟槽的车槽刀的角度和形状与切断刀基本相同。在车较窄的外沟槽时，车槽刀的主切削刃宽度应与槽宽相等，刀头长度稍大于槽深。车内沟槽和斜沟槽时可用专用车刀。

2. 切断刀与车槽刀的安装

（1）安装时，切断刀不宜伸出过长，同时切断刀的中心线必须与工件中心线垂直，以保证两个副偏角对称。

（2）切断实心工件时，切断刀的主切削刃必须与工件中心等高；否则，不能车到中心，而且易崩刃，甚至使车刀折断。

（3）切断刀的底平面应平整，以保证两个副后角对称。

3. 外沟槽的车削

（1）深槽的加工

对于宽度不大、深度较大的深槽零件，为了避免车槽过程中由于排屑不畅，使刀具前面压力过大而出现扎刀和折断刀具的现象，应采用分次进给的方式，刀具在切入工件一定深度后，停止进给并回退一段距离，以达到断屑和退屑的目的，如图 3–50 所示。同时，注意尽量

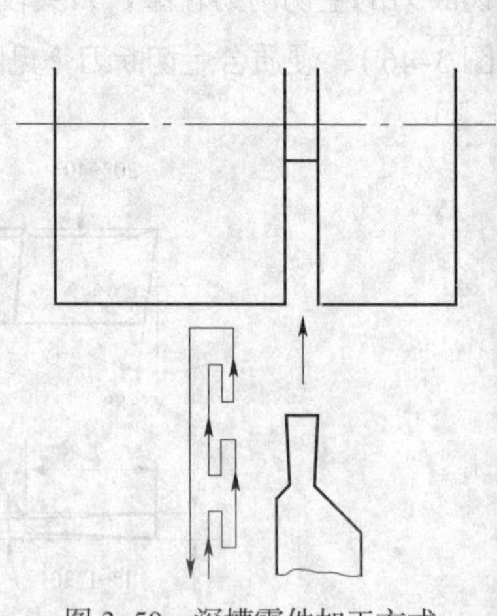

图 3–50 深槽零件加工方式

选择强度较高的刀具。

（2）宽槽的加工

通常把大于一个车槽刀刀头宽度的槽称为宽槽，宽槽的宽度和深度的精度以及表面质量要求相对较高。在车削宽槽时，常采用排刀的方式进行粗车，然后用精车槽刀沿槽的一侧车至槽底，精加工槽底至槽的另一个侧面，并对该侧面进行精加工。宽槽的加工方式如图 3-51 所示。

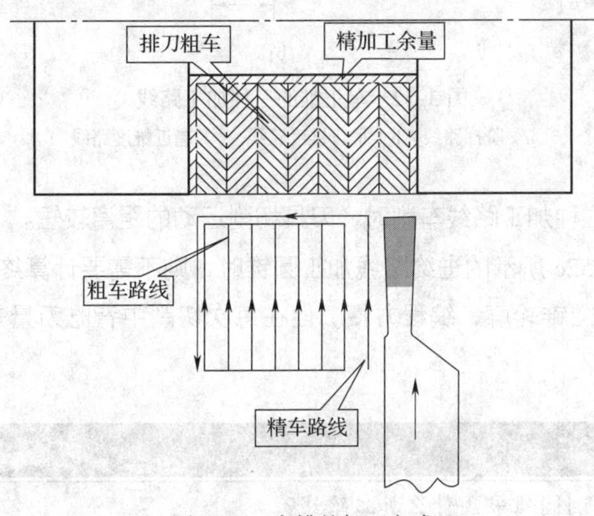

图 3-51 宽槽的加工方式

看一看

加工深且宽的槽时加工进给路线应怎样安排？

外沟槽槽底直径可用外卡钳或游标卡尺测量，外沟槽宽度可用钢直尺、游标卡尺或量规测量。

四、特征面的加工

1. 车圆锥的加工路线分析

在数控车床上车外圆锥时可以分为车正锥和车倒锥两种情况，每一种情况有三种加工路线。如图 3-52 所示为车正锥的三种加工路线。

（1）采用图 3-52a 所示的阶梯切削路线时，先进行粗加工，再进行精加工。在这种加工路线中，粗车时刀具背吃刀量相同，但需要计算终刀点位置；精车时进给路线为斜线。

（2）按图 3-52b 所示的路线车正锥时，需要计算终刀距 S。假设圆锥大径为 D，小径为 d，圆锥长度为 L，背吃刀量为 a_p，由相似三角形可得：

$$\frac{D-d}{2L}=\frac{a_p}{S}$$

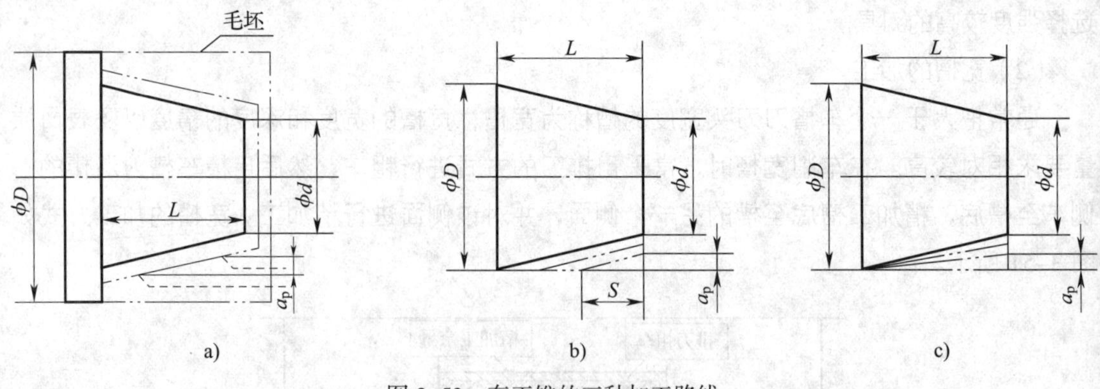

图 3-52　车正锥的三种加工路线
a）阶梯路线　b）平行锥度路线　c）趋近锥度路线

则 $S=\dfrac{2a_pL}{D-d}$。按这种加工路线车削时，刀具切削运动的距离较短。

（3）当采用图 3-52c 所示的进给路线加工圆锥时，则不需要计算终刀距 S，只需确定背吃刀量 a_p，即可车出圆锥轮廓，编程方便。但在每次切削中背吃刀量是变化的，而且切削运动的路线较长。

想一想

在普通机床上车削圆锥采用什么加工路线?

2. 车圆弧的加工路线分析

若一次进给就把圆弧加工出来，这样背吃刀量太大，容易打刀。所以，实际切削时需要多次进给，先将大部分余量切除，最后才车出所需的圆弧。

（1）车圆法

如图 3-53a 所示为车圆弧的车圆法切削路线。即逐次车削出不同的半径圆，最后车削出所需的圆弧来。此方法在确定了每次的背吃刀量后，较容易确定 90° 圆弧的起点、终点坐标。

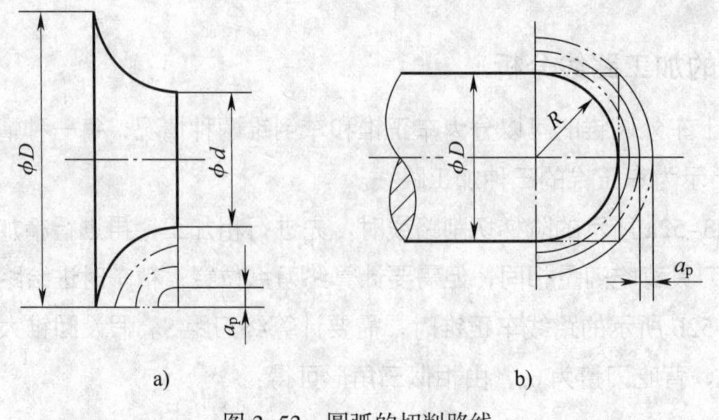

图 3-53　圆弧的切削路线
a）车圆法　b）移圆法

（2）移圆法

如图 3–53b 所示为车圆弧的移圆法切削路线，即用半径相同、圆心不同的圆形进给路线切削圆弧。图 3–53a 所示的进给路线较短，图 3–53b 所示的加工路线中空行程时间较长。移圆法数值计算简单，编程方便，经常采用。移圆法适用于加工较复杂的圆弧。

（3）车锥法

如图 3–54 所示为车圆弧的车锥法切削路线，即先车一个圆锥，再车圆弧。但要注意车圆锥时的起点和终点的确定，若确定不好，则可能损坏圆弧表面，也可能将余量留得过大。确定的方法是连接 OB 交圆弧于 D 点，过 D 点作圆弧的切线 AC，由几何关系可得：

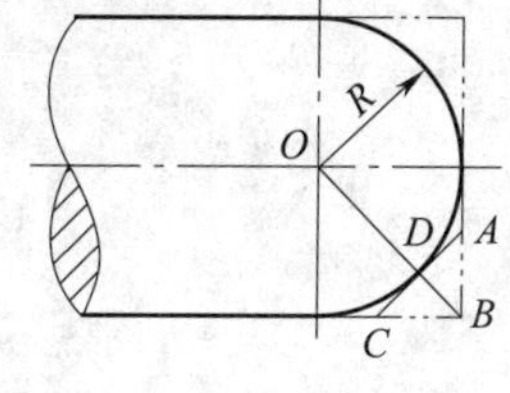

图 3–54　车锥法切削路线

$$BD=OB-OD=\sqrt{2}R-R\approx 0.414R$$

此为车圆锥时的最大切削余量，即车圆锥时加工路线不能超过 AC 线。由 BD 与 $\triangle ABC$ 的关系可得，$AB=CB=\sqrt{2}BD\approx 0.586R$。

于是可以确定出车圆锥时的起点和终点。当 R 不太大时，可取 $AB=CB=0.5R$。此方法数值计算较烦琐，但其刀具切削路线较短。

（4）阶梯法

如图 3–55 所示为阶梯法车削圆弧的切削路线。如图 3–55a 所示为错误的阶梯切削路线。如图 3–55b 所示为正确的切削路线，车刀按照 1 ～ 5 的顺序切削，每次切削后所留精加工余量相等。在同样背吃刀量的条件下，按照图 3–55a 的方式加工时所留余量过多。

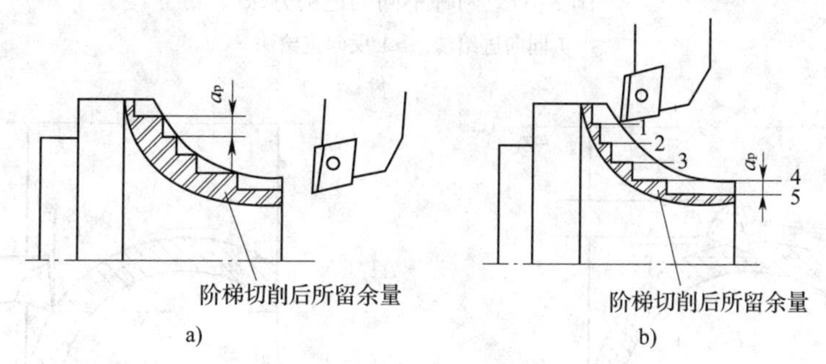

图 3–55　阶梯法切削路线

a）错误　b）正确

（5）双向法

根据数控车床加工的特点，还可以依次采用从轴向和径向进刀，顺着工件毛坯轮廓进给的双向法切削路线，如图 3–56 所示。

（6）特殊法

当采用尖形车刀加工大圆弧内表面零件时有两种不同的进给方法，如图 3–57 所示。采用图 3–57a 所示的同向进给法（$-Z$ 走向）时，可能因为在背向力 F_p 的作用下使刀尖嵌入零件表面，即出现扎刀现象（见图 3–58），从而导致横向滑板产生严重的“爬行”现象，从而大大降低零件的表面质量。

采用图 3-57b 所示的反向进给法时，因为背向力 F_p 与丝杠驱动横向滑板的传动力方向相反，从而避免产生扎刀现象。因此，如图 3-59 所示的进给方案是比较合理的。

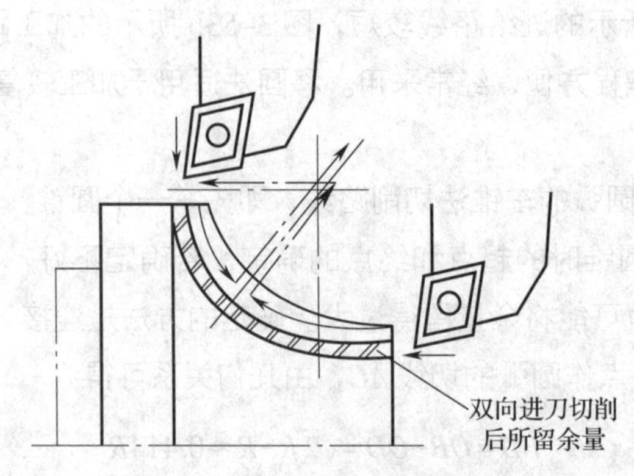

图 3-56　双向法切削路线

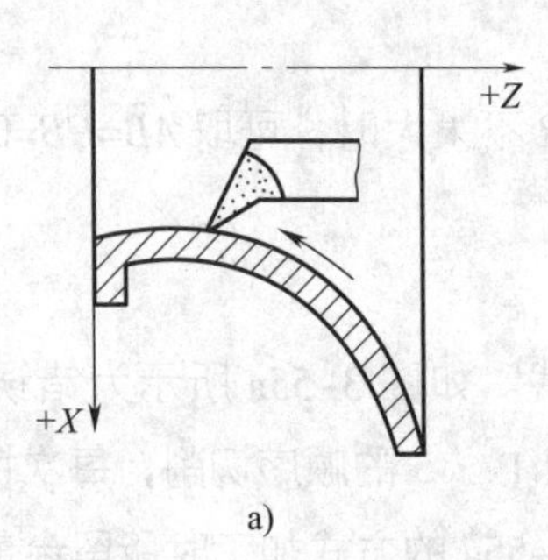

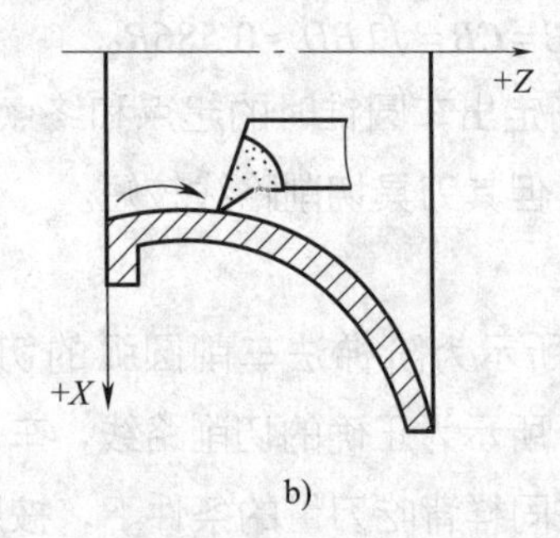

图 3-57　两种不同的进给方法

a）同向进给法　b）反向进给法

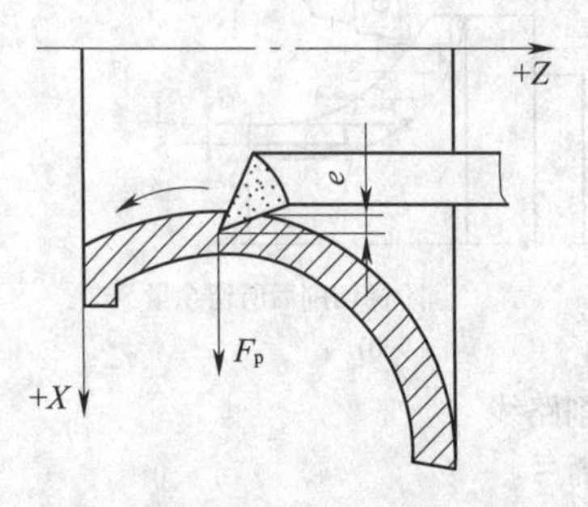

图 3-58　扎刀现象

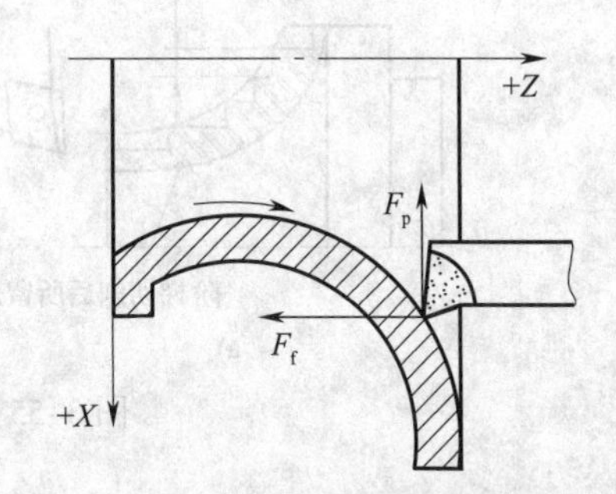

图 3-59　合理的进给方案

想一想

在普通机床上怎样车削圆弧面？

3. 轮廓粗车加工路线分析

切削进给路线越短，生产效率越高，同时能降低刀具损耗。安排切削进给路线时，应同时兼顾工件的刚度和加工工艺性等要求，不要顾此失彼。

（1）粗车的三种切削进给路线

如图 3-60 所示给出了三种不同的轮廓粗车进给路线。图 3-60a 所示为利用数控系统具有的封闭式复合循环功能控制车刀沿着工件轮廓循环进给的路线；图 3-60c 所示为矩形循环进给路线。其中，图 3-60c 所示路线总长最短，因此，在同等切削条件下的切削时间最短，刀具损耗最少。在实际加工中应根据实际情况确定零件的加工路线。

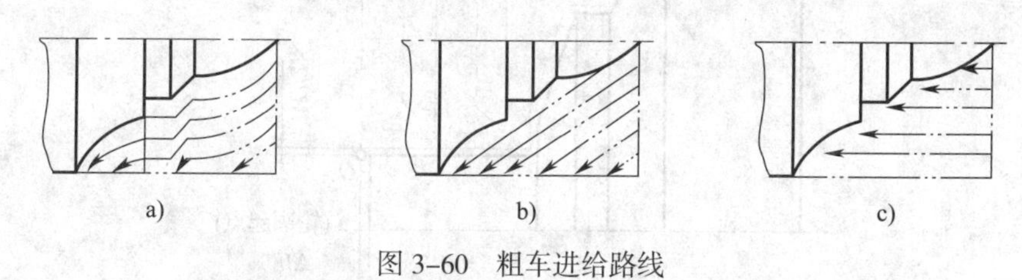

图 3-60　粗车进给路线

a）沿轮廓循环进给　b）三角形循环进给　c）矩形循环进给

（2）常见零件的数控加工路线

1）轴套类零件。安排轴套类零件进给路线的原则是“轴向进给，径向进刀”，将循环切除余量的循环终点设置在粗加工起点附近，如图 3-61 所示。这样可以减少进给次数，避免不必要的空进给，节省加工时间。

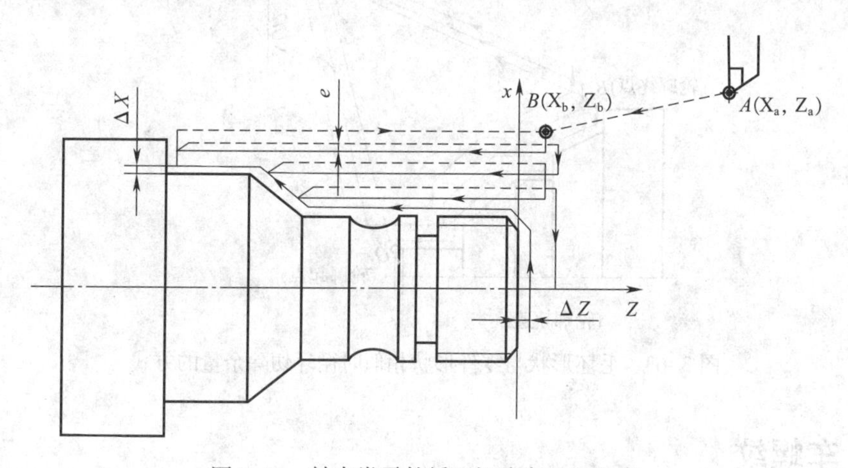

图 3-61　轴套类零件循环切除余量的方式

2）盘类零件。安排盘类零件进给路线的原则是“径向进给，轴向进刀”，循环切除余量的循环终点也设置在粗加工起点附近，如图 3-62 所示。编制盘类零件的加工程序时，其进给路线与轴套类零件相反，从大直径端开始加工。

如果毛坯的形状与加工后零件的形状相似，留有一定的加工余量，则循环切除余量的方式是：刀具轨迹按工件轮廓线运动，逐渐逼近零件图样尺寸，这种方法实质上是采用轮廓车削的方式，如图 3-63 所示。

想一想

怎样车削由非圆曲线组成的轮廓？

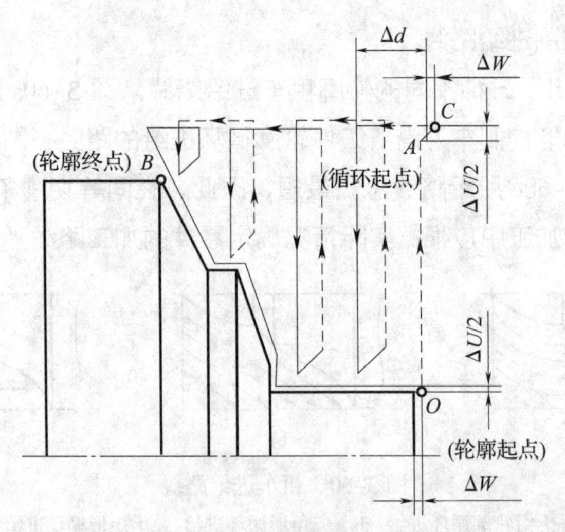

图 3–62　盘类零件循环切除余量的方式

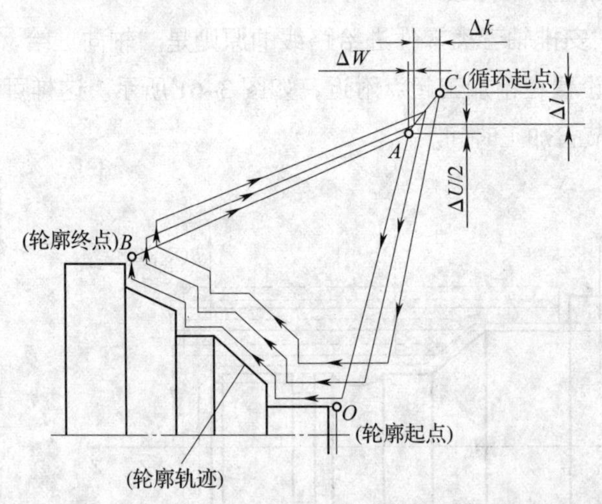

图 3–63　毛坯形状与零件形状相似时循环切除余量的方式

五、车螺纹

螺纹按牙型分，主要有三角形、矩形、梯形、锯齿形等几种。车削前应将车刀刀头磨成与螺纹牙型相同的形状。车削时，应保证车刀的轴向位移与工件的角位移成正比。换句话说，每当工件转一圈时，车刀相应地在轴向移动一个螺距（对于单线螺纹）或一个导程（对于多线螺纹）。

1. 对螺纹车刀的要求

螺纹车刀属于成形车刀，为保证螺纹牙型精确，必须正确刃磨和安装车刀，对螺纹车刀的要求主要有以下几点：

（1）车刀的刀尖角一定要等于螺纹的牙型角。

（2）精车时，车刀的纵向前角应等于 0°；粗车时，允许有 5° ~ 15° 的纵向前角。

（3）因受螺纹升角的影响，车刀两侧面的静止后角应刃磨得不相等，进给方向的后角较大，一般应保证两侧面均有 3° ~ 5° 的工作后角。

（4）车刀两侧刃的直线度精度高。

2. 车刀的安装

下面以梯形螺纹车刀的安装为例进行介绍。梯形螺纹常作为传动螺纹，一般精度要求较高，刃磨车刀时除保证几何形状正确外，车刀安装得正确与否将直接影响精度的高低。若车刀装得过高或过低，会使纵向前角和纵向后角产生变化，不仅车削不顺利，更重要的是会影响螺纹牙型角的正确性，车出的螺纹牙型侧面不是直线而是曲线。如果螺纹车刀安装得高低正确但左右偏斜，则车出的螺纹牙型半角不对称。

安装梯形螺纹车刀的方法是：首先使车刀对准工件中心，保证车刀高低正确，然后用对刀板对刀（最好用游标万能角度尺），保证车刀左右不歪斜，如图 3–64 所示。另外，车刀伸出不要太长，压紧力要适当。其他螺纹车刀的装夹与梯形螺纹车刀相类似，这里不再赘述。

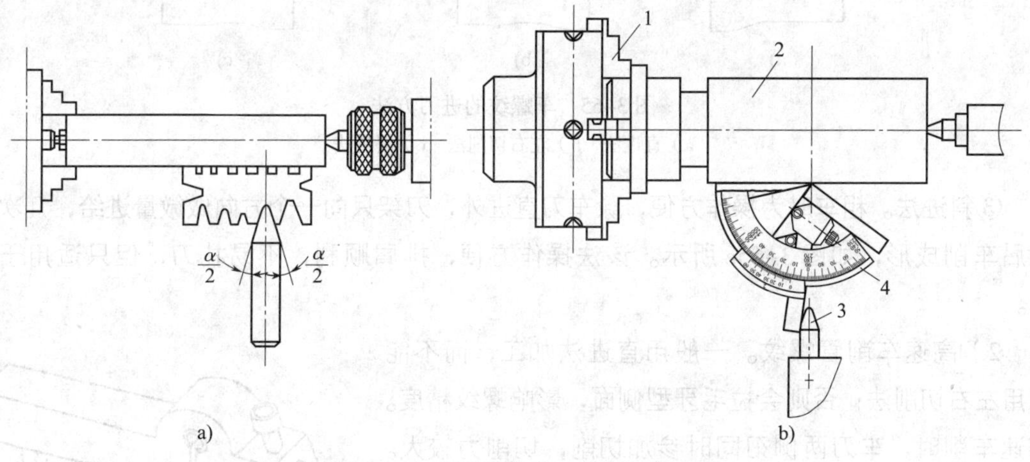

图 3–64 梯形螺纹车刀的安装方法

a）用对刀板对刀 b）用游标万能角度尺对刀

1—四爪单动卡盘 2—螺纹工件 3—车刀 4—游标万能角度尺

3. 螺纹的车削方法

（1）三角形螺纹的车削

三角形螺纹的车削方法分为低速车削和高速车削两种。低速车削使用高速钢螺纹车刀，高速车削使用硬质合金螺纹车刀。低速车削精度高，表面粗糙度值小，但效率低。高速车削效率高（可提高 15 ~ 20 倍），措施合理的情况下也可获得较小的表面粗糙度值。因此，高速车削螺纹在实践中应用较广泛。

1）低速车削方法。车螺纹的进刀方法如图 3–65 所示。

①直进法。车削时只有 X 向进给，在几次行程中将螺纹车削成形，如图 3–65a 所示。这种加工容易保证牙型的正确性，但车削时车刀刀尖和两侧切削刃同时进行切削，切削力较

大，容易产生扎刀现象，因此，只用于车削螺距较小的螺纹。

②左右切削法。车削螺纹时，除车刀直进外，同时用刀架使车刀向左右微量进给（俗称赶刀），几次行程后车削成形，如图 3–65b 所示。用这种方法车削螺纹时，车刀只有一个侧面进行切削，不仅排屑顺利，而且还不容易扎刀，但注意左右进给量一定要小。

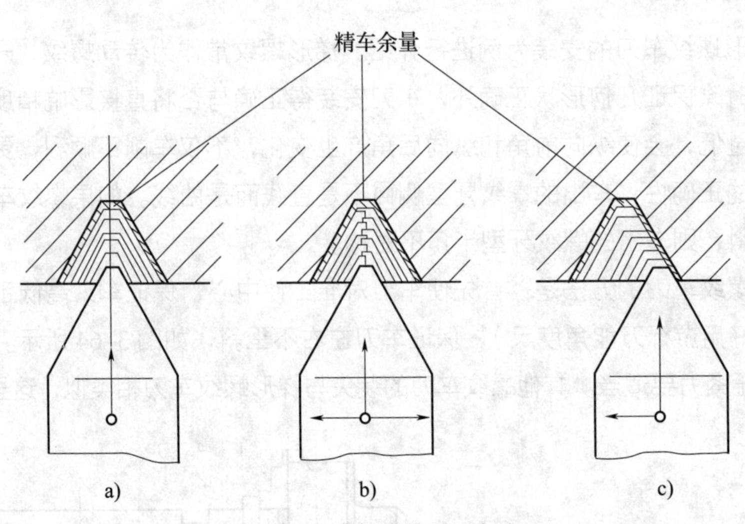

图 3–65 车螺纹的进刀方法

a）直进法 b）左右切削法 c）斜进法

③斜进法。粗车时为操作方便，除车刀直进外，刀架只向一个方向做微量进给，几次行程后车削成形，如图 3–65c 所示。该法操作方便，排屑顺利，不易扎刀，但只适用于粗车。

2）高速车削管螺纹。一般用直进法加工，而不能采用左右切削法；否则会拉毛牙型侧面，影响螺纹精度。高速车削时，车刀两侧刃同时参加切削，切削力较大。为防止产生振动及扎刀现象，常采用弹性刀柄螺纹车刀，如图 3–66 所示。

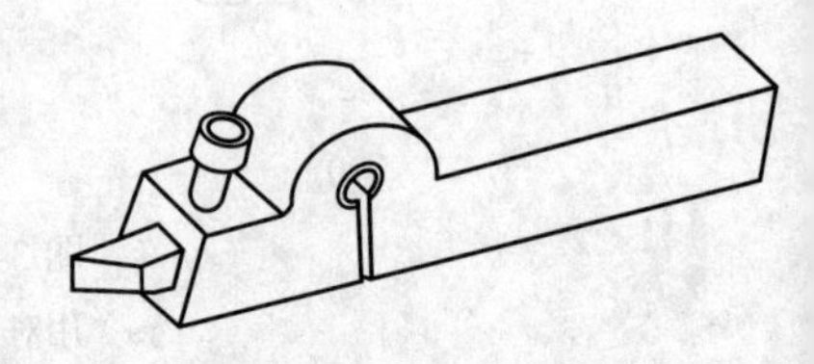

图 3–66 弹性刀柄螺纹车刀

（2）梯形螺纹的车削

梯形螺纹的车削方法分为低速车削和高速车削两种，精度要求高时采用低速车削法。低速车削梯形螺纹的方法如图 3–67 所示。

1）车削螺距小于 4 mm 的梯形螺纹时，可只用一把梯形螺纹车刀采用直进法及少量的左右进给车削成形，如图 3–67a 所示。

2）粗车螺距大于 4 mm 的梯形螺纹时，可采用左右切削法或车直槽法，如图 3–67a、c 所示。

3）粗车螺距大于 8 mm 的梯形螺纹时，可采用车阶梯槽法，如图 3–67d 所示。

4）粗车螺距大于 18 mm 的梯形螺纹时，由于螺距大、牙槽深、切削面积大，车削比较困难，为操作方便及提高车削效率，可采用分层切削法，如图 3–67e 所示。

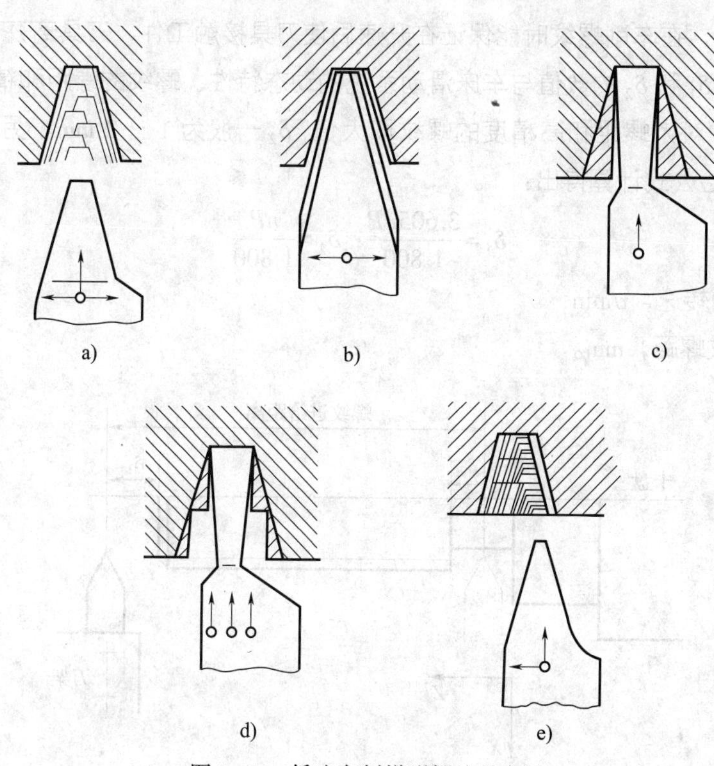

图 3-67　低速车削梯形螺纹的方法

a）用左右切削法粗车　b）用左右切削法精车　c）车直槽法　d）车阶梯槽法　e）分层切削法

以上四种方法只适用于粗车，精车时应采用带有卷屑槽的精车刀采用左右切削法车削，如图 3-67b 所示。

高速车削梯形螺纹的方法如图 3-68 所示。

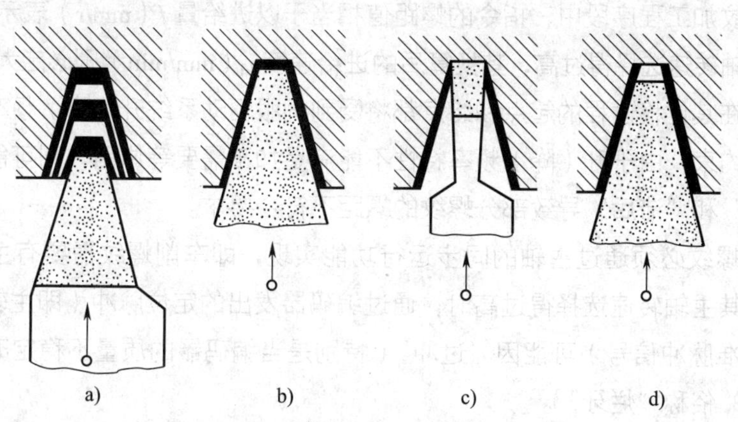

图 3-68　高速车削梯形螺纹的方法

a）直进法　b）粗车成形　c）车牙底至尺寸　d）精车成形

4. 车削螺纹时轴向进给距离的分析

在数控车床上车削螺纹时，沿螺距方向的 Z 向进给应与车床主轴的旋转保持严格的速比关系，因此，应避免在进给机构加速或减速的过程中切削。为此，要有一定的引入距离

δ_1 和超越距离 δ_2，在车削螺纹时能保证在升速后使刀具接触工件，刀具离开工件后再降速，如图 3–69 所示。δ_1 和 δ_2 的数值与车床滑动系统的动态特性、螺纹的螺距和精度有关，δ_1 一般为 2 ~ 5 mm，对大螺距和高精度的螺纹取大值；δ_2 一般为 1 ~ 2 mm。另外，δ_1 和 δ_2 也可以由下面的经验公式计算得出：

$$\delta_1=\frac{3.605nP}{1\ 800};\ \delta_2=\frac{nP}{1\ 800}$$

式中　n——主轴转速，r/min；

　　　P——螺纹螺距，mm。

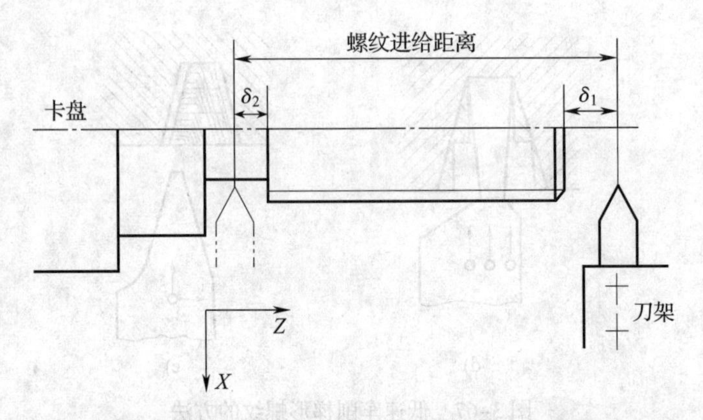

图 3–69　车削螺纹时的引入距离和超越距离

在数控车床上加工螺纹时，因其传动链的改变，原则上其转速只要能保证主轴每转一周刀具沿主进给轴（多为 Z 轴）方向移动一个螺距即可，不应受到其他限制。在数控车床上加工螺纹时会受到以下几方面的影响：

（1）在螺纹加工程序段中，指令的螺距值相当于以进给量 f（mm/r）表示的进给速度 F，如果机床的主轴转速选择得过高，其换算后的进给速度 v_f（mm/min）则必定大大超过正常值。

（2）刀具在其位移过程的起点和终点都将受到伺服驱动系统升（降）频率和数控装置插补运算速度的约束，由于升（降）频率特性不能满足加工需要等原因，则可能因主进给运动产生的“超前”和“滞后”导致部分螺纹的螺距不符合要求。

（3）车削螺纹必须通过主轴的同步运行功能实现，即车削螺纹需要有主轴脉冲发生器（编码器）。当其主轴转速选择得过高时，通过编码器发出的定位脉冲（即主轴每转一周时所发出的一个基准脉冲信号）可能因“过冲”（特别是当编码器的质量不稳定时）而导致工件螺纹产生乱牙（俗称“烂牙”）。

5. 多线螺纹的加工

多线螺纹的加工可以采用周向起始点偏移法或轴向起始点偏移法，如图 3–70 所示。用周向起始点偏移法车多线螺纹时，不同螺旋线在同一起点切入，利用周向错位 360°/n（n 为螺纹线数）的方法分别进行车削。用轴向起始点偏移法车多线螺纹时，不同螺旋线在轴向上错开一个螺距位置切入。

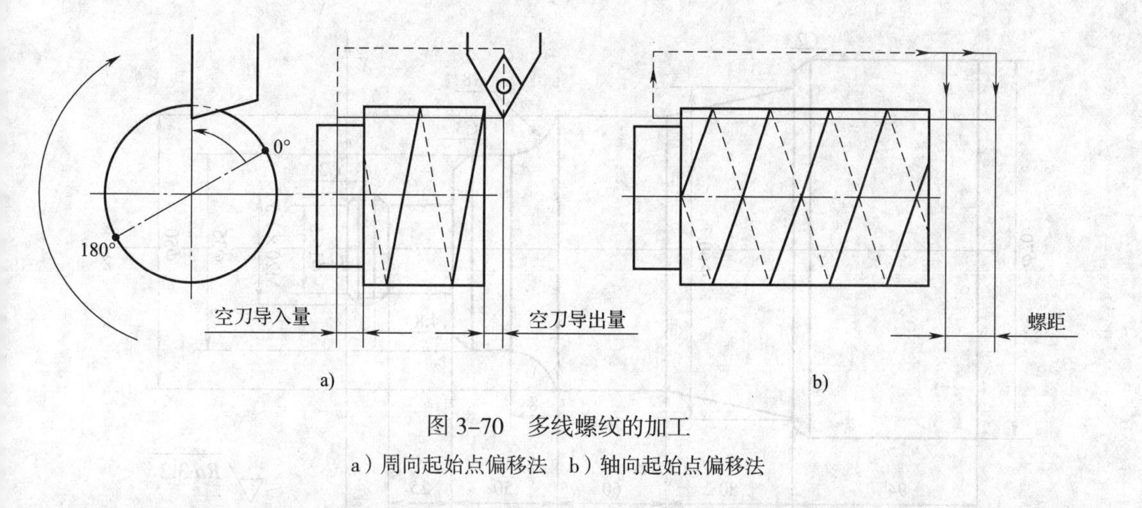

图 3-70　多线螺纹的加工

a）周向起始点偏移法　b）轴向起始点偏移法

做一做

若要车削螺距为 6 mm 的三线螺纹，采用轴向起始点偏移法时，车每一条螺旋槽时刀具的起点分别在哪里？采用周向起始点偏移法时应怎样处理？

第八节　典型零件的数控车削工艺分析

一、轴类零件数控车削加工工艺分析

1. 零件图分析

在数控车床上加工一个如图 3-71 所示的轴类零件，该零件由外圆柱面、外圆锥面、圆弧面、螺纹构成，外形较复杂，毛坯尺寸为 ϕ72 mm×340 mm，其材料为铝棒料。

2. 确定装夹方案

由于该工件是一个实心轴类零件，并且轴的长度较短，所以，采用工件的右端面和 ϕ72 mm 外圆作为定位基准。使用普通三爪自定心卡盘夹紧工件，取工件的右端面中心为工件坐标系的原点，对刀点选在（150，60）处。

3. 确定加工工艺

本零件的加工工艺较简单，数控加工工艺卡见表 3-15。

4. 确定数控加工刀具

根据零件的外形和加工要求选用以下刀具：T01 为 45° 端面车刀；T02 为 90° 外圆粗车刀；T03 为 90° 外圆精车刀；T04 为螺纹车刀；T05 为切断刀。以 T01 号刀具为对刀基准，分别测出其余 4 把刀的位置偏差并进行补偿，数控加工刀具卡见表 3-16。

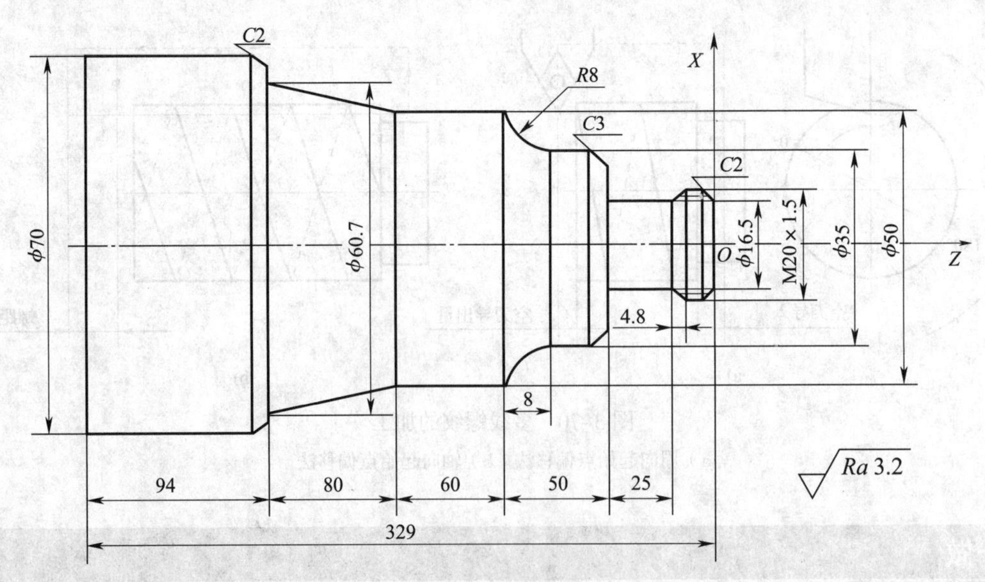

图 3–71　轴类零件

表 3–15　　　　数控加工工艺卡

<table>
<tr><td>零件名称</td><td>轴</td><td colspan="2">数量</td><td>12</td><td colspan="2">年　月　日</td></tr>
<tr><td>工序</td><td>名称</td><td colspan="3">工艺要求</td><td>工作者</td><td>日期</td></tr>
<tr><td>1</td><td>下料</td><td colspan="3">φ72 mm × 340 mm 的棒料，12 根</td><td></td><td></td></tr>
<tr><td>2</td><td>普通车</td><td colspan="3">车削外圆至 φ70 mm</td><td></td><td></td></tr>
<tr><td rowspan="7">3</td><td rowspan="7">数控车</td><td>工步</td><td colspan="2">工步内容</td><td>刀具号</td><td rowspan="7"></td></tr>
<tr><td>1</td><td colspan="2">车端面</td><td>T01</td></tr>
<tr><td>2</td><td colspan="2">自右向左粗车外轮廓</td><td>T02</td></tr>
<tr><td>3</td><td colspan="2">自右向左精车外轮廓</td><td>T03</td></tr>
<tr><td>4</td><td colspan="2">车槽</td><td>T05</td></tr>
<tr><td>5</td><td colspan="2">车螺纹</td><td>T04</td></tr>
<tr><td>6</td><td colspan="2">切断，并保证总长</td><td>T05</td></tr>
<tr><td>4</td><td>检验</td><td colspan="3"></td><td></td><td></td></tr>
</table>

5. 选择切削用量

切削用量参见表 3–16。

表 3–16　　　　数控加工刀具卡

刀具号	刀具规格及名称	数量	加工内容	主轴转速 /（r/min）	进给速度 /（mm/r）	备注
T01	45° 端面车刀	1	车端面	450	0.25	
T02	90° 外圆粗车刀	1	粗车轮廓	320	0.3	
T03	90° 外圆精车刀	1	精车轮廓	400	0.3	
T04	螺纹车刀	1	车螺纹	600	1.5	
T05	切断刀	1	切断	600	0.1	

二、套类零件数控车削加工工艺分析

下面以在 MJ—50 型数控车床上加工一典型轴套类零件的一道工序为例说明其数控车削加工工艺设计过程。如图 3–72 所示为本工序的工序简图，图 3–73 所示为该零件进行本工序数控加工前的工序图。

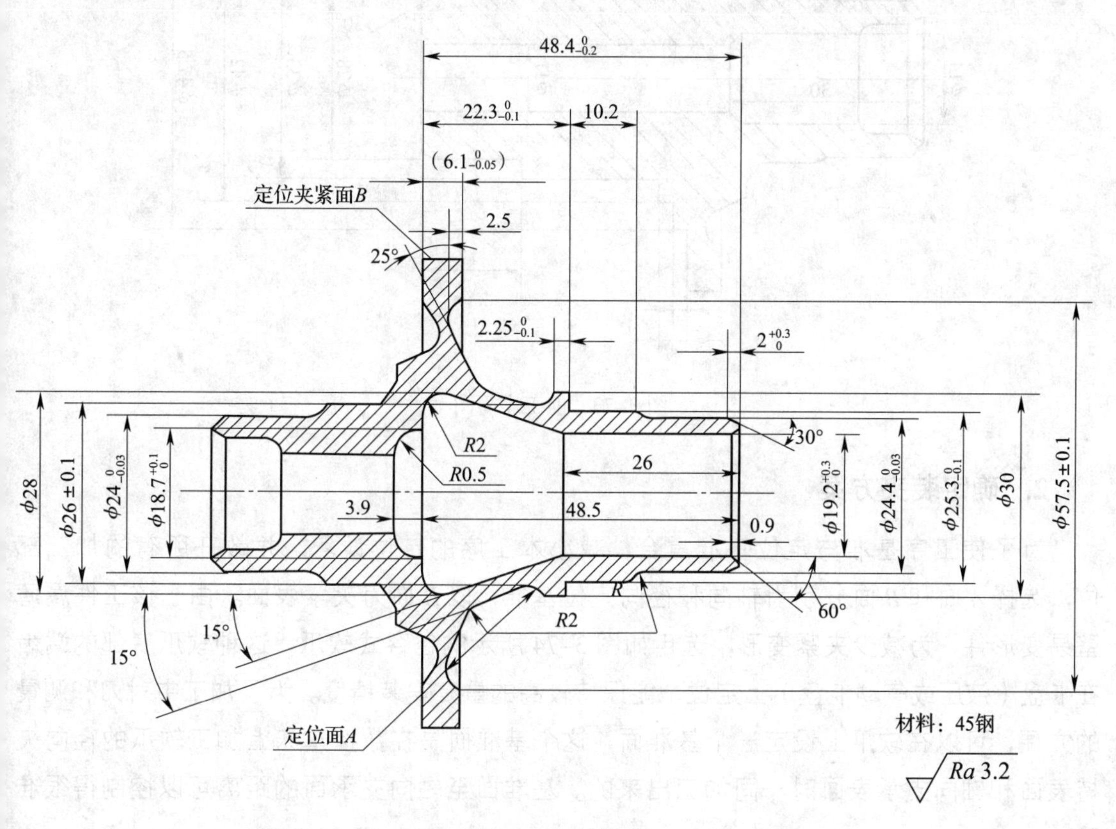

图 3–72　工序简图

1. 零件工艺分析

由图 3–73 可知，本工序加工的部位较多，精度要求较高，且工件壁薄，易变形。

从结构上看，该零件由内、外圆柱面，内、外圆锥面，平面及圆弧等组成，结构及形状较复杂，很适合数控车削加工。

从尺寸精度上看，$\phi24.4_{-0.03}^{0}$ mm 和 $6.1_{-0.05}^{0}$ mm 两处加工精度要求较高，需仔细对刀和认真调整机床。此外，工件外圆锥面上有几处 $R2$ mm 的圆弧面，由于圆弧半径较小，可直接用成形刀车削而不用圆弧插补程序切削，这样既可减少编程工作量，又可提高切削效率。

此外，该零件的轮廓要素描述、尺寸标注均完整，且尺寸标注有利于定位基准与编程原点的统一，便于编程加工。

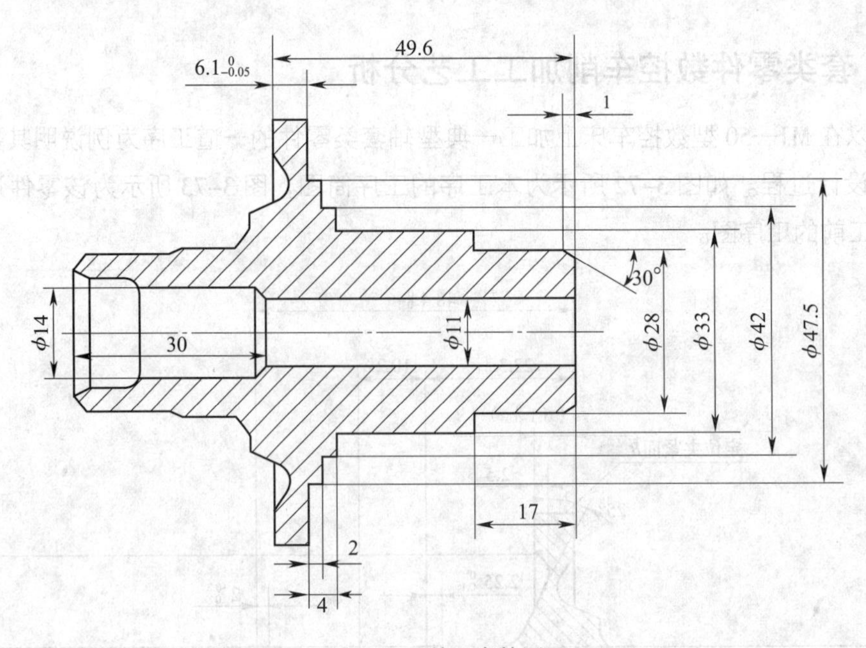

图 3–73 前工序简图

2. 确定装夹方案

为了使工序基准与定位基准重合，减小本工序的定位误差，并敞开所有的加工部位，选择 *A* 面和 *B* 面分别为轴向和径向定位基准，以 *B* 面为夹紧表面。由于该工件属薄壁易变形件，为减少夹紧变形，选用如图 3–74 所示的包容式软爪。这种软爪底部的端齿在卡盘（液压或气动卡盘）上定位，能保持较高的重复安装精度。为了加工中对刀和测量的方便，可以在软爪上设定一个基准面，这个基准面是在数控车床上加工软爪的径向夹持表面和轴向支承表面时一同加工出来的。基准面至轴向支承面的距离可以控制得很准确。

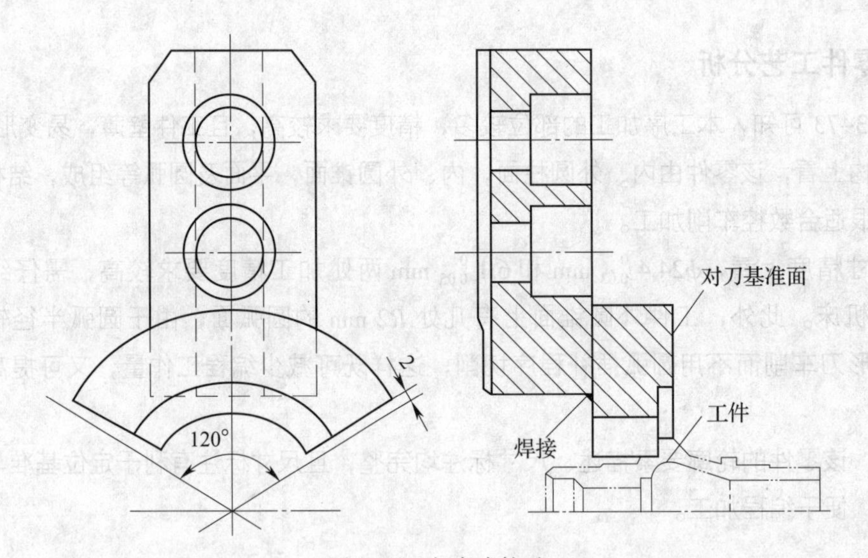

图 3–74 包容式软爪

3. 确定加工工艺

由于该零件比较复杂，加工部位比较多，因而需用多把刀具才能完成切削加工。根据加工顺序和切削加工中进给路线的确定原则，本零件具体的加工顺序和进给路线确定如下：

（1）粗车外表面

由于是粗车，可选用一把刀具将整个外表面车削成形，其进给路线如图 3–75 所示。图中虚线是对刀时的进给路线（用 10 mm 的量规检查停在对刀点的刀尖至基准面的距离，下同）。

（2）半精车外锥面及 *R*2 mm 圆弧面

25° 和 15° 两圆锥面及三处 *R*2 mm 的过渡圆弧共用一把成形刀车削，如图 3–76 所示为其进给路线。

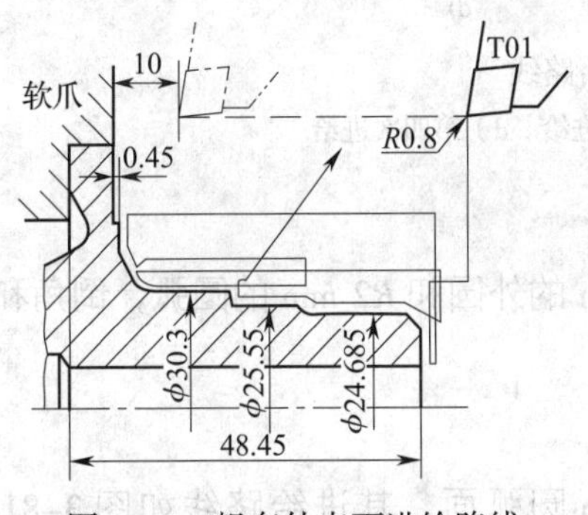

图 3–75 粗车外表面进给路线

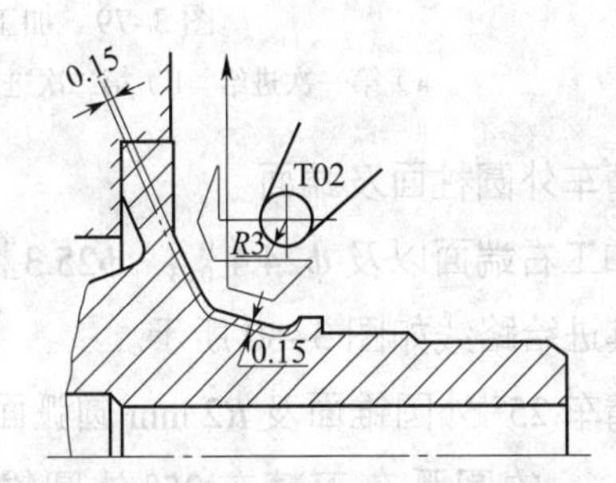

图 3–76 半精车外锥面及 *R*2 mm 圆弧面的进给路线

（3）粗车内孔端部

粗车内孔端部的进给路线如图 3–77 所示。

（4）钻削内孔深部，如图 3–78 所示。

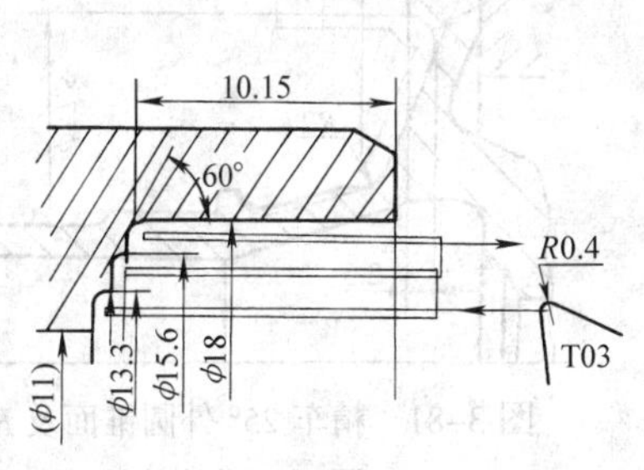

图 3–77 粗车内孔端部的进给路线

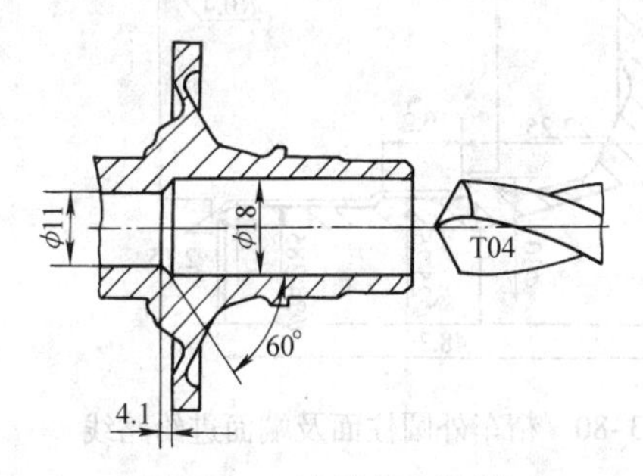

图 3–78 钻削内孔深部

工步（3）和工步（4）均为对内孔表面进行粗加工，加工内容相同，一般可合并为一个工步，或用车削，或用钻削，此处将其划分成两个工步的原因是：在离夹持部位较远的孔端部安排一个车削工步可减少切削变形，因为车削力比钻削力小；在孔深处安排一钻削工步可提高加工效率，因为钻削效率比车削高，且切屑易于排出。

（5）粗车内锥面及半精车其余内表面

其具体加工内容为半精车 $\phi19.2^{+0.3}_{0}$ mm 内圆柱面、$R2$ mm 圆弧面及左侧内表面，粗车 15° 内锥面。由于内锥面需切除余量较多，故一共进给四次，加工内表面的进给路线如图 3-79 所示，每两次进给之间都安排一次退刀停车，以便于操作者及时清除孔内切屑。

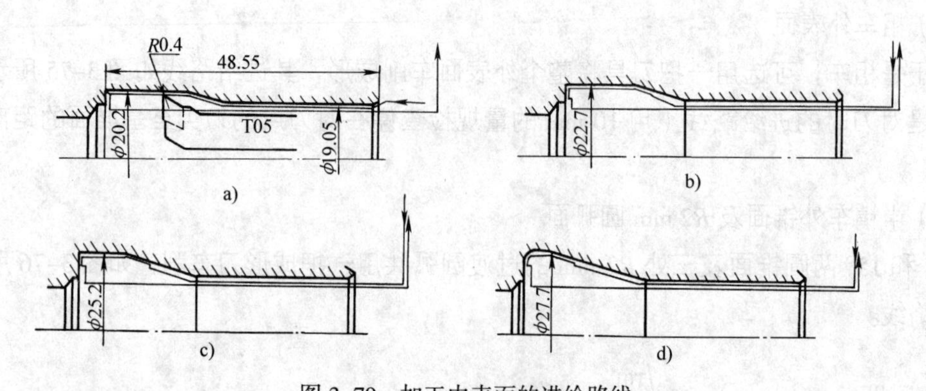

图 3-79　加工内表面的进给路线

a）第一次进给　b）第二次进给　c）第三次进给　d）第四次进给

（6）精车外圆柱面及端面

依次加工右端面以及 $\phi24.4^{\ 0}_{-0.03}$、$\phi25.3^{\ 0}_{-0.1}$ 和 $\phi30$ mm 的外圆和 $R2$ mm 的圆弧，倒角和车台阶面，其进给路线如图 3-80 所示。

（7）精车 25° 外圆锥面及 $R2$ mm 圆弧面

用 $R2$ mm 的圆弧车刀精车 25° 外圆锥面及 $R2$ mm 圆弧面，其进给路线如图 3-81 所示。

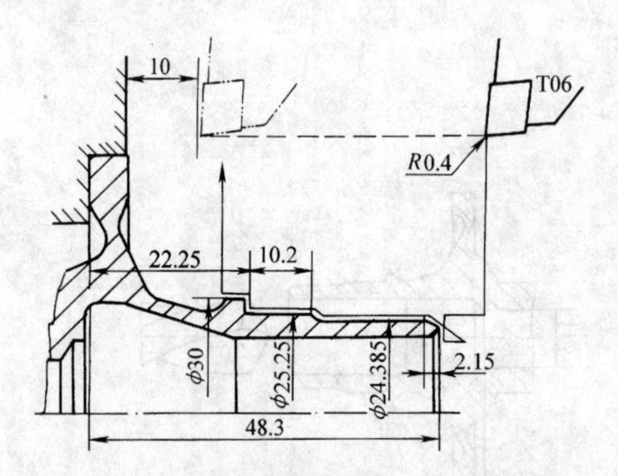

图 3-80　精车外圆柱面及端面进给路线

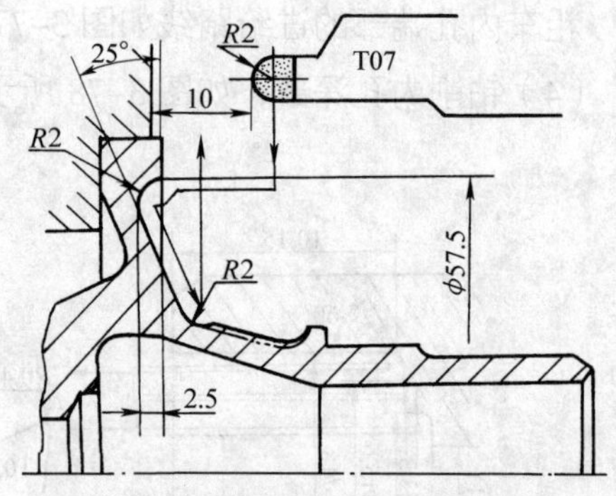

图 3-81　精车 25° 外圆锥面及 $R2$ mm 圆弧面进给路线

（8）精车 15° 外圆锥面及 $R2$ mm 圆弧面

精车 15° 外圆锥面进给路线如图 3-82 所示。程序中同样在软爪基准面进行选择性对刀，但应注意的是受刀具圆弧 $R2$ mm 制造误差的影响，对刀后不一定能满足图 3-72 中 $2.25^{\ 0}_{-0.1}$ mm 的尺寸精度要求。对于该刀具的轴向刀补量，还应根据刀尖圆弧半径的实际值进行处理，不能完全由对刀决定。

（9）精车内表面

精车内表面的具体车削内容包括 $\phi19.2^{+0.3}_{0}$ mm 的内孔、15° 内锥面、$R2$ mm 圆弧及锥孔端面，其进给路线如图 3–83 所示。该刀具在工件外端面上进行对刀，此时外端面上已无加工余量。

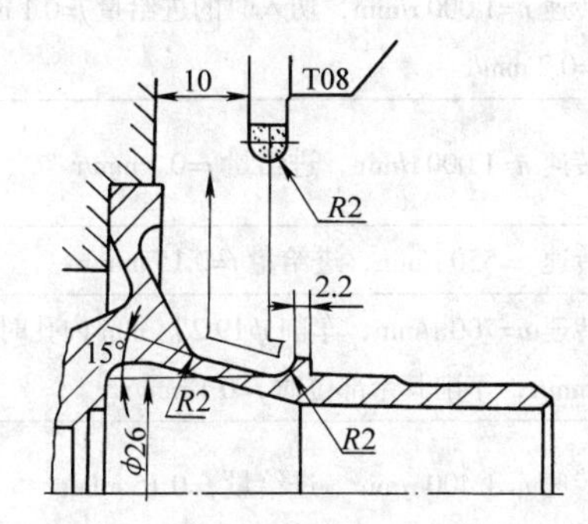

图 3–82 精车 15° 外圆锥面进给路线

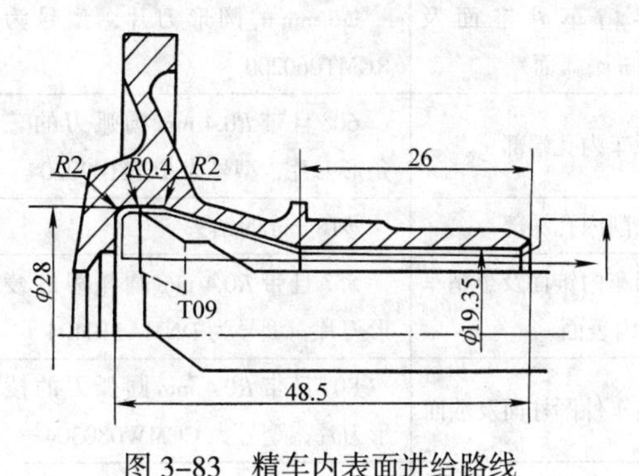

图 3–83 精车内表面进给路线

（10）车削 $\phi18.7^{+0.1}_{0}$ mm 内孔和端面

车削深内孔需安排两次进给，中间退刀一次以便于清除切屑，其进给路线如图 3–84 所示。

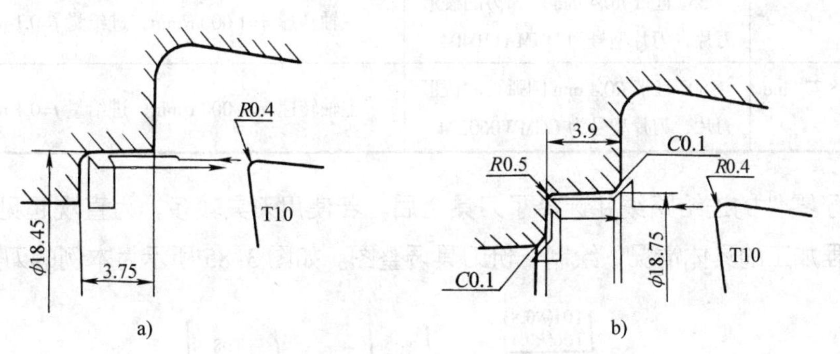

图 3–84 车削深内孔进给路线

a）第一次进给 b）第二次进给

在安排本工步进给路线时，要特别注意妥善安排车削内孔根部端面时的进给方向。因为刀具伸入较长，刀具刚度较低，如采用与图示相反的方向进给车削端面，则切削时容易产生振动。

在图 3–84 中可以看到两处 $C0.1$ mm 倒角的加工，类似这样的小倒角或小圆弧的加工是在数控车削的程序编制中精心安排的，这样可使加工表面之间圆滑过渡。只要图样上无“保持锐边”的特殊要求，均可照此处理。

4. 选择刀具和切削用量

根据加工要求和各工步加工表面形状选择刀具和切削用量。所选刀具除成形车刀外，都是机夹可转位车刀。各工步所用刀具和切削用量（转速计算过程略）的选择见表 3–17。

表 3–17　刀具和切削用量的选择

加工要求	刀片	切削用量
粗车外表面	80° 菱形车刀刀片，型号为 CCMT097308	车削端面时主轴转速 n=1 400 r/min，其余部位 n=1 000 r/min，端部倒角进给量 f=0.15 mm/r，其余部位 f=0.2 ~ 0.25 mm/r
半精车外锥面及 R2 mm 圆弧面	ϕ6 mm 的圆形刀片，型号为 RCMT060200	主轴转速 n=1 000 r/min，切入时的进给量 f=0.1 mm/r，进给时 f=0.2 mm/r
粗车内孔端部	60° 且带 R0.4 mm 圆弧刃的三角形刀片，型号为 TCMT090204	主轴转速 n=1 000 r/min，进给量 f=0.1 mm/r
钻削内孔深部	ϕ18 mm 的钻头	主轴转速 n=550 r/min，进给量 f=0.15 mm/r
粗车内锥面及半精车其余内表面	55° 且带 R0.4 mm 圆弧刃的棱形刀片，型号为 DNMA110404	主轴转速 n=700 r/min，车削 $\phi 19.2^{+0.3}_{0}$ mm 内孔时进给量 f=0.2 mm/r，车削其余部位时 f=0.1 mm/r
精车外圆柱面及端面	80° 且带 R0.4 mm 圆弧刃的棱形刀片，型号为 CCMW080304	主轴转速 n=1 400 r/min，进给量 f=0.15 mm/r
精车 25° 外圆锥面及 R2 mm 圆弧面	R2 mm 的圆弧成形车刀	主轴转速 n=700 r/min，进给量 f=0.1 mm/r
精车 15° 外圆锥面及 R2 mm 圆弧面	R2 mm 的圆弧成形车刀	切削用量与精车 25° 外圆锥面相同
精车内表面	55° 且带 R0.4 mm 圆弧刃的棱形刀片，刀片型号为 DNMA110404	主轴转速 n=1 000 r/min，进给量 f=0.1 mm/r
车削深处 $\phi 18.7^{+0.1}_{0}$ mm 内孔及端面	80° 且带 R0.4 mm 圆弧刃的棱形刀片，刀片型号为 CCMW060204	主轴转速 n=1 000 r/min，进给量 f=0.1 mm/r

在确定了零件的进给路线并选择了刀具之后，若使用刀具较多，为直观起见，可结合零件定位和编程加工的具体情况，绘制一份刀具调整图。如图 3–85 所示为本例的刀具调整图。

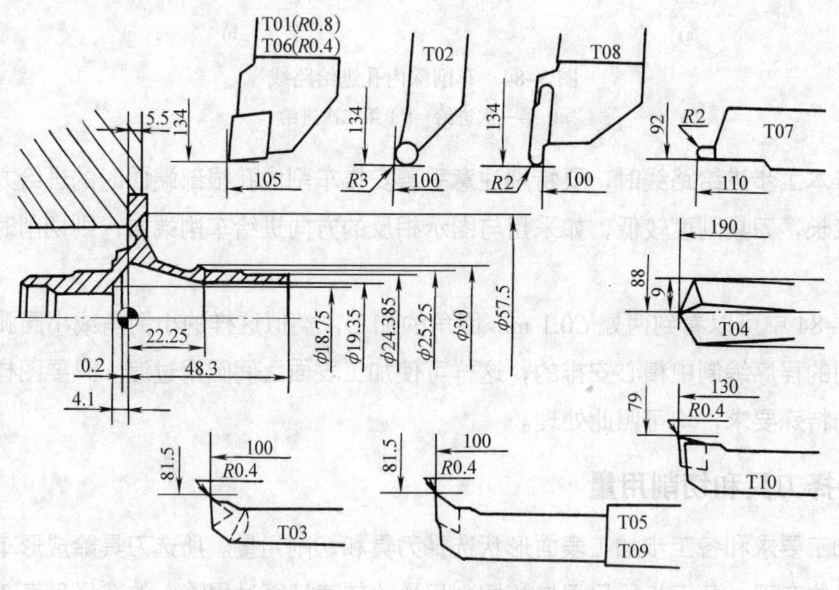

图 3–85　刀具调整图

在刀具调整图中要反映以下内容：

（1）本工序所需刀具的种类、形状、安装位置、预调尺寸和刀尖圆弧半径值等，有时还包括刀补组号。

（2）刀位点。若以刀具端点为刀位点时，则刀具调整图中 X 向和 Z 向的预调尺寸终止线交点就是该刀具的刀位点。

（3）工件的安装方式及待加工部位。

（4）工件的坐标原点。

（5）主要尺寸的程序设定值（一般取为工件尺寸的中值）。

5. 填写工艺文件

（1）按加工顺序将各工步的加工内容、所用刀具及切削用量等填入表 3-18 所列的数控加工工序卡中。

表 3-18　　数控加工工序卡

单位名称		产品名称或代号	零件名称	材料	零件图号
			轴套	45 钢	
工序号	程序编号	夹具名称	夹具编号	使用设备	车间
		包容式软三爪		MJ—50	

工步号	工步内容	加工面	刀具号	刀具规格 /mm	主轴转速 /（r/min）	进给量 /（mm/r）	背吃刀量 /mm	备注
1	（1）粗车外表面分别至尺寸 ϕ24.685 mm、ϕ25.55 mm、ϕ30.3 mm （2）粗车端面		T01		1 000 1 400	0.2 ~ 0.25 0.15		
2	半精车外锥面，留精车余量 0.15 mm		T02		1 000	0.2		
3	粗车深度为 10.15 mm 的 ϕ18 mm 内孔		T08		1 000	0.2		
4	钻 ϕ18 mm 内孔深部		T04		550	0.15		
5	粗车内锥面及半精车内表面，分别至尺寸 ϕ27.7 mm 和 ϕ19.05 mm		T05		700	0.2，0.1		
6	精车外圆柱面及端面至尺寸要求		T06		1 400	0.15		
7	精车 25° 外圆锥面及 R2 mm 圆弧面至尺寸要求		T07		700	0.1		
8	精车 15° 外圆锥面及 R2 mm 圆弧面至尺寸要求		T08		700	0.1		
9	精车内表面至尺寸要求		T09		1 000	0.1		
10	车削深处 $\phi18.7^{+0.1}_{0}$ mm 内孔及端面至尺寸要求		T10		1 000	0.1		
编制		审核		批准		年 月 日	共 页	第 页

（2）将选定的各工步所用刀具的刀具型号、刀片型号、刀片牌号及刀尖圆弧半径等填入表 3–19 所列的数控加工刀具卡中。

（3）将各工步的进给路线（见图 3–75 ～图 3–84）绘成文件形式的进给路线图。

表 3–19　　数控加工刀具卡

产品名称或代号		零件名称		零件图号		程序编号	
工步号	刀具号	刀具名称	刀具型号	刀片		刀尖圆弧半径 /mm	备注
				型号	牌号		
1	T01	机夹可转位车刀	PCGCL2525—09Q	CCMT097308	GC435	0.8	
2	T02	机夹可转位车刀	PRJCL2525—06Q	RCMT060200	GC435	3	
3	T03	机夹可转位车刀	PTJCL1010—09Q	TCMT090204	GC435	0.4	
4	T04	ϕ18 mm 钻头					
5	T05	机夹可转位车刀	PDJNL1515—11Q	DNMA110404	GC435	0.4	
6	T06	机夹可转位车刀	PCGCL2525—08Q	CCMW080304	GC435	0.4	
7	T07	成形车刀				2	
8	T08	成形车刀				2	
9	T09	机夹可转位车刀	PDJNL1515—11Q	DNMA110404	GC435	0.4	
10	T10	机夹可转位车刀	PCJNL1515—06Q	CCMW060204	GC435	0.4	
编制		审核		批准	年 月 日	共 页	第 页

注：刀具型号组成参见国家标准《可转位车刀及刀夹　第 1 部分：型号表示规则》（GB/T 5343.1—2007）和《可转位车刀及刀夹　第 2 部分：可转位车刀型式尺寸和技术条件》（GB/T 5343.2—2007）；刀片型号和尺寸见有关刀具手册，GC435 为 Sand Vik（山特维克）公司的涂层硬质合金刀片牌号。

上述两卡一图是编制该轴套类零件本工序数控车削加工程序的主要依据。

三、盘类零件数控车削加工工艺分析

1. 零件图分析

如图 3–86 所示为一个盘类零件，该零件由外圆柱面、外圆锥面、内阶梯孔及倒角构成，其材料为 45 钢。选择毛坯尺寸为 ϕ65 mm×31 mm（预留 ϕ14 mm 的内孔），如图 3–87 所示。

2. 确定装夹方案

由于该零件壁厚较大，所以可采用零件的左端面作为定位基准。使用普通卡盘夹紧工件，一次装夹即可完成全部加工，取工件的右端面中心为工件坐标系的原点，对刀点选在（200，200）处。

3. 确定加工工艺

该盘类零件的数控加工工艺卡见表 3–20。

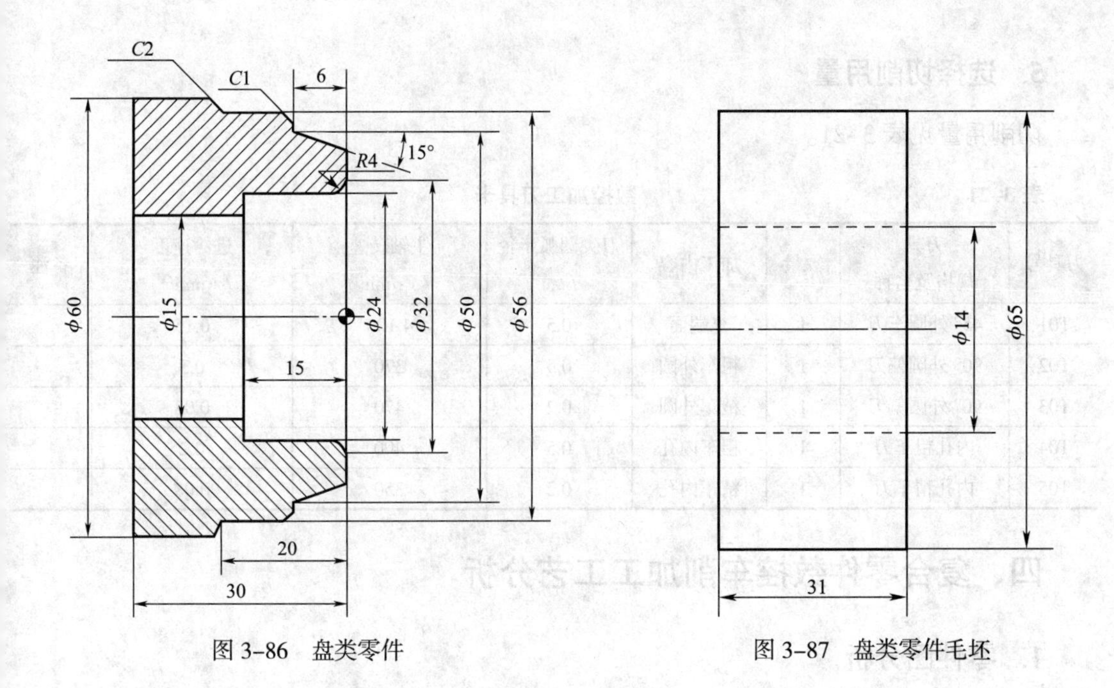

图 3-86　盘类零件　　　　图 3-87　盘类零件毛坯

表 3-20　　数控加工工艺卡

<table>
<tr><td>零件名称</td><td>轴套</td><td colspan="2">数量</td><td>10</td><td colspan="2">年　月</td></tr>
<tr><td>工序</td><td>名称</td><td colspan="3">工艺要求</td><td>工作者</td><td>日期</td></tr>
<tr><td>1</td><td>下料</td><td colspan="3">ϕ65 mm × 31 mm（预留 ϕ14 mm 的内孔）</td><td></td><td></td></tr>
<tr><td>2</td><td>普通车</td><td colspan="3">车削外圆至 ϕ60 mm</td><td></td><td></td></tr>
<tr><td>3</td><td>热处理</td><td colspan="3">调质处理后硬度为 220 ~ 250HBW</td><td></td><td></td></tr>
<tr><td rowspan="6">4</td><td rowspan="6">数控车</td><td>工步</td><td colspan="2">工步内容</td><td>刀具号</td><td rowspan="6"></td></tr>
<tr><td>1</td><td colspan="2">车端面</td><td>T01</td></tr>
<tr><td>2</td><td colspan="2">粗车外圆</td><td>T02</td></tr>
<tr><td>3</td><td colspan="2">粗车内孔</td><td>T04</td></tr>
<tr><td>4</td><td colspan="2">精车外圆</td><td>T03</td></tr>
<tr><td>5</td><td colspan="2">精车内孔</td><td>T05</td></tr>
<tr><td>5</td><td>检验</td><td colspan="3"></td><td></td><td></td></tr>
<tr><td colspan="2">材料</td><td colspan="2">45 钢</td><td colspan="3" rowspan="2">备注：</td></tr>
<tr><td colspan="2">规格及数量</td><td colspan="2"></td></tr>
</table>

4. 确定数控加工刀具

根据零件的加工要求，选用 T01 号——45° 硬质合金机夹粗车外圆车刀；T02 号——90° 硬质合金机夹粗车外圆偏刀；T03 号——90° 硬质合金机夹精车外圆偏刀；T04 号——内孔粗车刀；T05 号——内孔精车刀。该零件的数控加工刀具卡见表 3-21。

5．选择切削用量

切削用量见表 3–21。

表 3–21 数控加工刀具卡

刀具号	刀具规格及名称	数量	加工内容	刀尖圆弧半径/mm	主轴转速/（r/min）	进给速度/（mm/r）	备注
T01	45° 外圆车刀	1	车端面	0.5	4 100	0.15	
T02	90° 外圆偏刀	1	粗车外圆	0.5	370	0.3	
T03	90° 外圆偏刀	1	精车外圆	0.2	470	0.08	
T04	内孔粗车刀	1	粗车内孔	0.5	400	0.2	
T05	内孔精车刀	1	精车内孔	0.2	350	0.08	

四、复合零件数控车削加工工艺分析

1．零件图分析

如图 3–88 所示的典型轴类零件由圆柱、圆锥、顺圆弧、逆圆弧及螺纹等表面组成，内、外表面有较严格的尺寸精度、形状精度、位置精度和表面质量等要求；尺寸标注完整，轮廓描述清楚。零件材料为 45 钢，无热处理和硬度要求。图样上给定的几个精度要求较高（IT8 ~ IT7 级）的尺寸，因其公差数值小，同时公差值偏向一边，故编程时不必取平均值，而全部取其基本尺寸即可。

2．确定装夹方案

采用三爪自定心卡盘夹紧工件。

3．确定加工工艺

加工顺序按先粗后精、先内后外、先近后远（从右到左）、互为基准的原则确定。即先从右到左进行粗车（单边留 0.25 mm 的精车余量），然后从右到左进行精车，最后车削螺纹。

（1）工件坐标系

该零件加工时需掉头，每次掉头后进行加工时，工件坐标系原点均定于工件右端面的中心。

（2）装夹及加工顺序的处理

毛坯为 ϕ65 mm × 125 mm 的棒料，首先进行粗加工，按先内后外的原则进行处理。

第一步：夹持左端，工件伸出长度为 70 mm，先加工右端。

粗车右端面→钻中心孔→钻 ϕ15 mm 的通孔→粗车外圆，从右到左加工到 $\phi60_{-0.05}^{0}$ mm 圆弧面的最高点，单边留余量 0.25 mm。

第二步：掉头装夹后粗加工，夹持已加工过的尺寸 ϕ40.5 mm 的部分。

车左端面→粗车外圆，从右到左加工到 $\phi60_{-0.05}^{0}$ mm 圆弧面的最高点，与前一次车削的刀痕相接。

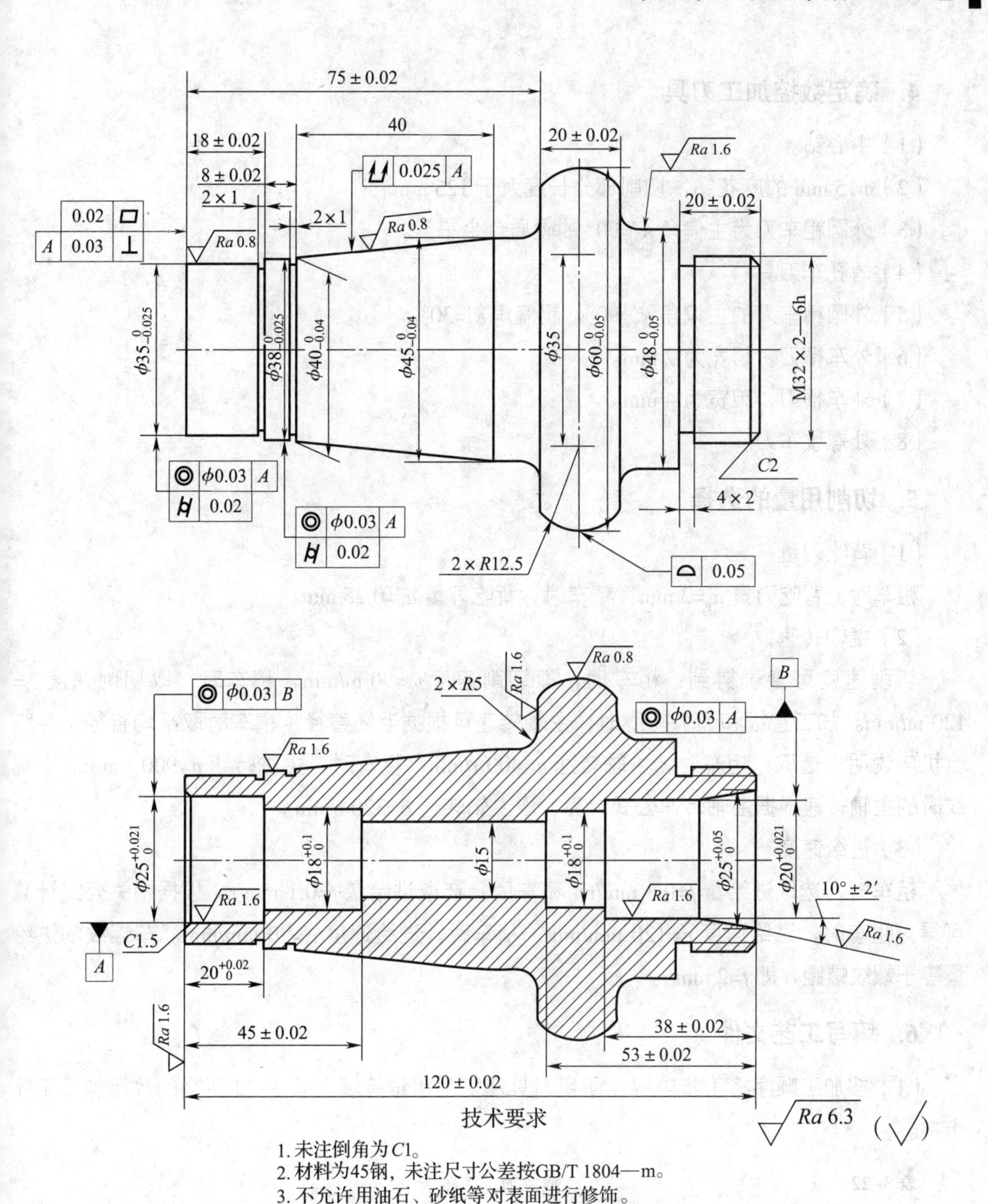

图 3–88　典型轴类零件

第三步：夹持部位不变，精加工左端。

精车左端面→精车内孔 $\phi18^{+0.1}_{0}$ mm 并倒角 $C1.5$ mm→精车外圆 $\phi60^{\ 0}_{-0.05}$ mm 及两处 $R12.5$ mm 的圆弧→车槽 2 mm×1 mm（两处），精车锥面及 $\phi45^{\ 0}_{-0.04}$ mm 和 $\phi35^{\ 0}_{-0.025}$ mm 的外圆。

第四步：掉头装夹 $\phi45^{\ 0}_{-0.04}$ mm 的部分，精加工图 3–87 所示右端部分。

精车右端面，保证总长（120±0.02）mm→精车内孔 $\phi18^{+0.1}_{0}$ mm 和 $\phi20^{+0.021}_{0}$ mm 以及内锥孔面至 $\phi25^{+0.05}_{0}$ mm→精车外圆→车槽 4 mm×2 mm→车外螺纹 M32×2—6h。

4. 确定数控加工刀具

（1）中心钻。

（2）ϕ15 mm 的麻花钻，切削部分长度大于 125 mm。

（3）外圆粗车刀为主偏角 κ_r=90° 的硬质合金车刀。

（4）内孔车刀。

（5）外圆精车刀的主偏角 κ_r=90°，副偏角 κ_r'=30°。

（6）外车槽刀，刃宽为 2 mm。

（7）外车槽刀，刃宽为 4 mm。

（8）外螺纹车刀。

5. 切削用量的选择

（1）背吃刀量

粗车时，背吃刀量 a_p=3 mm；精车时，背吃刀量 a_p=0.25 mm。

（2）主轴转速

切削速度可查表得到：粗车时，取切削速度 v_c=90 m/min，精车时，取切削速度 v_c=120 m/min。加工直线和圆弧轮廓时，主轴转速可根据毛坯直径（精车时取平均直径）并结合机床说明书选取：粗车时，主轴转速 n=400 r/min；精车时，主轴转速 n=900 r/min。车螺纹时的主轴转速根据主轴转速公式计算，取主轴转速 n=320 r/min。

（3）进给速度

粗车时，选取进给量 f=0.3 mm/r；精车时，选取进给量 f=0.1 mm/r。根据相关公式计算可得：粗车时，进给速度 v_f=120 mm/min；精车时，进给速度 v_f=90 mm/min。车螺纹的进给量等于螺纹螺距，即 f=2 mm/r。

6. 填写工艺文件

（1）按加工顺序将工步内容、所用刀具及切削用量等填入表 3-22 所列的数控加工工序卡中。

表 3-22　　数控加工工序卡

单位名称			产品名称或代号			零件名称	材料	零件图号
						轴	45 钢	
工序号	程序编号		夹具名称		夹具编号	使用设备	车间	
			三爪自定心卡盘					
工步号	工步内容	加工面	刀具号	刀具规格 /mm	主轴转速 /（r/min）	进给量 /（mm/r）	背吃刀量 /mm	备注
1	粗车右端面		T01		400	0.3	3	
2	钻中心孔		T02		1 500	0.02		
3	钻通孔 ϕ15 mm		T03		800	0.1		

续表

工步号	工步内容	加工面	刀具号	刀具规格 /mm	主轴转速 /（r/min）	进给量 /（mm/r）	背吃刀量 /mm	备注
4	粗车外圆，从右到左加工到 $\phi 60_{-0.05}^{0}$ mm 圆弧面的最高点，单边留余量 0.25 mm		T01		400	0.3	3	
5	先车左端面，再粗车外圆，从右到左加工到 $\phi 60_{-0.05}^{0}$ mm 圆弧面的最高点，与前一次车削的刀痕相接		T01		400	0.3	3	
6	精车左端面		T04		900	0.1	0.25	
7	精车内孔 $\phi 18_{0}^{+0.1}$ mm 并倒角 $C1.5$ mm		T05		900	0.1	0.25	
8	精车外圆 $\phi 60_{-0.05}^{0}$ mm 至图样要求		T04		900	0.1	0.25	
9	车槽 2 mm × 1 mm（两处）		T06		1 500	0.02		
10	掉头装夹 $\phi 45_{-0.04}^{0}$ mm 的部分，精加工图 3-87 所示的右端部分；精车右端面，保证总长（120 ± 0.02）mm		T04		900	0.1	0.25	
11	精车内孔 $\phi 18_{0}^{+0.1}$ mm 和 $\phi 20_{0}^{+0.021}$ mm 以及内锥孔面至 $\phi 25_{0}^{+0.05}$ mm		T05		900	0.1	0.25	
12	精车外圆		T04		900	0.1	0.25	
13	车槽 4 mm × 2 mm		T07		1 500	0.01		
14	车外螺纹 M32 × 2—6h		T08		320	2		
编制	审核	批准		年 月 日	共 页		第 页	

（2）将选定的各工步所用刀具的刀具型号、刀片型号、刀片牌号及刀尖圆弧半径等填入表 3-23 所列的数控加工刀具卡中。

表 3-23　　数控加工刀具卡

产品名称或代号		零件名称		零件图号		程序编号	
工步号	刀具号	刀具名称	刀具型号	刀片 型号	刀片 牌号	刀尖圆弧半径 /mm	备注
1	T01	外圆粗车刀	DCLNL2525M12	CNMM160612—PR	GC4035	0.8	
2	T02	中心钻					
3	T03	$\phi 15$ mm 钻头					
4	T01	外圆粗车刀	DCLNL2525M12	CNMM160612—PR	GC4035	0.8	

续表

工步号	刀具号	刀具名称	刀具型号	刀片		刀尖圆弧半径 /mm	备注
				型号	牌号		
5	T01	外圆粗车刀	DCLNL2525M12	CNMM160612—PR	GC4035	0.8	
6	T04	外圆精车刀	PCLNL2525M12	DNMG150404—PF	GC4015	0.4	
7	T05	内孔精车刀	PCLNR09	CNMG090304—PF		0.4	
8	T04	外圆精车刀	PCLNL2525M12	DNMG150404—PF	GC4015	0.4	
9	T06	车槽刀	LF123H13—2525B	N123H2—0200—0003—GM	GC4025	0.3	
10	T04	外圆精车刀	PCLNL2525M12	DNMG150404—PF	GC4015	0.4	
11	T05	内孔精车刀	PCLNR09	CNMG090304—PF		0.4	
12	T04	外圆精车刀	PCLNL2525M12	DNMG150404—PF	GC4015	0.4	
13	T07	车槽刀	LF123H13—2525B	N123H2—0400—0003—GM	GC4025	0.3	
14	T08	螺纹车刀	L166.4FG—2525—16	R166.0G—16MM01—200	GC1020		
编制		审核		批准		年 月 日	共 页	第 页

做一做

根据加工工艺画出本零件的加工路线图。

五、配合件数控车削加工工艺分析

配合件的数控车削工艺与一般零件类似，这里只以如图 3-89 所示的配合件为例简单介绍如下：

1. 零件图分析

加工本零件时，加工难点在于保证配合后的椭圆轮廓光滑过渡，为此，在单件加工时，在工件的椭圆轮廓表面进行粗加工，待工件组合后再进行椭圆轮廓的精加工。

2. 确定装夹方案

用三爪自定心卡盘装夹工件。

3. 确定加工工艺

（1）粗加工件 2 左端，精加工件 2 右端，留 ϕ25 mm×30 mm 的工艺搭子。

（2）掉头夹住 ϕ25 mm×30 mm 的工艺搭子，粗加工件 2 右端椭圆，留 0.5 mm 的余量。

（3）切断，保证长度（52±0.05）mm。

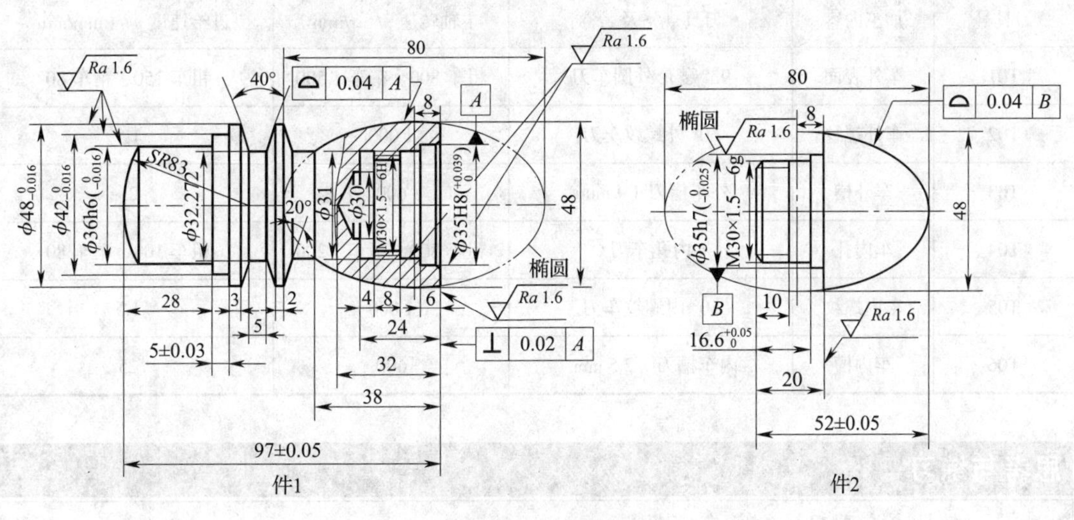

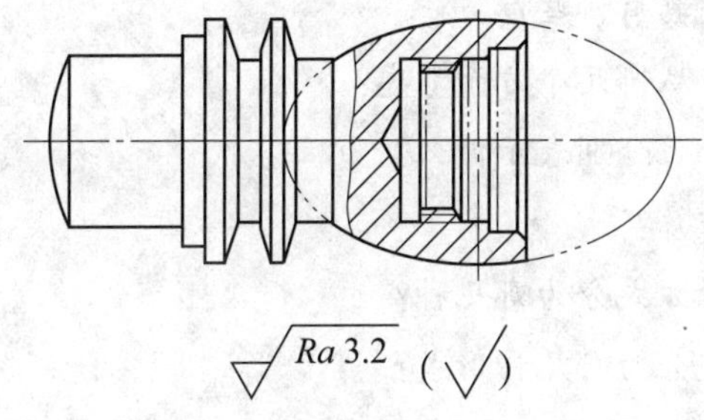

技术要求

1. 倒钝锐边为C0.3。
2. 未注倒角为C1。
3. 圆弧过渡光滑。
4. 未注尺寸公差按GB/T 1804—m。

图 3-89　配合件

（4）粗加工件 1 左端，精加工件 1 左端。

（5）车 40° 槽及椭圆左端槽。

（6）掉头夹住 $\phi36_{-0.016}^{0}$ mm×28 mm 的外圆，粗加工件 1 右端内孔部分，精加工件 1 右端内孔部分。

（7）车 4 mm×ϕ31 mm 的槽。

（8）加工 M30×1.5—6H 的内螺纹。

（9）粗加工件 1 右端外部椭圆，留 0.5 mm 的余量。

（10）将件 2 旋入件 1，精加工椭圆。

4. 确定数控加工刀具和切削用量

各工序的刀具及切削用量见表 3-24。

表 3-24　各工序的刀具及切削用量

刀具号	加工内容	刀具规格及名称	主轴转速 n/（r/min）	进给速度 v_f/（mm/min）
T01	车外表面	93° 菱形外圆车刀	粗车 800、精车 1 500	粗车 150、精车 80
T02	车外螺纹	60° 外螺纹车刀	1 000	1.5
T03	车外槽	外车槽刀（4 mm）	600	25
T04	车内孔	内孔车刀	粗车 800、精车 1 200	粗车 100、精车 80
T05	车内螺纹	60° 内螺纹车刀	1 000	1.5
T06	车内槽	内车槽刀（2.5 mm）	600	25

思考与练习

1. 数控车床常用的夹具有哪些？
2. 数控车刀的选择应从哪几个方面考虑？
3. 可转位刀片十个号位分别表示什么？
4. 怎样选择可转位刀片？
5. 可转位刀片的夹紧方式分为哪几种？
6. 数控车床刀具系统分为哪几种形式？
7. 数控车削切削用量怎样确定？
8. 车削螺纹时切削用量怎样确定？
9. 确定如图 3-90 ~ 图 3-99 所示零件的加工顺序及进给路线，并选择相应的加工刀具。毛坯为 45 钢棒料。

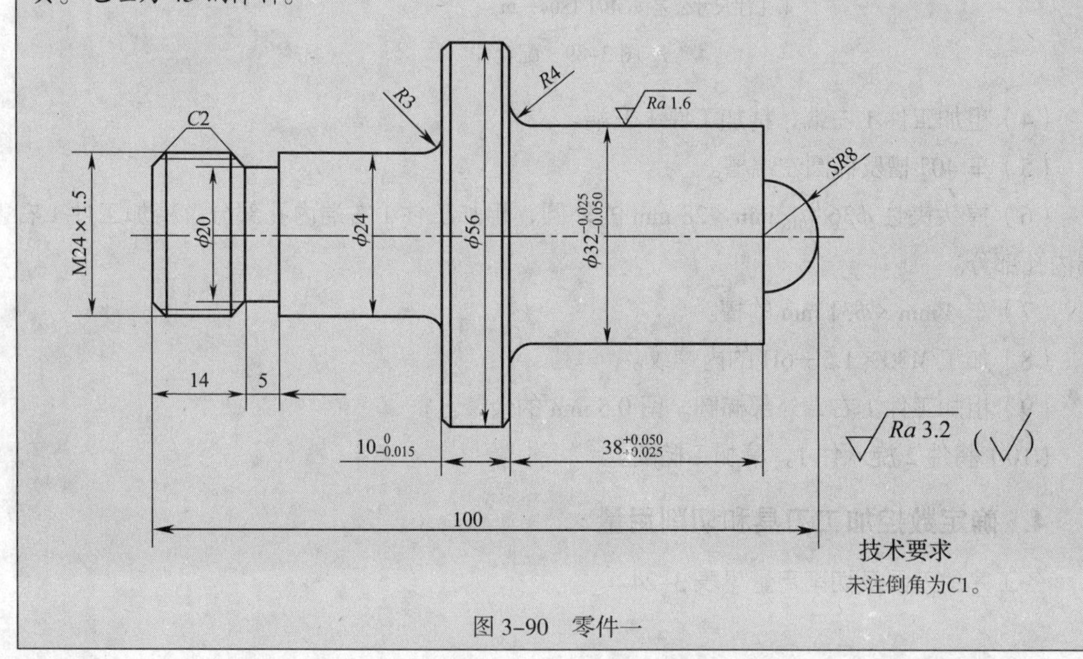

图 3-90　零件一

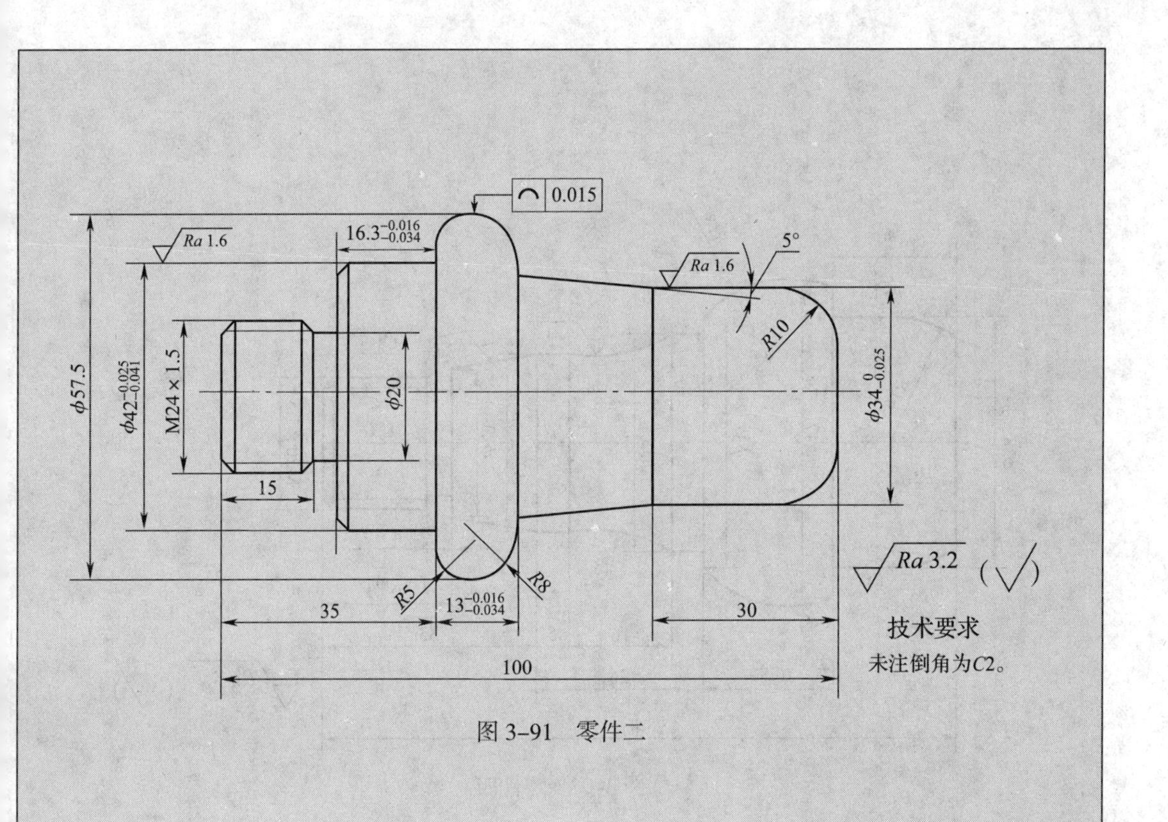

图 3-91　零件二

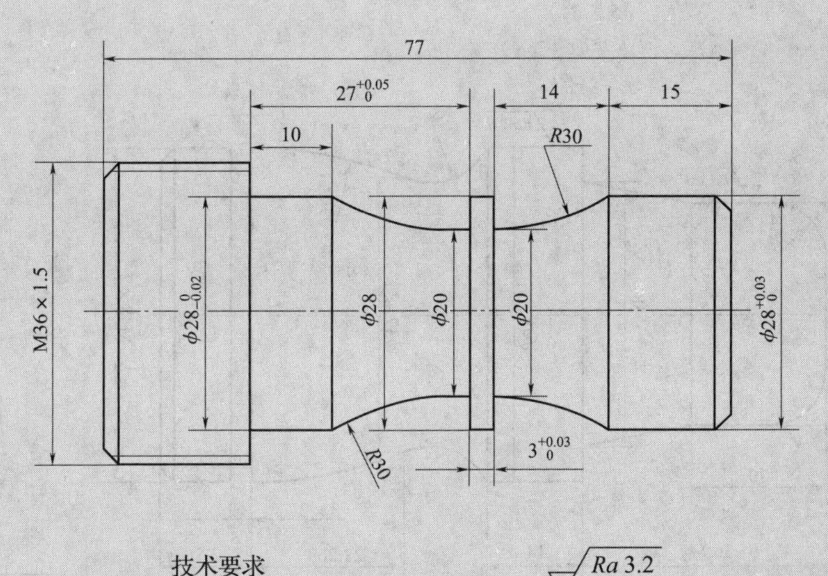

技术要求

1. 毛坯尺寸为$\phi 38\times 80$。
2. 未注尺寸公差为±0.07。
3. 未注倒角为C2。

Ra 3.2

图 3-92　零件三

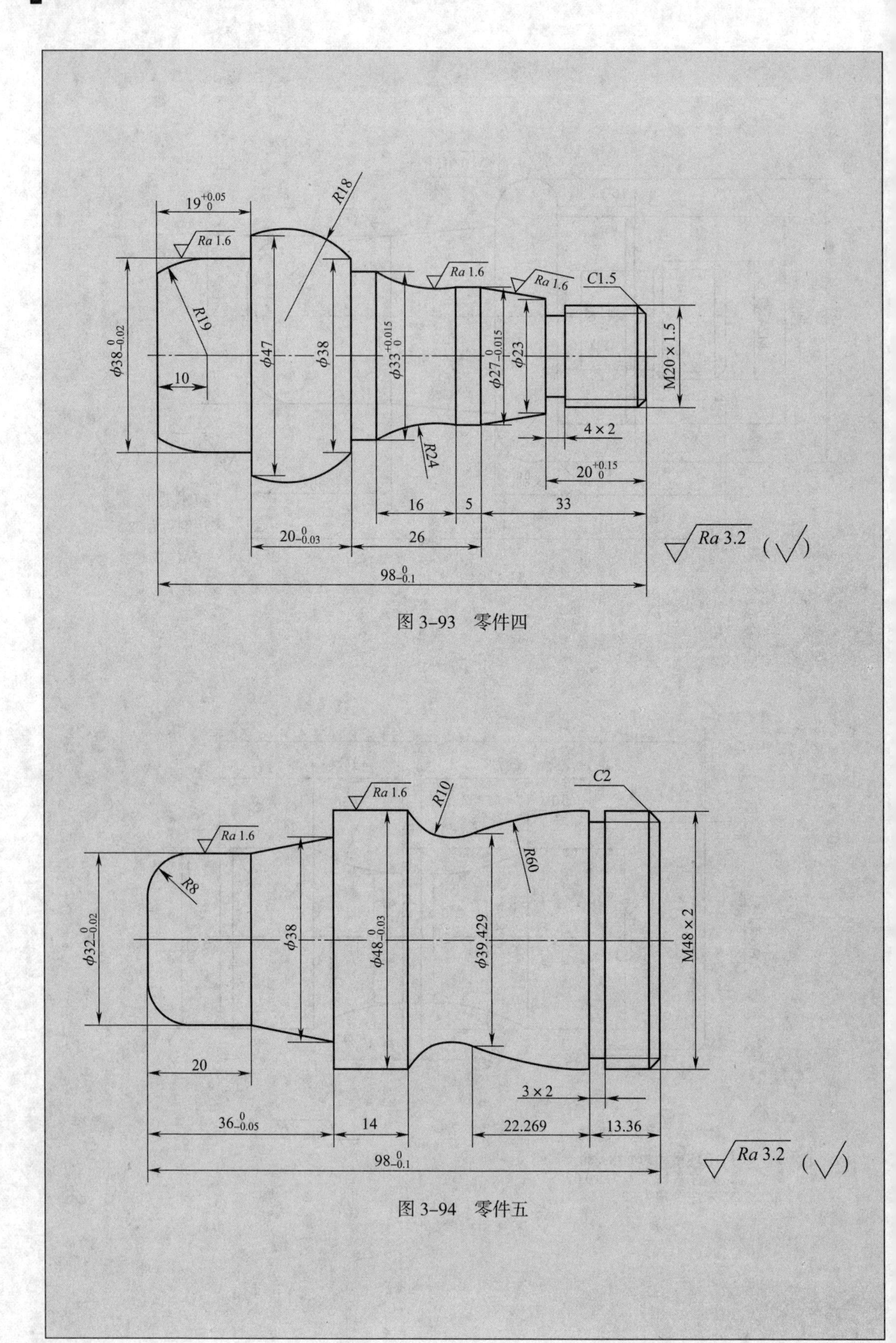

图 3–93 零件四

图 3–94 零件五

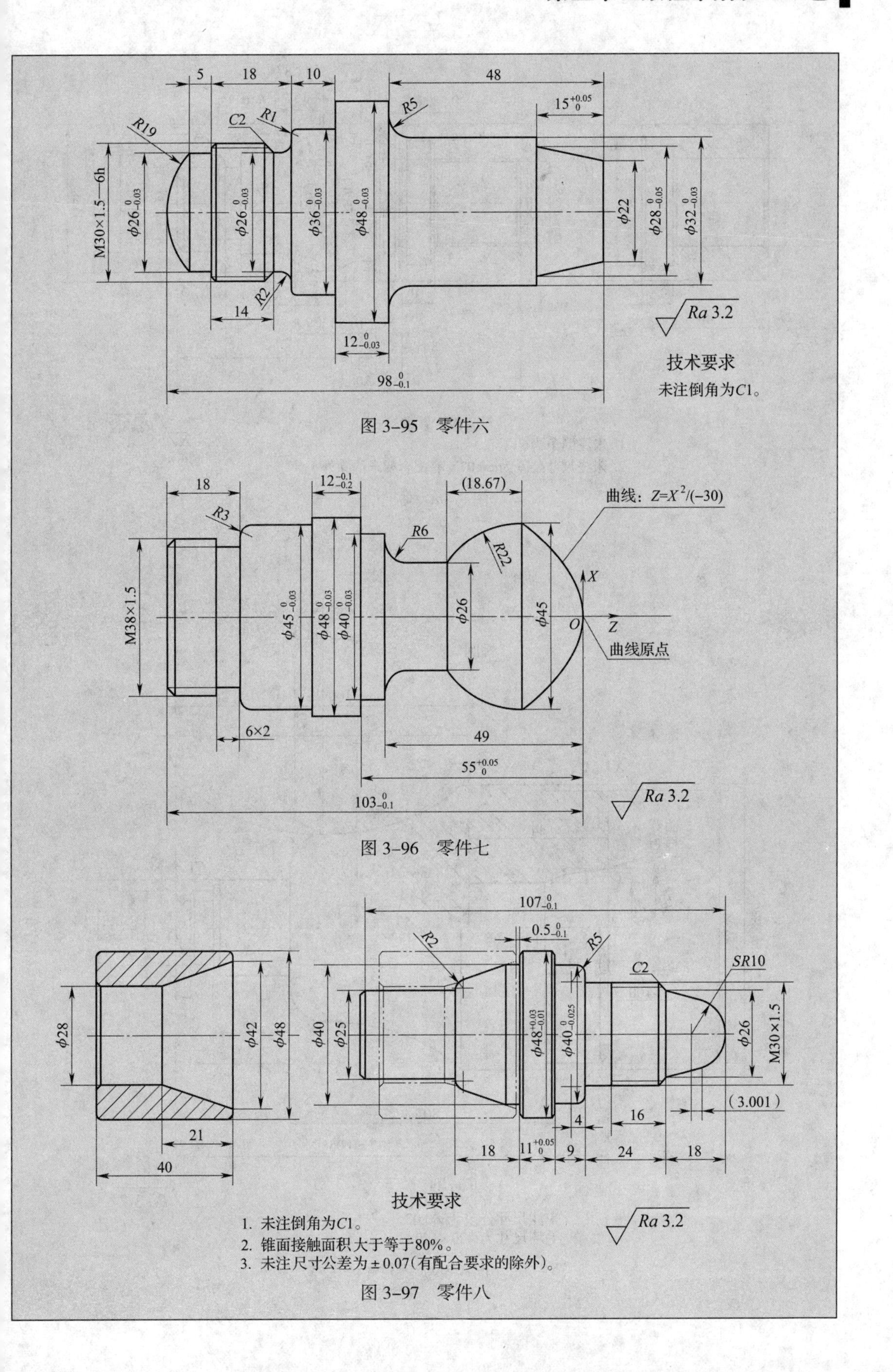

图 3–95　零件六

图 3–96　零件七

图 3–97　零件八

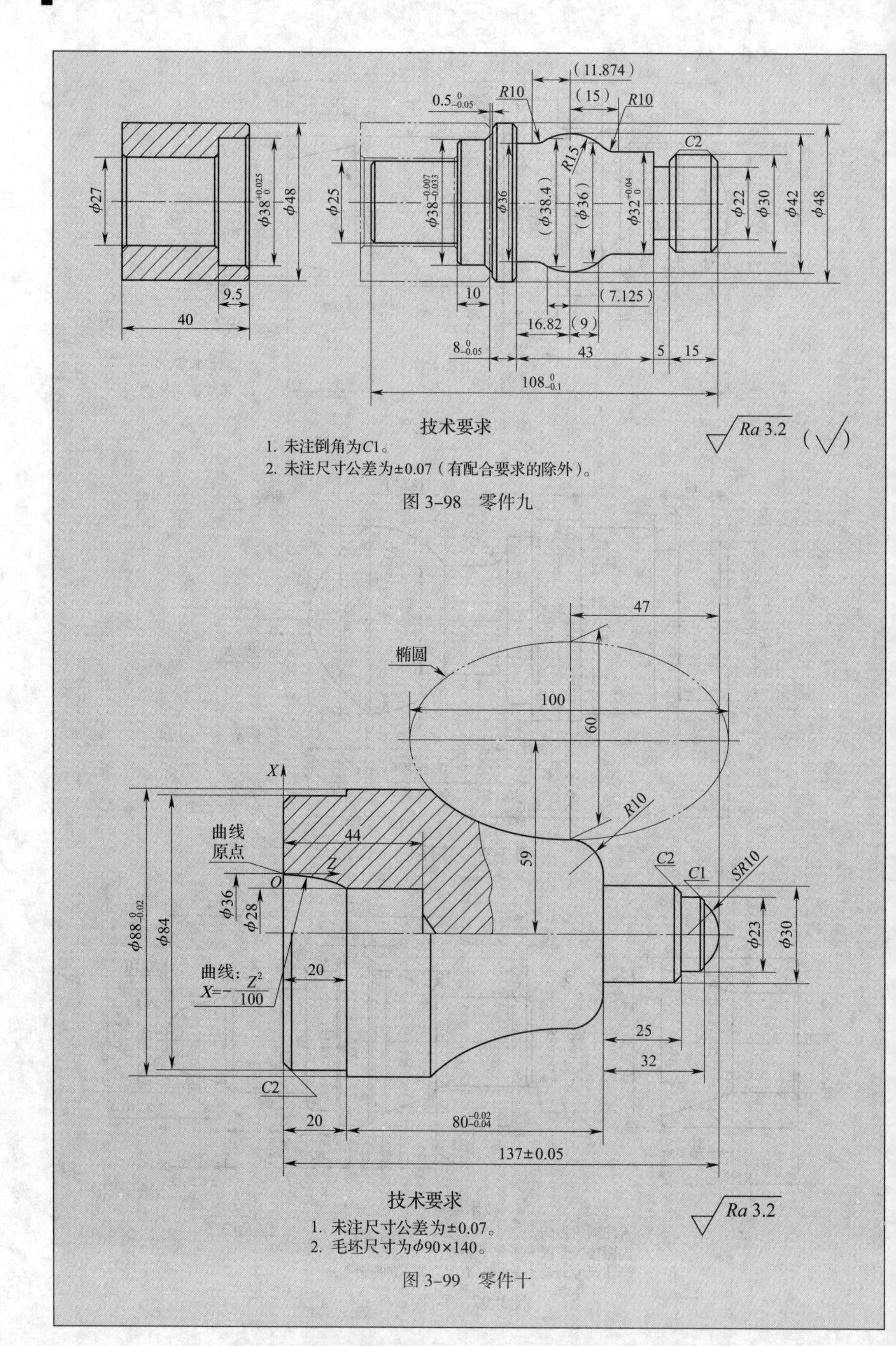

技术要求

1. 未注倒角为C1。
2. 未注尺寸公差为±0.07（有配合要求的除外）。

图 3-98　零件九

技术要求

1. 未注尺寸公差为±0.07。
2. 毛坯尺寸为$\phi90\times140$。

图 3-99　零件十

第四章　数控铣削加工工艺

第一节　工件在数控铣床、加工中心上的装夹

一、工件的夹紧

夹紧是工件装夹过程中的重要组成部分。工件定位后必须通过一定的机构产生夹紧力，把工件压紧在定位元件上，使其保持准确的定位位置，不会由于切削力、工件重力、离心力或惯性力等的作用而产生位置变化和振动，以保证加工精度和安全操作。这种产生夹紧力的机构称为夹紧装置。

1．夹紧装置应具备的基本要求

（1）夹紧过程可靠，不改变工件定位后所占据的正确位置。

（2）夹紧力的大小适当，既要保证工件在加工过程中其位置稳定不变，振动小，又要使工件不会产生过大的夹紧变形。

（3）操作简单、方便、省力、安全。

（4）结构性好，夹紧装置的结构力求简单、紧凑，以便于制造和维修。

2．夹紧力方向和作用点的选择

（1）夹紧力应朝向主要定位基准

如图 4–1a 所示欲在工件上加工一个孔，孔与 A 面有垂直度要求，因此，加工时以 A 面为主要定位基面，夹紧力 F_J 的方向应朝向 A 面。如果夹紧力改朝 B 面，由于工件侧面 A 与底面 B 的夹角误差，夹紧时工件的定位位置被破坏，如图 4–1b 所示，会影响孔与 A 面的垂直度要求。

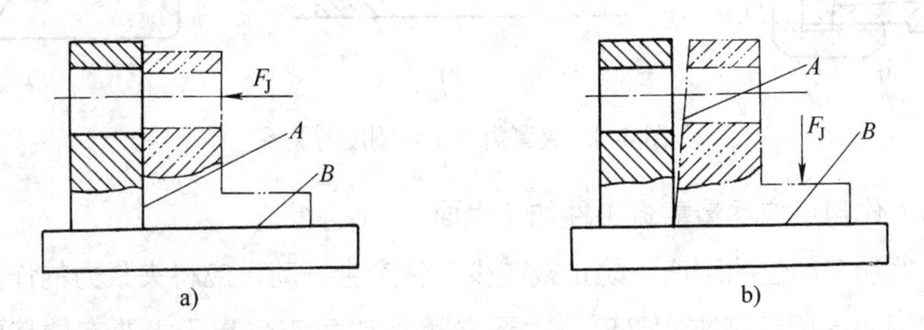

图 4–1　夹紧力的方向

（2）夹紧力的作用点应落在定位元件的支承范围内，并靠近支承元件的几何中心

如图 4–2 所示，夹紧力作用在支承面之外，导致工件倾斜和移动，破坏工件的定位。

正确位置应如图中虚线所示。

（3）夹紧力的方向应有利于减小夹紧力的大小

如图 4–3 所示，钻削 A 孔时，夹紧力 F_J 与轴向切削力 F_H、工件重力 G 的方向相同，加工过程所需的夹紧力最小。

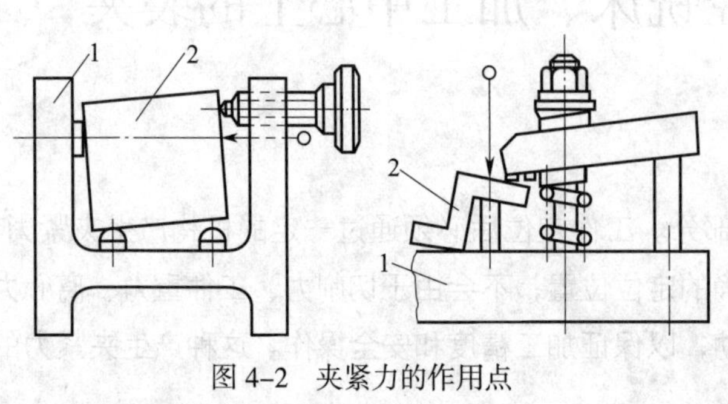

图 4–2 夹紧力的作用点

1—夹具 2—工件

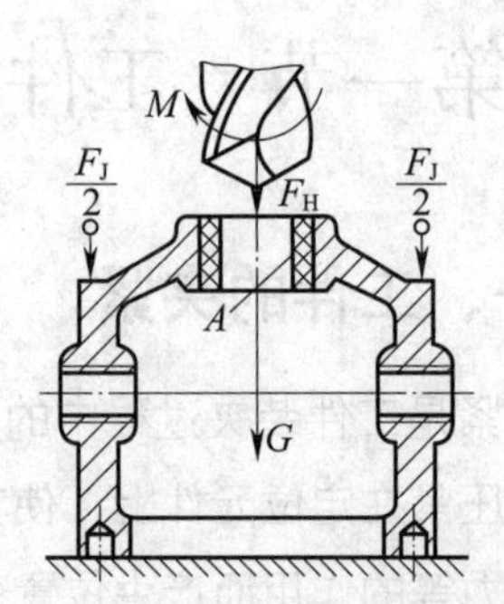

图 4–3 夹紧力与切削力、重力的关系

（4）夹紧力的方向和作用点应施加于工件刚度较高的方向和部位

如图 4–4a 所示，薄壁套筒工件的轴向刚度比径向刚度高，应沿轴向施加夹紧力；夹紧图 4–4b 所示的薄壁箱体时，应作用于刚度较高的凸边上；箱体没有凸边时，可以将单点夹紧改为三点夹紧，如图 4–4c 所示。

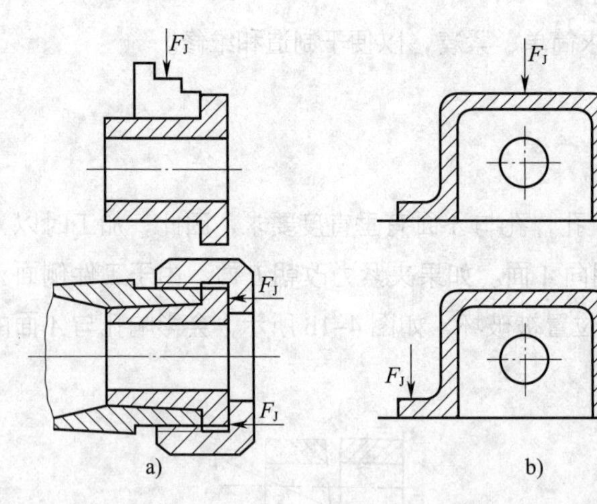

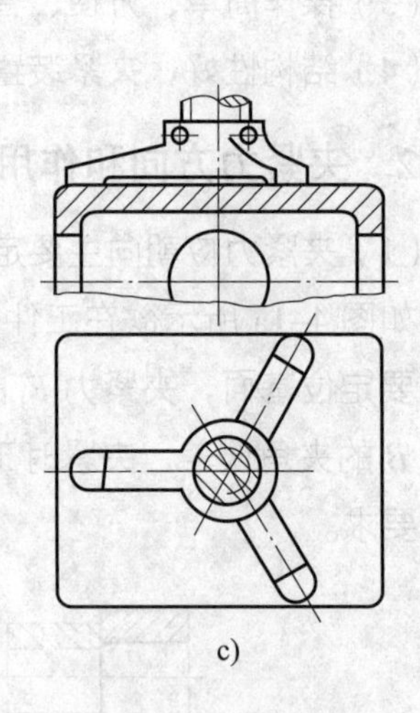

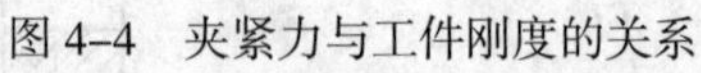

图 4–4 夹紧力与工件刚度的关系

（5）夹紧力作用点应尽量靠近工件加工表面

为提高工件加工部位的刚度，防止或减少工件产生振动，应将夹紧力的作用点尽量靠近加工表面。如图 4–5 所示装夹拨叉时，主要夹紧力 F_1 垂直作用于主要定位基面，在靠近加工表面处设置辅助支承，施加适当的辅助夹紧力 F_2，可提高工件的装夹刚度。

3. 夹紧机构

铣床夹具中使用最普遍的是机械夹紧机构，这类机构大多数是利用机械摩擦的原理来夹紧工件的。斜楔夹紧机构是其中最基本的形式，螺旋夹紧机构、偏心夹紧机构等是斜楔夹紧机构的演变形式。

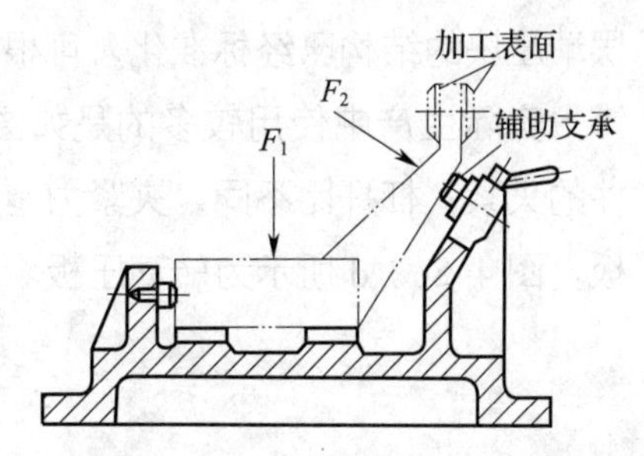

图 4–5　夹紧力作用点靠近加工表面

（1）斜楔夹紧机构

采用斜楔作为传力元件或夹紧元件的夹紧机构称为斜楔夹紧机构。如图 4–6a 所示为斜楔夹紧机构的应用示例，敲斜楔 1 的大头，使滑柱 2 下降，装在滑柱上的浮动压板 3 可同时夹紧两个工件 4。加工完毕，敲斜楔 1 的小头即可松开工件。采用斜楔直接夹紧工件的夹紧力较小，操作不方便，因此，实际生产中一般与其他机构联合使用，如图 4–6b 所示为斜楔与螺旋夹紧机构的组合形式，当拧紧螺杆时楔块向左移动，使杠杆压板转动，夹紧工件。当反向转动螺杆时，楔块向右移动，杠杆压板在弹簧力的作用下将工件松开。

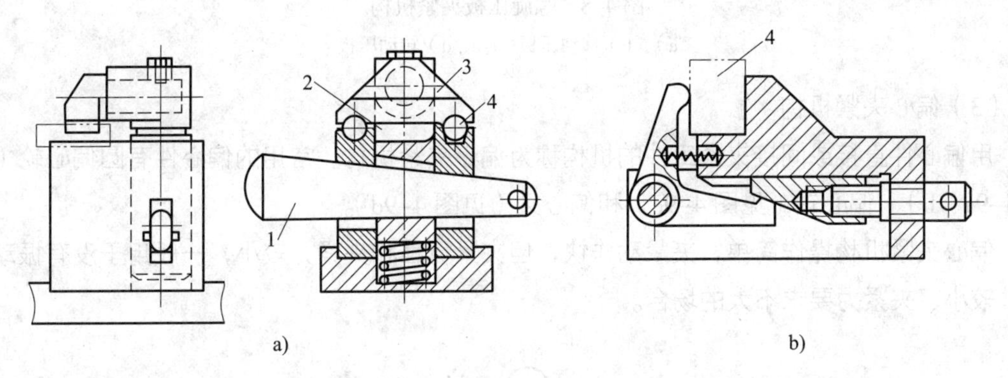

图 4–6　斜楔夹紧机构的应用示例

a）单独使用　b）组合形式

1—斜楔　2—滑柱　3—浮动压板　4—工件

（2）螺旋夹紧机构

采用螺栓直接夹紧或采用螺栓与其他元件组合实现夹紧的机构称为螺旋夹紧机构。螺旋夹紧机构具有结构简单、夹紧力大、自锁性好和制造方便等优点，较适用于手动夹紧，因而在机床夹具中得到广泛的应用。缺点是夹紧动作较慢，因此在机动夹紧机构中应用较少。螺旋夹紧机构分为简单螺旋夹紧机构和螺旋压板夹紧机构。

如图 4–7 所示为最简单的螺旋夹紧机构。图 4–7a 所示的螺栓头部直接对工件表面施加夹紧力，螺栓转动时，容易损伤工件表面或使工件转动。解决这一问题的方法是在螺栓头部套上一个摆动压块，如图 4–7b 所示，这样既能保证与工件表面有良好的接触，防止夹紧时螺栓带动工件转动，又可避免螺栓头部直接与工件接触而造成压痕。

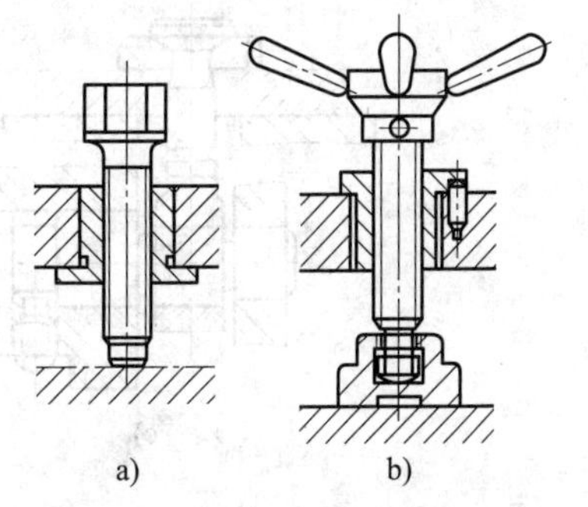

图 4–7　简单螺旋夹紧机构

a）螺栓头部压紧　b）添加摆动压块

摆动压块的结构已经标准化，可根据夹紧表面来选择。

实际生产中使用较多的是如图 4-8 所示的螺旋压板夹紧机构，利用杠杆原理实现对工件的夹紧，杠杆比不同，夹紧力也不同。其结构形式变化很多，如图 4-8a、b 所示为移动压板，图 4-8c、d 所示为转动压板。其中图 4-8d 所示结构的增力倍数最大。

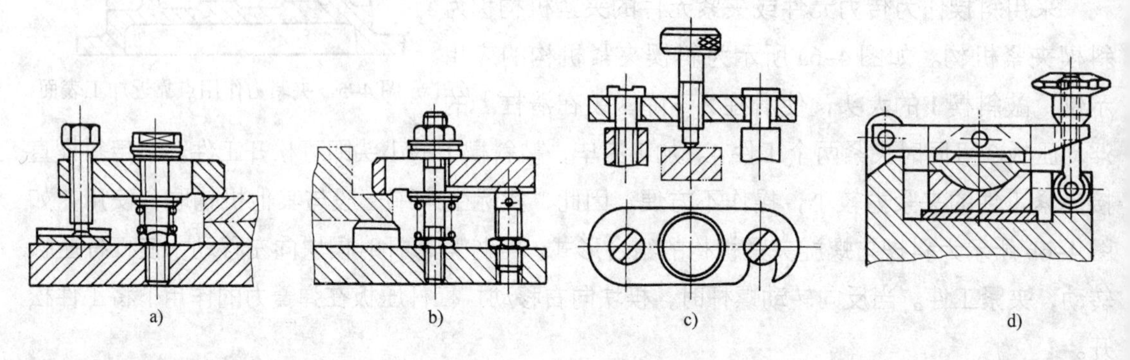

图 4-8 螺旋压板夹紧机构

a）、b）移动压板 c）、d）转动压板

（3）偏心夹紧机构

用偏心件直接或间接夹紧工件的机构称为偏心夹紧机构。常用的偏心件有圆偏心轮（见图 4-9a、b）、偏心轴（见图 4-9c）和偏心叉（见图 4-9d）。

偏心夹紧机构操作简单，夹紧动作快，但夹紧行程和夹紧力较小，一般用于没有振动或振动较小、夹紧力要求不大的场合。

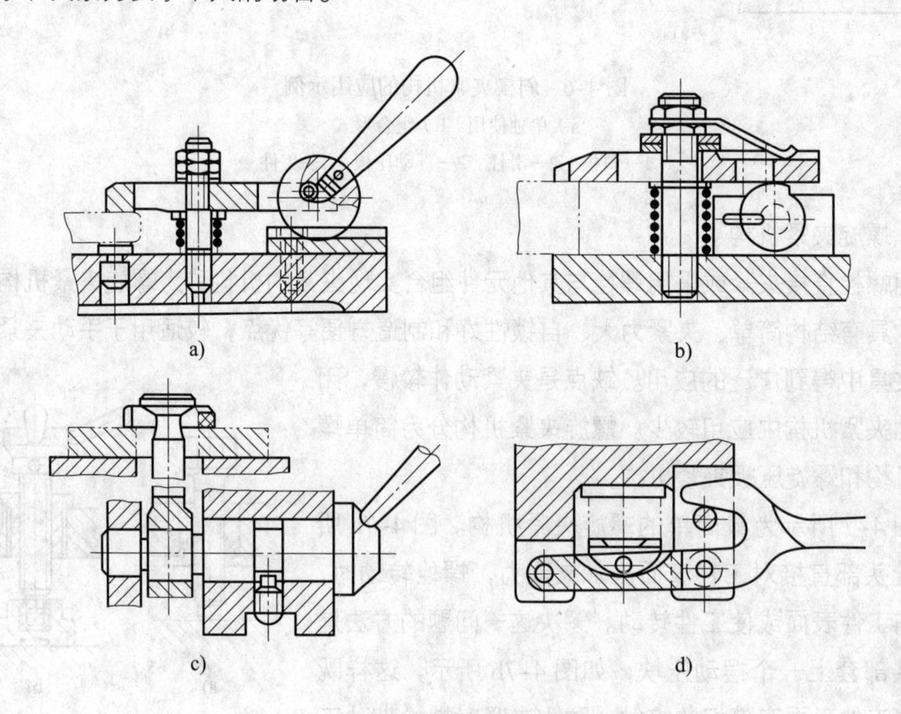

图 4-9 偏心夹紧机构

a）、b）圆偏心轮 c）偏心轴 d）偏心叉

看一看

自己加工零件时常用的夹紧方式是哪一种？

二、数控铣削用夹具

1. 通用夹具

（1）机床用平口虎钳

在铣床与加工中心上加工中、小型工件时，一般都采用机床用平口虎钳来装夹。平口虎钳具有较大的通用性和经济性，适用于尺寸较小的方形工件的装夹。数控铣床用平口虎钳如图 4-10 所示。

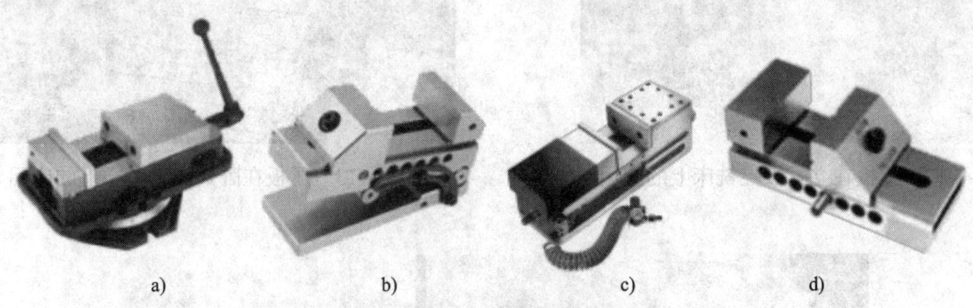

图 4-10　数控铣床用平口虎钳

a）螺旋夹紧式通用平口虎钳　b）液压式正弦规平口虎钳

c）气动式精密平口虎钳　d）液压式精密平口虎钳

想一想

正弦规平口虎钳与通用平口虎钳的应用有什么不同？

（2）压板

中型和大型工件多采用压板来装夹。在铣床上用压板装夹工件时，所用工具比较简单，主要有压板、垫铁、T 形螺栓（或 T 形螺母）及螺母等，如图 4-11 所示。如图 4-12 所示为压板在立式数控铣床上的应用。如图 4-13 所示为压板在卧式加工中心上的应用。

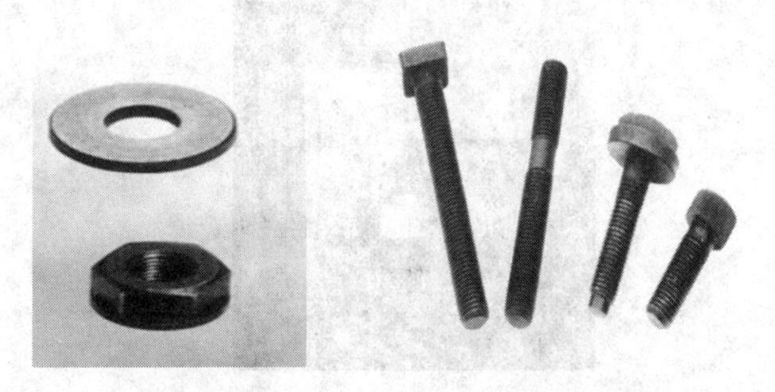

图 4-11　用压板装夹工件时所用工具

（3）分度回转用夹具

有等分结构的零件在立式数控铣床或加工中心上可利用分度头来装夹，如图 4–14 所示为数控分度头及其应用。在卧式加工中心上可用回转工作台（简称转台）或分度工作台来装夹工件，如图 4–15 所示为分度工作台，图 4–16 所示为回转工作台。为提高工作效率，还可以应用交换工作台装夹工件，如图 4–17 所示。

图 4–12　压板在立式数控铣床上的应用

图 4–13　压板在卧式加工中心上的应用

a)

b)

图 4–14　数控分度头及其应用

图 4–15　分度工作台

a)　　b)

图 4-16　回转工作台及其应用

图 4-17　交换工作台

注意

回转工作台与分度工作台在外形上虽然很相似，但它们的工作原理及用途却不相同。回转工作台在回转时可以加工工件，常作为一个回转轴出现，但分度工作台在分度时不能加工工件。因此，回转工作台可以作为分度工作台应用，但分度工作台绝对不能作为回转工作台应用。

应用回转工作台的程序一般由准备功能（G 功能）实现，但应用分度工作台的程序一般由第二辅助功能（B 功能）实现，这一点必须注意。

（4）角铁

对基准面较宽而加工面较窄的工件，在铣削垂直面时可利用角铁来装夹，如图 4-18 所示为用角铁装夹宽而薄的工件。

（5）V 形架

如图 4-19 所示，把圆柱形工件放在 V 形架内，并用压板紧固的方法来铣削键槽，是铣床上常用的方法之一。图 4-19a、b 所示分别为立铣、卧铣键槽。对于直径为 20 ~ 60 mm 的长轴，可直接将其装夹在工作台 T 形槽的槽口上。此时，T 形槽槽口的倒角起到 V 形槽的作用，如图 4-19c 所示。

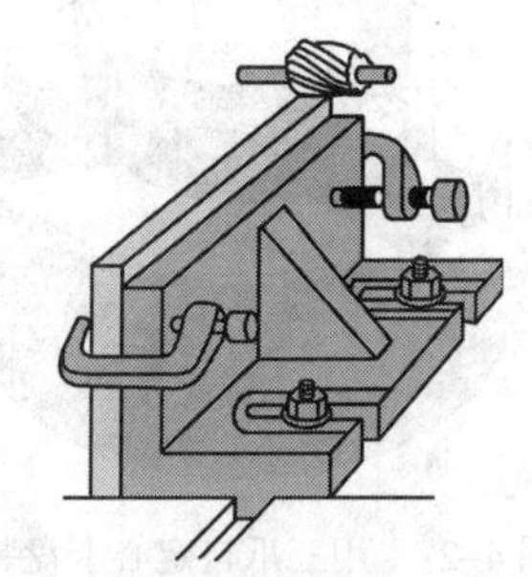

图 4-18　用角铁装夹宽而薄的工件

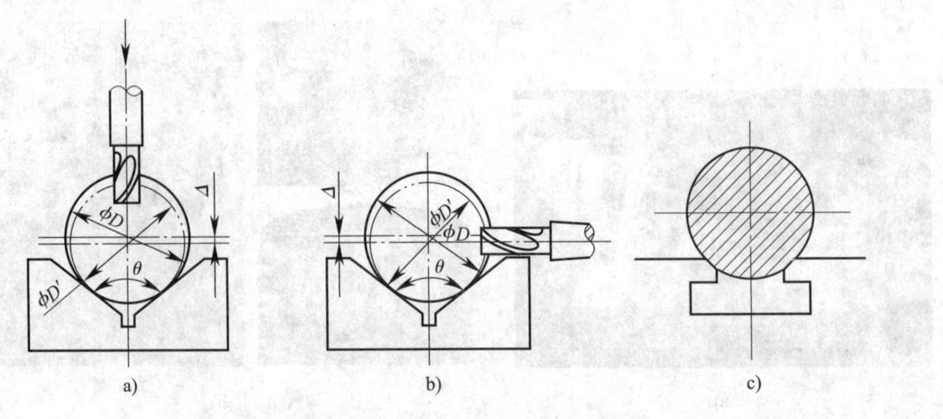

图 4–19　用 V 形架装夹工件铣削键槽

（6）轴用虎钳

如图 4–20 所示，用轴用虎钳装夹轴类零件时，因轴用虎钳带有 V 形槽，故这种装夹方式兼具虎钳装夹和 V 形架装夹的优点，装夹简便、迅速。轴用虎钳的 V 形槽能两面使用，其夹角大小不同，以适应直径的变化。

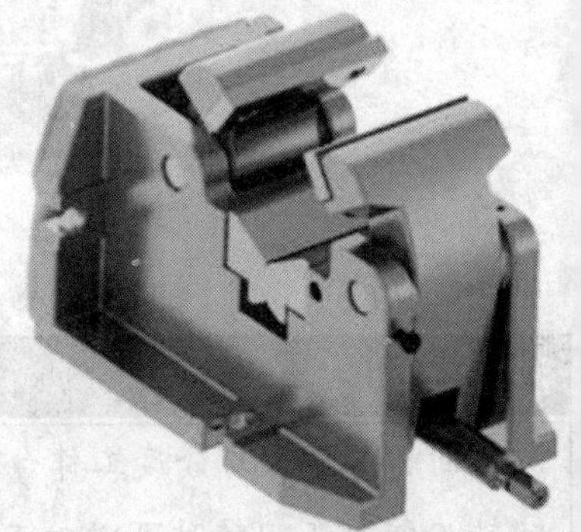

图 4–20　轴用虎钳

（7）三爪自定心卡盘

在加工中心上，通常用三爪自定心卡盘（见图 4–21）作为圆柱形毛坯的夹具，用压板将三爪自定心卡盘压紧在工作台面上，使卡盘轴线与机床主轴平行。用三爪自定心卡盘装夹圆柱形工件的找正方法如图 4–22 所示，当找正工件外圆圆心时，将百分表固定在主轴上，用百分表测头接触外圆侧母线，可手动旋转主轴，根据百分表的读数值在 *XY* 平面内手动使工件沿 *X* 轴或 *Y* 轴移动，直至手动旋转主轴时百分表读数值不变，此时，工件中心与主轴轴线同轴，记下机床坐标系的 *X*、*Y* 坐标值，可将该点（圆柱中心）设为工件坐标系 *XY* 平面的编程原点。内孔中心的找正方法与外圆圆心找正方法相同。

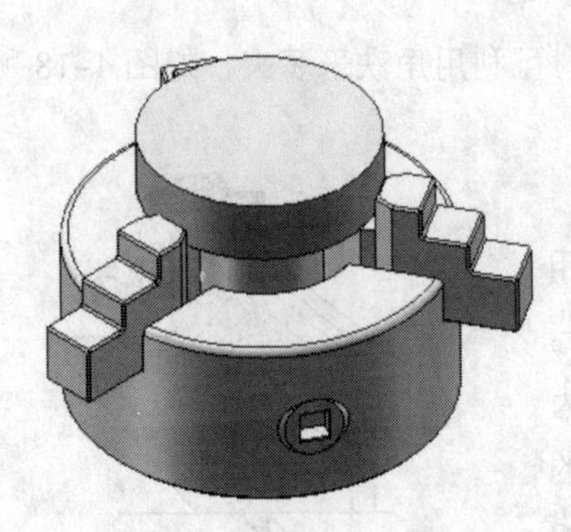

图 4–21　用三爪自定心卡盘装夹工件

图 4–22　用三爪自定心卡盘装夹圆柱形工件的找正方法

用三爪自定心卡盘、两顶尖等方法装夹工件时，工件的轴线必定在三爪自定心卡盘（或前顶尖）的中心与后顶尖的连线上，轴线的位置不受工件直径改变的影响。用三爪自定心卡盘装夹时，轴线的位置受三爪自定心卡盘精度的影响，如图 4–23a 所示。若在分度头上没有三爪自定心卡盘而装有前顶尖时，则可利用鸡心夹头把工件紧固在两顶尖之间，如图 4–23b 所示。用两顶尖装夹与用三爪自定心卡盘装夹相比，工件中心的准确度高，但刚度低，且不稳固，装拆也较费时。

想一想

在数控铣床或加工中心上应用三爪自定心卡盘装夹与在数控车床上有什么不同?

（8）自定心虎钳

用自定心虎钳装夹（见图 4–23c）时，轴线的位置不受轴径变化的影响。但由于两个钳口都是活动的，故精确度不太高。用自定心虎钳装夹轴类零件方便、迅速，也很稳固，键槽位置不受钳口和压板的影响，但工件中心位置的准确度略差些。

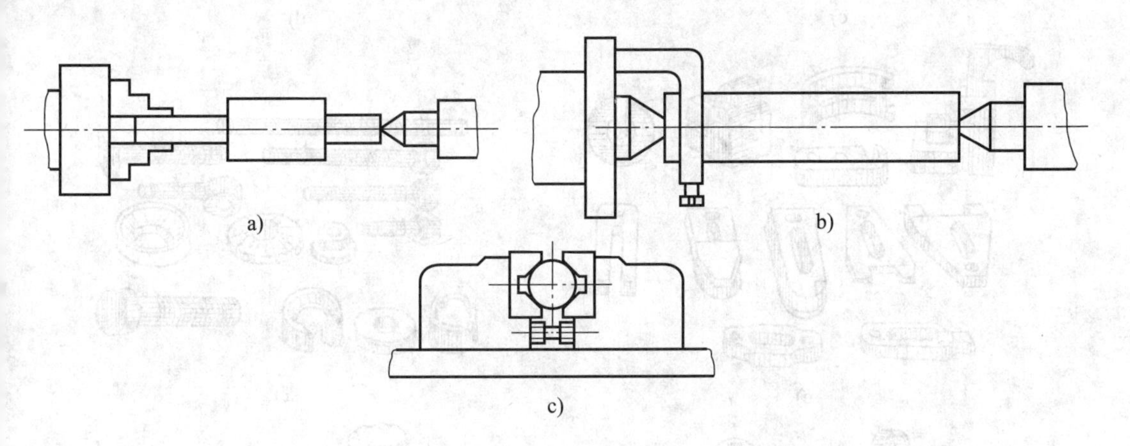

图 4–23 定中心装夹

a）用三爪自定心卡盘装夹 b）用两顶尖装夹 c）用自定心虎钳装夹

2. 组合夹具

组合夹具的基本特点是满足标准化、系列化、通用化的要求，具有组合性、可调性、柔性、应急性和经济性，使用寿命长，能适应产品加工中的周期短、成本低等要求，比较适合在加工中心上应用。

（1）组合夹具的元件及作用

一套组合夹具主要由基础件、支承件、定位件、导向件、压紧件、紧固件、其他元件及组合件八大类元件所组成。

1）基础件。包括方形、圆形基础板和基础角铁，如图 4–24a 所示。它是组合夹具的底座，相当于专用夹具的夹具体。

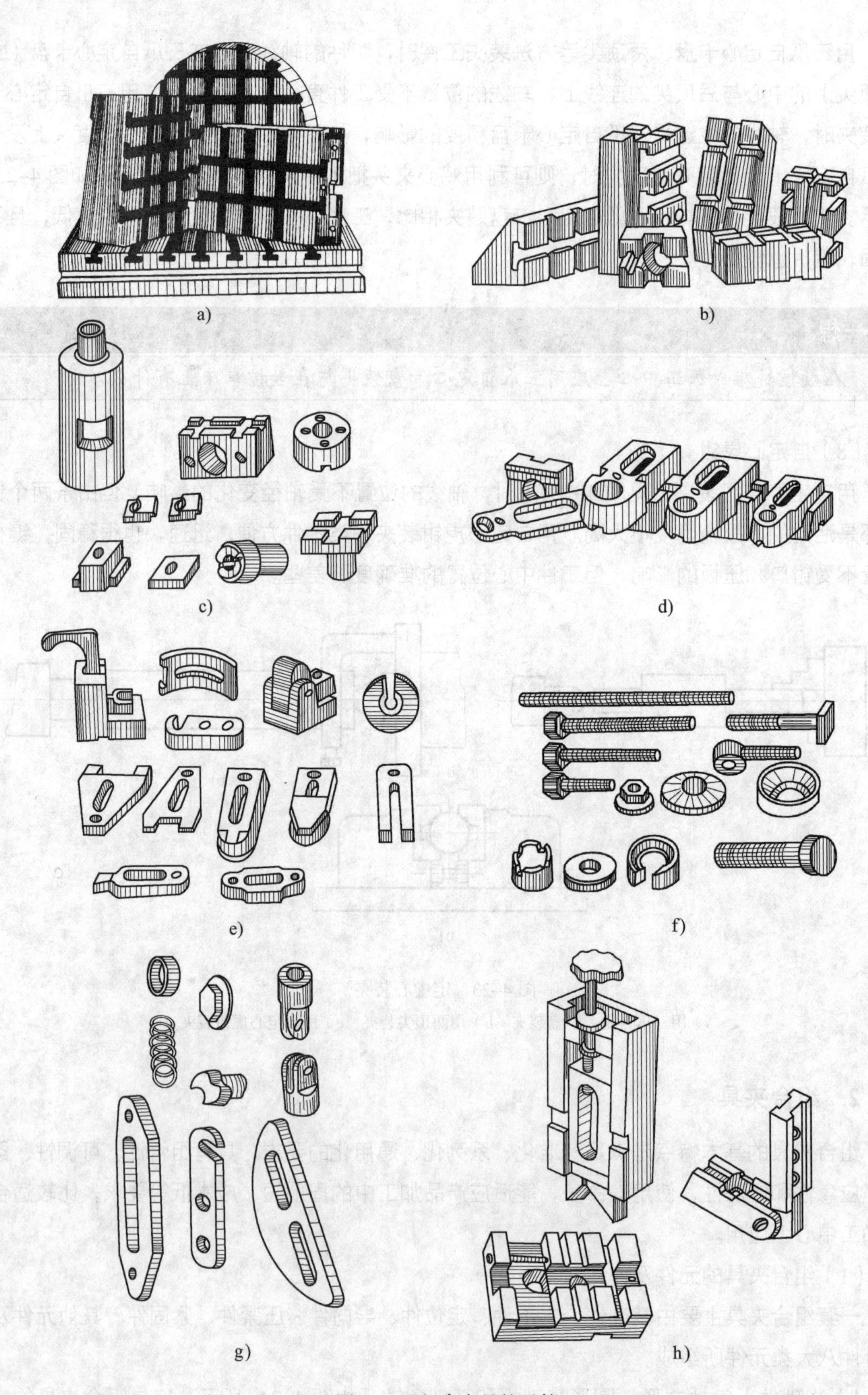

图 4-24 组合夹具的元件

a）基础件 b）支承件 c）定位件 d）导向件 e）压紧件 f）紧固件 g）其他元件 h）组合件

2）支承件。它作为不同高度和各种定位的支承面，与基础件共同组成夹具体，包括方形和角度支承、角铁、菱形板、V 形架等，如图 4-24b 所示。

3）定位件。它用来确定各元件之间的相对位置，以保证夹具的组装精度，包括定位键、定位销、定位盘以及各类定位支座、定位支承等，如图 4-24c 所示。

4）导向件。它主要起引导刀具的作用，包括各种结构形式和规格尺寸的模板、导向套及导向支承等，如图 4-24d 所示。

5）压紧件。它是指各种形状和尺寸的压板，如图 4-24e 所示。其作用是压紧工件，保持工件定位后的正确位置，使其在外力作用下不会变动。

6）紧固件。紧固元件包括各种螺栓、螺钉、螺母和垫圈，如图 4-24f 所示。

7）其他元件。其他元件包括连接板、回转压板、浮动块、各种支承钉、支承帽，如图 4-24g 所示。

8）组合件。组合件是由几个元件组成的独立部件，在使用过程中，以独立部件参与组装，如图 4-24h 所示。它用途广泛，结构合理，使用方便，与基础件、支承件并列成为组合夹具的一种重要元件。

（2）组合夹具的种类

1）孔系组合夹具。孔系组合夹具主要元件表面上具有光孔和螺孔。组装时，通过圆柱定位销（一面两孔）和螺栓实现元件的相互定位及紧固。

孔系组合夹具根据孔径、孔距及螺钉直径的不同分为不同系列，以适应不同工件的装夹。如图 4-25 所示为孔系组合夹具的组装。元件与元件之间用两个销钉定位，一个螺钉紧

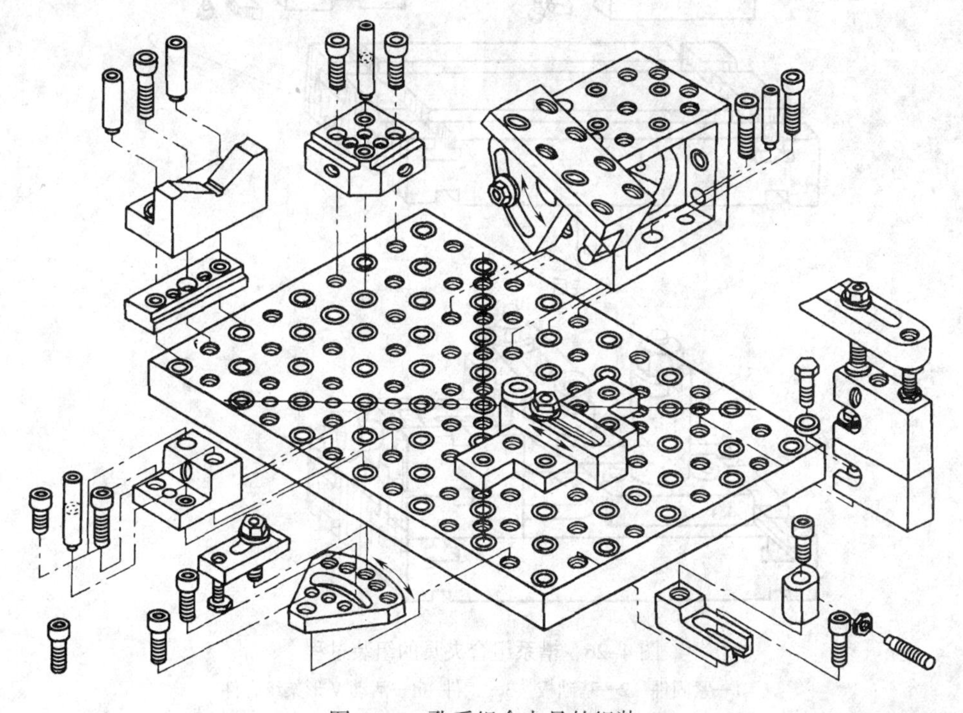

图 4-25 孔系组合夹具的组装

固。定位孔孔径有 10 mm、12 mm、16 mm 和 24 mm 四个规格，孔径公差为 H7；相应的孔距为 30 mm、40 mm、50 mm 和 80 mm，孔距公差为 ±0.01 mm。

孔系组合夹具的元件用一面两孔定位，属允许使用的重复定位，其定位精度高，刚度比槽系组合夹具高，组装可靠，体积小，元件的工艺性好，成本低，可用做数控机床夹具。但组装时元件的位置不能随意调节，常用偏心销钉或部分开槽元件加以弥补。

2）槽系组合夹具。如图 4-26 所示为一套槽系组合夹具的组装过程。

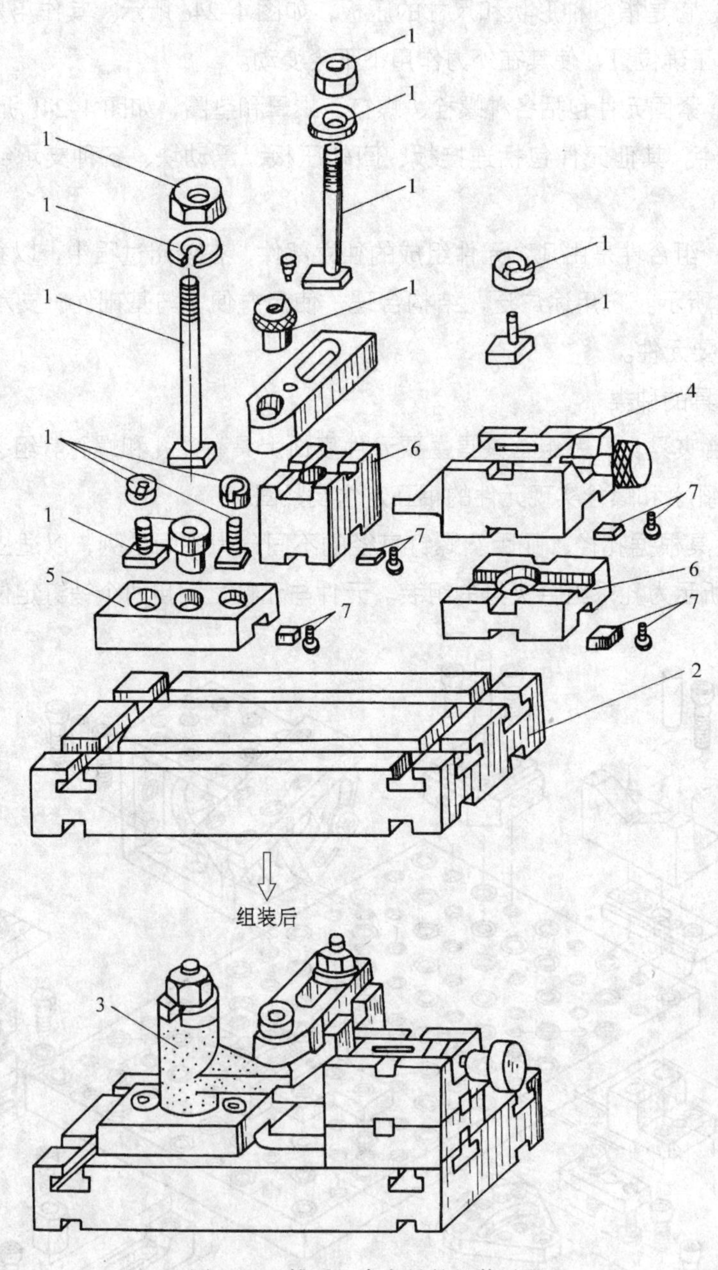

图 4-26 槽系组合夹具的组装过程

1—紧固件 2—基础板 3—工件 4—活动 V 形架组合件

5—支承板 6—垫铁 7—定位键及其紧定螺钉

查一查

组合夹具由哪几部分组成？

3. 成组夹具（拼装夹具）

一套成组夹具元件系统包括若干组合件和元件，按其用途不同可分为基础件、定位—支承件、夹压件及紧固件四类。这里主要介绍基础件，其他元件与组合夹具的类似，故不再赘述。

基础件包括矩形基础板、圆基础板、基础角铁、分度支架等，这些都可作为成组夹具的主体元件。如图 4-27 所示为矩形基础板，板上有纵向 T 形槽和按坐标分布的定位孔系。由于没有横向 T 形槽和底面的凹槽，基础板的刚度比槽系组合夹具的基础板约高一倍，板上的定位孔可用于安置定位销，同时也可作为夹具安置在机床工作台上时的置位点，还可作为编程的起始点。矩形基础板具有集槽系和孔系组合夹具基础板的优点于一身的特点，孔槽结合使用非常方便。

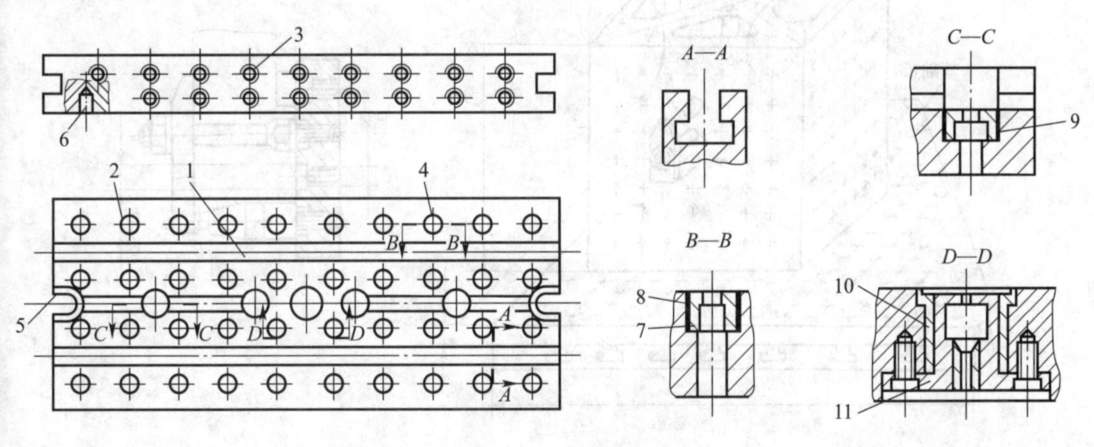

图 4-27　矩形基础板

1—T 形槽　2、6—定位销孔　3—紧固螺孔　4—连接孔
5—耳座　7、10—衬套　8、9—防尘罩　11—法兰盘

如图 4-28a 所示为大工件的基础板，也可作为多个小工件的公共基础板。如图 4-28b 所示为安装在卧式加工中心分度工作台上、四周可装夹一件或多件工件的立方基础板，可依次加工装夹在各面上的工件。当一面在加工位置上进行加工时，另一面可同时装卸工件，因此，能显著减少换刀次数和停机时间。

为了提高夹紧效率并减轻劳动强度，在拼装夹具中普遍采用了机动—液压传动元件，如在基础板上可安装小型高压液压缸以及各种液压夹紧压板。如图 4-29 所示为液压矩形基础板，板内可根据不同规格尺寸放置不同数量的液压缸。

圆形基础板及基础角铁等的结构与组合夹具的相应元件大致相似，但与机床工作台连接时定位、夹紧等部位应有特殊考虑，如圆形基础板两侧设有耳座（带 U 形槽），底面还有两个定位孔，以便与数控机床的工作台固定连接。

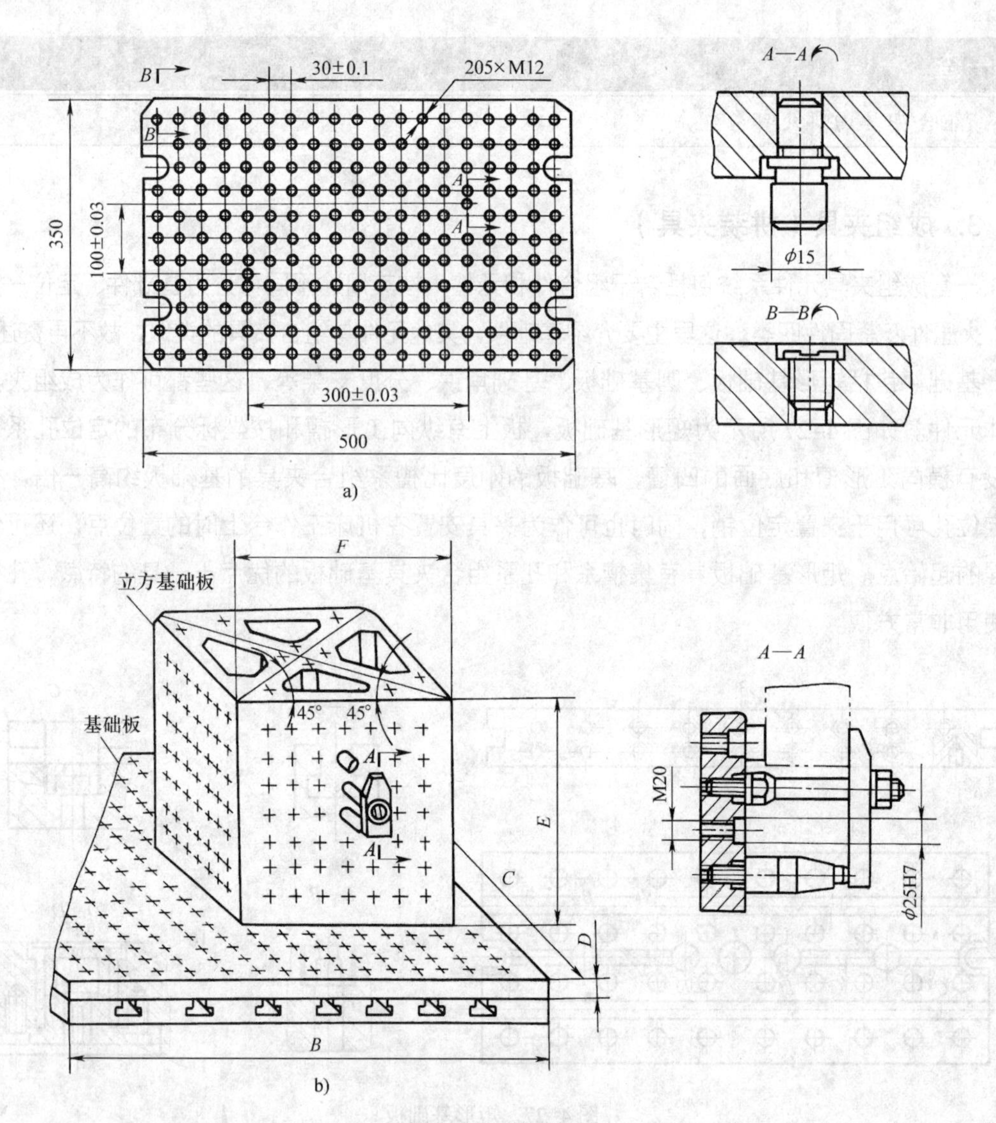

图 4-28 基础板

a）大工件的基础板 b）立方基础板

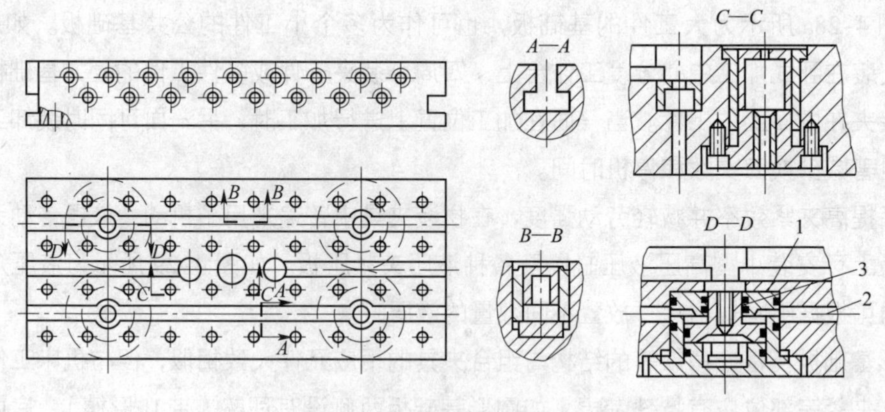

图 4-29 液压矩形基础板

1—液压缸 2—通油孔 3—活塞

如图 4-30 所示为拼装夹具中常用的定位—支承合件及元件。可调支承的高度及支承的安装位置均可根据需要在基础板上调节。

如图 4-31 所示为可调 V 形架合件。其调节直径的范围有 25 ~ 100 mm 和 40 ~ 160 mm 两种，由丝杠左、右两个螺母调节。V 形架底部有两个定位销（其中一个为削边销），以便于在基础板上定位。

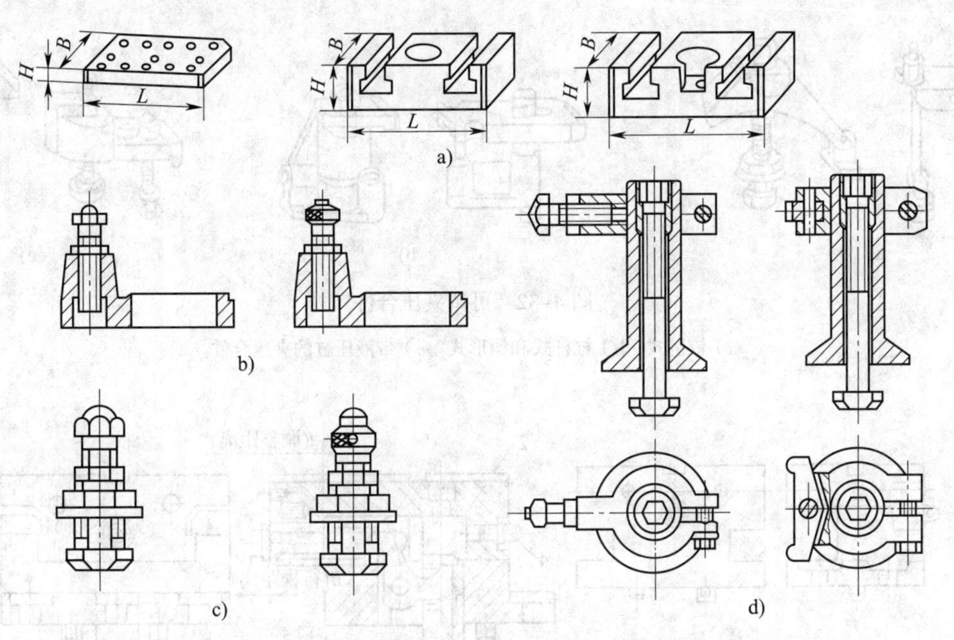

图 4-30　定位—支承合件及元件

a）支承板　b）移入式可调长支承　c）安装在 T 形槽中的可调支承　d）侧面可调支承

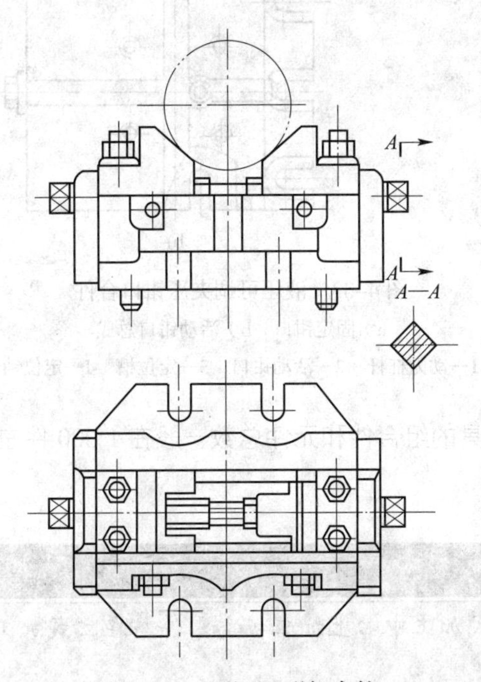

图 4-31　可调 V 形架合件

如图 4–32 所示为常用的可调夹压合件，图 4–33 所示为液压可调夹压钳口合件，液压缸供油压力一般为 10 MPa。两种钳口均可通过一面两销与基础板定位，并用螺钉紧固在基础板上。活动钳口内部装有动力杠杆 1，经杠杆推动活动钳口 2，两个钳口上表面和前表面都有定位槽 3 和定位销 4，可根据工件形状安装不同形式的夹压元件和合件，活动钳口的调节量为 0 ~ 40 mm。

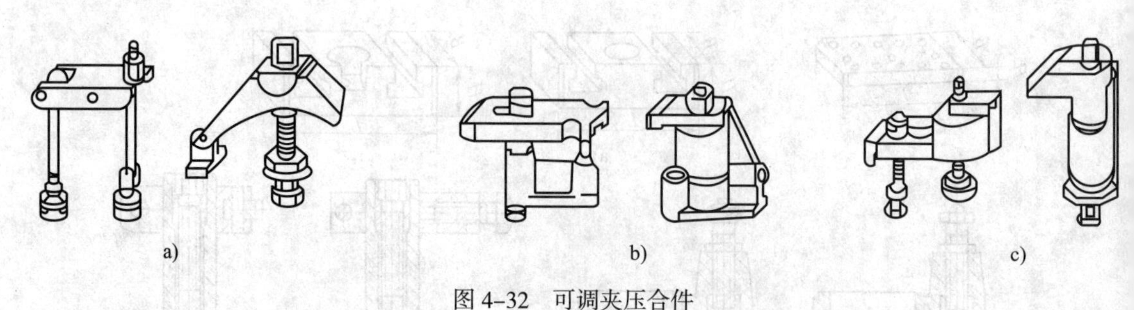

图 4–32　可调夹压合件

a）铰链式　b）杠杆式和钩形式　c）带液压缸的夹压合件

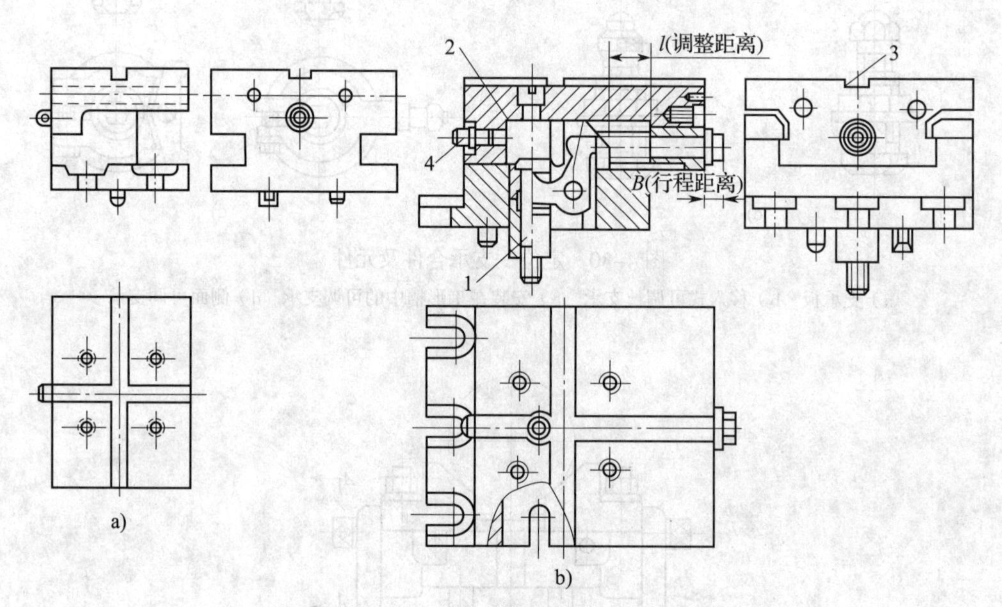

图 4–33　液压可调夹压钳口合件

a）固定钳口　b）活动钳口总成

1—动力杠杆　2—活动钳口　3—定位槽　4—定位销

实际上，一套成组夹具的组合件和元件总数一般在 1 000 件左右。成组夹具的应用实例如图 4–34 所示。

查一查

应用成组夹具在卧式加工中心上加工板类零件与在立式加工中心上相比较有哪些优点？

图 4-34　成组夹具的应用实例

4. 数控夹具

数控夹具是指夹具本身具有按数控程序使工件进行定位和夹紧功能的一种夹具。在数控夹具上，工件一般采用一面两销定位，夹具上两个定位销之间的距离以及定位销插入和退出定位孔均可按程序实现自动调节。距离的调节方式有三种，即按直角坐标的平移式、按极坐标的回转式及复合式，如图 4-35 所示为数控夹具的调整。

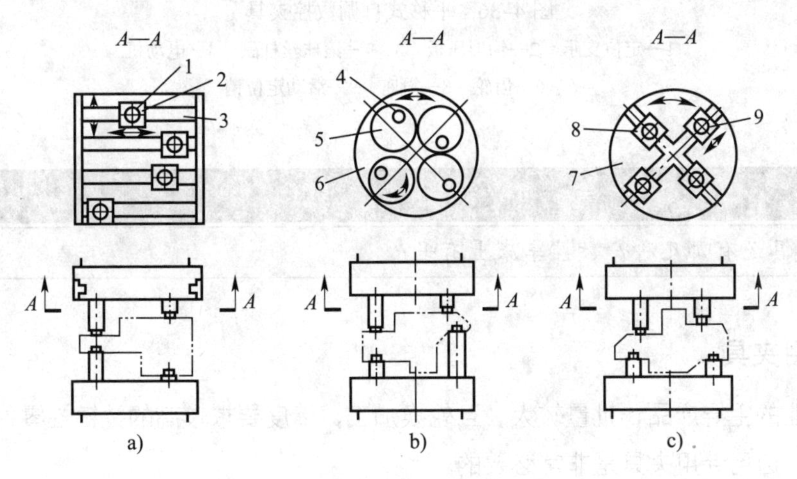

图 4-35　数控夹具的调整

a）平移式　b）回转式　c）复合式

1、4、9—定位或夹紧元件　2—纵向移动元件　3—横向移动元件

5—回转轴　6、7—回转台　8—径向移动元件

如图 4-36 所示为平移式自调数控夹具，夹具上有四个固定支承，各支承的内部设有活动定位销 9，工件以一面两孔定位。支承的上方有钩形压板 2（可回转），工作时根据需要可自动调节支承块及定位销间的距离。其中支承 1 固定不动，另外三个支承可沿 X 向或 Y 向由两套电动机 4（X 和 Y 方向各一个）通过齿轮 5 和 6 及滚珠丝杠副 3 和 7 驱动滑座 8，从而带动支承、定位销和钩形压板 2 以适应不同的定位和夹压位置要求。压板借助液压传动实现自动夹紧。

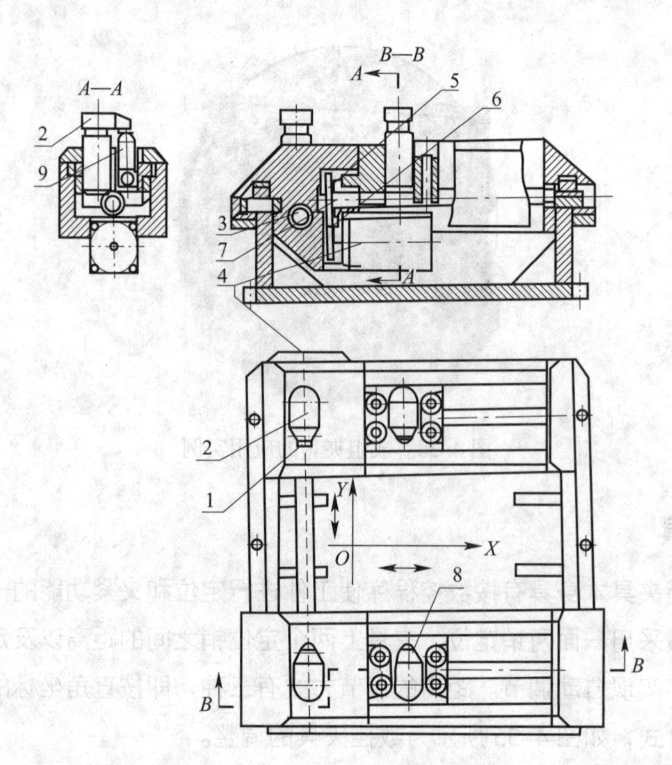

图 4-36　平移式自调数控夹具

1—定位支承　2—钩形压板　3、7—滚珠丝杠副　4—电动机

5、6—齿轮　8—滑座　9—活动定位销

查一查

数控夹具还有哪几种？数控车床上有吗？

5. 专用夹具

对于企业的主导产品，批量较大，且轮换加工，精度要求较高的关键性零件，在加工中心上加工时，选用专用夹具是非常必要的。

专用夹具是根据某一零件的结构特点专门设计的夹具，具有结构合理，刚度高，装夹稳定、可靠，操作方便，安装精度高及装夹速度快等优点。如图 4-37 所示为连杆加工专用夹具。选用这种夹具，成批工件加工后尺寸比较稳定，互换性也较好，可大大提高生产效率。但是，专用夹具只能用于加工一种零件，不能适应产品品种不断变型更新的形势，特别是专用夹具的设计和制造周期长，花费的劳动量较大，加工简单零件显然不太经济。

查一查

数控铣削加工中还用到哪类专用夹具？

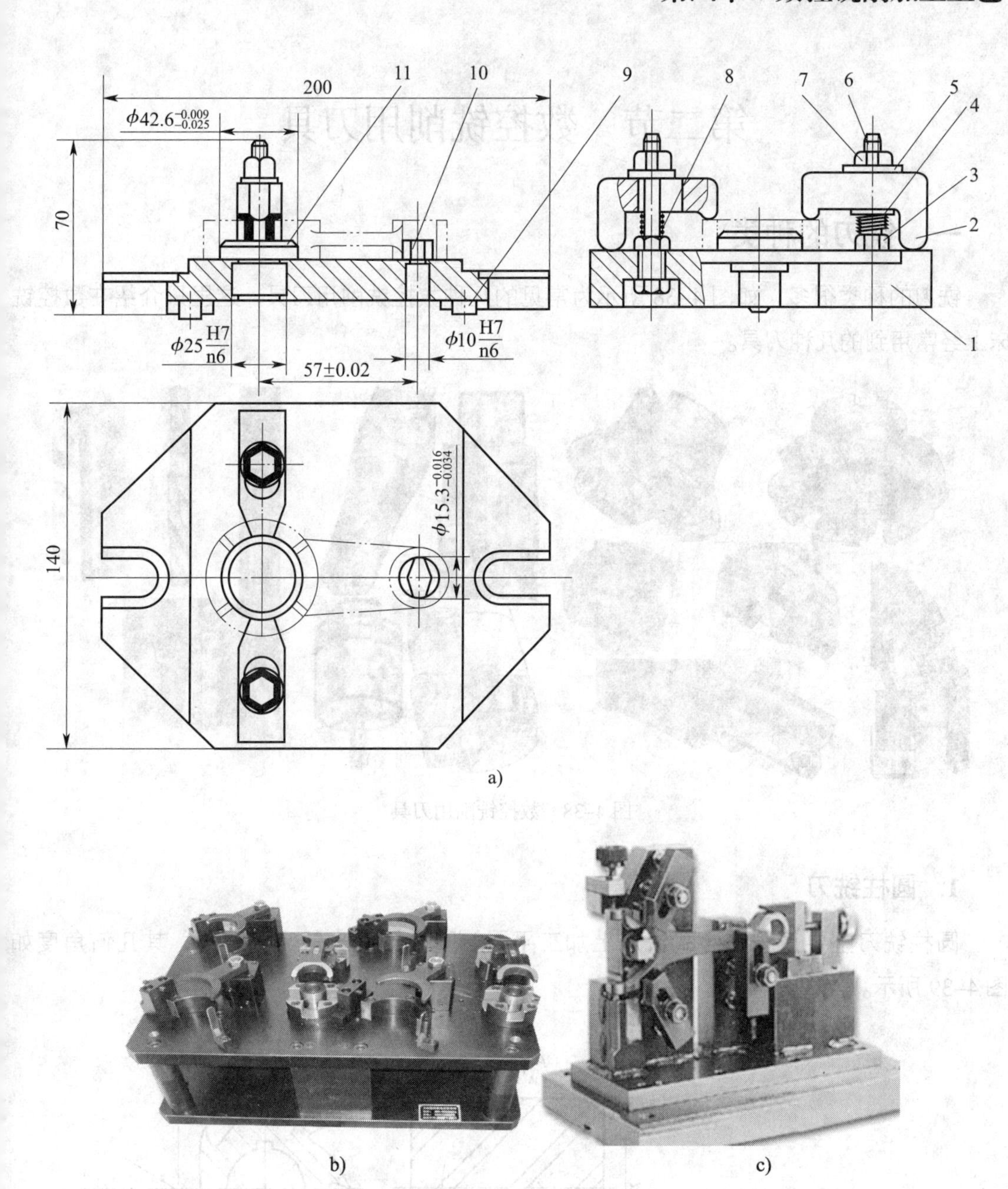

图 4-37 连杆加工专用夹具

a）夹具图 b）实物图 c）应用图

1—夹具体 2—压板 3、7—螺母 4、5—垫圈 6—螺栓

8—弹簧 9—定位键 10—菱形销 11—圆柱销

无论采用哪种夹具和方法，其共同目的是使工件装夹稳固，不产生工件变形及损坏已加工好的表面，以免影响加工质量，防止发生损坏刀具、机床以及危及人身安全的事故。

第二节 数控铣削用刀具

一、铣刀的种类

铣刀的种类很多，如图 4–38 所示为常见的几种数控铣削用刀具，这里只介绍在数控铣床上经常用到的几种刀具。

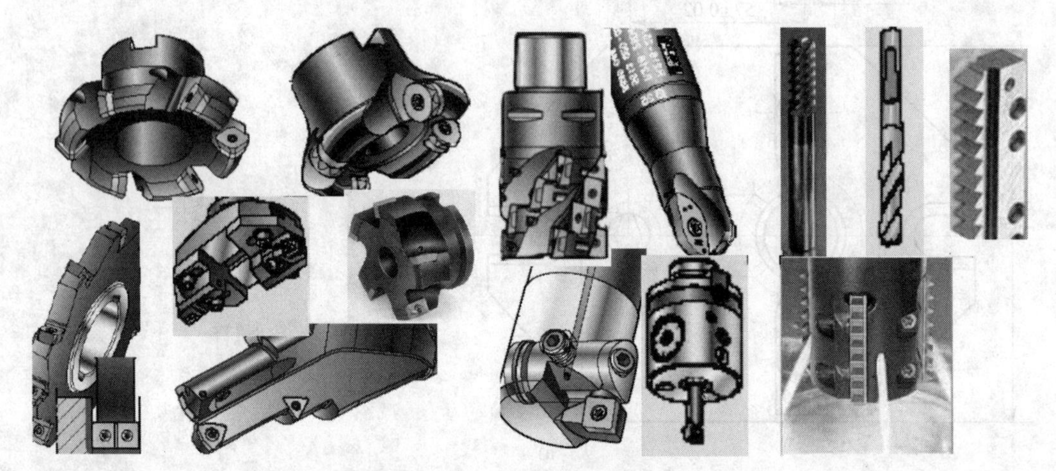

图 4–38 数控铣削用刀具

1. 圆柱铣刀

圆柱铣刀主要用于在卧式铣床上加工平面。圆柱铣刀一般为整体式，其几何角度如图 4–39 所示。

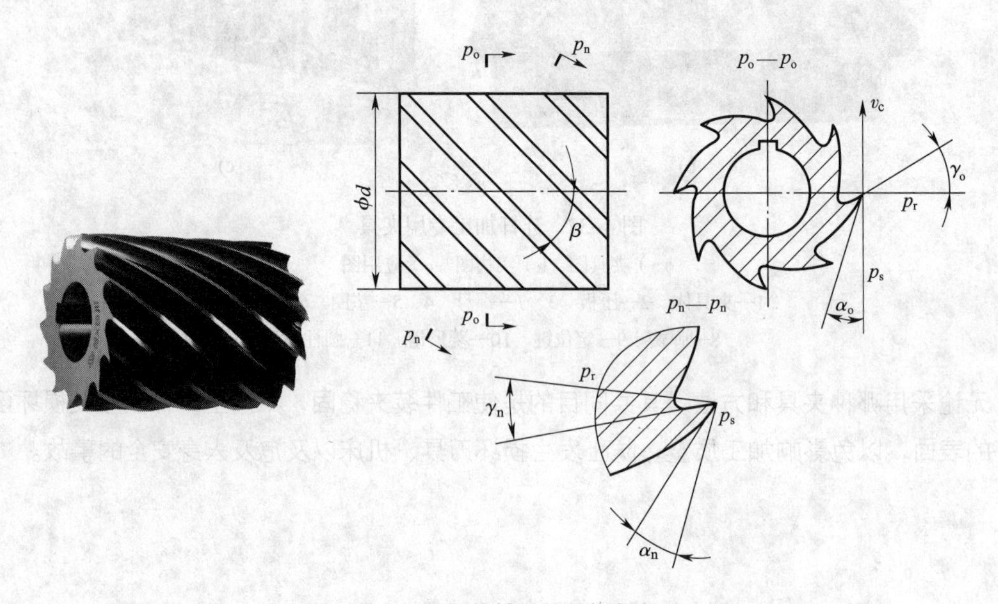

图 4–39 圆柱铣刀的几何角度

该铣刀的材料为高速钢。主切削刃分布在圆柱表面上，无副切削刃。该铣刀有粗齿和细齿之分。粗齿铣刀的齿数少，刀齿强度高，容屑空间大，可重磨次数多，适用于粗加工。细齿铣刀的齿数多，工作平稳，适用于精加工。圆柱铣刀的直径 d=50 ~ 100 mm，齿数一般为 6 ~ 14 个，螺旋角 β=30° ~ 45°。

2. 面铣刀

面铣刀主要用于在立式铣床上加工平面和台阶面等。面铣刀的主切削刃分布在铣刀的圆柱面或圆锥面上，副切削刃分布在铣刀的端面上。面铣刀按结构不同可以分为整体式面铣刀、硬质合金整体焊接式面铣刀、硬质合金机夹焊接式面铣刀、硬质合金可转位面铣刀等形式。如图 4-40 所示为常见的面铣刀。

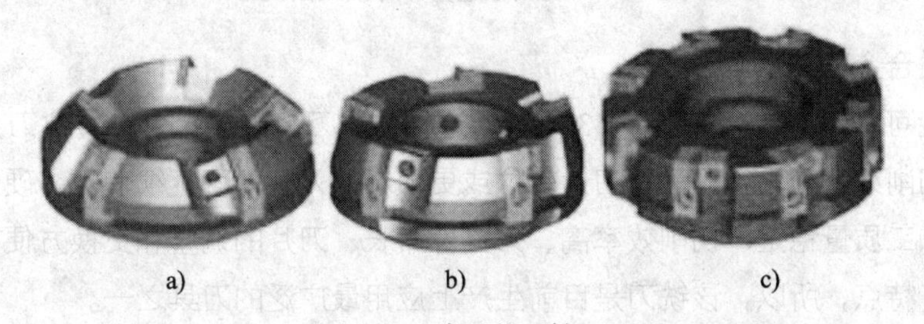

图 4-40　常见的面铣刀

a）45° 可转位面铣刀 MXD　b）75° 可转位面铣刀 MXF　c）90° 可转位面铣刀 MXG

（1）整体式面铣刀

整体式面铣刀如图 4-41 所示，由于该铣刀的材料为高速钢，因此，其切削速度和进给量都受到一定的限制，生产效率较低。由于该铣刀的刀齿损坏后很难修复，因此，整体式面铣刀的应用较少。

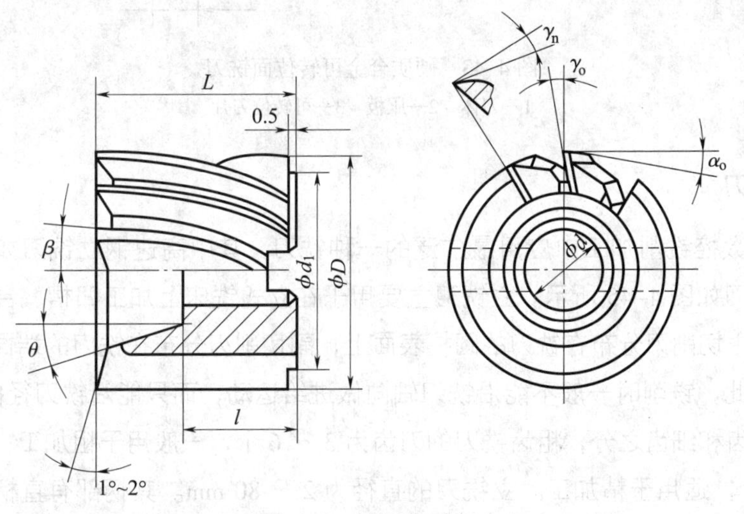

图 4-41　整体式面铣刀

（2）硬质合金整体焊接式面铣刀

硬质合金整体焊接式面铣刀如图 4-42 所示，该面铣刀由硬质合金刀片与合金钢刀体焊接而成。其结构紧凑，切削效率高。由于它的刀齿损坏后也很难修复，因此，这种铣刀的应用也不多。

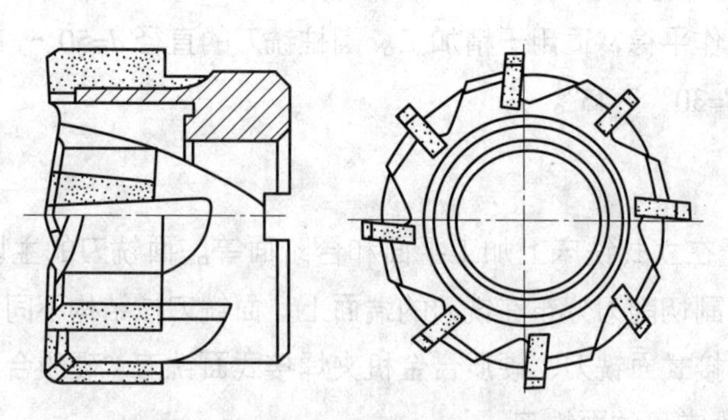

图 4–42　硬质合金整体焊接式面铣刀

（3）硬质合金可转位面铣刀

硬质合金可转位面铣刀如图 4–43 所示，这种面铣刀将硬质合金可转位刀片直接装夹在刀体槽中，切削刃磨钝后，只需将刀片转位或更换新的刀片即可继续使用。硬质合金可转位面铣刀具有加工质量稳定、切削效率高、刀具寿命长、刀片的调整和更换方便以及刀片重复定位精度高等特点，所以，该铣刀是目前生产上应用最广泛的刀具之一。

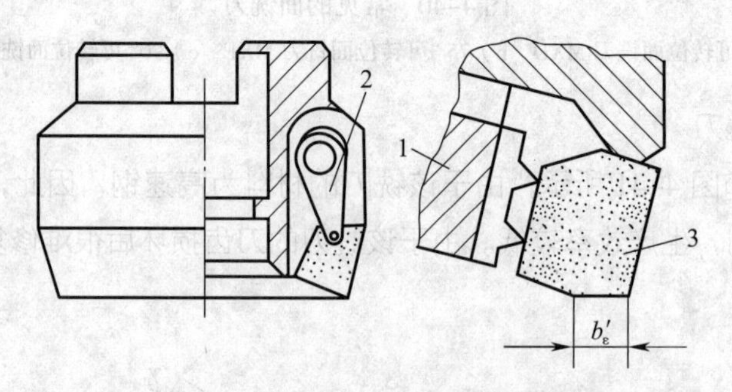

图 4–43　硬质合金可转位面铣刀
1—刀体　2—压板　3—可转位刀片

3. 立铣刀

立铣刀是数控铣削加工中应用最广泛的一种铣刀，其中高速钢立铣刀如图 4–44 所示，硬质合金立铣刀如图 4–45 所示。立铣刀主要用于在立式铣床上加工凹槽、台阶面和成形面等。立铣刀的主切削刃分布在铣刀的圆柱表面上，副切削刃分布在铣刀的端面上，端面中心有中心孔。因此，铣削时一般不能沿铣刀轴向做进给运动，而只能沿铣刀径向做进给运动。立铣刀也有粗齿和细齿之分，粗齿铣刀的刀齿为 3 ~ 6 个，一般用于粗加工；细齿铣刀的刀齿为 5 ~ 10 个，适用于精加工。立铣刀的直径为 2 ~ 80 mm。其柄部有直柄、莫氏锥柄和 7∶24 锥柄等多种形式。如图 4–46 所示为常见的立铣刀。

为了提高生产效率，除采用普通高速钢立铣刀外，数控铣床上还普遍采用硬质合金螺旋齿立铣刀和波形刃立铣刀。

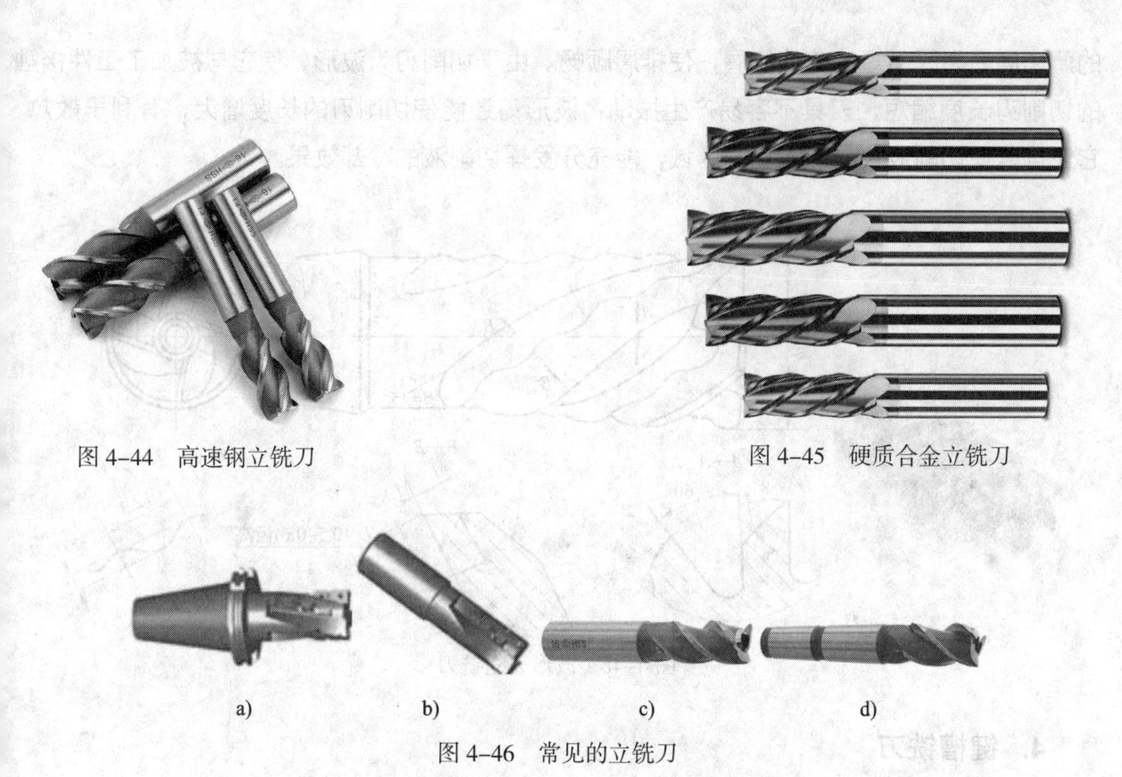

图 4–44　高速钢立铣刀

图 4–45　硬质合金立铣刀

图 4–46　常见的立铣刀

a）可转位螺旋锥柄立铣刀　b）可转位螺旋直柄立铣刀
c）三齿直柄立铣刀　d）三齿锥柄立铣刀

（1）硬质合金螺旋齿立铣刀

如图 4–47 所示，硬质合金螺旋齿立铣刀的切削刃有焊接、机夹及可转位三种形式，具有较高的刚度和良好的排屑性能，可对工件的平面、台阶面、内侧面及沟槽进行粗、精铣削，生产效率比同类型高速钢立铣刀提高 2 ~ 5 倍。当铣刀的长度足够时，可以在一个刀槽中焊上两片或更多的硬质合金刀片，并使相邻刀齿间的接缝相互错开，利用同一刀槽中刀片之间的接缝作为分屑槽，如图 4–47b 所示，这种铣刀俗称“玉米铣刀”，通常在粗加工时使用。

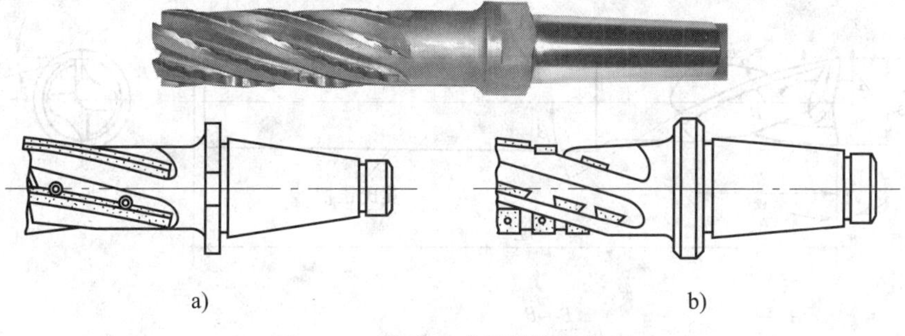

图 4–47　硬质合金螺旋齿立铣刀

a）每齿单个刀片　b）每齿多个刀片

（2）波形刃立铣刀

波形刃立铣刀与普通立铣刀的最大区别是其切削刃为波形，如图 4–48 所示。采用波形刃立铣刀能有效减小切削阻力，防止铣削时产生振动，并显著地提高铣削效率。它能将狭长的薄切屑变为厚而短的碎块切屑，使排屑顺畅。由于切削刃为波形，使它与被加工工件接触的切削刃长度缩短，刀具不容易产生振动；波形刃还能使切削刃的长度增大，有利于散热；它还可以使切削液较易渗入切削区域，能充分发挥切削液的冷却效果。

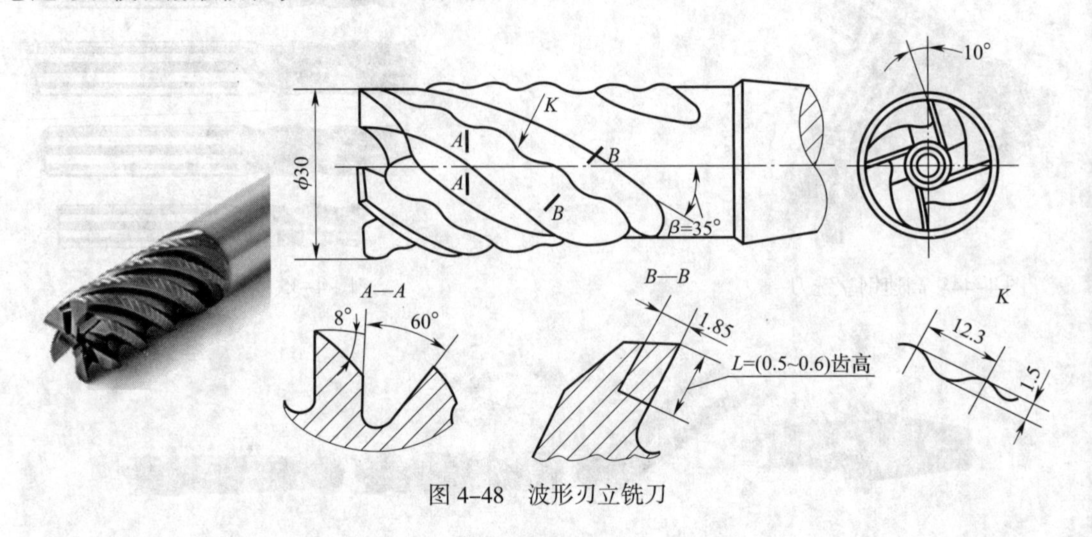

图 4-48　波形刃立铣刀

4. 键槽铣刀

键槽铣刀主要用于在立式铣床上加工圆头封闭键槽等，如图 4-49 所示。键槽铣刀的外形类似于立铣刀，端面无顶尖孔，端面刀齿从外圆开至轴心，且螺旋角较小，提高了端面刀齿的强度。端面刀齿上的切削刃为主切削刃，圆柱面上的切削刃为副切削刃。加工键槽时，每次先沿铣刀轴向进给较小的量，然后再沿径向进给，这样反复多次，即可完成键槽的加工。由于该铣刀在使用中磨损的部位为端面和靠近端面的外圆部分，所以，修磨时只需修磨端面切削刃。因此，铣刀直径可保持不变，使所加工的键槽精度较高，铣刀的刀具寿命较长。

键槽铣刀的直径为 2 ~ 63 mm，柄部有直柄和莫氏锥柄之分。

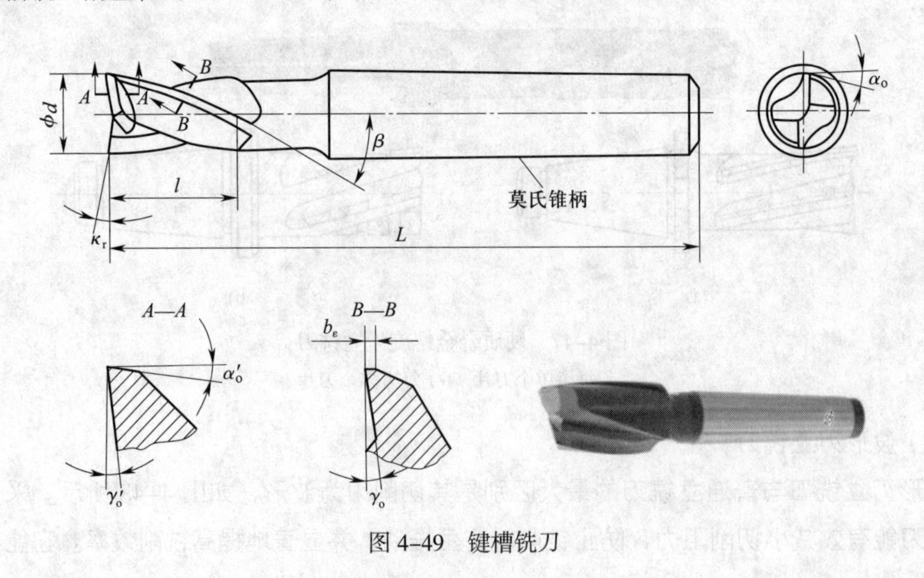

图 4-49　键槽铣刀

想一想

立铣刀与键槽铣刀有什么不同？

5. 模具铣刀

模具铣刀主要用于在立式铣床上加工模具型腔、三维成形表面等。模具铣刀按工作部分的形状不同，可分为圆柱形球头铣刀、圆锥形球头铣刀和圆锥形立铣刀三种形式。

圆柱形球头铣刀如图 4–50 所示，圆锥形球头铣刀如图 4–51 所示。在这两种铣刀的圆柱面、圆锥面和球面上的切削刃均为主切削刃，铣削时不仅能沿铣刀轴向做进给运动，也能沿铣刀径向做进给运动，而且球头往往与工件为点接触，这样，该铣刀在数控铣床的控制下就能加工出各种复杂的成形表面。

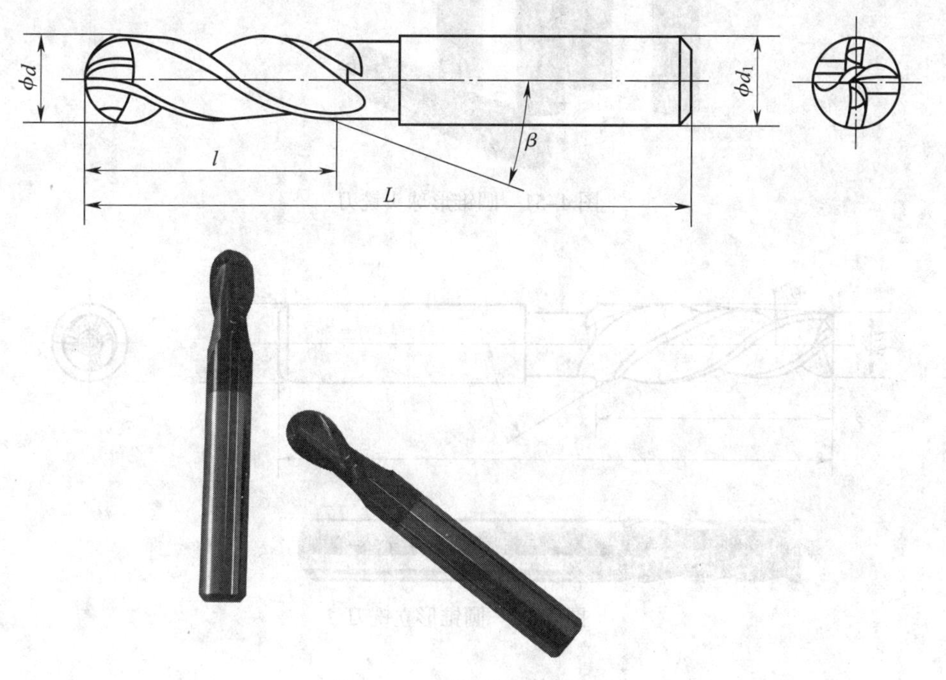

图 4–50　圆柱形球头铣刀

圆锥形立铣刀如图 4–52 所示。圆锥形立铣刀的作用与立铣刀基本相同，只是它可以利用本身的圆锥体，方便地加工出模具型腔的出模角。

6. 角度铣刀

角度铣刀主要用于在卧式铣床上加工各种角度槽、斜面等。角度铣刀的材料一般是高速钢。根据铣刀外形的不同，可分为单角铣刀、不对称双角铣刀和对称双角铣刀三种。

（1）单角铣刀

单角铣刀如图 4–53 所示，圆锥面上的切削刃是主切削刃，端面上的切削刃是副切削刃。该铣刀的直径 d=40 ~ 100 mm；角度 θ=18° ~ 90°。

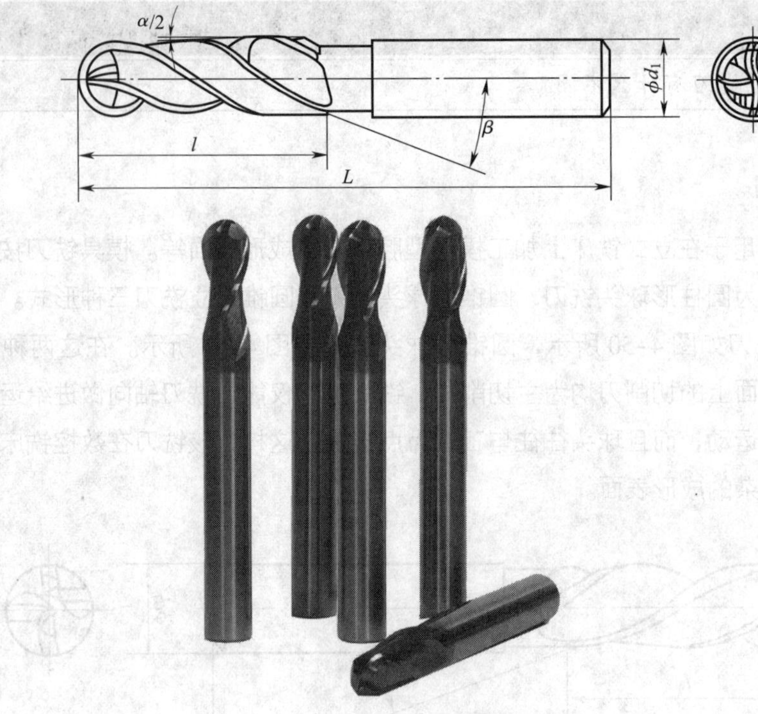

图 4-51　圆锥形球头铣刀

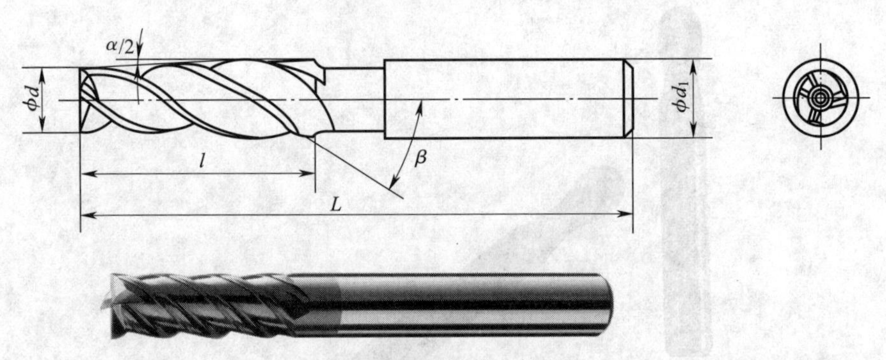

图 4-52　圆锥形立铣刀

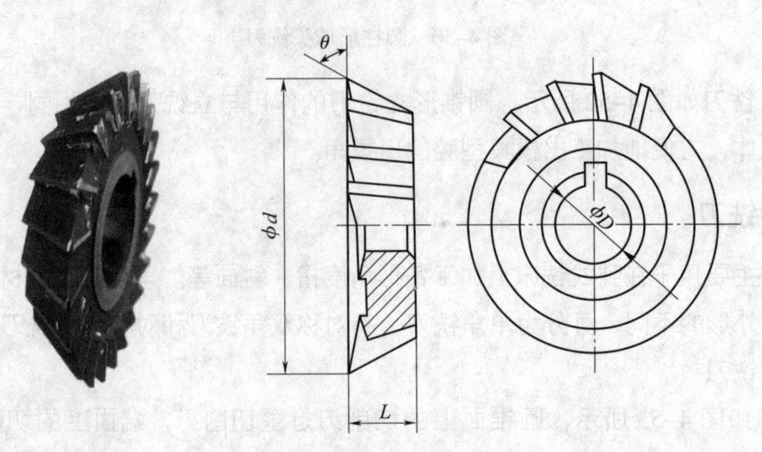

图 4-53　单角铣刀

（2）不对称双角铣刀

不对称双角铣刀如图 4–54 所示，两圆锥面上的切削刃是主切削刃，无副切削刃。该铣刀直径 d=40 ～ 100 mm；角度 θ=50° ～ 100°，δ=15° ～ 25°。

（3）对称双角铣刀

对称双角铣刀如图 4–55 所示，两圆锥面上的切削刃是主切削刃，无副切削刃。该铣刀直径 d=50 ～ 100 mm；角度 θ=50° ～ 100°。

角度铣刀的刀齿强度较低，铣削时应选择恰当的切削用量，以防止崩刃和产生振动。

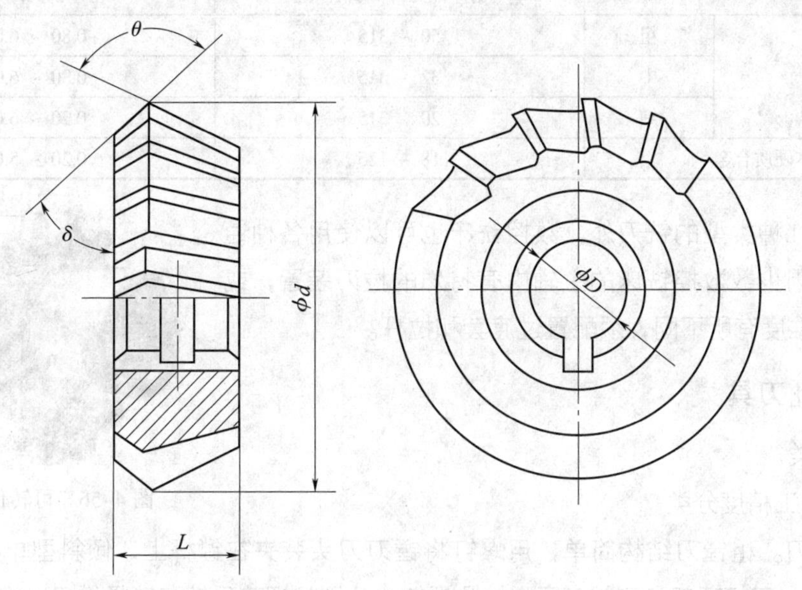

图 4–54　不对称双角铣刀

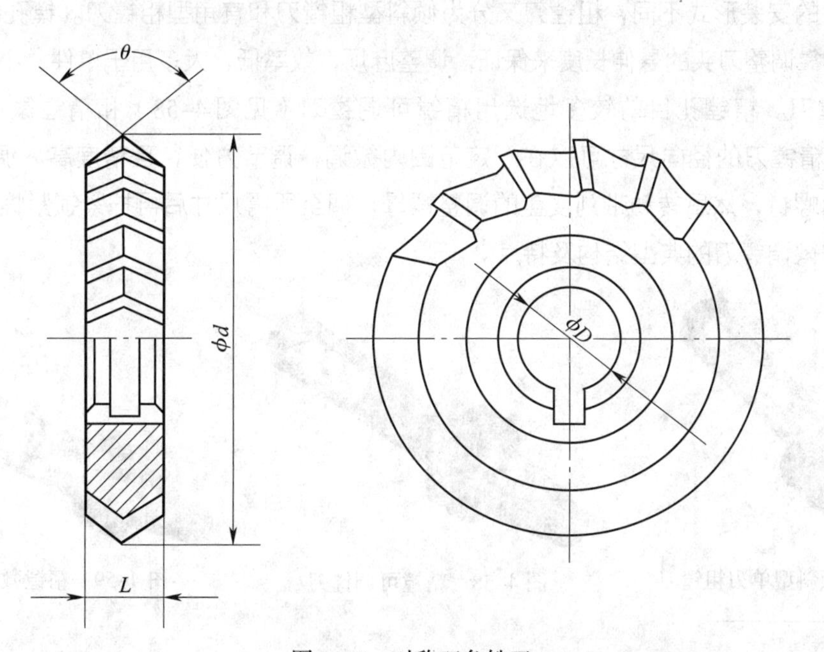

图 4–55　对称双角铣刀

7. 锯片铣刀

锯片铣刀可分为中、小规格的锯片铣刀和大规格锯片铣刀，数控铣床和加工中心主要用中、小规格的锯片铣刀，其分类及主要尺寸参数范围见表 4–1。目前，国外已生产出可转位锯片铣刀，如图 4–56 所示。锯片铣刀主要用于大多数材料的切槽，切断，内、外槽铣削，组合铣削，缺口试验的槽加工以及齿轮毛坯开齿加工等。

表 4–1　中、小规格锯片铣刀的分类及主要尺寸参数范围 mm

分类		锯片铣刀外圆直径 d	锯片铣刀厚度 l
高速钢	粗	50 ~ 315	0.80 ~ 6.0
	中	32 ~ 315	0.30 ~ 6.0
	细	20 ~ 315	0.20 ~ 6.0
整体硬质合金[①]		18 ~ 125	0.20 ~ 5.0

除上述几种类型的铣刀外，数控铣床也可以使用各种通用铣刀。但因少数数控铣床的主轴内有特殊的拉刀装置，或因主轴内孔锥度有所不同，须配置过渡套和拉杆。

图 4–56　可转位锯片铣刀

8. 镗孔刀具

（1）分类

1）按加工精度分类

①粗镗刀。粗镗刀结构简单，用螺钉将镗刀刀头装夹在镗杆上，倾斜型单刃粗镗刀如图 4–57 所示。刀柄顶部和侧部有两个锁紧螺钉，分别起调整尺寸和锁紧作用。根据粗镗刀刀头在刀柄上的安装形式不同，粗镗刀又分为倾斜型粗镗刀和直角型粗镗刀。镗孔时，所镗孔径的大小要靠调整刀头的悬伸长度来保证，调整麻烦，效率低，大多用于单件、小批量生产。

②精镗刀。精镗孔目前较多地选用精镗可调镗刀（见图 4–58）和精镗微调镗刀（见图 4–59）。精镗刀的径向尺寸可以在一定范围内微调，调节方便，且精度高。调整尺寸时，先松开锁紧螺钉，然后转动带刻度盘的调整螺母，调至所需尺寸后再拧紧锁紧螺钉。表 4–2 所列为几种微调镗刀的典型结构及特点。

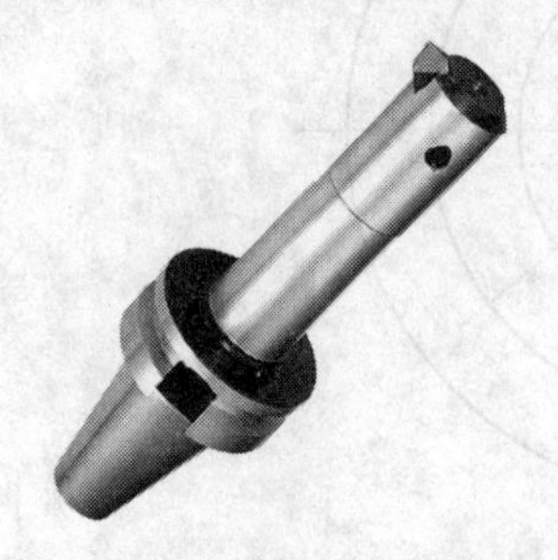
图 4–57　倾斜型单刃粗镗刀

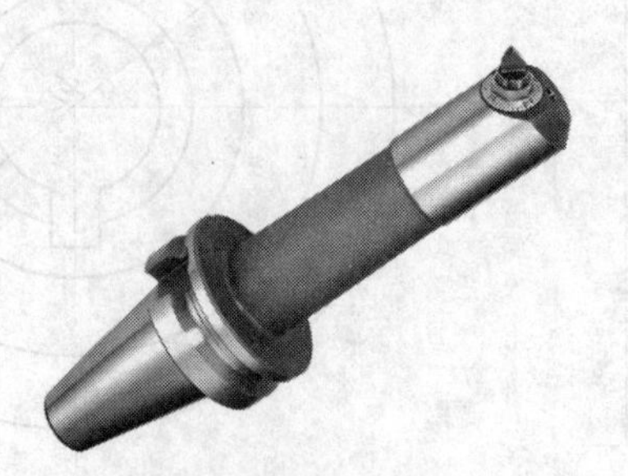
图 4–58　精镗可调镗刀

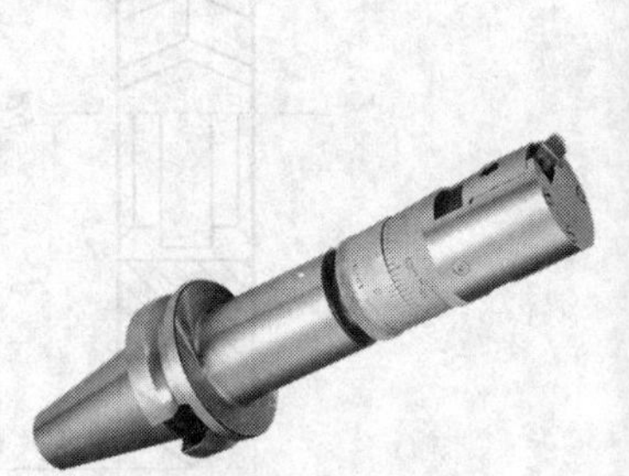
图 4–59　精镗微调镗刀

① 参见国家标准《整体硬质合金锯片铣刀》（GB/T 14301—2008）。

2）按切削刃数量分类

①单刃镗刀。是指只有一个切削刃的镗刀，如图 4–57 ~ 图 4–59 都是单刃镗刀。

表 4–2　几种微调镗刀的典型结构及特点

序号	结构简图	特点
1	1—刀头　2—刻度盘　3—键　4—垫圈　5—螺钉	调整时，先将螺钉 5 拧松，转动刻度盘 2，使刀头调节到所需尺寸，再拧紧螺钉 5。结构简单，刚度高，但每次调节尺寸均需松紧螺钉 5，操作不便
2	1—刀头　2—刻度盘　3—键　4—垫圈　5—螺钉　6—柱形弹簧　7—碟形弹簧	螺钉 5 上套有三个碟形弹簧 7 和一个柱形弹簧 6，其作用是消除螺纹配合面的间隙，同时允许在其弹性范围内调节刀头 1。不需每次调整时都松紧螺钉 5，操作及使用方便
3	1—刀头　2—刻度盘　3—衬套　4—弹簧　5—垫圈　6—螺钉	利用 4 个均匀分布的弹簧的预紧力消除螺纹配合面的间隙。调节范围大，预紧力随调节范围的增加而增大

②双刃镗刀。如图 4–60 所示，双刃镗刀的两端有一对对称的切削刃同时参加切削，与单刃镗刀相比，每转进给量可提高一倍左右，生产效率高，同时可以消除切削力对镗杆的影响。

按结构特点不同，可转位双刃镗刀可分为整体式（Ⅰ和Ⅱ）及模块式（Ⅲ和Ⅳ）两种；按工作特点不同，可分为浮动式（Ⅰ）和固定式（Ⅱ、Ⅲ、Ⅳ）两种；按尺寸是否可调，可分为可调式（Ⅰ、Ⅲ、Ⅳ）和不可调式（Ⅱ）。表 4–3 所列为可转位双刃镗刀的特点及适用场合。

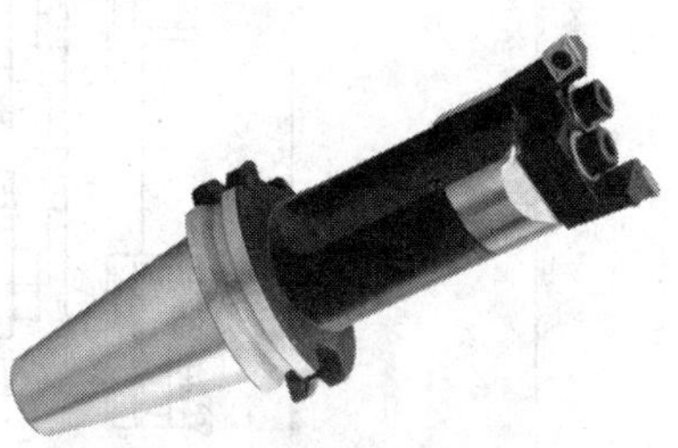
图 4–60　双刃镗刀

表 4–3　可转位双刃镗刀的特点及适用场合

序号	名称	简图	特点及适用场合
Ⅰ	可调式浮动镗刀片		镗孔时刀片无须固定在镗杆上，而是以较精密的动配合状态浮动地处于镗杆的矩形槽中，通过作用在它的两个切削刃上的切削力来自动平衡其位置。因此，可以消除由于刀片安装误差或镗杆偏摆所引起的不良影响，从而能获得较高的孔的几何精度和较小的表面粗糙度值。尤其适合在精度不高的普通机床上加工较高精度的孔
Ⅱ	尺寸不可调的可转位双刃镗刀		受刀体制造精度和刀片精度的双重影响，与重磨式双刃镗刀相比，其切削刃的径向、轴向跳动均要大些。因此，这种镗刀仅限于粗加工。为了保证粗镗后的余量均匀，以保证精加工的质量，应选较高精度的刀片（G 级）
Ⅲ	尺寸可调的模块式双刃镗刀	a) b)	在镗杆上对称安装两个小刀夹（见图 a）或微调镗刀头（见图 b）。通过拧动它们各自的调整螺钉，即可使它们分别沿镗杆径向伸长或缩短，从而达到调整尺寸的目的。它们的径向位置也可通过专用机构同步调整 图 a 所示的结构主要用于粗镗；图 b 所示的结构用于半精镗和精镗，在同一镗杆上可通过更换不同的微调镗刀头，以获得不同的刀片形状、尺寸和几何参数，具有很好的适应性 两个小刀夹（或微调镗刀头）与镗杆的连接方式有两种，即齿纹式（沿径向平面齿纹滑动）和滑槽式（小刀夹上的凸起部分沿镗杆上开出的燕尾槽或直槽径向滑动）
Ⅳ			在主柄模块（也可用中间模块）前端是一个基础板（也可与主柄模块做成一体），其上安装一个桥形镗刀体。两个镗刀座对称地安装在桥形镗刀体上，两个镗刀座上分别装有小刀夹。粗镗用的小刀夹一般为 A 形刀夹，精镗则采用微调镗刀头 镗刀座与桥形镗刀体采用燕尾槽连接 这种结构用于大直径孔的粗镗、半精镗和精镗

（2）镗刀刀头

镗刀刀头有粗镗刀刀头（见图 4–61）和精镗刀刀头（见图 4–62）之分，粗镗刀刀头与普通焊接车刀类似；精镗刀刀头上带有刻度盘，每格刻线表示刀头的调整距离为 0.01 mm（半径值）。

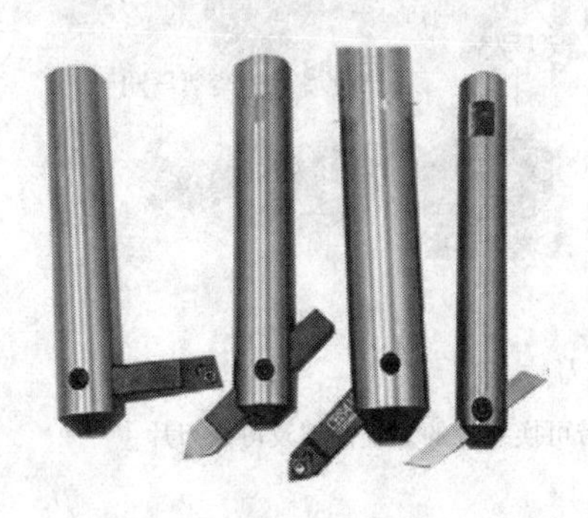

图 4–61　粗镗刀刀头

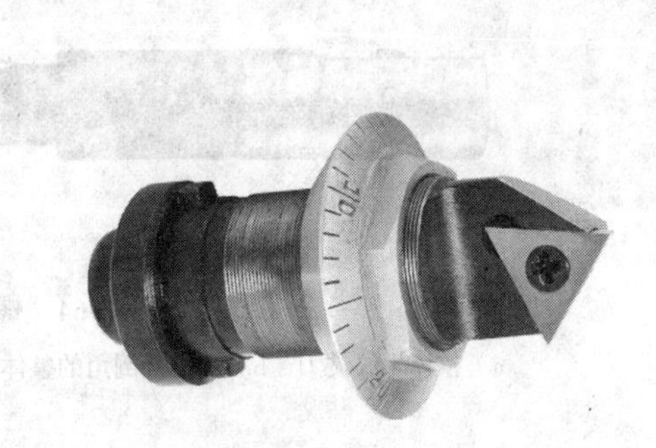

图 4–62　精镗刀刀头

做一做

将精镗刀刀头旋转一周，刀头在半径方向上移动多少？镗孔直径变化多少？

9. 铣螺纹用刀具

铣螺纹的加工工艺如图 4–63 所示。螺纹铣刀及可换刀片如图 4–64 所示。

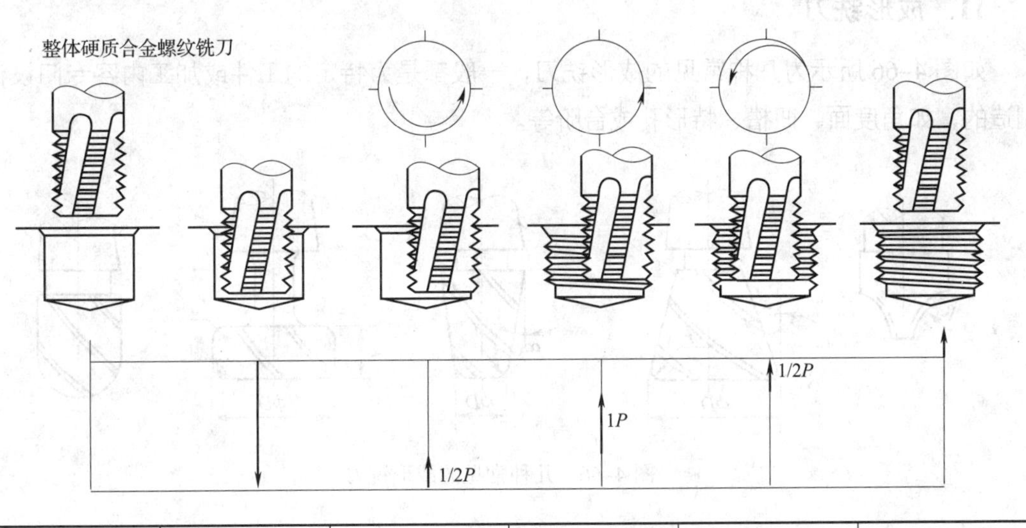

螺孔	轴向进给至螺纹深度	进入环路180°	螺纹铣削 360°	退出环路180°	从加工好的螺孔中退出

为避免重大轮廓失真，用于加工标准粗牙螺纹的刀具直径最大为名义螺纹直径的2/3，而用于加工标准细牙螺纹的刀具直径最大为名义螺纹直径的3/4

图 4–63　铣螺纹的加工工艺

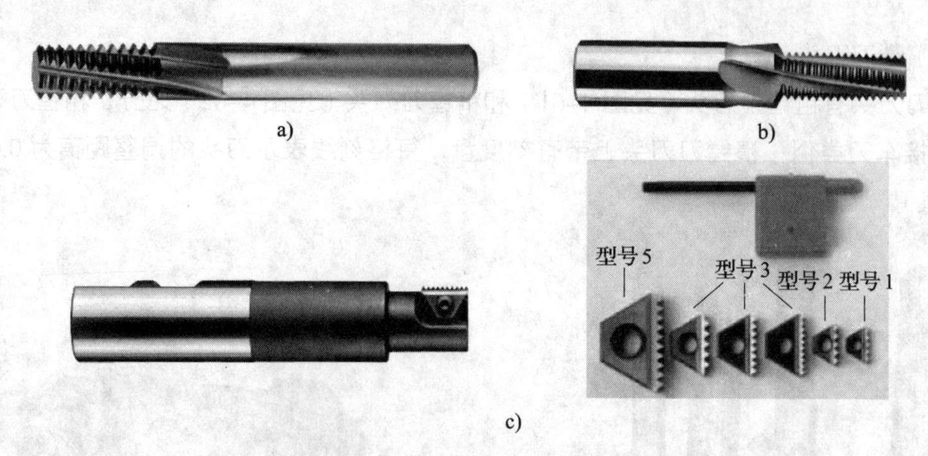

图 4-64　螺纹铣刀及可换刀片

a）整体螺纹铣刀　b）带组合倒角的整体螺纹铣刀　c）带可换刀片的螺纹铣刀及可换刀片

10. 鼓形铣刀

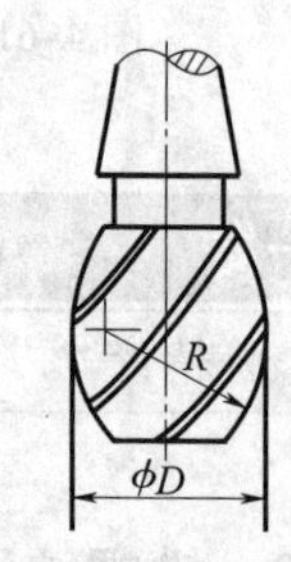

图 4-65　鼓形铣刀

如图 4-65 所示为一种典型的鼓形铣刀，它的切削刃分布在半径为 R 的圆弧面上，端面无切削刃。加工时控制刀具上下位置，相应改变切削刃的切削部位，可以在工件上切出从负到正的不同斜角。R 越小，鼓形铣刀所能加工的斜角范围越广，但所获得的表面质量也越差。这种刀具的缺点是刃磨困难，切削条件差，而且不适用于加工有底的轮廓表面。

11. 成形铣刀

如图 4-66 所示为几种常见的成形铣刀，一般都是为特定的工件或加工内容专门设计及制造的，如角度面、凹槽、特形孔或台阶等。

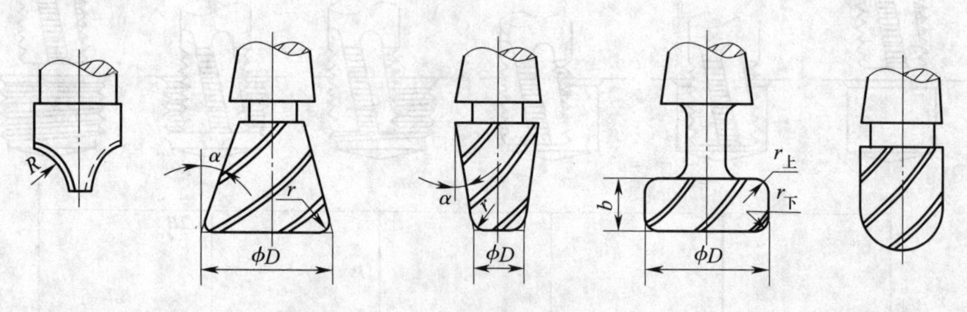

图 4-66　几种常见的成形铣刀

查一查

常用的成形铣刀还有哪几种？

二、铣刀的选择

1. 铣刀形式的选择

选择铣刀时必须符合铣刀的使用规范，超规范使用会损坏铣刀，并造成废品。数控铣削刀具的选用见表 4–4。

表 4–4 数控铣削刀具的选用

序号	名称	选择刀具	加工内容
1	平面铣削	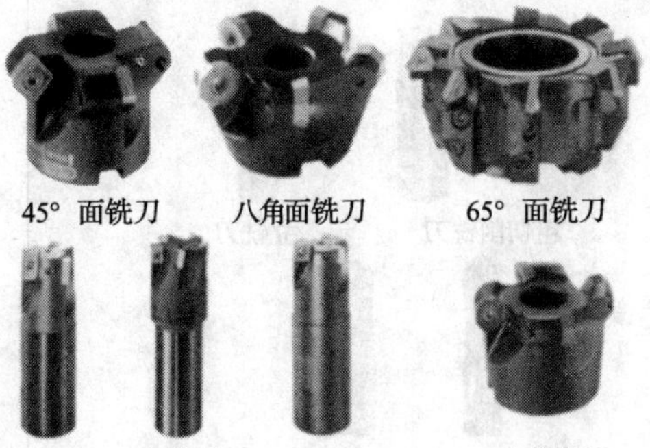 45° 面铣刀　八角面铣刀　65° 面铣刀 立铣刀　八角铣刀	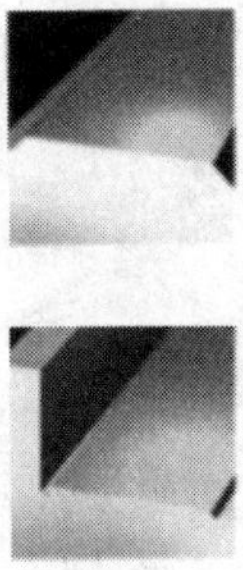
2	轮廓铣削	 粗切削铣刀	
3	台阶铣削	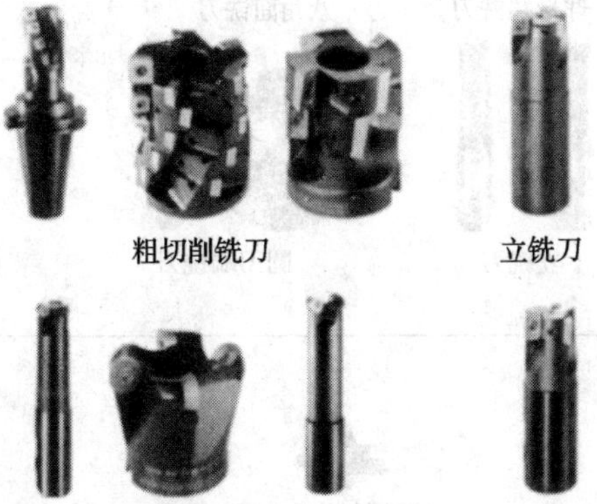 粗切削铣刀　立铣刀 圆刃端铣刀　立铣刀	

续表

序号	名称	选择刀具	加工内容
4	倒角铣削	45° 倒角铣刀	
5	槽铣削	粗切削铣刀 立铣刀 球形端铣刀 立铣刀 粗切削铣刀 圆刃端铣刀	
6	型腔铣削	球形端铣刀 八角面铣刀 立铣刀 圆刃端铣刀	
7	沉孔铣削	锪孔铣刀	

除了掌握对常用标准铣刀的合理选用和组合使用方法外，对一些改进后的铣刀，选用时也应掌握铣刀特点和铣削用量以及相关使用条件。

2. 铣刀主要结构参数的合理选择

（1）铣刀直径的选择

一般情况下，应尽可能选用直径较小的铣刀，因为铣刀的直径大，铣削力矩增大，铣削时易产生振动，而且铣刀的切入长度增加，使铣削效率下降。对于刚度较低的小直径立铣刀，则应按加工情况尽可能选用较大的直径，以提高铣刀的刚度。面铣刀直径的选择见表 4–5，盘形槽铣刀和锯片铣刀直径的选择见表 4–6。

表 4–5　面铣刀直径的选择　mm

铣削宽度 a_e	40	60	80	100	120	150	200
铣刀直径 d_0	50 ~ 63	80 ~ 100	100 ~ 125	125 ~ 160	160 ~ 200	200 ~ 250	250 ~ 315

表 4–6　盘形槽铣刀和锯片铣刀直径的选择　mm

铣削宽度 a_e（不大于）	8	15	20	30	45	60	80
铣刀直径 d_0	63	80	100	125	160	200	250

（2）铣刀齿数的选择

高速钢圆柱铣刀、锯片铣刀和立铣刀按齿数的多少分为粗齿和细齿两种。粗齿铣刀同时工作的齿数少，工作平稳性差，但刀齿强度高，刀齿的容屑槽大，铣削深度和进给量可以大一些，故适用于粗加工。加工塑性材料时，切屑呈带状，需要较大的容屑空间，也可采用粗齿铣刀。细齿铣刀的特点与粗齿铣刀相反，仅适用于半精加工和精加工。

硬质合金面铣刀按粗齿、中齿和细齿的不同，其齿数的选择见表 4–7。粗齿面铣刀适用于钢件的粗铣；中齿面铣刀适用于铣削带有断续表面的铸铁件或对钢件的连续表面进行粗铣和精铣；细齿面铣刀适用于在机床功率足够的情况下对铸铁件进行粗铣或精铣。

表 4–7　硬质合金面铣刀齿数的选择

铣刀直径 d_0/mm		50	63	80	100	125	160	200	250	315	400	500
齿数	粗齿	—	3	4	5	6	8	10	12	16	20	26
	中齿	3	4	5	6	8	10	12	16	20	26	34
	细齿	—	—	6	8	10	14	18	22	28	36	44

3. 铣刀几何参数的合理选择

在保证铣削质量和铣刀经济寿命的前提下，能够满足提高生产效率、降低成本的铣刀几何角度称为铣刀合理角度。若铣刀的几何角度选择得合理，则能充分发挥铣刀的切削性能。

（1）前角的选择原则和数值

1）根据不同的工件材料，选择合理的前角。

2）用不同的铣刀材料加工相同材料的工件时，铣刀的前角也不应相同。高速钢铣刀可取较大的前角，硬质合金铣刀应取较小的前角。

3）粗铣时一般取较小的前角，精铣时取较大的前角。

4）工艺系统刚度和铣床功率较低时，宜采用较大的前角，以减小铣削力和铣削功率，并减少铣削振动。

5）对数控机床、自动机床和自动线用铣刀，为保证铣刀工作的稳定性（不发生崩刃及主切削刃破损现象），应选用较小的前角。铣刀前角的选择参见表 4–8。

表 4–8　铣刀前角的选择

铣刀材料	工件材料					
	钢料			铸铁		铝镁合金
	R_m<560 MPa	R_m=560 ~ 980 MPa	R_m>980 MPa	硬度≤ 150HBW	硬度 >150HBW	
高速钢	20°	15°	10° ~ 12°	5° ~ 15°	5° ~ 10°	15° ~ 35°
硬质合金	15°	−5° ~ 5°	−10° ~ −15°	5°	−5°	20° ~ 30°

注：正前角硬质合金铣刀应有负倒棱。

（2）后角 α_o 的选择原则和数值

1）工件材料的硬度、强度较高时，为了保证切削刃的强度，宜采用较小的后角；工件材料的塑性、弹性大以及易产生加工硬化时，应增大后角。加工脆性材料时，铣削力集中在主切削刃附近，为提高主切削刃强度，应选用较小的后角。

2）工艺系统刚度低、容易产生振动时，应采用较小的后角。

3）粗加工时，铣刀承受的铣削力比较大，为了保证刃口的强度，可选取较小的后角；精加工时，切削力较小，为了减小摩擦，提高工件表面质量，可选取较大的后角。当已采用负前角时，刃口的强度已得到提高，为提高表面质量，也可采用较大的后角。

4）高速钢铣刀的后角可比硬质合金铣刀的后角大 2° ~ 3°。

5）尺寸精度要求较高的铣刀应选用较小的后角。铣刀后角的选择可参考表 4–9。

表 4–9　铣刀后角的选择

铣刀类型	高速钢立铣刀		硬质合金立铣刀		高速钢锯片铣刀	键槽铣刀
	粗齿	细齿	粗铣	精铣		
后角 α_o	12°	16°	6° ~ 8°	12° ~ 15°（也可用 8°）	20°	8°

（3）刃倾角的选择原则和数值

1）铣削硬度较高的工件时，对刀尖强度和散热条件要求较高，可选取绝对值较大的负刃倾角。

2）粗加工时，为增强刀尖的抗冲击能力，宜取负刃倾角；精加工时，切屑较薄，可取正刃倾角。

3）工艺系统刚度不足时，不宜取负刃倾角，以免增大纵向铣削力而产生振动。

4）为了使圆柱铣刀和立铣刀切削平稳、轻快，切屑容易从铣刀容屑槽中排出，延长刀具寿命，提高生产效率，减小已加工表面的表面粗糙度值，可选取较大的正刃倾角。铣刀刃倾角或螺旋角的选择参见表 4–10。

表 4–10　　铣刀刃倾角或螺旋角的选择

螺旋角的选择			刃倾角的选择		
铣刀类型		β/（°）	铣削条件（以面铣刀为例）		λ_s/（°）
带螺旋角的圆柱铣刀	细齿 粗齿	25 ~ 30 45 ~ 60	铣削钢料等	工艺系统刚度中等时 工艺系统刚度较高时	4 ~ 6 10 ~ 15
立铣刀 盘铣刀		30 ~ 45 25 ~ 30	粗铣铸铁等 铣削高温合金		–7 45

（4）主偏角的选择原则和数值

1）当工艺系统刚度足够时，为延长铣刀的刀具寿命，应尽可能采用较小的主偏角；若工艺系统刚度不足时，为避免铣削时振动加大，也应采用较小的主偏角。

2）加工高强度、高硬度的材料时，应取较小的主偏角，以提高刀尖部分的强度和散热条件。加工一般材料时，主偏角可取稍大些。

3）为提高刀尖强度，延长刀具寿命，面铣刀常磨出过渡刃，如图 4–67 所示。面铣刀的主偏角和过渡刃偏角的选择可参考表 4–11。

（5）副偏角的选择原则和数值

1）精铣时，副偏角应取小些，以使表面粗糙度值较小。

2）铣削高强度、高硬度的材料时应取较小的副偏角，以提高刀尖部分的强度。

3）对于锯片铣刀和键槽铣刀等，为了保证刀尖强度和重磨后铣刀宽度变化较小，只能取 0.5° ~ 2° 的副偏角。

4）为避免铣削时产生振动，可适当加大副偏角。副偏角的选择可参考表 4–11。

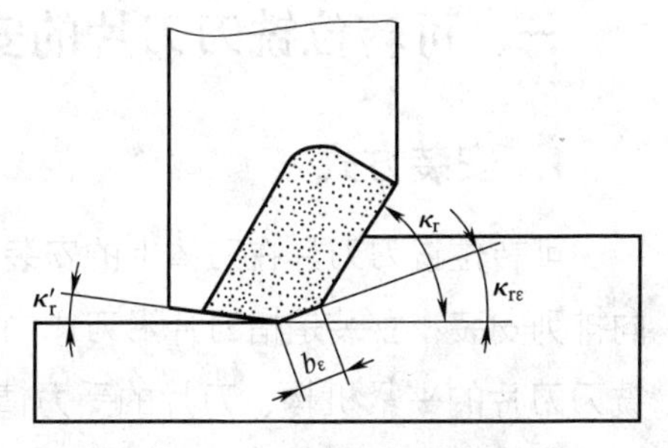

图 4–67　面铣刀的过渡刃

表 4–11　　面铣刀的主偏角和过渡刃偏角的选择

铣刀类型	铣刀特征	主偏角 κ_r	过渡刃偏角 $\kappa_{r\varepsilon}$	副偏角 κ_r'
面铣刀	—	30° ~ 90°	15° ~ 45°	1° ~ 2°
双面刃和三面刃盘铣刀		—	—	1° ~ 2°
铣槽铣刀	d_0=40 ~ 60 mm L=0.6 ~ 0.8 mm L>0.8 mm	—	—	0°15′ 0°30′
	d_0=75 mm L=1 ~ 3 mm L>3 mm			0°30′ 1°30′
锯片铣刀	d_0=75 ~ 110 mm L=1 ~ 2 mm L>2 mm	—	—	0°30′ 1°
	d_0=110 ~ 200 mm L=2 ~ 3 mm L>3 mm			0°15′ 0°30′

注：面铣刀的主偏角 κ_r 主要按工艺系统刚度选取，系统刚度较高，铣削余量较小时，取 κ_r=30° ~ 45°；系统为中等刚度而余量较大时，取 κ_r=60° ~ 75°。加工相互垂直表面的面铣刀和盘铣刀取 κ_r=90°。

看一看

自己常用的铣刀的各种角度是多少？

第三节　数控铣削用刀具系统

一、可转位铣刀刀片的安装方式、夹紧方式及其典型结构

1. 安装方式

可转位铣刀刀片在刀体上的安装有两种方式，即平装和立装。平装是指刀片沿刀体的径向排列安装；立装是指刀片沿刀体的切向排列安装。刀片在刀体上的安装方式不同，可转位铣刀刀片的夹紧机构、刀片的受力情况、使用刚度、适用场合也不同。表 4–12 所列为铣刀刀片平装和立装的比较。

表 4–12　　铣刀刀片平装和立装的比较

安装方式	简图	特点比较
刀片平装（刀片径向排列）		这种刀片安装方式使用最为广泛，其优点如下： 1．刀片安装和受力的支承面大 2．用楔块在刀片的前面或后面压紧，刀片夹紧牢固 3．刀片后面装有刀垫或楔块，打刀时不会损坏铣刀刀体 4．拧松楔块的螺钉，刀片转位或更换都很方便
刀片立装（刀片切向排列）		这种刀片安装方式更多地用于重型切削可转位铣刀，其优点如下： 1．刀片沿切向排列，刀片本身承受切削力的截面大 2．刀片采用切削力夹紧，只用一个螺钉将刀片固定在刀体上，结构简单，容屑槽大，排屑通畅 3．刀片后面允许有较宽的磨损区，相邻刀片不易崩刃和损坏 4．结构简单，无须储存多种夹紧备件 缺点是必须使用有孔的刀片，刀片转位或更换时必须将螺钉拧下

2．夹紧方式及典型结构

选择铣刀刀片的夹紧方式时，除了要满足刀片夹紧的基本要求，还应结合铣削的实际加工条件和加工要求，综合考虑刀体的尺寸和刚度、刀片的形状和尺寸、铣刀的几何参数和切削情况、容屑空间和齿距等问题。

铣刀刀片的夹紧方式很多，并有相应的典型结构，各种典型结构又有其各自的特点。表 4–13 所列为铣刀刀片夹紧方式的典型结构及其特点。

表 4–13　　铣刀刀片夹紧方式的典型结构及其特点

名称	结构简图	夹紧方式的特点
蘑菇头螺钉压紧		蘑菇头螺钉将刀片压在刀体定位槽内，夹紧力的方向与主切削力方向一致 特点是结构合理，夹紧牢固，无径向、轴向窜动，转位迅速
螺钉楔块夹紧		楔块在刀片前面夹紧，楔块的顶面加工成凹形，可作为排屑槽，刀片后面装有刀垫，防止打刀时顶坏刀体，螺钉两头分别为左旋、右旋螺纹，以便于松开楔块 优点是夹紧力大，排屑和打刀都不会损坏刀体。缺点是楔块形成的楔槽不光滑，同时楔块压着刀片切削平面的一半，排屑不畅，刀片和楔块磨损较快；同时，由于以刀片的背面定位，对刀片尺寸（厚度）精度要求严格

续表

名称	结构简图	夹紧方式的特点
螺钉楔块夹紧		楔块在刀片后面夹紧，同时也代替了刀垫的作用 优点是结构简单，以楔块代替刀垫，铣刀可以排布较多的刀齿，打刀时也不会损坏刀体，切屑流动顺畅，以刀片的前面定位，刀片的厚度偏差不会影响刀齿的径向圆跳动。缺点是夹紧力的方向与切削力的方向相反，必须使用更大的夹紧力
拉杆楔块夹紧		用拉杆和楔块组成的整体夹紧元件夹紧刀片，拧紧面铣刀背面的螺母即可夹紧刀片，松开螺母并轻轻敲击拉杆的后端就可松开刀片。主要适用于夹紧密齿面铣刀 优点是结构紧凑，制造方便，夹紧牢固。缺点是排屑不顺畅，松开时要轻轻敲击拉杆后端，容易损坏拉杆
弹簧楔块夹紧		用弹簧和拉杆楔块夹紧刀片，当刀片需要更换或转位时，可用杠杆插入刀体上的环形槽内，将拉杆楔块压下，即可松开刀片，放开杠杆，靠弹簧力自动夹紧刀片。一般适用于夹紧密齿面铣刀 优点是结构紧凑，夹紧力稳定，刀体不易变形，夹紧方便，更换刀片或刀片转位迅速。缺点是结构复杂，制造精度要求很高
用压板压紧刀片		用压板将刀片压紧在刀体的刀片槽内。刀片槽是半封闭式的，轴向和径向都不能调整，刀片下面可以用垫片，也可不用垫片。大多用在直径小、齿数少、刀片位置精度不可调整的套式或柄式可转位面铣刀上 优点是结构简单，制造容易，夹紧可靠，承受很大的切削力时刀片也不会松动或窜动。缺点是刀片位置不可调整，刀片槽的位置精度要求很高
利用压板上的孔压紧刀片		采用带孔刀片，夹紧螺钉穿过刀片孔，将刀片直接压紧在刀片座上。主要用于夹紧模块式面铣刀 采用带台锥头螺钉，用这种锥头螺钉夹紧刀片时，不需要将螺钉全部拧开，只需松动几牙后便可将刀片从上部放入螺钉头部，在拧紧过程中，由于螺钉孔相对于刀片孔的偏移量和刀片座上沉头孔与螺钉上凸缘的偏移量形成一个杠杆倾斜支点，从而将刀片压紧在定位面上 优点是结构简单，没有凸出的压紧元件，便于切屑顺畅排出，装卸刀片和夹紧都较快，夹紧也很可靠。缺点是刀片位置精度不能调整，要求制造精度很高，与楔块夹紧方式相比，压紧力较小，切削温度升高后，由于刀片膨胀，会使螺钉拆卸困难

续表

名称	结构简图	夹紧方式的特点
用压紧销压紧刀片		沿切削力方向用螺钉通过压紧销将刀片压向刀片槽的定位面。特别适用于粗加工时夹紧可转位面铣刀 优点是没有凸出的夹紧元件，便于切屑顺畅排出，即使切削温度升高，刀片膨胀，也不会影响螺钉的拆卸。缺点是结构复杂，要求精度很高，制造比较困难
靠弹性壁夹紧刀片		拧紧螺钉时，螺钉头部的锥体将刀体的弹性壁压向刀片平面，将刀片压紧在刀片槽内 优点是结构简单，便于制造。缺点是压紧力小，刚度低，容易损坏

二、典型刀具系统的种类

1. 整体式数控刀具系统

整体式数控刀具系统如图 4-68 所示，其种类繁多，基本能满足各种加工需求。其应用与含义可查阅相关数控加工技术手册。整体式数控刀具系统（TSG 工具系统中的刀柄）的代号由四部分组成，各部分的含义如下：

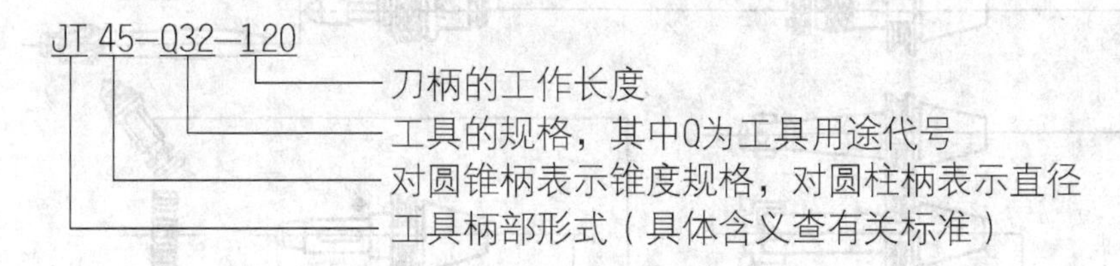

上述代号表示的工具为：自动换刀机床用 7∶24 圆锥工具柄[①]，锥柄号为 45 号，前部为弹簧夹头，最大夹持直径为 32 mm，刀柄工作长度为 120 mm。

2. 模块式数控刀具系统

所谓“模块式”，是指将整体式刀柄分解成主柄模块（柄部）、中间模块（连接杆）、工作模块（工作头）三个主要部分（即模块），然后通过各种连接结构，在保证刀柄连接精度、刚度的前提下，将这三部分连接成一个整体，如图 4-69 所示为模块式数控刀具系统。镗铣类模块式工具系统的型号及表示方式说明如下：

① 参见国家标准《自动换刀 7∶24 圆锥工具柄　第 1 部分：A、AD、AF、U、UD 和 UF 型柄的尺寸和标记》(GB/T 10944.1—2013)。

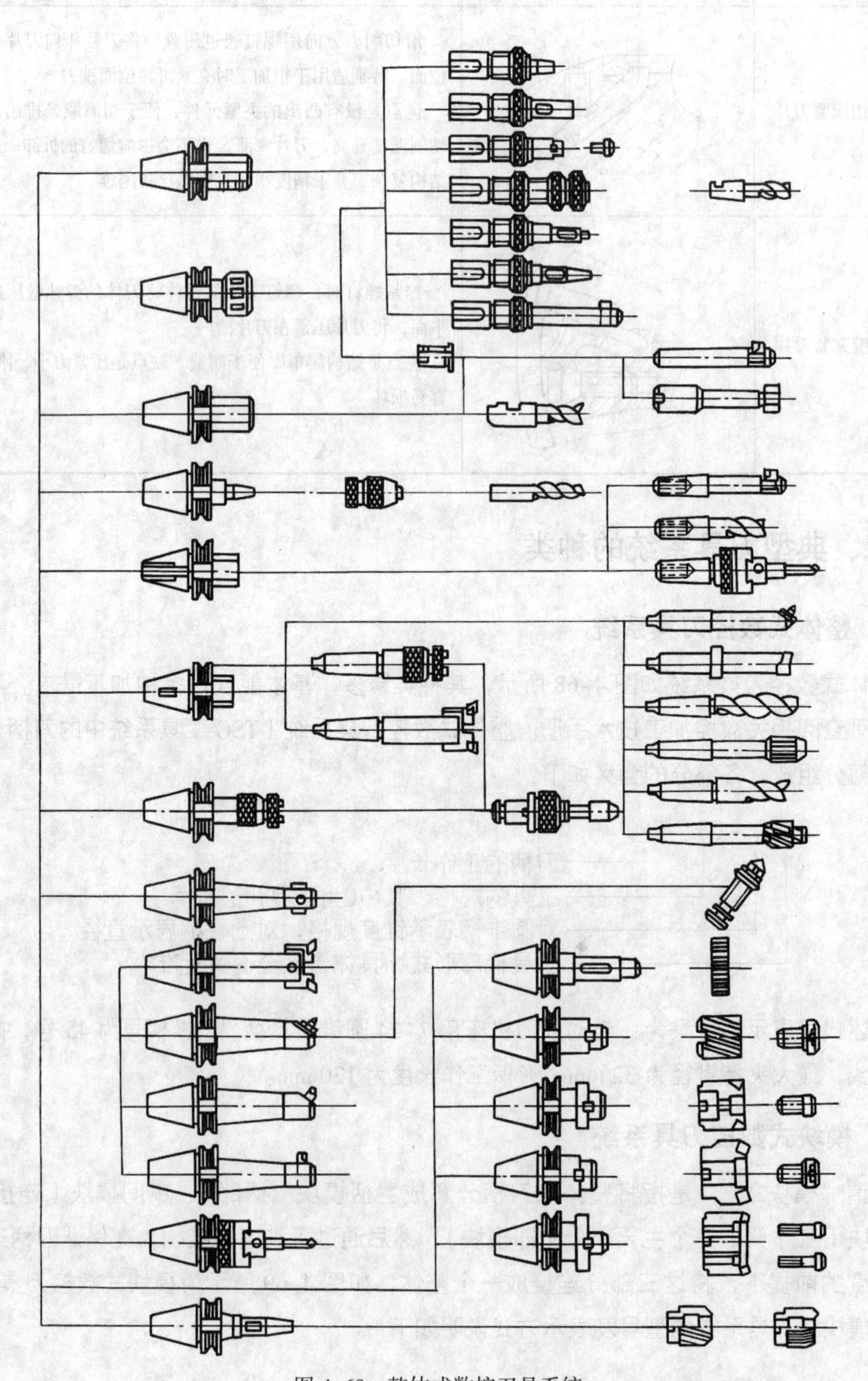

图 4-68　整体式数控刀具系统

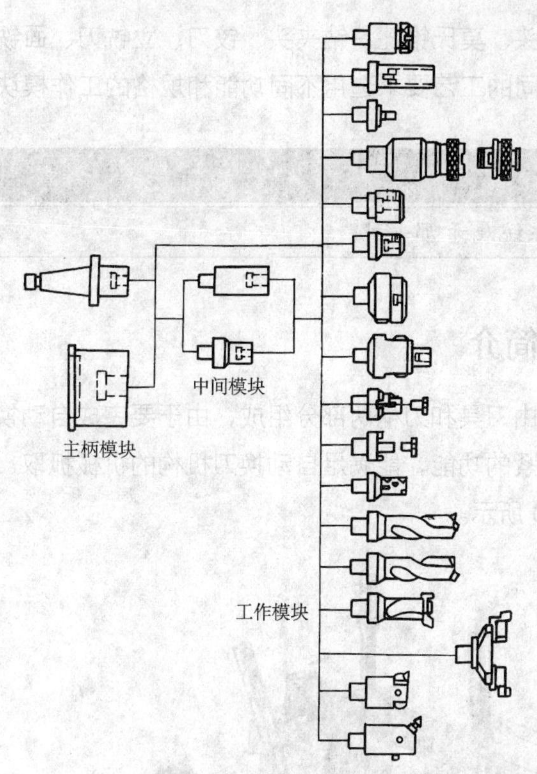

图 4-69　模块式数控刀具系统

主柄模块：

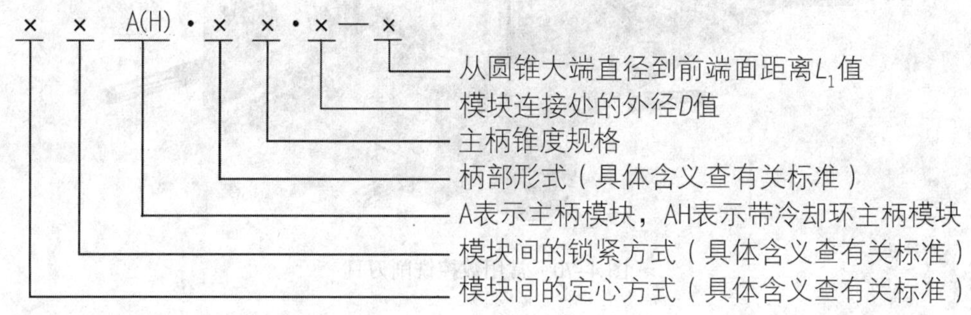

中间模块（连接杆）：

工作模块（工作头）：

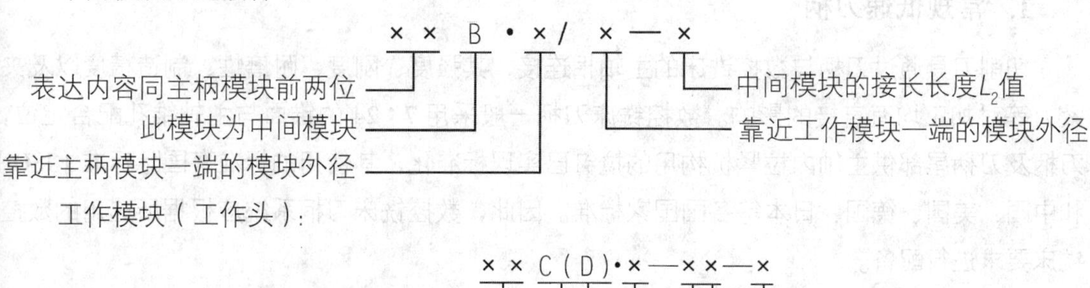

工作模块有弹簧夹头、莫氏锥孔、钻夹头、铰刀、立铣刀、面铣刀、镗刀（微调和双刃等）等多种，可根据不同的工艺要求选用不同功能和规格的工作模块。

看一看

自己所用的刀具系统属于哪一种？

三、常规刀柄简介

加工中心刀具一般由刀具和刀柄两部分组成，由于要完成自动换刀功能，要求刀柄能满足主轴的自动松开和夹紧的功能，能满足自动换刀机构的机械抓取、移动定位等功能。常用数控铣削刀具如图 4–70 所示。

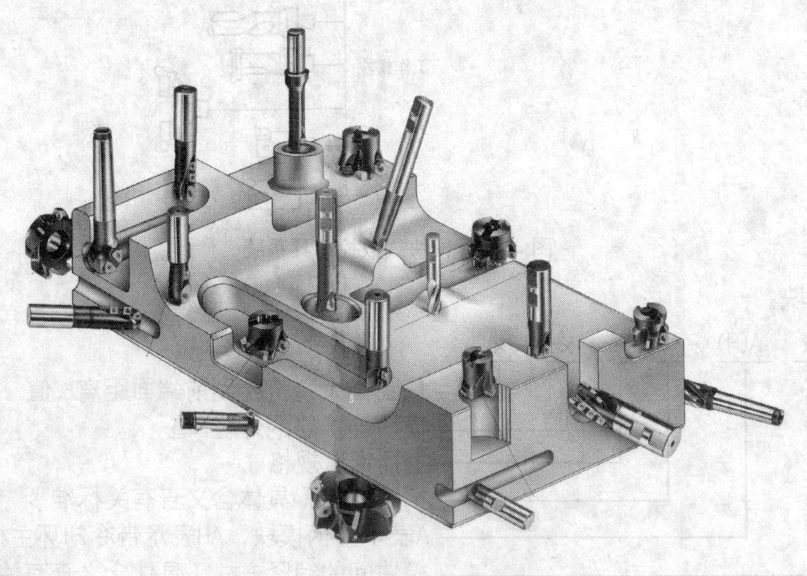

图 4–70　常用数控铣削刀具

1. 常规低速刀柄

切削刀具通过刀柄与数控铣床的主轴相连接，其强度、刚度、耐磨性、制造精度以及夹紧力等对加工均有直接的影响。数控铣床刀柄一般采用 7∶24 的锥面与主轴锥孔配合定位，刀柄及刀柄尾部供主轴内拉紧机构用的拉钉已实现标准化，其使用的标准有国际标准（ISO）和中国、美国、德国、日本等各国国家标准。因此，数控铣床刀柄系统应根据所选用的数控铣床要求进行配备。

加工中心刀柄可分为整体式与模块式两类。根据刀柄柄部形式及所采用国家标准的不同，我国使用的刀柄常分为 BT（日本 MAS403—1982 标准）、JT（GB/T 10944.1—2013 与 ISO 7388—2013 标准，带机械手夹持槽）、ST（国际标准化组织或国家标准，不带机械手夹持槽）和 CAT（美国 ANSI 标准）等几种系列，这几种系列的刀柄除局部槽的形状不同外，其余结构基本相同。根据锥柄大端直径的不同，刀柄又分成40、45、50（个别的还有30和35）等几种不同的锥度号，如BT/JT/ST50和BT/JT/ST40分别代表锥柄大端直径为69.85 mm和44.45 mm的7∶24锥度的锥柄。加工中心常用刀柄的类型及其适用场合见表4–14。

表4–14　　加工中心常用刀柄的类型及其适用场合

刀柄类型	刀柄实物图	夹头或中间模块	夹持刀具	备注及型号举例
削平型工具刀柄		无	直柄立铣刀、球头刀、削平型浅孔钻等	JT40—XP20—70
弹簧夹头刀柄		 ER弹簧夹头	直柄立铣刀、球头刀、中心钻等	BT30—ER20—60
强力夹头刀柄		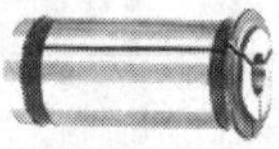 KM弹簧夹头	直柄立铣刀、球头刀、中心钻等	BT40—C22—95
面铣刀刀柄		无	各种面铣刀	BT40—XM32—75
三面刃铣刀刀柄		无	三面刃铣刀	BT40—XS32—90
侧固式刀柄	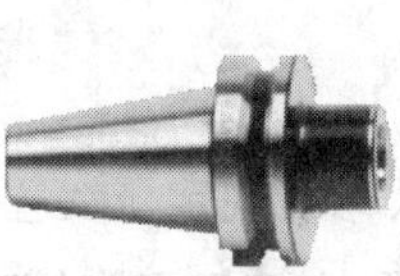	 粗、精镗及丝锥夹头等	丝锥及粗镗刀、精镗刀	21A.BT40.32—58

续表

刀柄类型	刀柄实物图	夹头或中间模块	夹持刀具	备注及型号举例
莫氏锥度刀柄		 莫氏变径套	锥柄钻头、铰刀	有扁尾 ST40—M1—45
			锥柄立铣刀和锥柄带内螺纹立铣刀等	无扁尾 ST40—MW2—50
钻夹头刀柄		 钻夹头	直柄钻头、铰刀	ST50—Z16—45
丝锥夹头刀柄	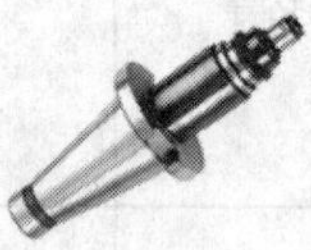	攻螺纹夹套	机用丝锥	ST50—TPG875
整体式刀柄	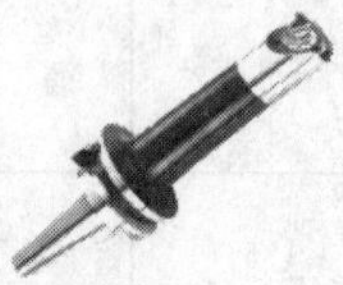	 粗、精镗刀头	整体式粗镗刀、精镗刀	BT0—BCA30—160

查一查

BT40—XS32—90 中的字母和数字各代表什么含义？

2. 拉钉

刀柄尾部拉钉的尺寸已标准化，国际标准化组织或国家标准规定了 A 型和 B 型两种形式的拉钉，其中 A 型拉钉用于不带钢球的拉紧装置，而 B 型拉钉用于带钢球的拉紧装置。刀柄及拉钉的具体尺寸可查阅有关标准规定。刀柄拉钉的结构如图 4–71 所示。

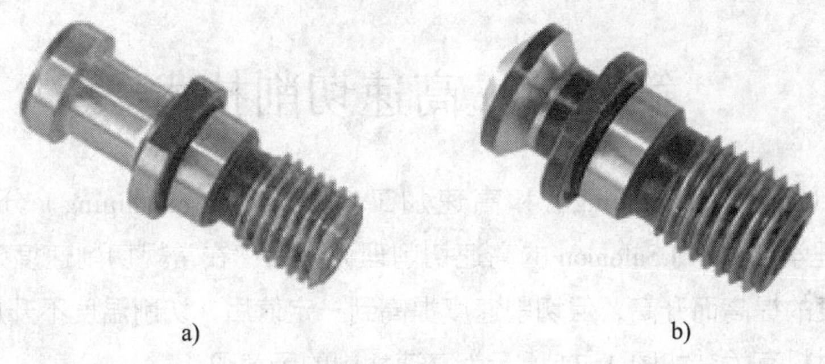

图 4–71　刀柄拉钉的结构

a）A 型　b）B 型

3. 弹簧夹头及中间模块

弹簧夹头有两种，即 ER 弹簧夹头（见图 4–72a）和 KM 弹簧夹头（见图 4–72b）。其中，ER 弹簧夹头的夹紧力较小，适用于切削力较小的场合；KM 弹簧夹头的夹紧力较大，适用于强力切削。

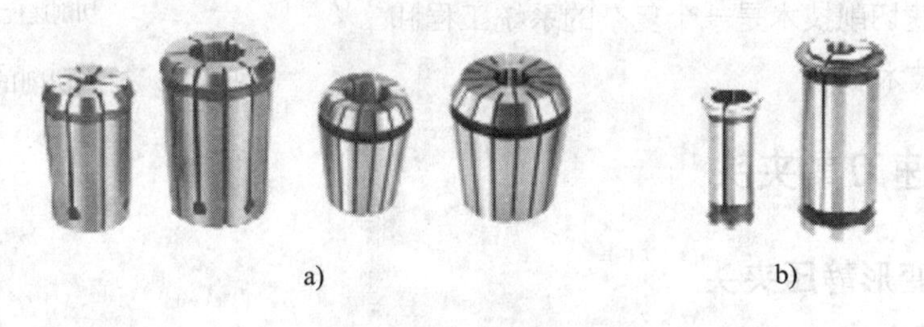

图 4–72　弹簧夹头

a）ER 弹簧夹头　b）KM 弹簧夹头

如图 4–73 所示的中间模块是刀柄和刀具之间的中间连接装置，通过使用中间模块，提高了刀柄的通用性能。例如，镗刀、丝锥和莫氏钻头与刀柄的连接就经常使用中间模块。

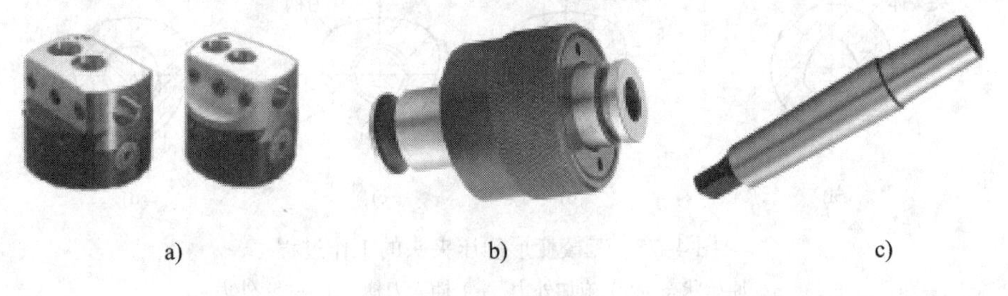

图 4–73　中间模块

a）精镗刀中间模块　b）攻螺纹夹套　c）钻夹头接柄

看一看

自己所用的刀柄是哪一种？有没有使用中间模块？

第四节　高速切削技术

高速切削（high speed cutting）和高速加工（high speed machining）分别简称HSC和HSM。德国物理学家Carl.J.Salomon的高速切削理论指出：在常规切削速度范围内，切削温度随着切削速度的提高而升高，但切削速度提高到一定值后，切削温度不升反降，且该切削速度值与工件材料有关，如图4-74所示为高速切削的示意图。

高速切削技术是在高性能CNC系统、机床结构及材料、机床设计及制造技术、高速主轴系统、快速进给系统、高性能刀夹系统、高性能刀具材料、刀具设计及制造技术、高效及高精度测量和测试技术、高速切削机理、高速切削工艺等诸多相关硬件和软件技术均得到充分发展的基础上综合而成的。因此，高速切削技术是一个复杂的系统工程和一项先进制造技术。

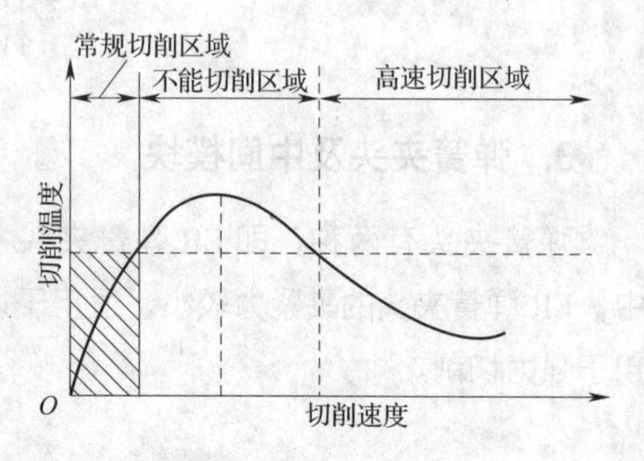

图4-74　高速切削的示意图

一、高速刀具夹头

1. 三棱变形静压夹头

如图4-75所示为德国雄克公司生产的一种无夹紧元件的三棱变形静压夹头的工作过程。利用夹头本身的变形力夹紧刀具，定位精度可控制在3 μm以内。这种夹头结构紧凑，对称性好，精度高，与热装夹头相比，刀具装卸简单，且对不同热膨胀系数的硬质合金刀柄和高速钢刀柄均可适用。

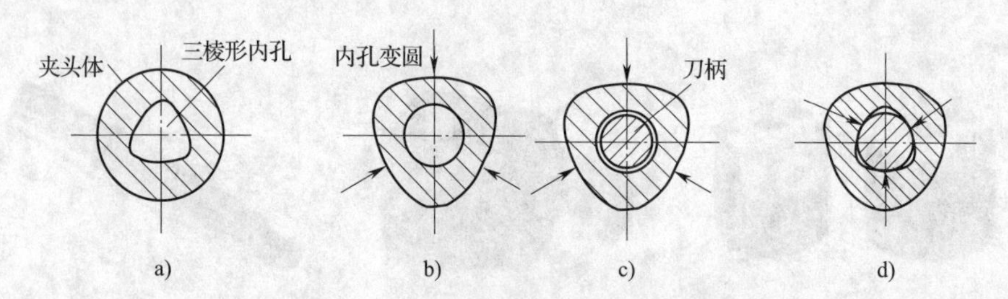

图4-75　三棱变形静压夹头的工作过程

a）原始状态　b）施加外力　c）插入刀柄　d）去除外力

2. 高精度弹簧夹头

如图4-76所示的高精度弹簧夹头的工作原理是：旋紧螺母→压入套筒→套筒内径缩小→夹紧刀具，影响其夹持精度的因素除了夹头本体的内孔精度、螺纹精度、套筒外锥面精度以及夹持孔精度及螺纹精度外，螺母与套筒接触面的精度以及套筒的压入方式也很重要。

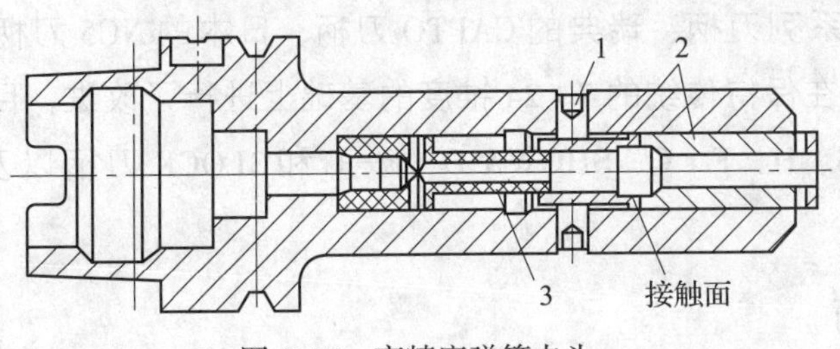

图 4-76　高精度弹簧夹头

1—螺钉　2—套筒　3—减振材料

查一查

常用的高速刀具夹头还有哪几种?

二、常规 7∶24 锥度刀柄存在的问题

高速加工要求确保高速下主轴与刀具的连接状态不发生变化。但是，由于离心力的作用，传统主轴前端 7∶24 的锥孔在高速运转的条件下会发生膨胀，膨胀量的大小随着旋转半径与转速的增大而增大；但是与之配合的 7∶24 锥度的实心刀柄则膨胀量较小，因此，总的锥度连接刚度会降低，在拉杆拉力的作用下，刀具的轴向位置也会发生改变。如图 4-77 所示为在高速运转中离心力使主轴锥孔扩张。主轴锥孔的“喇叭口”状扩张还会引起刀具及夹紧机构重心的偏离，从而影响主轴的动平衡。要保证这种连接在高速下仍有可靠的接触，需有一个很大的过盈量来抵消高速旋转时主轴锥孔端部的膨胀，这样大的过盈量要求拉杆产生很大的拉力，这样大的拉力一般很难实现。即使能实现，对快速换刀也非常不利，同时对主轴前轴承也有不良的影响。

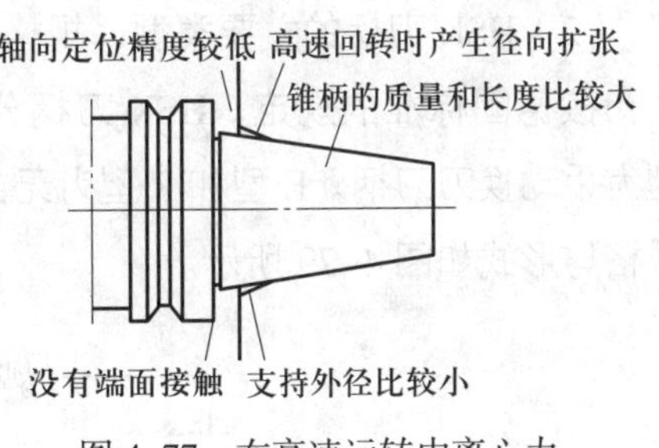

图 4-77　在高速运转中离心力使主轴锥孔扩张

高速加工对动平衡要求非常高，不仅要求主轴组件需精密动平衡（G0.4 级以上），而且刀具及装夹机构也需精密动平衡。但是，传递转矩的键和键槽很容易破坏这个动平衡。而且标准的 7∶24 锥柄较长，很难实现全长无间隙配合，一般只要求配合面前段 70% 以上接触。因此，配合面后段会有一定的间隙，该间隙会引起刀具的径向圆跳动，影响主轴部件整体结构的动平衡。

三、常用的高速切削用刀柄

在高速加工中心主轴中，研究和应用比较成功的刀柄主要有两大类型，一类是替代型刀柄，即刀柄结构摒弃传统的 7∶24 标准锥度而采用新设计思路，如德国的 HSK 系列刀柄、美国的 KM 系列刀柄、瑞典的 CAPTO 刀柄、日本的 NC5 刀柄；另一类是改进型刀柄，即刀柄结构在保持传统的 7∶24 锥度的基础上进行了改进，目的是降低成本，如日本的 BIG—PLUS、H．F．C、SHOWA D—F—C 和 3LOCK 刀柄以及美国的 WSU 系列刀柄。

1. HSK 刀柄

（1）HSK 刀柄的工作原理

HSK 刀柄由锥面（径向）和法兰端面（轴向）共同保证与主轴的连接刚度，由锥面保证刀具与主轴之间的同轴度，锥柄的锥度为 1∶10。如图 4–78 所示为 HSK 刀柄与主轴连接结构与工作原理。

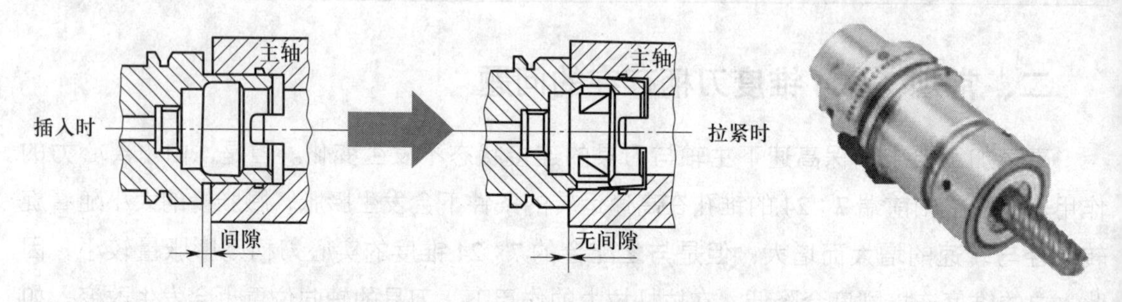

图 4–78　HSK 刀柄与主轴连接结构与工作原理

（2）HSK 刀柄的主要类型、规格与形式

按德国标准的规定，HSK 刀柄分为六种形式，A 型和 B 型为自动换刀刀柄，C 型和 D 型为手动换刀刀柄，E 型和 F 型为无键连接、对称结构，适用于超高速的刀柄。HSK 刀柄的规格与形式如图 4–79 所示。

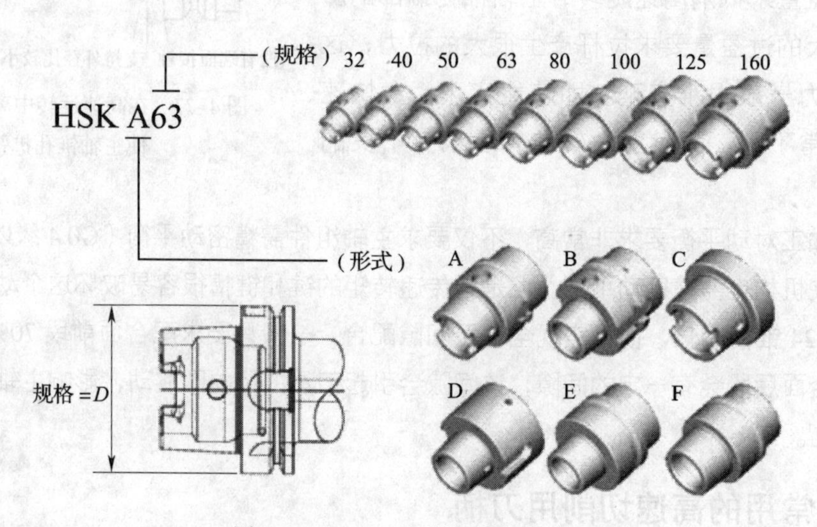

图 4–79　HSK 刀柄的规格与形式

看一看

HSK 刀柄依靠什么定位？按常规理解，这样定位是否合适？

2. KM 刀柄

KM 刀柄采用 1∶10 的短锥配合，锥柄的长度仅为标准 7∶24 锥柄长度的 1/3，刀柄为中空的结构，在拉杆的轴向拉力作用下，短锥可径向收缩，实现端面与锥面同时接触定位，如图 4–80 所示为 KM 刀柄的形状。KM 刀柄在高速旋转时的高速性能较好。KM 刀柄分为手动换刀刀柄和自动换刀刀柄两种。

如图 4–81 所示为 KM 刀柄的一种夹紧机构。该夹紧机构利用了钢球分别在拉杆上的圆弧凹槽中和刀柄夹紧面中的不同位置来锁紧和松开刀柄，其夹紧和松开的动作如图 4–81 所示。

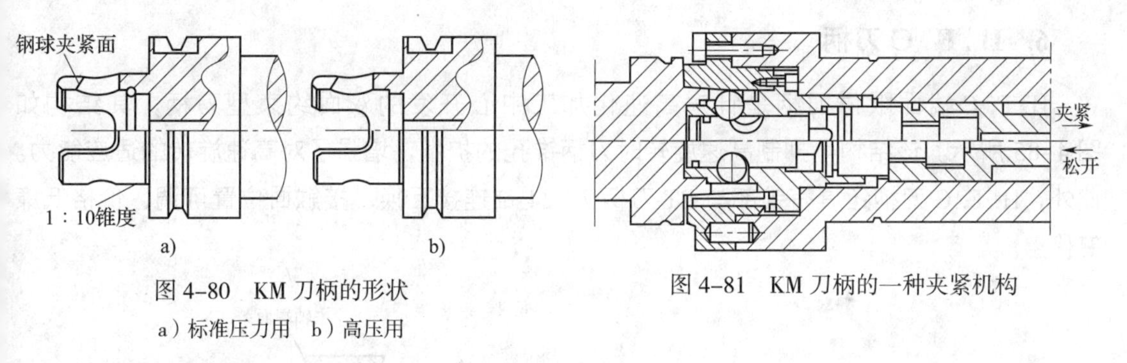

图 4–80　KM 刀柄的形状

a）标准压力用　b）高压用

图 4–81　KM 刀柄的一种夹紧机构

3. CAPTO 刀柄

CAPTO 刀柄呈锥形三角体结构，其棱边为圆弧形，采用锥度为 1∶20 的空心短锥结构，如图 4–82 所示，实现了锥面与端面同时接触定位，能使刀具表面压力低，不易变形，磨损小，因而具有始终如一的位置精度。但锥形三角体特别是主轴锥形三角体孔加工困难，加工成本高，与现有刀柄不兼容，配合时会自锁。

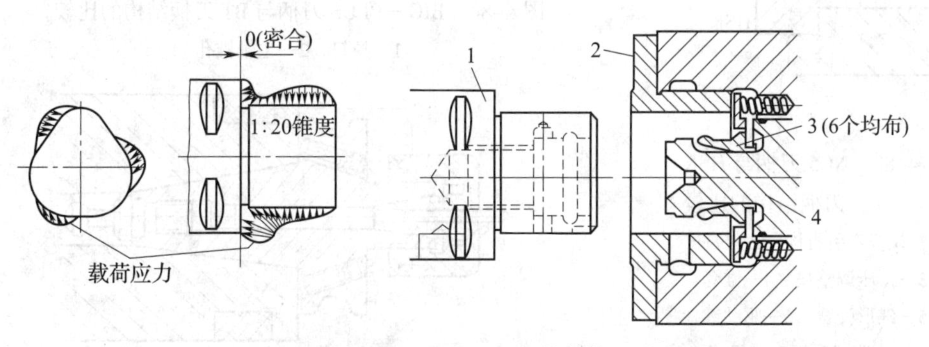

图 4–82　CAPTO 刀柄的结构

1—工具端　2—主轴端　3—卡爪（6 个均布）　4—拉杆

4. NC5 刀柄

NC5 系列刀具系统也是针对 7∶24 锥度刀柄的弊端而开发的。它也采用了 1∶10 锥度的双面定位型结构，与 HSK 不同的是 NC5 采用了实心结构，其抗高频颤振能力优于空心结构。其本体柄部为圆柱形，在该圆柱面上配有带外锥面的锥套，锥套大端与刀柄本体的法兰端面之间设有碟形弹簧，具有缓冲、抑振效果。如图 4-83 所示为 NC5 刀柄与 HSK 刀柄结构的比较。

5. BIG—PLUS 刀柄

BIG—PLUS 刀柄的锥度也是 7∶24，BIG—PLUS 刀柄与 BT 刀柄结构的比较如图 4-84 所示。当刀柄装入主轴时（锁紧前）端面的间隙小，锁紧后利用主轴内孔的弹性膨胀补偿间隙，使刀柄与主轴端面贴紧。这种结构使刀柄刚度提高，振动衰减效果提高，自动刀具交换装置（ATC）的重复精度提高，轴向尺寸稳定。

6. H . F . C 刀柄

H. F. C 端面限位刀柄是针对高速化加工中心开发的双面约束型刀柄，其结构如图 4-85 所示。该结构可抑制高速旋转时刀柄锥孔的扩张，增强了对高速旋转的适应能力。此外，H. F. C 刀柄还具有锥部与 BT 刀柄 7∶24 锥连接互换、接触面位置可调、价格低廉等优点。

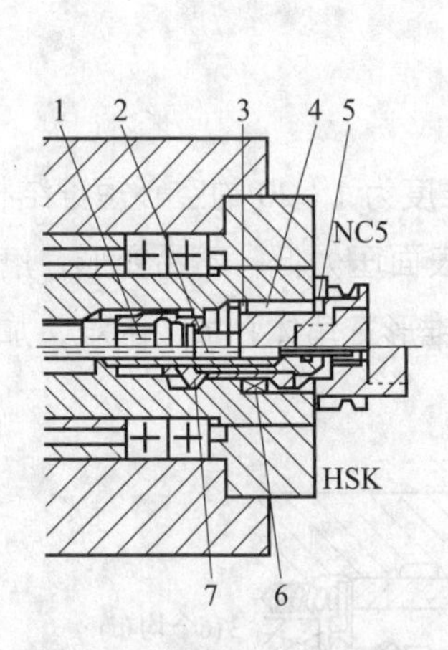

图 4-83　NC5 刀柄与 HSK 刀柄结构的比较

1—拉杆牵引机构　2—拉杆
3—预压调整垫　4—锥套
5—碟形弹簧　6—驱动键
7—内胀式弹性套筒机构

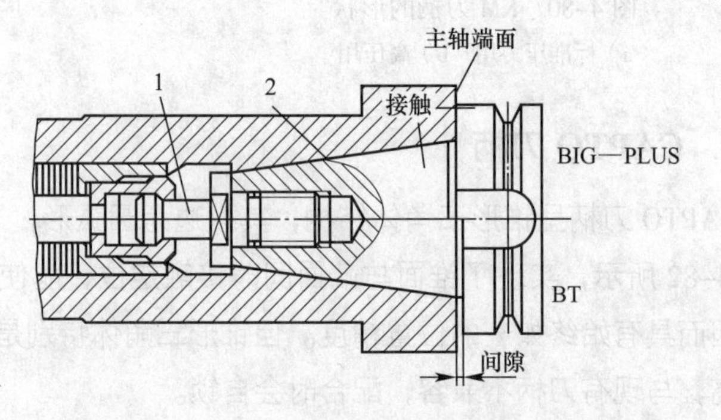

图 4-84　BIG—PLUS 刀柄与 BT 刀柄结构的比较

1—拉钉　2—主轴锥孔

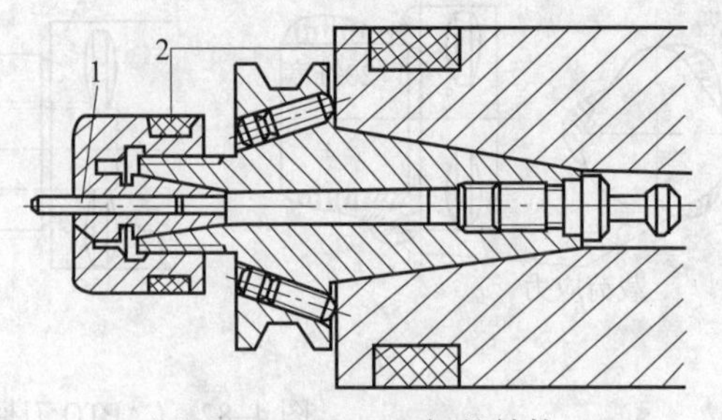

图 4-85　H.F.C 刀柄的结构

1—刀具　2—碳素纤维

7. SHOWA D—F—C 刀柄

SHOWA D—F—C 刀柄是针对标准 7∶24 锥度刀柄的弊端而开发的，主要目的是提高其高速性能。它与 BIG—PLUS 刀柄一样，属于 7∶24 锥度的双面定位型结构，SHOWA D—F—C 刀柄与 BT 刀柄结构的比较如图 4–86 所示。其本体柄部为圆柱形，在该圆柱面上配有带外锥面的锥套，锥套大端与刀柄本体的法兰端面之间设有碟形弹簧，具有缓冲、抑振效果。

8. 3LOCK 刀柄

3LOCK 刀柄也属于 7∶24 锥度的双面定位型结构，它与 BT 刀柄结构的比较如图 4–87 所示。其本体柄部为圆柱体和锥体的组合，在该复合体上配有带外锥面且有缝的锥套，锥套大端与刀柄本体的法兰端面之间设有碟形弹簧，锥套小端通过拧在刀柄本体上的细牙螺母定位和锁紧。

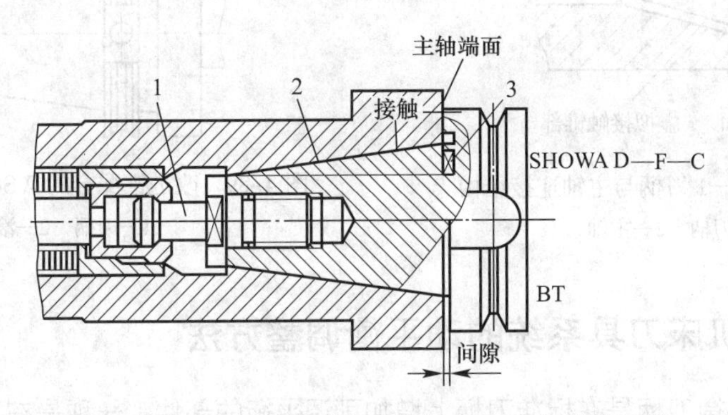

图 4–86 SHOWA D—F—C 刀柄与 BT 刀柄结构的比较

1—拉钉 2—主轴锥孔 3—碟形弹簧

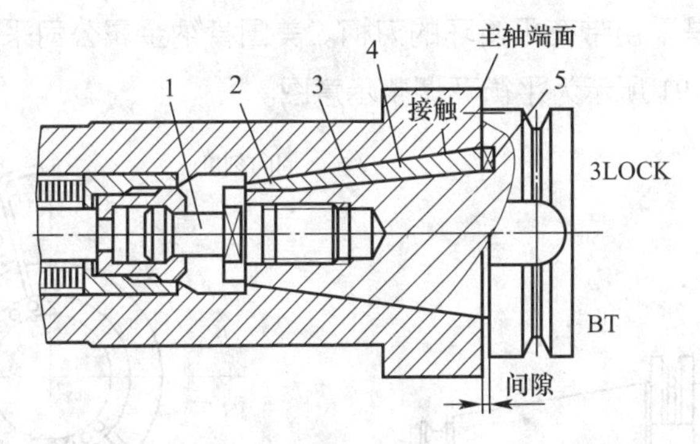

图 4–87 3LOCK 刀柄与 BT 刀柄结构的比较

1—拉钉 2—螺母 3—主轴锥孔 4—锥套（有缝） 5—碟形弹簧

9. WSU 刀柄

WSU—1 刀柄的锥面与端面同时接触定位，就是以离散的点或线形成一个锥面（即虚拟接触锥度）与主轴内锥孔接触，其结构如图 4–88 所示。WSU—1 刀柄利用弹性元件实现这些点、线接触，因此，当拉杆轴向拉力使刀柄与主轴端面定位接触时，刀柄不变形。这种方法可使接触锥部获得较大的过盈量，而不需太大的拉力，也不会使主轴膨胀，对接触面的污染不敏感。

WSU—1 刀柄要求的加工精度与普通刀柄相同，刀柄的锥部仍采用 7∶24 的锥度，但它的直径比相同法兰尺寸的标准锥度刀柄直径要小，锥柄的外表面由滚珠形成的虚拟锥的直径比主轴内锥孔直径大 5 ~ 10 μm，在拉杆拉力的作用下，滚珠产生弹性变形，刀柄在主轴锥孔内移动直到刀柄法兰与主轴端面接触为止。改进锥配合的 WSU—2 刀柄的结构如图 4–89 所示。

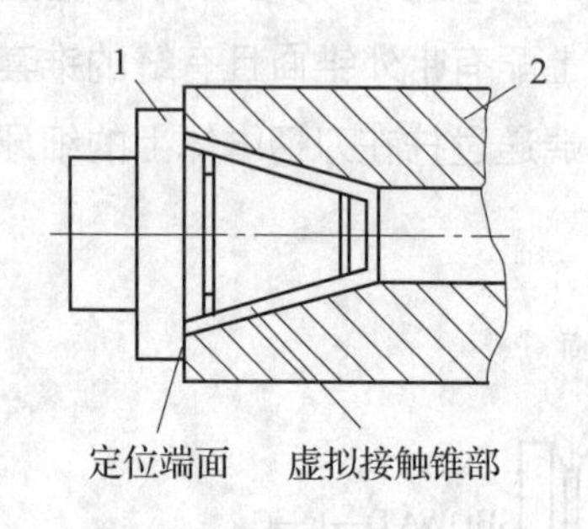

图 4–88　WSU—1 刀柄与主轴连接结构

1—刀柄　2—主轴

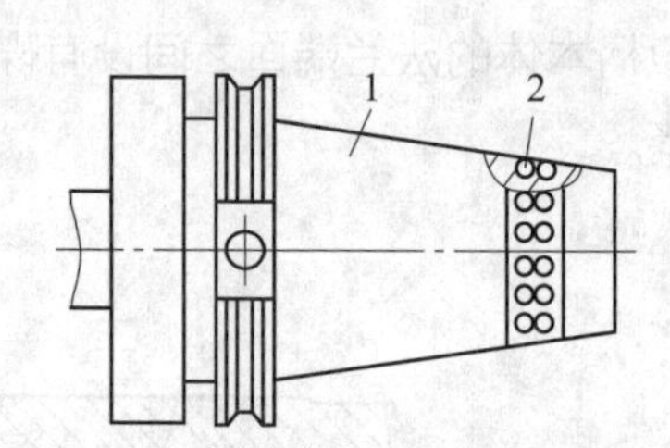

图 4–89　改进锥配合的 WSU—2 刀柄的结构

1—刀柄　2—滚珠

四、高速机床刀具系统的动平衡调整方法

常用的可调平衡刀柄是在标准刀柄上增加可调平衡的部件。一种是在刀柄的外端面上钻出一系列平行于轴线的螺孔，用固定螺钉进行调节，根据所需要的平衡量旋入或退出螺钉，也就是调整刀柄的径向重心位置。在刀具和刀柄装在一起后在动平衡机上检测不平衡量，然后手动调整。另一种是采用带有平衡环的刀柄。美国肯纳金属公司采用这种可调平衡刀柄，如图 4–90 所示，图 4–91 所示为平衡环调整示意图。

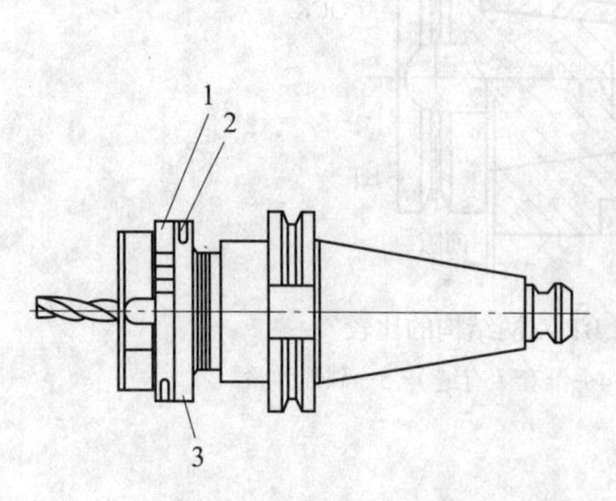

图 4–90　带有平衡环的可调平衡刀柄

1—上平衡环　2—锁紧螺钉　3—下平衡环

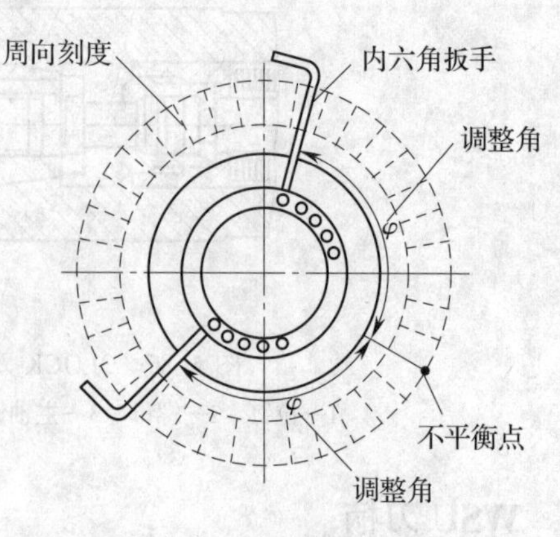

图 4–91　平衡环调整示意图

查一查

高速机床刀具系统的动平衡调整方法还有哪几种?

第五节　数控铣削切削用量的确定

一、切削用量

在铣削过程中所选用的切削用量称为铣削用量。铣削用量的要素包括铣削速度 v_c、进给量 f、背吃刀量 a_p 和铣削宽度 a_e。铣削时，由于采用的铣削方法和选用的铣刀不同，背吃刀量 a_p 和铣削宽度 a_e 的表示也不同。如图 4–92 所示为用圆柱形铣刀进行圆周铣与用端铣刀进行端铣时的铣削用量。不难看出，无论是采用圆周铣还是端铣，铣削宽度 a_e 都表示铣削弧深。因为无论使用哪种铣刀铣削，其铣削弧深的方向均垂直于铣刀轴线。

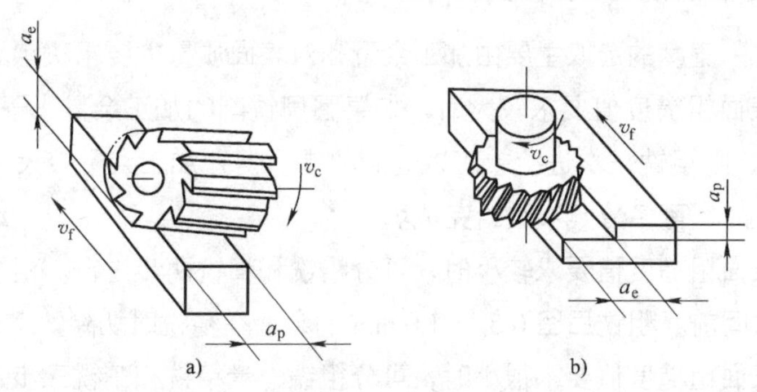

图 4–92　圆周铣与端铣时的铣削用量

a）圆周铣　b）端铣

与切削用量有关的常用切削参数的计算公式见表 4–15。铣削用量的选择与铣削的加工精度、加工表面质量和生产效率有着密切的关系。

表 4–15　常用切削参数的计算公式

符号	术语	单位	公式
v_c	切削速度	m/min	$v_c=\frac{\pi D_c n}{1\,000}$
n	主轴转速	r/min	$n=\frac{1\,000 v_c}{\pi D_c}$
v_f	工作台进给量（进给速度）	mm/min	$v_f=f_z n z_n$
		mm/r	$v_f=f_z n$
f_z	每齿进给量	mm/ 齿	$f_z=\frac{v_f}{n z_n}$

续表

符号	术语	单位	公式
f_n	每转进给量	mm/r	$f_n=\frac{v_f}{n}$
Q	金属去除率	cm^3/min	$Q=\frac{a_p a_e v_f}{1\,000}$
D_c	有效切削直径	mm	R 角立铣刀：$D_c=D_3-d+\sqrt{d^2-(d-2a_p)^2}$ 球头铣刀：$D_c=2\times\sqrt{a_p(D_c-a_p)}$

注：D_c 为切削直径；z_n 为刀具上切削刃数量；a_p 为背吃刀量；a_e 为铣削宽度；d 为 R 角立铣刀刀角圆直径；D_3 为 R 角立铣刀（环形铣刀）外径。

二、铣削用量的选择

1. 背吃刀量或铣削宽度的选取

背吃刀量或铣削宽度的选取主要由加工余量和对表面质量的要求决定。

（1）在工件表面粗糙度值要求较大时，如果圆周铣削的加工余量小于 5 mm，端铣的加工余量小于 6 mm，则粗铣一次进给就可以达到要求。但在加工余量较大，工艺系统刚度较低或机床动力不足时，可多分几次进给完成。

（2）在工件表面粗糙度值要求较小时，可分粗铣和精铣两步进行。粗铣时背吃刀量或铣削宽度的选取方法同前。粗铣后留 0.5 ~ 1.0 mm 的余量在精铣时切除。

（3）在工件表面粗糙度值要求很小时，可分粗铣、半精铣和精铣三步进行。半精铣时背吃刀量或铣削宽度取 1.5 ~ 2 mm；精铣时圆周铣铣削宽度取 0.3 ~ 0.5 mm，端铣背吃刀量取 0.5 ~ 1 mm。

2. 进给量与进给速度的选取

进给量与进给速度是衡量切削用量的重要参数，根据零件的表面粗糙度和加工精度要求、刀具及工件材料等因素，参考有关切削用量手册选取。切削时的进给速度还应与主轴转速和背吃刀量等切削用量相适应，不能顾此失彼。工件刚度或刀具强度低时应取小值。加工精度和表面质量要求较高时，进给量应选得小些，但不能选得过小，过小的进给量反而会使表面粗糙度值增大。在轮廓加工中，选择进给量时还应注意轮廓拐角处的“超程”和“欠程”问题。如图 4–93 所示为用圆柱铣刀铣削图示轮廓表面时铣刀由 A 向 B 运动，进给速度较高时，由于惯性在拐角 B 处可能出现超程现象，拐角处的金属会被多切一些。为此，要选择变化的进给量，即在接近拐角

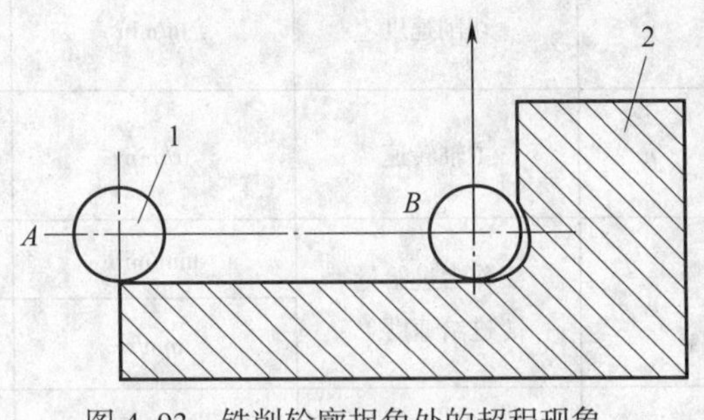

图 4–93　铣削轮廓拐角处的超程现象

1—刀具　2—工件

处应当适当降低进给量，过拐角后再逐渐升高，以保证加工精度。另外，在切削过程中，由于切削力的作用，使机床、工件和刀具的工艺系统产生变形，从而使刀具滞后，在拐角处会产生欠程现象，采用增加减速程序段或暂停程序的方法，可以减少由此产生的欠程现象。对于铣削时的进给量可以通过查阅相关手册确定。

第六节　典型零件的数控铣削加工

进给路线是指数控加工过程中刀具相对于被加工零件的运动轨迹和方向。加工路线的合理选择是非常重要的，因为它与零件的加工精度和表面质量密切相关。进给路线不但包括了工步的内容，也反映出各工步的顺序。进给路线是编写程序的依据之一，因此，在确定进给路线时最好画一张工序简图，将已经拟定的进给路线画上去（包括进刀、退刀路线），这样可为编程带来不少方便。

一、铣削平面

在铣床上铣削平面的方法有两种，即圆周铣和端铣。如图 4–94 所示为水平面的端铣，图 4–95 所示为大平面采用行切法铣削的进给路线。

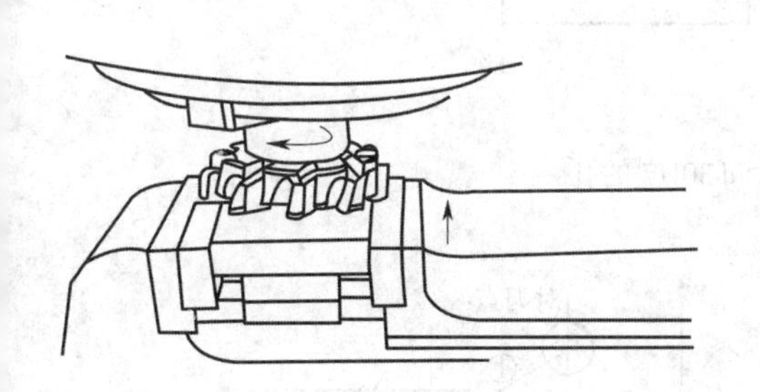

图 4–94　水平面的端铣

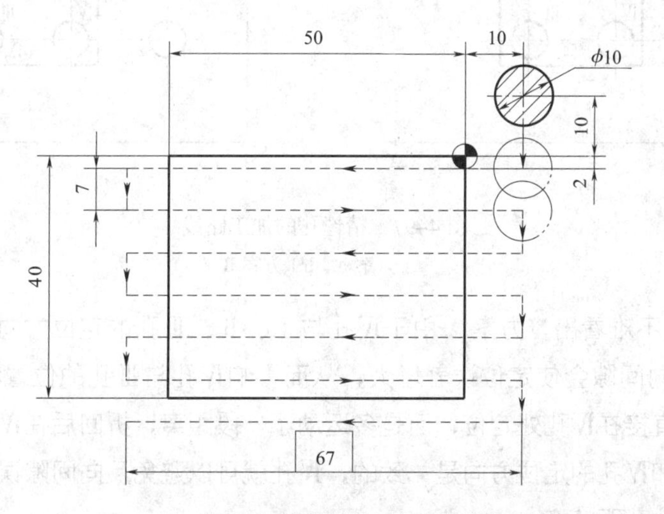

图 4–95　大平面采用行切法铣削的进给路线

查一查

采用行切法铣削平面时怎样解决粗、精加工的问题？

二、铣削孔

1. 保证加工精度

如图 4-96 所示为精镗 4 个 ϕ30H7 的孔。由于孔的位置精度要求较高，因此，安排镗孔路线问题就显得比较重要，安排不当就有可能带入机床进给机构的反向间隙，直接影响孔的位置精度。图 4-96 所示零件的加工路线如图 4-97 所示。

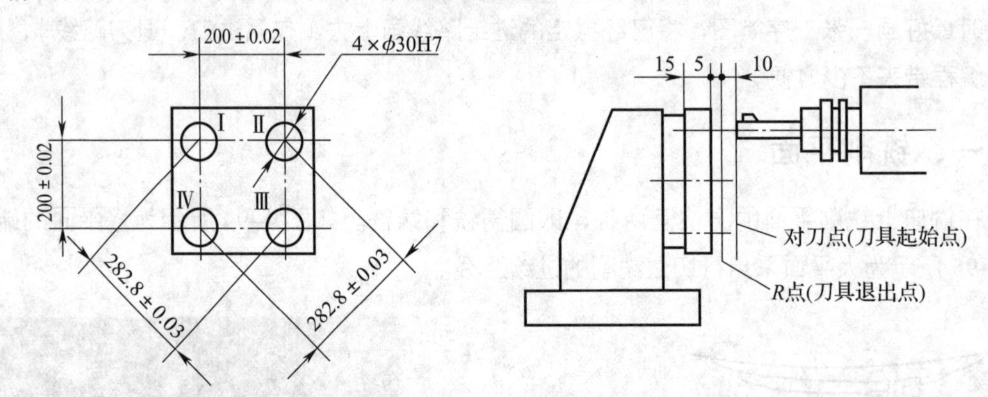

图 4-96　精镗 4 个 ϕ30H7 的孔

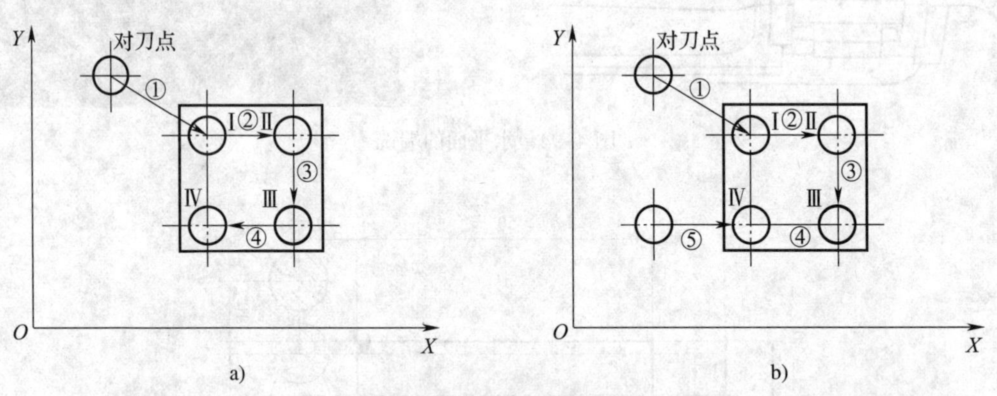

图 4-97　精镗孔的加工路线

a）方案 A　b）方案 B

从图 4-97 中不难看出，方案 A 由于Ⅳ孔与Ⅰ、Ⅱ、Ⅲ孔的定位方向相反，无疑机床 X 向进给机构的反向间隙会使定位误差增大，从而影响Ⅳ孔与Ⅲ孔的位置精度。方案 B 是加工完Ⅲ孔后没有直接在Ⅳ孔处定位，而是多运动了一段距离，折回后在Ⅳ孔处进行定位。这样，Ⅰ、Ⅱ、Ⅲ和Ⅳ孔的定位方向是一致的，Ⅳ孔就可以避免反向间隙误差的引入，从而提高了Ⅲ孔与Ⅳ孔的孔距精度。

2. 应使进给路线最短

在保证加工精度的前提下应减少刀具空行程时间，提高加工效率。如图 4-98 所示为钻孔时最短加工路线的选择方案。按照一般习惯，总是先加工均布于同一圆周上的 8 个孔，再加工另一圆周上的孔，如图 4-98a 所示。但是对点位控制的数控机床而言，则要求定位过程尽可能快，空行程最短的进给路线如图 4-98b 所示。

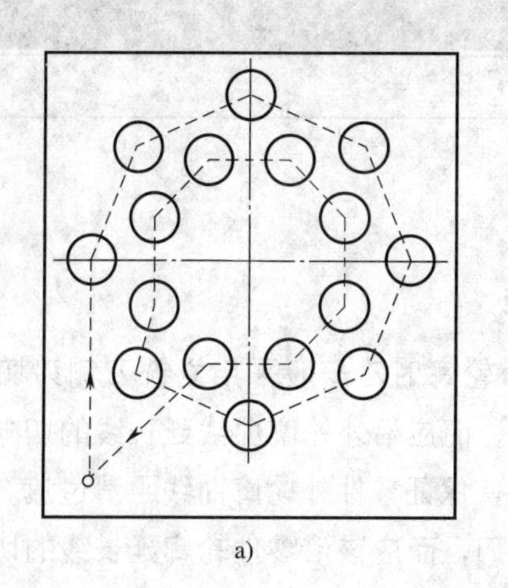
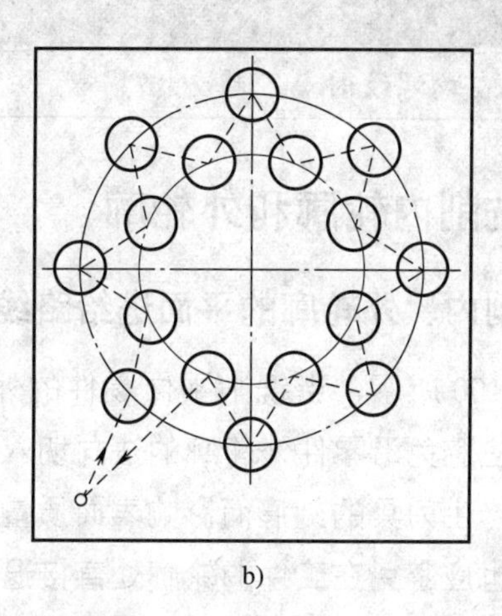

a)　　b)

图 4-98　钻孔时最短加工路线的选择方案

a）方案 1　b）方案 2

3. 引入距离和超越量的确定

加工中心特别适用于加工多孔类零件，尤其是孔数比较多而且每个孔需经几道工序方可加工完成的零件，如多孔板零件、分度头孔盘零件等。

在数控机床上加工孔时，只要求定位精度尽可能高，定位过程尽可能快，而刀具相对于工件的运动路线是无关紧要的，因此，应按空行程最短来安排进给路线。除此之外还要确定刀具轴向的运动尺寸，其大小主要由被加工零件的孔深来决定，但也应考虑一些辅助尺寸，如刀具的引入距离和超越量。在数控机床上钻孔的尺寸关系如图 4-99 所示。

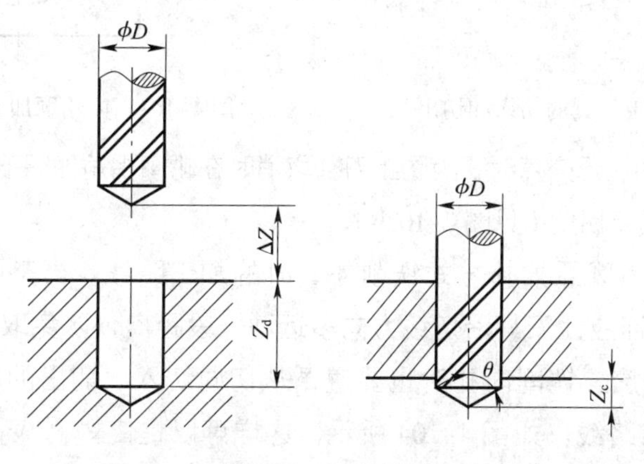

图 4-99　在数控机床上钻孔的尺寸关系

图中 ΔZ 为刀具的轴向引入距离，Z_c 为超越量。

ΔZ 的经验数据为：在已加工面钻孔、镗孔、铰孔时 $\Delta Z=1\sim3$ mm；在毛坯面钻孔、镗孔、铰孔时 $\Delta Z=5\sim8$ mm；攻螺纹、铣削时 $\Delta Z=5\sim10$ mm。

Z_c 的数据为：$Z_c=\dfrac{D}{2}\cot\theta+(1\sim3)$ mm。

想一想

为什么在攻螺纹时 ΔZ 比较大？

三、铣削内轮廓和外轮廓

1. 铣削内、外轮廓的平面进给路线

如图 4-100 所示，当铣削平面零件的外轮廓时，一般采用立铣刀侧刃切削。刀具切入工件时，应避免沿零件外轮廓的法向切入，而应沿外轮廓曲线延长线的切向切入，以避免在切入处产生刀具的刻痕而影响表面质量，保证零件外轮廓曲线平滑过渡。同理，在切离工件时，也应避免在工件的轮廓处直接退刀，而应该沿零件轮廓延长线的切向逐渐切离工件。

铣削封闭的内轮廓表面时，若内轮廓曲线允许外延，则应沿切线方向切入、切出。若内轮廓曲线不允许外延，如图 4-101 所示，刀具只能沿内轮廓曲线的法向切入和切出，此时刀具的切入、切出点应尽量选在内轮廓曲线两几何元素的交点处。

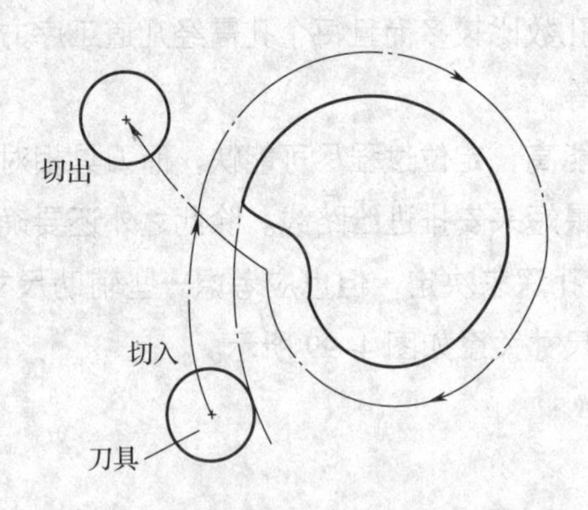

图 4-100　外轮廓加工刀具的切入和切出

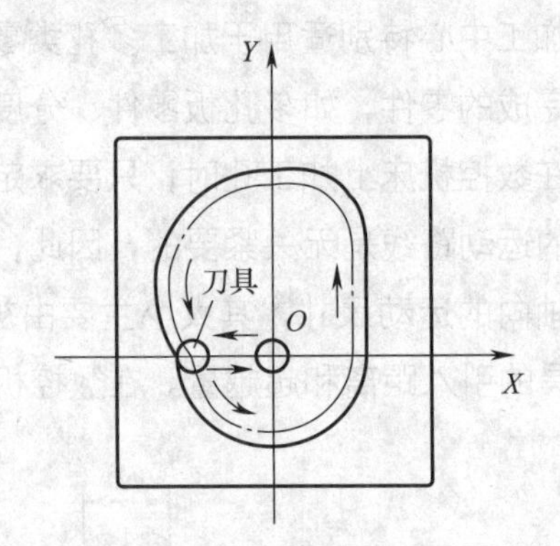

图 4-101　内轮廓加工刀具的切入和切出

当内部几何元素相切无交点时，为防止刀补取消时在轮廓拐角处留下凹口（见图 4-102a），刀具切入、切出点应远离拐角（见图 4-102b）。

如图 4-103 所示为圆弧插补方式铣削外圆时的加工路线。当整圆加工完毕时，不要在切点处直接退刀，而应让刀具沿切线方向多运动一段距离，以免取消刀补时刀具与工件表面相碰，使工件报废。铣削内孔时也要遵循从切向切入、切出的原则，最好安排从圆弧过渡到圆弧的加工路线，如图 4-104 所示，这样可以提高内孔表面的加工精度和加工质量。

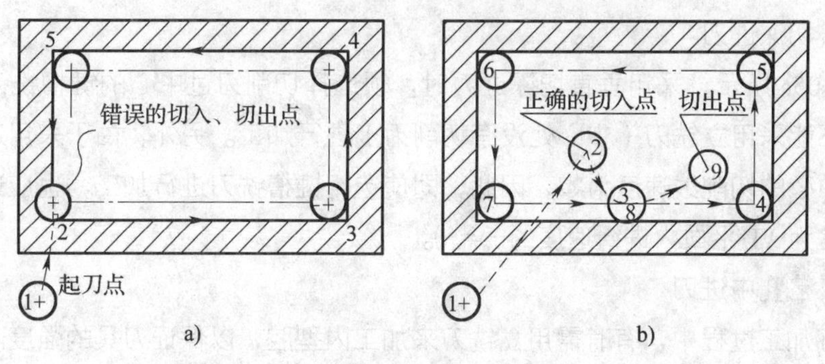

图 4-102　无交点内轮廓加工刀具的切入和切出

a）错误　b）正确

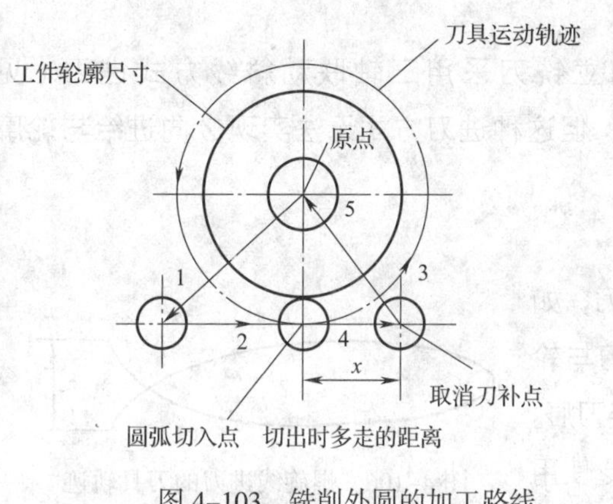

图 4-103　铣削外圆的加工路线

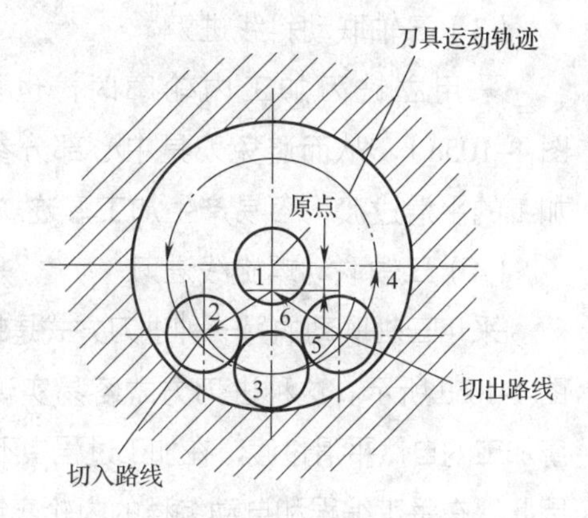

图 4-104　铣削内孔的加工路线

想一想

为什么要采用切向切入与切向切出？

2. 加工内轮廓时的深度进刀方式

与加工外轮廓相比，内轮廓加工过程中的主要问题是如何进行 Z 向切深进刀。通常，选择的刀具种类不同，其进刀方式也各不相同。在数控加工中，常用的内轮廓加工 Z 向进刀方式如图 4-105 所示。

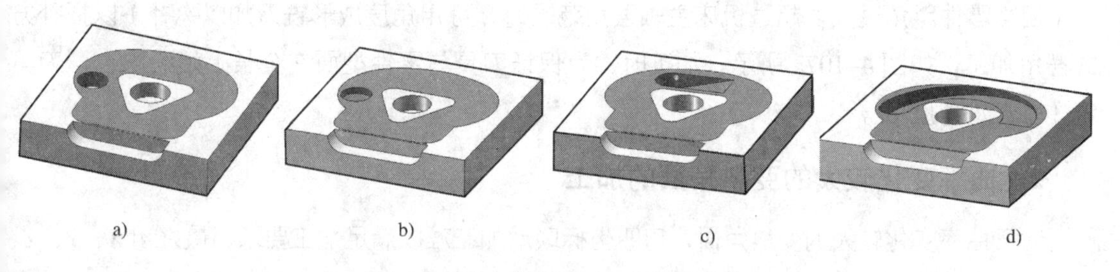

图 4-105　内轮廓加工 Z 向进刀方式

a）垂直切深进刀　b）在工艺孔中进刀　c）斜线进刀　d）螺旋线进刀

（1）垂直切深进刀

如图 4–105a 所示，采用垂直切深进刀时，须选择切削刃过中心的键槽铣刀或钻铣刀进行加工，而不能采用立铣刀（中心处没有切削刃）进行加工。另外，由于采用这种进刀方式切削时刀具中心的切削线速度为零，因此，即使选用键槽铣刀进行加工，也应选择较低的进给速度（通常为 *XY* 平面内进给速度的一半）。

（2）在工艺孔中进刀

在内轮廓加工过程中，有时需用立铣刀来加工内型腔，以保证刀具的强度。由于立铣刀无法进行 *Z* 向垂直切深进给，此时可选用直径稍小的钻头先加工出工艺孔（见图 4–105b），再以立铣刀进行 *Z* 向垂直切深进给。

（3）三轴联动斜线进刀

采用立铣刀加工内轮廓时，也可直接用立铣刀采用三轴联动斜线方式进刀（见图 4–105c），从而避免刀具中心部分参加切削。但这种进刀方式无法实现 *Z* 向进给与轮廓加工的平滑过渡，容易产生加工痕迹。

（4）三轴联动螺旋线进刀

采用三轴联动的另一种进刀方式是螺旋线进刀，如图 4–105d 所示。这种进刀方式容易实现 *Z* 向进刀与轮廓加工的自然平滑过渡，在加工过程中不会产生接刀痕。因此，在手工编程和自动编程的内轮廓铣削中广泛使用这种进刀方式。螺旋线进刀的刀具轨迹如图 4–106 所示。

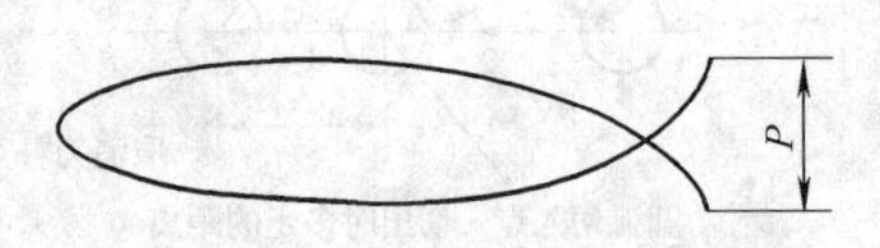

图 4–106　螺旋线进刀的刀具轨迹

P—螺距

看一看

自己在加工内轮廓时深度进刀方式常采用哪一种？

四、变斜角面的加工

1. 曲率变化较小的变斜角面的加工

对于曲率变化较小的变斜角面，选用 *X*、*Y*、*Z* 和 *A* 四坐标联动的数控铣床，采用立铣刀（但当零件斜角过大，超过机床主轴摆角范围时，可用角度成形铣刀加以弥补）以插补方式摆角加工，如图 4–107a 所示。加工时，为保证刀具与零件型面在全长上始终贴合，刀具绕 *A* 轴摆动角度 α。

2. 曲率变化较大的变斜角面的加工

对于曲率变化较大的变斜角面，用四坐标联动加工难以满足加工要求，最好用 *X*、*Y*、*Z*、*A* 和 *B*（或 *C* 转轴）五坐标联动数控铣床，以圆弧插补方式摆角加工，如图 4–107b 所示。图中夹角 α_1 和 α_2 分别是零件斜面母线与 *Z* 坐标轴夹角 α 在 *ZOY* 平面和 *XOZ* 平面上的分夹角。

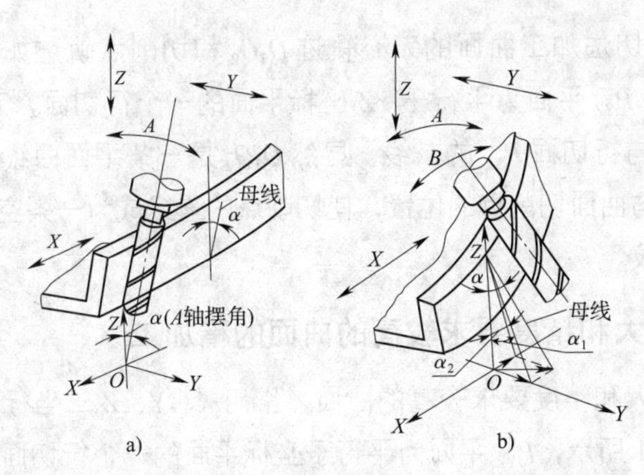

图 4-107 用四、五坐标数控铣床加工零件变斜角面

a）四坐标联动加工变斜角面 b）五坐标联动加工变斜角面

3. 利用球头铣刀和鼓形铣刀加工

采用三坐标数控铣床两坐标联动，利用球头铣刀和鼓形铣刀，以直线或圆弧插补方式进行分层铣削加工，加工后的残留面积由钳工修整清除，如图 4-108 所示为用鼓形铣刀分层铣削变斜角面。由于鼓形铣刀的鼓径可以做得比球头铣刀的球径大，所以加工后的残留面积高度小，加工效果比球头铣刀好。

五、曲面轮廓的加工

立体曲面的加工应根据曲面形状、刀具形状以及精度要求采用不同的铣削加工方法，如两轴半、三轴、四轴及五轴等联动加工。

1. 曲率变化不大和精度要求不高的曲面的粗加工

对于曲率变化不大和精度要求不高的曲面，常用两坐标半联动行切法进行粗加工，即 X、Y、Z 三轴中任意两轴做联动插补，第三轴做单独的周期进给。如图 4-109 所示，将 X 向分成若干段，球头铣刀沿弦面所截的曲线进行铣削，每一段加工完后进给 Δx，再加工另一相邻曲线，如此依次切削即可加工出整个曲面。在行切法中，要根据轮廓表面粗糙度的要求及刀头不干涉相邻表面的原则选取 Δx。球头铣刀的刀头半径应选得大一些，以利于散热，但刀头半径应小于内凹曲面的最小曲率半径。

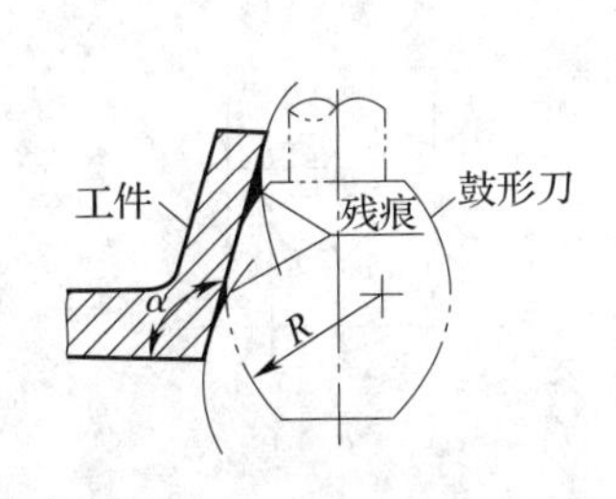

图 4-108 用鼓形铣刀分层铣削变斜角面

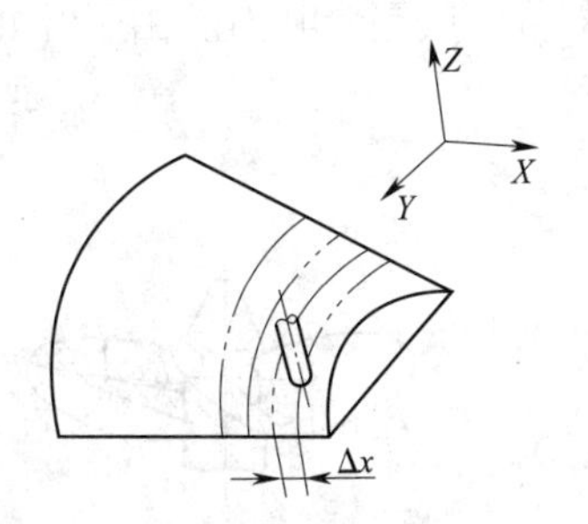

图 4-109 两坐标半联动行切法加工曲面

两坐标半联动行切法加工曲面的刀心轨迹 O_1O_2 和切削点轨迹如图 4–110 所示。图中 $ABCD$ 为被加工曲面，P_{YZ} 平面为平行于 YZ 坐标平面的一个行切面，刀心轨迹 O_1O_2 为曲面 $ABCD$ 的等距面 $IJKL$ 与行切面 P_{YZ} 的交线，显然 O_1O_2 是一条平面曲线。由于曲面的曲率变化，改变了球头铣刀与曲面切削点的位置，使切削点的连线成为一条空间曲线，从而在曲面上形成扭曲的残留沟纹。

2. 曲率变化较大和精度要求较高的曲面的精加工

对于曲率变化较大和精度要求较高的曲面，常用 X、Y、Z 三坐标联动插补的行切法进行精加工。如图 4–111 所示，P_{YZ} 平面为平行于坐标平面的一个行切面，它与曲面的交线为 ab。由于是三坐标联动，球头铣刀与曲面的切削点始终处于平面曲线 ab 上，可获得较规则的残留沟纹。但这时的刀心轨迹 O_1O_2 不在 P_{YZ} 平面上，而是一条空间曲线。

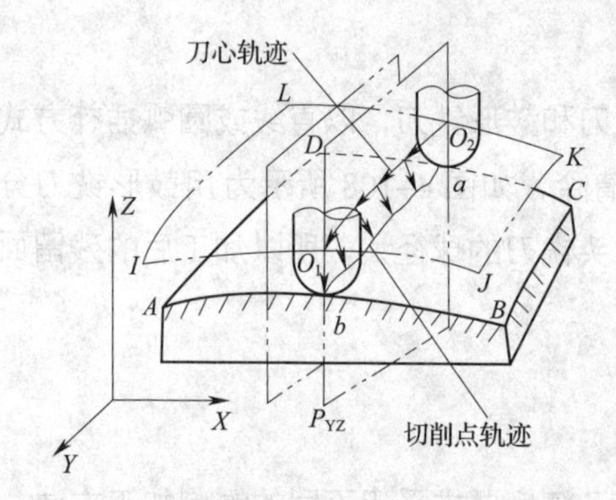

图 4–110 两坐标半联动行切法加工曲面的切削点轨迹

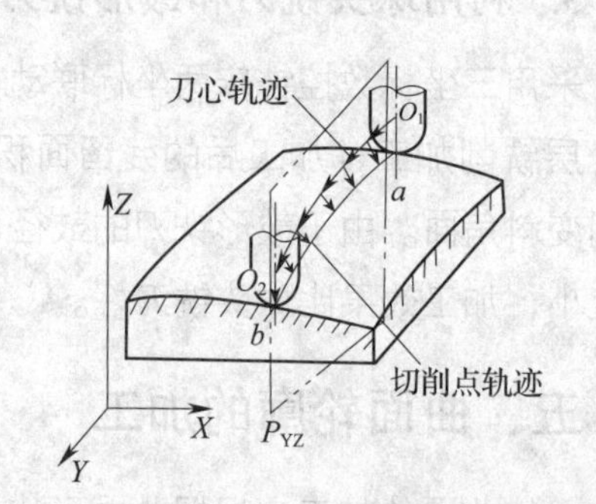

图 4–111 三轴联动行切法加工曲面的切削点轨迹

3. 复杂曲面的加工

对于像叶轮、螺旋桨这样的零件，因其叶片形状复杂，刀具易与相邻表面干涉，常用五坐标联动加工，其加工原理如图 4–112 所示。半径为 R_i 的圆柱面与叶面的交线 AB 为螺旋线的一部分，螺旋角为 ψ_i，叶片的径向叶型线（轴向割线）EF 的倾角 α 为后倾角，螺旋线 AB 用极坐标加工方法，并且以折线段逼近。逼近段 mn 是由 C 坐标旋转 $\Delta\theta$ 与 Z 坐标位移 Δz 的合成。当 AB 加工完毕，刀具径向位移 Δx（改变 R_i），再加工相邻的另一条叶型线，依次加工即可形成整个叶面。由于叶面的曲率半径较大，所以常采用立铣刀加工，以提高生

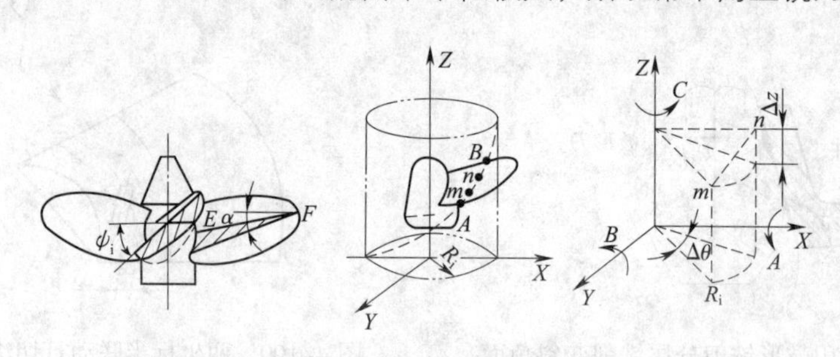

图 4–112 曲面的五坐标联动加工的加工原理

产效率并简化程序。因此，为保证铣刀端面始终与曲面贴合，铣刀还应做由坐标 A 和坐标 B 形成的 θ_i 和 α_i 的摆角运动。在摆角的同时，还应做直角坐标的附加运动，以保证铣刀端面中心始终位于编程值所规定的位置上，所以需要五坐标加工。这种加工的编程计算相当复杂，现在采用自动编程完成。

六、型腔的加工

1. 矩形型腔的加工

型腔是指以封闭曲线为边界的平底或曲底凹坑。加工平底型腔时一律用平底铣刀，且刀具边缘部分的圆角半径应符合型腔的图样要求。

型腔的切削分两步，第一步切内腔，第二步切轮廓。切轮廓通常又分为粗加工和精加工两步。粗加工的进给路线如图 4–113 中的粗实线所示，是从型腔轮廓线向里偏置铣刀半径 R 并且留出精加工余量 y 所得到的。

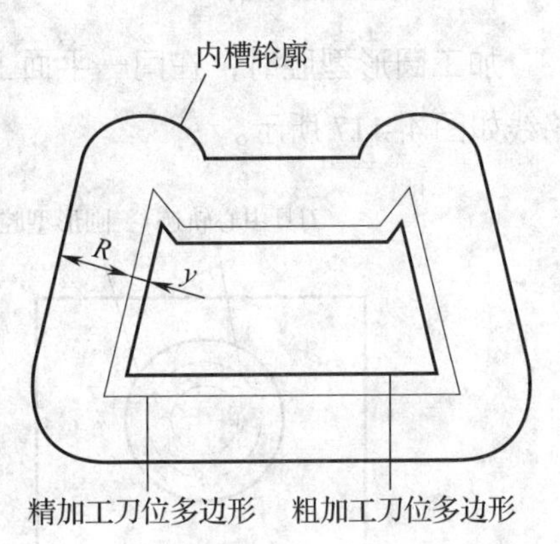

图 4–113 型腔轮廓粗加工的进给路线

由此得出的粗加工刀位多边形是计算内腔区域加工进给路线的依据。在切削内腔区域时，环切和行切在生产中都有应用。两种进给路线的共同点是都要切净内腔区域的全部面积，不留死角，不伤轮廓，同时尽量减少重复进给的搭接量。如图 4–114a、b 所示分别为用行切法和环切法加工型腔的进给路线；图 4–114c 所示为先用行切法加工，最后环切一刀光整轮廓表面。在三种方案中，图 4–114a 所示的方案最差，图 4–114c 所示的方案最好。环切法的刀位点计算稍复杂，需要一次次向里收缩（或向外扩张）轮廓线，特别是当型腔中带有凸台时，如图 4–115 所示，通用的环切加工算法的设计比较复杂。而在行切法中，只要增加辅助边界，如用图 4–115 中竖直方向的点画线将一个型腔分割成两个，就可以应用原来的算法进行处理。行切从型腔的一侧开始，采用往复进给交替变换进给方向。如图 4–115 所示为型腔区域加工进给路线。

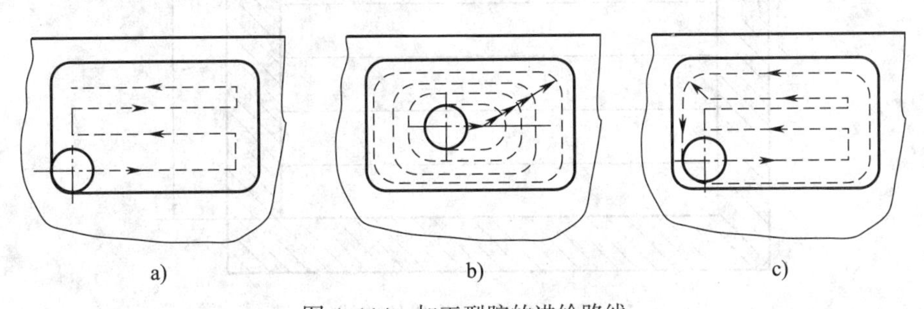

图 4–114 加工型腔的进给路线

a）行切法 b）环切法 c）先行切，最后环切

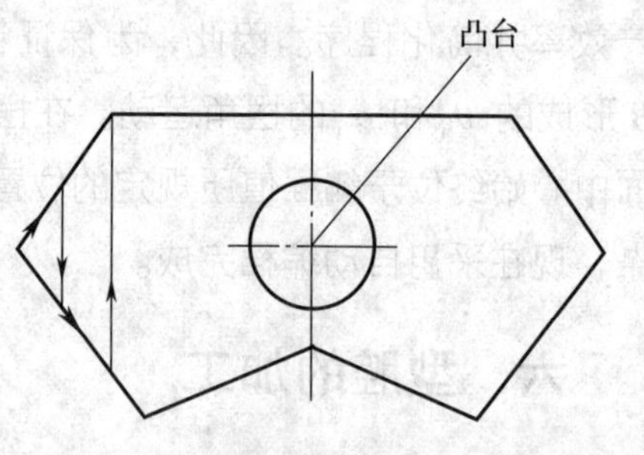

图 4-115 型腔区域加工进给路线

从进给路线的长短比较，行切法要略优于环切法。但在加工小面积型腔时，环切的程序量要比行切小。此外，在铣削零件轮廓时，要考虑尽量采用顺铣加工方式，这样可以提高零件表面质量和加工精度，减少机床的“颤振”。要选择合理的进刀、退刀位置，尽量避免沿零件轮廓法向切入和进给中途停顿。进刀、退刀位置应选在不太重要的位置。

2. 圆形型腔的加工

加工圆形型腔时，在同一平面上的进给路线一般有两种，如图 4-116 所示。深度进给路线如图 4-117 所示。

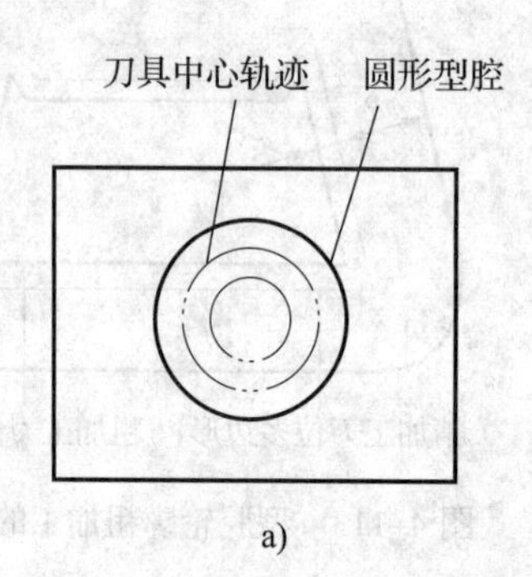

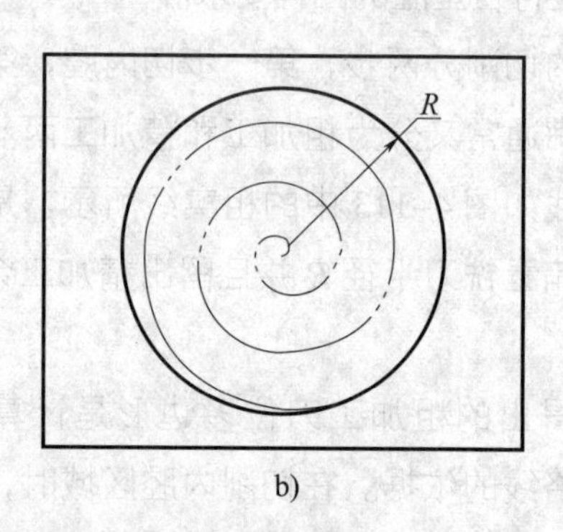

图 4-116 加工圆形型腔平面的进给路线

a）环切法 b）阿基米德螺旋线切削方法

R—型腔半径

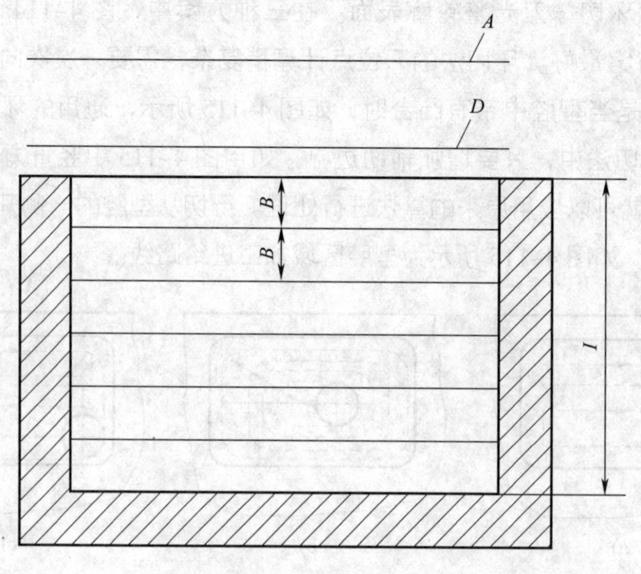

图 4-117 深度进给路线

I—型腔深度 *B*—深度方向每次进给量 *A*—起刀平面 *D*—初始平面

采用环切法编程简单，只用圆弧插补即可完成。但是，这是一种断续加工方法，并且只能采用法向进给，在精加工时容易形成接刀痕。

采用阿基米德螺旋线进给路线加工是一种连续进给方法，在精加工时可以采用切向进给的方法，较为理想。但编程较为复杂，这是因为一般的数控系统都不具备非圆曲线的插补功能。

看一看

自己加工型腔时采用的是哪种方法？

第七节　典型零件的数控铣削工艺分析

一、轮廓的加工

1. 外轮廓的加工（曲面加工）

加工如图 4–118 所示的曲面零件，材料为 45 钢，毛坯尺寸（长 × 宽 × 高）为 120 mm×120 mm×30 mm，单件生产，本工序的任务是加工曲面和凹槽。其数控铣床加工工艺分析如下：

（1）零件图分析

该零件主要由平面、曲面及平面凹槽组成，其中曲面的表面质量要求最高，$Ra \leqslant 0.8\ \mu m$，其余表面要求较高，$Ra \leqslant 1.6\ \mu m$。整体尺寸精度要求不高，毛坯余量较大，零件材料为 45 钢，切削加工性能较好。

根据上述分析，曲面表面要分粗加工、半精加工和精加工三个阶段进行，以保证表面粗糙度要求，其余凹槽表面也要粗、精加工分开进行。

（2）确定工件的装夹方式

该零件外形规则，又是单件生产，因此选用机床用平口虎钳夹紧，以底面和侧面定位，用等高垫铁垫起，注意工件露出平口虎钳钳口要有足够的高度。

（3）确定加工顺序及进给路线

按照先粗后精的原则确定加工顺序。先加工出上台阶面，即在毛坯上半部分先加工出一个高 10 mm 的圆柱台阶，注意圆柱台阶的大小应是曲面和上台阶面经过 $R5$ mm 圆弧过渡后的相交线的大小，再以圆柱台阶为毛坯加工曲面，最后加工 4 个 $R10$ mm 和 4 个

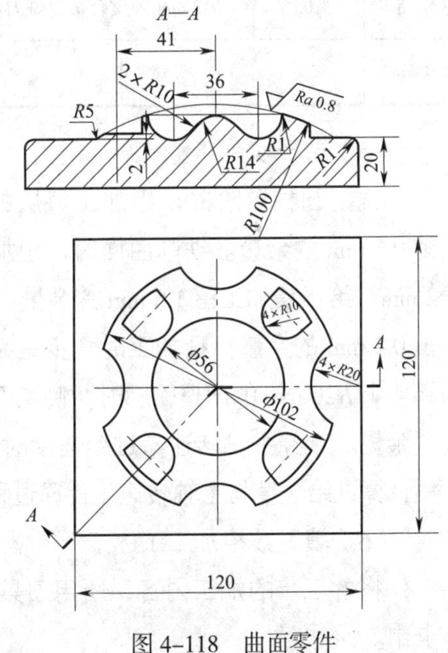

图 4–118　曲面零件

R20 mm 的凹槽轮廓。为了保证表面质量，曲面加工采用粗加工→半精加工→精加工→抛光的方案，其他表面采用粗加工→精加工方案。在铣削曲面时，粗加工采用螺旋下刀，精加工采用垂直下刀，进给采用顺铣环行切削。在铣削圆柱台阶时，加入切入、切出过渡圆弧，刀具从毛坯外沿轮廓切线方向切入、切出，采用垂直下刀。在铣削 4 个 R10 mm 和 4 个 R20 mm 的凹槽轮廓时，刀具从轮廓延长线切入、切出，采用垂直下刀。圆柱台阶和凹槽轮廓在平面进给和深度进给方向均采用顺铣方式分层铣削。

（4）确定数控加工刀具

根据零件的材料和结构特点，在铣削圆柱台阶、粗加工曲面及铣削凹槽轮廓时，采用硬质合金立铣刀，半精铣、精铣曲面时采用硬质合金球头铣刀。所选刀具及其加工表面见表 4–16 所列的曲面零件数控加工刀具卡。

表 4–16　　曲面零件数控加工刀具卡

产品名称或代号		零件名称	曲面零件		零件图号	
序号	刀具号	刀具			加工表面	备注
		规格及名称	数量	刀长 /mm		
1	T01	ϕ20 mm 硬质合金立铣刀	1		粗、精加工上台阶面	
2	T02	ϕ10 mm 硬质合金立铣刀	1		粗加工曲面	
3	T03	ϕ10 mm 硬质合金球头铣刀	1		半精加工、精加工曲面	
4	T04	ϕ16 mm 硬质合金立铣刀	1		粗、精加工 4 个 R20 mm 的凹槽	
5	T05	ϕ12 mm 硬质合金立铣刀	1		粗、精加工 4 个 R10 mm 凹槽	
编制		审核	批准		年 月 日 / 共 页	第 页

（5）选择切削用量

铣削圆柱台阶时，粗加工每层的侧吃刀量选为 5 mm，背吃刀量选为 3 mm，给精加工留 0.5 mm 的余量。铣削曲面时，粗加工采用等高加工，侧吃刀量选为 3 mm，背吃刀量选为 2 mm，给半精加工留 1.5 mm 的余量；半精加工时，选用球头铣刀，步距为 0.5 mm，给精加工留 0.3 mm 的余量；精加工时，步距为 0.2 mm，给抛光留 0.05 mm 的余量。铣削 4 个 R10 mm 和 4 个 R20 mm 的凹槽轮廓时，侧吃刀量选为 5 mm，背吃刀量选为 3 mm，给精加工留 0.5 mm 的余量。选择主轴转速与进给速度时，先查切削用量手册，确定切削速度与每齿进给量，然后计算进给速度与主轴转速（计算过程从略），具体数值详见加工工序卡。

（6）填写数控加工工序卡

将各工步的加工内容、所用刀具和切削用量填入表 4–17 所列的曲面零件数控加工工序卡中。

表 4–17　　曲面零件数控加工工序卡

单位名称		产品名称或代号		零件名称		零件图号	
				曲面零件			
工序号	程序编号	夹具名称		使用设备		车间	
		机床用平口虎钳		XK5034		数控中心	
工步号	工步内容	刀具号	刀具规格/mm	主轴转速 n/（r/min）	进给速度 v_f/（mm/min）	背吃刀量 a_p/mm	备注
1	粗加工上台阶面	T01	ϕ20	630	60	3	
2	精加工上台阶面	T01	ϕ20	800	40	0.5	
3	粗加工曲面	T02	ϕ10	700	50	2	
4	半精加工曲面	T03	ϕ10	800	40	1.5	
5	精加工曲面	T03	ϕ10	1 000	30	0.3	
6	粗加工 4 个 R20 mm 的凹槽	T04	ϕ16	600	50	3	
7	精加工 4 个 R20 mm 的凹槽	T04	ϕ16	800	30	0.5	
8	粗加工 4 个 R10 mm 的凹槽	T05	ϕ12	700	40	3	
9	精加工 4 个 R10 mm 的凹槽	T05	ϕ12	900	30	0.5	
编制	审核		批准		年　月　日	共　页	第　页

做一做

根据加工工艺画出进给路线图。

2. 内轮廓的加工

利用加工中心铣削如图 4–119 所示的十字凹形板零件，材料为 45 钢，调质处理，四周外形和上、下表面已加工合格。

（1）零件图分析

1）主要精度要求。中心通孔直径为$30^{+0.033}_{0}$ mm，对基准 D 垂直度公差为 ϕ0.03 mm，对基准 B 和 C 对称度公差为 0.04 mm，孔端倒角为 C1 mm；4 段圆弧直径为$45^{+0.062}_{0}$ mm，与基准 A 同轴度公差为 ϕ0.03 mm；水平两处槽宽尺寸为$18^{+0.043}_{0}$ mm，对基准 B 对称度公差为 0.04 mm；垂直槽两处，槽宽尺寸为$18^{+0.043}_{0}$ mm，对基准 C 对称度公差为 0.04 mm；槽深为$6^{+0.075}_{0}$ mm；水平槽及垂直槽总长均为$80^{+0.12}_{0}$ mm。中心通孔表面粗糙度 $Ra \leqslant 1.6$ μm，槽底面表面粗糙度 $Ra \leqslant 6.3$ μm，其余部位表面粗糙度 $Ra \leqslant 3.2$ μm。

2）毛坯。四周和上、下表面已加工合格的矩形工件，材料为 45 钢，调质处理，工艺性能较好。

（2）确定工件的装夹方式

采用机床用平口虎钳装夹，工件以侧面和底面作为定位基准，支承垫铁要让出$\phi 30^{+0.033}_{0}$ mm 孔位置，工件顶面伸出钳口 8 mm 左右，用百分表找正。

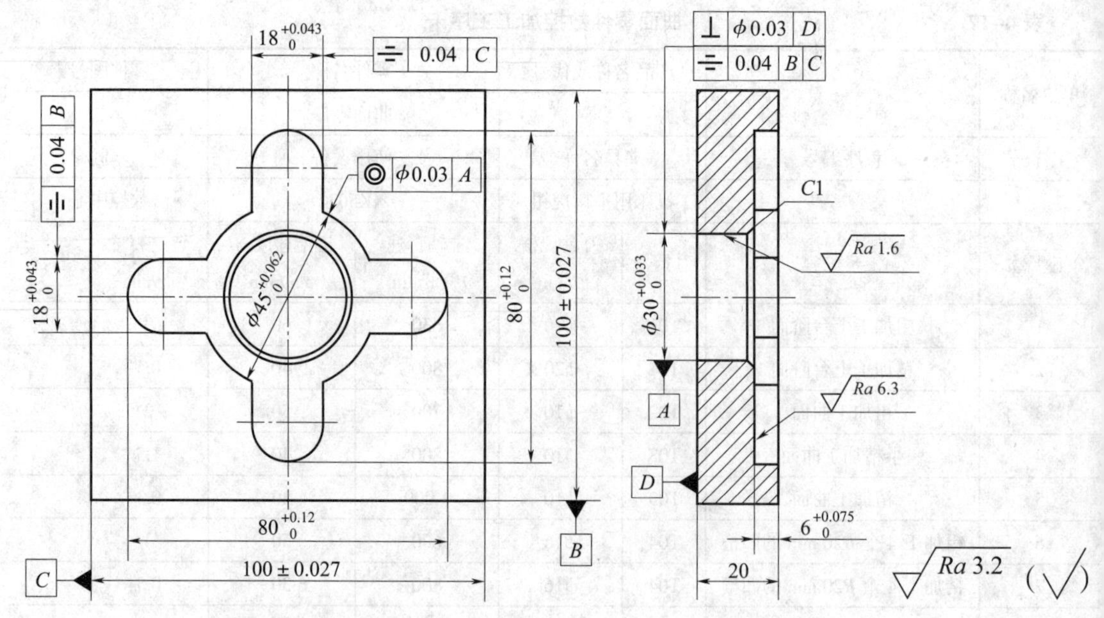

图 4–119　内轮廓加工实例（十字凹形板零件）

（3）确定加工工艺

1）确定铣削方案。根据图样的精度要求，本工件宜在立式加工中心上用立铣刀铣削加工。

2）选择加工中心。选用 XH714 型立式加工中心。

3）粗加工 ϕ30 mm 孔。

①钻中心孔。

②钻 ϕ12 mm 的通孔。

③钻 ϕ28 mm 的通孔。

④用 ϕ16 mm 粗加工立铣刀，采用顺铣方式，利用辅助圆弧引入、引出线切向切入、切出，粗铣 ϕ30 mm 孔，留 0.50 mm 单边余量。

4）粗铣圆槽轮廓。直接用 ϕ16 mm 粗加工立铣刀，采用顺铣方式，利用辅助圆弧引入、引出线切向切入、切出，粗铣圆槽，底面和侧面留 0.50 mm 单边余量。

5）粗铣十字形槽。直接用 ϕ16 mm 粗加工立铣刀，采用顺铣方式，利用辅助圆弧引入、引出线切向切入、切出，粗铣各槽，底面和侧面留 0.50 mm 单边余量。

6）半精铣 ϕ30 mm 孔。用 ϕ16 mm 精加工立铣刀，采用顺铣方式，利用辅助圆弧引入、引出线切向切入、切出，半精加工 ϕ30 mm 孔，留 0.10 mm 单边余量。

7）半精铣圆槽轮廓。用 ϕ16 mm 精加工立铣刀，采用顺铣方式，利用辅助圆弧引入、引出线切向切入、切出，半精铣圆槽，底面和侧面留 0.10 mm 单边余量。

8）半精铣十字形槽。直接用 ϕ16 mm 精加工立铣刀，采用顺铣方式，利用辅助圆弧引入、引出线切向切入、切出，半精铣十字形槽，底面和侧面留 0.10 mm 单边余量。

9）精铣圆槽。直接用 ϕ16 mm 精加工立铣刀，根据实测工件尺寸，采用顺铣方式，利用辅助圆弧引入、引出线切向切入、切出，精铣圆槽至图样要求的尺寸。

10）精铣十字形槽。直接用 $\phi16$ mm 精加工立铣刀，根据实测工件尺寸，采用顺铣方式，利用辅助圆弧引入、引出线切向切入、切出，精铣十字形槽至图样要求的尺寸。

11）$\phi30$ mm 孔端倒角。用 90° 锪钻并对刀，倒角为 $C1$ mm。

12）精镗 $\phi30$ mm 的孔。用镗刀精镗孔至图样要求的尺寸。

（4）确定数控加工刀具

$\phi5$ mm 中心钻一个，$\phi16$ mm 的粗铣、精铣立铣刀各一把，$\phi12$ mm 和 $\phi28$ mm 的麻花钻各一个，$\phi25$ ~ 30 mm 的镗刀一把；$\phi35$ mm 的 90° 锪钻一个。

（5）选择切削用量

本零件较简单，切削用量可由读者自己确定。

（6）注意事项

1）半精铣、精铣时一定要采用顺铣方式，以提高尺寸精度和表面质量。

2）镗孔时应采用试切法来调节镗刀。

3）$\phi30$ mm 孔的正下方不能放置垫铁，并应控制钻头的进刀深度，以免损坏平口虎钳和刀具。

做一做

自己改变本零件的形状与尺寸，重新确定一下其加工工艺。

二、槽的加工

平面凸轮槽零件是数控铣削加工中常见的零件之一，其轮廓曲线的组成不外乎直线和圆弧、圆弧和圆弧、圆弧和非圆曲线以及非圆曲线和非圆曲线等几种。所用数控铣床多为两轴以上联动的数控铣床，加工工艺过程也大同小异。下面以图 4–120 所示的平面槽形凸轮为例分析其数控铣削加工工艺，其外部轮廓尺寸已经由前道工序加工完毕，本工序的主要任务是加工槽与孔。该零件材料为 HT200，其数控铣削加工工艺分析如下：

1. 零件图分析

零件材料为铸铁，其切削加工工艺性能较好。凸轮槽内、外轮廓由直线和圆弧组成，凸轮槽的侧面以及 $\phi\,20^{+0.021}_{\ 0}$ mm 和 $\phi\,12^{+0.018}_{\ 0}$ mm 两内孔表面质量要求较高，$Ra \leq 1.6$ μm。凸轮槽的内、外轮廓面和 $\phi\,20^{+0.021}_{\ 0}$ mm 孔与底面有一定的垂直度要求。

由上述分析可知，凸轮槽内、外轮廓以及 $\phi\,20^{+0.021}_{\ 0}$ mm 和 $\phi\,12^{+0.018}_{\ 0}$ mm 两孔的加工应分粗、精两个加工阶段进行，以保证表面粗糙度要求。对于垂直度要求，只要提高装夹精度和装夹刚度，使 A 面与铣刀和钻头轴线垂直即可满足要求。

2. 确定工件的装夹方式

一般大型凸轮可用等高垫块垫在工作台上，然后用压板、螺栓在凸轮的孔上压紧。外轮廓平面盘形凸轮的垫块要小于凸轮的轮廓尺寸，以免与铣刀发生干涉。对于小型凸轮，一般用心轴定位，压紧即可。

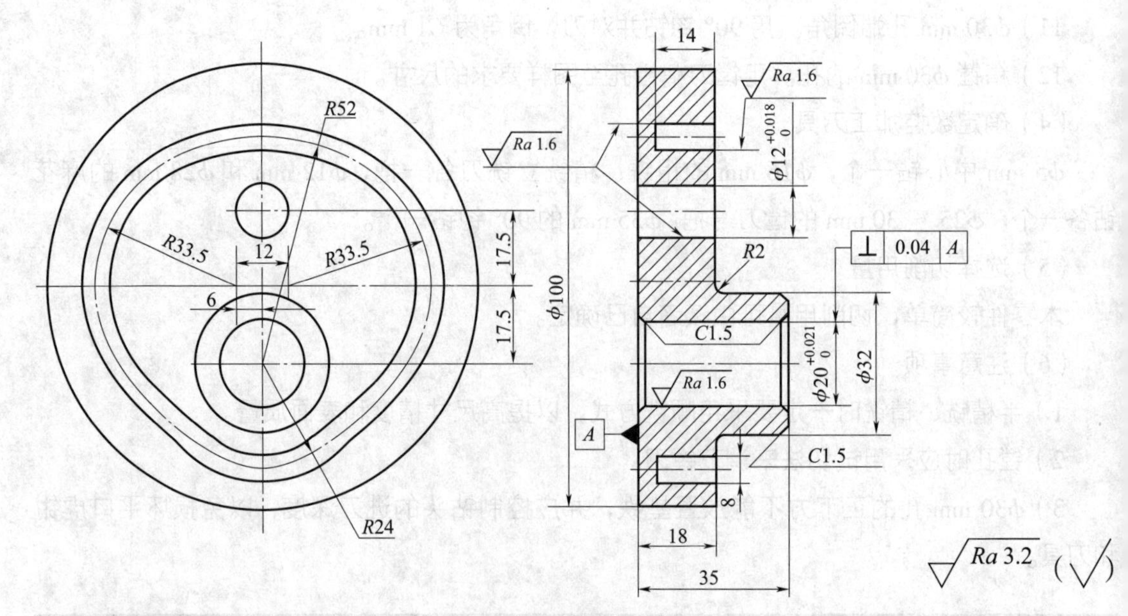

图 4-120　平面槽形凸轮

根据图 4-120 所示的平面槽形凸轮的结构特点，采用“一面两孔”定位。用一块 120 mm×120 mm×40 mm 的垫块，在垫块上分别精镗 ϕ20 mm 及 ϕ12 mm 两个定位销安装孔，孔距为 35 mm，垫块平面度公差为 0.04 mm。加工前先固定垫块，使两定位销孔的中心连线与机床的 *X* 轴平行，垫块的平面要保证与工作台面平行，并用百分表检查。

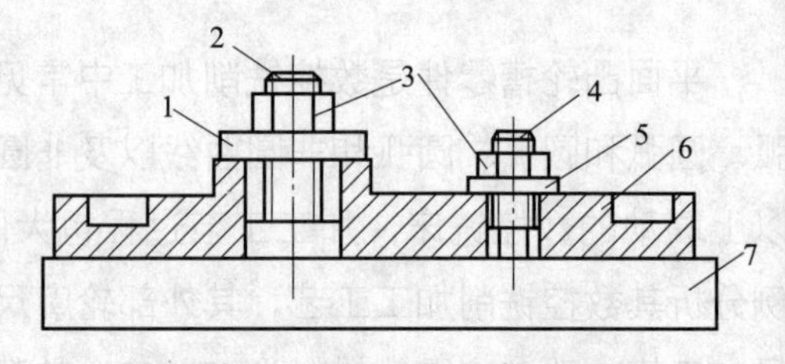

图 4-121　凸轮零件的装夹方案

1—开口垫圈　2—带螺纹圆柱销
3—压紧螺母　4—带螺纹削边销
5—垫圈　6—工件　7—垫块

如图 4-121 所示为本例凸轮零件的装夹方案。加工 $\phi 20^{+0.021}_{0}$ mm 及 $\phi 12^{+0.018}_{0}$ mm 两孔时，以底面 *A* 定位，采用压板夹紧。加工凸轮槽内、外轮廓时，采用“一面两孔”方式定位，即以底面 *A* 以及 $\phi 20^{+0.021}_{0}$ mm 和 $\phi 12^{+0.018}_{0}$ mm 两个孔为定位基准。

3. 确定加工顺序及进给路线

加工顺序的拟定按照基面先行和先粗后精的原则确定。因此，应先加工用做定位基准的 $\phi 20^{+0.021}_{0}$ mm 及 $\phi 12^{+0.018}_{0}$ mm 两个孔，然后再加工凸轮槽内、外轮廓表面。为保证加工精度，粗、精加工应分开，其中，$\phi 20^{+0.021}_{0}$ mm 及 $\phi 12^{+0.018}_{0}$ mm 两个孔的加工采用钻孔→粗铰→精铰方案。

进给路线包括平面内进给和深度进给两部分。平面内进给时，对外凸轮廓从切线方向切入，对内凹轮廓从过渡圆弧切入。为使凸轮槽表面具有较高的表面质量，采用顺铣方式铣削，对外凸轮廓按顺时针方向铣削，对内凹轮廓按逆时针方向铣削，如图 4-122 所示为铣刀在水平面内铣削平面槽形凸轮的切入进给路线。在两轴半联动的数控铣床上铣削平面槽形凸轮时，深度进给有两种方法，一种是在 *XZ*（或 *YZ*）平面内来回铣削逐渐进刀到既定深度；另一种方法是先打工艺孔，然后从工艺孔进刀到既定深度。

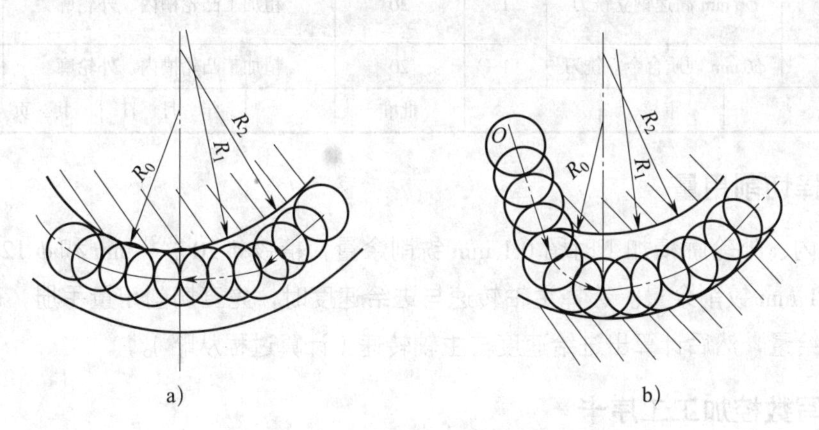

图 4-122　平面槽形凸轮的切入进给路线
a）沿直线切入外轮廓　b）从过渡圆弧切入内轮廓

4. 确定数控加工刀具

铣刀材料和几何参数主要根据零件材料的切削加工性、工件表面几何形状和尺寸大小选择；切削用量则根据零件材料的特点、刀具性能及加工精度要求确定。通常为提高切削效率要尽量选用大直径的铣刀；侧吃刀量取刀具直径的 1/3 ~ 2/3，背吃刀量应大于冷硬层厚度；切削速度和进给速度应通过试验来选取效率和刀具寿命的综合最佳值，精铣时切削速度应高些。

根据零件结构特点，铣削凸轮内、外轮廓时，铣刀直径受槽宽限制，取 ϕ6 mm。粗加工选用 ϕ6 mm 的高速钢立铣刀，精加工选用 ϕ6 mm 的硬质合金立铣刀。平面槽形凸轮加工刀具卡见表 4-18。

表 4-18　　　　**平面槽形凸轮加工刀具卡**

产品名称或代号		剪板机	零件名称		平面槽形凸轮	零件图号	TL—001
序号	刀具号	刀具			加工表面		备注
		规格及名称	数量	刀长 /mm			
1	T01	ϕ5 mm 中心钻	1		钻 ϕ5 mm 中心孔		
2	T02	ϕ19.6 mm 钻头	1	45	ϕ20 mm 孔粗加工		
3	T03	ϕ11.6 mm 钻头	1	30	ϕ12 mm 孔粗加工		
4	T04	ϕ20 mm 铰刀	1	45	$\phi 20^{+0.021}_{0}$ mm 孔精加工		
5	T05	ϕ12 mm 铰刀	1	30	$\phi 12^{+0.018}_{0}$ mm 孔精加工		
6	T06	90° 倒角铣刀	1		$\phi 20^{+0.021}_{0}$ mm 孔口倒角 *C*1.5 mm		

续表

序号	刀具号	刀具			加工表面	备注
		规格及名称	数量	刀长 /mm		
7	T07	ϕ6 mm 高速钢立铣刀	1	20	粗加工凸轮槽内、外轮廓	槽底圆角 R0.5 mm
8	T08	ϕ6 mm 硬质合金立铣刀	1	20	精加工凸轮槽内、外轮廓	
编制		审核		批准	年 月 日	共 页　第 页

5. 选择切削用量

凸轮槽内、外轮廓精加工时留 0.1 mm 铣削余量，精铰 $\phi\,20\,_{0}^{+0.021}$ mm 和 $\phi\,12\,_{0}^{+0.018}$ mm 两个孔时留 0.1 mm 铰削余量。选择主轴转速与进给速度时，先查切削用量手册，确定切削速度与每齿进给量，然后计算出进给速度与主轴转速（计算过程从略）。

6. 填写数控加工工序卡

将各工步的加工内容、所用刀具和切削用量填入表 4–19 所列的平面槽形凸轮数控加工工序卡中。

表 4–19　　平面槽形凸轮数控加工工序卡

单位名称		产品名称或代号		零件名称		零件图号
				平面槽形凸轮		TL—001
工序号	程序编号	夹具名称		使用设备		加工车间
001	P001—001	螺旋压板		TH5632		数控车间
工步号	工步内容	刀具号	刀具规格	主轴转速 n/（r/min）	进给速度 v_f/（mm/min）	背吃刀量 a_p/mm
1	以 A 面定位，钻两个中心孔（ϕ5 mm）	T01	ϕ5 mm	800		
2	钻 ϕ19.6 mm 孔	T02	ϕ19.6 mm	400	40	
3	钻 ϕ11.6 mm 孔	T03	ϕ11.6 mm	400	40	
4	铰 $\phi\,20\,_{0}^{+0.021}$ mm 孔	T04	ϕ20 mm	130	20	0.2
5	铰 $\phi\,12\,_{0}^{+0.018}$ mm 孔	T05	ϕ12 mm	130	20	0.2
6	$\phi\,20\,_{0}^{+0.021}$ mm 孔口倒角 C1.5 mm	T06	90°	400	20	
7	一面两孔定位，粗铣凸轮槽的内轮廓	T07	ϕ6 mm	1 100	40	4
8	粗铣凸轮槽的外轮廓	T07	ϕ6 mm	1 100	40	4
9	精铣凸轮槽的内轮廓	T08	ϕ6 mm	1 500	20	14
10	精铣凸轮槽的外轮廓	T08	ϕ6 mm	1 500	20	14
11	翻面装夹，铣削 A 面，$\phi20\,_{0}^{+0.021}$ mm 孔口倒角 C1.5 mm	T08	90°	400	20	
编制	审核	批准		年 月 日	共 页	第 页

做一做

根据本零件的加工工艺画出其进给路线图。

三、盖板零件的加工

盖板是机械加工中常见的零件，加工表面有平面和孔，通常需经铣削平面、钻孔、扩孔、镗孔、铰孔及攻螺纹等工步才能完成。下面以图 4–123 所示的盖板为例介绍其在加工中心上的加工工艺。

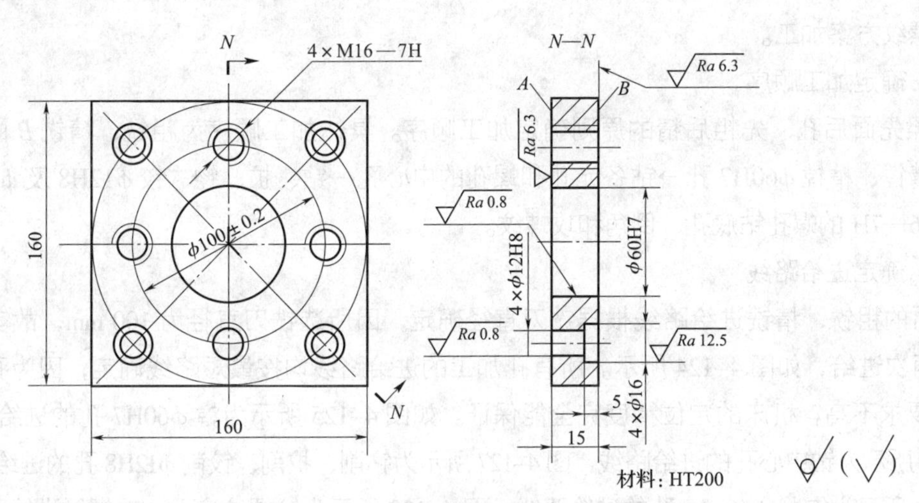

图 4–123 盖板

1. 零件图分析

该盖板的材料为铸铁，故毛坯为铸件。由图 4–123 可知，盖板的四个侧面为不加工表面，全部加工表面都集中在 *A* 面和 *B* 面上。最高精度为 IT7 级。从工序集中和便于定位两个方面考虑，选择在加工中心上加工 *B* 面及位于 *B* 面上的全部孔，将 *A* 面作为主要定位基准，并在前道工序中先完成加工。

2. 确定工件的装夹方式

该盖板形状简单，四个侧面较光整，加工表面与不加工表面之间的位置精度要求不高，故可选用机床用平口虎钳，以盖板底面 *A* 和两个侧面定位，用平口虎钳钳口从侧面夹紧。

3. 确定加工工艺

（1）选择加工中心

由于 *B* 面及位于 *B* 面上的全部孔只需单工位加工即可完成，故选择立式加工中心。加工表面不多，只有粗铣、精铣、粗镗、半精镗、精镗、钻孔、扩孔、锪孔、铰孔及攻螺纹等工步，所需刀具不超过 20 把。选用国产 XH714 型立式加工中心即可满足上述要求。该机床工作台尺寸为 400 mm×800 mm，*X* 轴行程为 600 mm，*Y* 轴行程为 400 mm，*Z* 轴行程为 400 mm，主轴端面至工作台面距离为 125 ~ 525 mm，定位精度和重复定位精度分别为 0.02 mm 和 0.01 mm，刀库容量为 18 把，工件一次装夹后可自动完成铣削、钻孔、镗孔、铰孔及攻螺纹等工步的加工。

（2）选择加工方法

平面 *B* 用铣削方法加工，因其表面粗糙度 $Ra \leqslant 6.3$ μm，故采用粗铣→精铣方案；图样上 ϕ60H7 的孔为已铸出毛坯孔，为达到精度 IT7 级和表面粗糙度 $Ra \leqslant 0.8$ μm 的要求，需经三次镗削，即采用粗镗→半精镗→精镗方案；对图样上 ϕ12H8 的孔，为防止钻偏和达到 IT8 级精度，采用钻中心孔→钻孔→扩孔→铰孔方案；ϕ16 mm 孔在 ϕ12H8 孔的基础上锪至尺寸即可；M16—7H 的螺孔采用先钻底孔后攻螺纹的加工方法，即按钻中心孔→钻底孔→倒角→攻螺纹方案加工。

（3）确定加工顺序

按照先面后孔、先粗后精的原则确定加工顺序。具体加工顺序为粗铣、精铣 *B* 面→粗镗、半精镗、精镗 ϕ60H7 孔→钻各光孔和螺孔的中心孔→钻、扩、锪、铰 ϕ12H8 及 ϕ16 mm 孔→ M16—7H 的螺孔钻底孔、倒角和攻螺纹。

（4）确定进给路线

B 面的粗铣、精铣进给路线根据铣刀直径确定，因所选铣刀直径为 100 mm，故安排沿 *X* 方向两次进给，如图 4–124 所示。所有孔加工的进给路线均按最短路线确定，因为孔的位置精度要求不高，机床的定位精度完全能保证。如图 4–125 所示为镗 ϕ60H7 孔的进给路线，图 4–126 所示为钻中心孔的进给路线，图 4–127 所示为钻削、扩削、铰削 ϕ12H8 孔的进给路线，图 4–128 所示为锪削 ϕ16 mm 孔的进给路线，图 4–129 所示为钻螺纹底孔、攻螺纹进给路线。

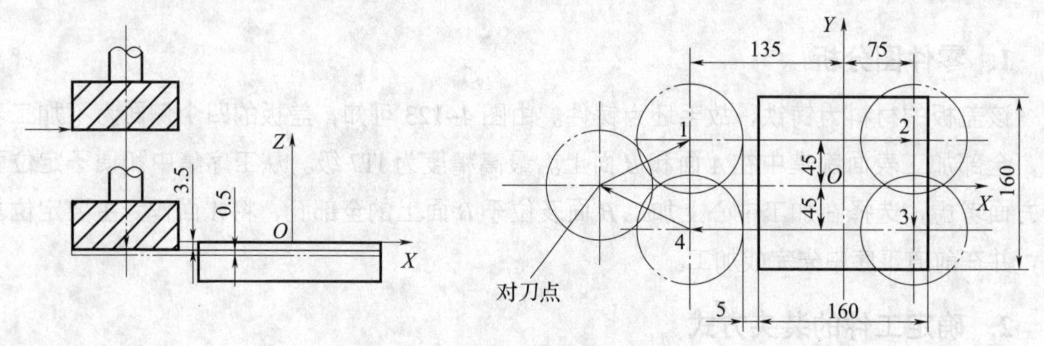

图 4–124 铣削 *B* 面的进给路线

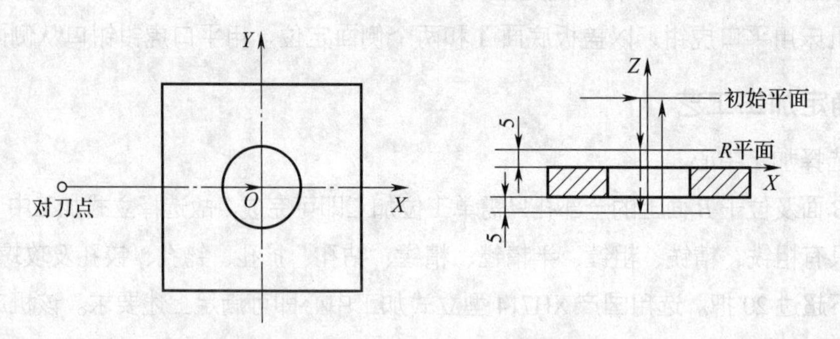

图 4–125 镗 ϕ60H7 孔的进给路线

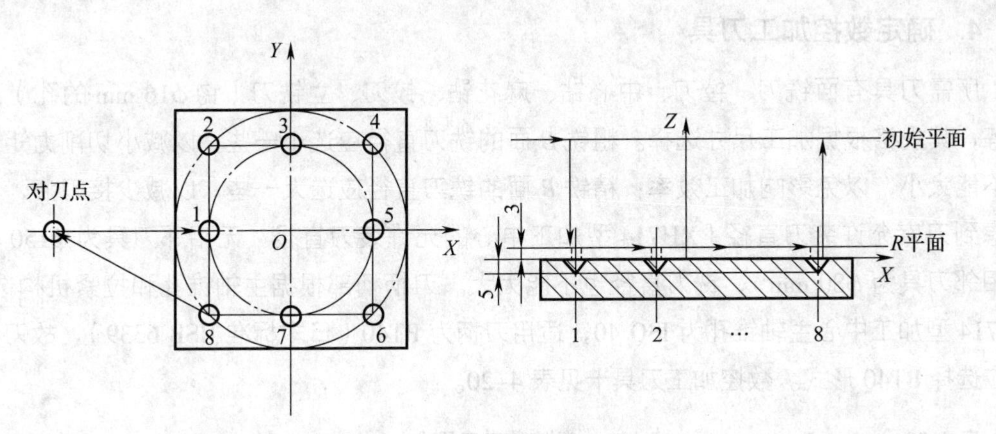

图 4-126 钻中心孔的进给路线

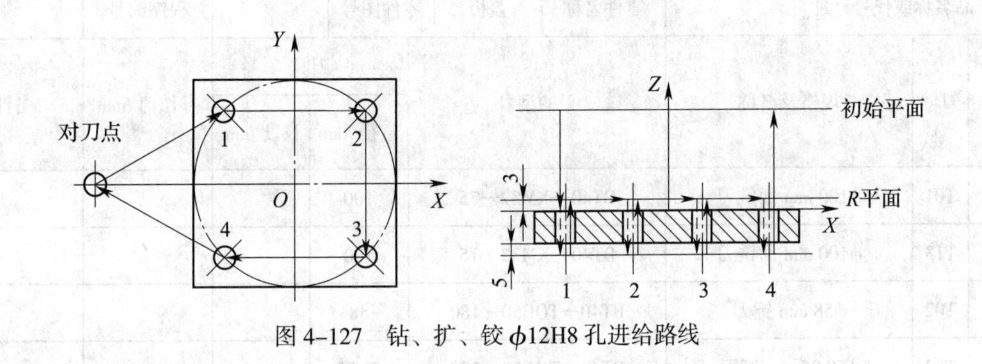

图 4-127 钻、扩、铰 ϕ12H8 孔进给路线

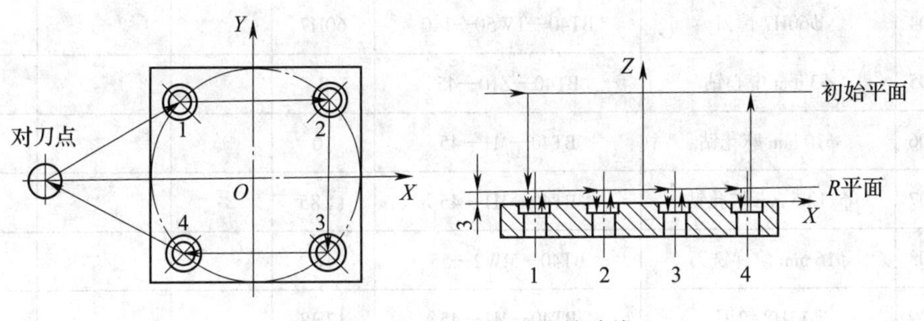

图 4-128 锪 ϕ16 mm 孔进给路线

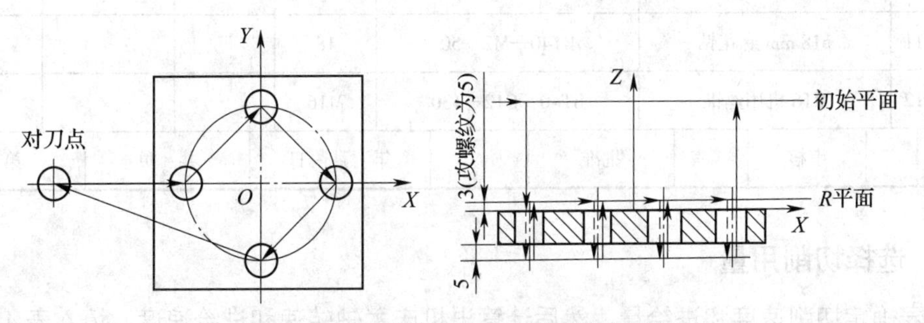

图 4-129 钻螺纹底孔、攻螺纹进给路线

4. 确定数控加工刀具

所需刀具有面铣刀、镗刀、中心钻、麻花钻、铰刀、立铣刀（锪 ϕ16 mm 的孔）及丝锥等，其规格根据加工尺寸选择。粗铣 *B* 面的铣刀直径应选小一些，以减小切削力矩，但也不能太小，以免影响加工效率；精铣 *B* 面的铣刀直径应选大一些，以减少接刀痕，但要考虑到刀库允许装刀直径（XH714 型加工中心的允许装刀直径：无相邻刀具为 ϕ150 mm，有相邻刀具为 ϕ80 mm），铣刀直径也不能太大。刀柄柄部根据主轴锥孔和拉紧机构选择。XH714 型加工中心主轴锥孔为 ISO 40，适用刀柄为 BT40（日本标准 JISB 6339），故刀柄柄部应选择 BT40 形式。数控加工刀具卡见表 4-20。

表 4-20　　数控加工刀具卡

<table>
<tr><td colspan="3">产品名称或代号</td><td>零件名称</td><td>盖板</td><td>零件图号</td><td></td><td>程序编号</td><td></td></tr>
<tr><td rowspan="2">工步号</td><td rowspan="2">刀具号</td><td rowspan="2">规格及名称</td><td rowspan="2" colspan="2">刀柄型号</td><td colspan="2">刀具</td><td rowspan="2">补偿值 /mm</td><td rowspan="2">备注</td></tr>
<tr><td>直径 /mm</td><td>长度 /mm</td></tr>
<tr><td>1</td><td>T01</td><td>φ100 mm 面铣刀</td><td colspan="2">BT40—XM32—75</td><td>100</td><td></td><td></td><td></td></tr>
<tr><td>2</td><td>T13</td><td>φ100 mm 面铣刀</td><td colspan="2">BT40—XM32—75</td><td>100</td><td></td><td></td><td></td></tr>
<tr><td>3</td><td>T02</td><td>φ58 mm 镗刀</td><td colspan="2">BT40—TQC50—180</td><td>58</td><td></td><td></td><td></td></tr>
<tr><td>4</td><td>T03</td><td>φ59.95 mm 镗刀</td><td colspan="2">BT40—TQC50—180</td><td>59.95</td><td></td><td></td><td></td></tr>
<tr><td>5</td><td>T04</td><td>φ60H7 镗刀</td><td colspan="2">BT40—TW50—140</td><td>60H7</td><td></td><td></td><td></td></tr>
<tr><td>6</td><td>T05</td><td>φ3 mm 中心钻</td><td colspan="2">BT40—Z10—45</td><td>3</td><td></td><td></td><td></td></tr>
<tr><td>7</td><td>T06</td><td>φ10 mm 麻花钻</td><td colspan="2">BT40—M1—45</td><td>10</td><td></td><td></td><td></td></tr>
<tr><td>8</td><td>T07</td><td>φ11.85 mm 扩孔钻</td><td colspan="2">BT40—M1—45</td><td>11.85</td><td></td><td></td><td></td></tr>
<tr><td>9</td><td>T08</td><td>φ16 mm 阶梯铣刀</td><td colspan="2">BT40—MW2—55</td><td>16</td><td></td><td></td><td></td></tr>
<tr><td>10</td><td>T09</td><td>φ12H8 铰刀</td><td colspan="2">BT40—M1—45</td><td>12H8</td><td></td><td></td><td></td></tr>
<tr><td>11</td><td>T10</td><td>φ13.9 mm 麻花钻</td><td colspan="2">BT40—M1—45</td><td>13.9</td><td></td><td></td><td></td></tr>
<tr><td>12</td><td>T11</td><td>φ18 mm 麻花钻</td><td colspan="2">BT40—M2—50</td><td>18</td><td></td><td></td><td></td></tr>
<tr><td>13</td><td>T12</td><td>M16 机用丝锥</td><td colspan="2">BT40—G12—130</td><td>M16</td><td></td><td></td><td></td></tr>
<tr><td colspan="9">编制　　审核　　批准　　年　月　日　　共　页　　第　页</td></tr>
</table>

5. 选择切削用量

查表确定切削速度和进给量，然后计算出机床主轴转速和进给速度，填入表 4-21 所列的数控加工工序卡。

表 4–21　　数控加工工序卡

单位名称		产品名称或代号	零件名称	材料	零件图号
			盖板	HT200	

工序号	程序编号	夹具名称	夹具编号	使用设备	车间
		机床用平口虎钳		XH714	

工步号	工步内容	加工面	刀具号	刀具规格/mm	主轴转速 n/(r/min)	进给速度 v_f/(mm/min)	背吃刀量 a_p/mm	备注
1	粗铣平面 B，留余量 0.5 mm		T01	ϕ100	300	70	3.5	
2	精铣平面 B 至尺寸		T13	ϕ100	350	50	0.5	
3	将图样上 ϕ60H7 的孔粗镗至 ϕ58 mm		T02	ϕ58	400	60		
4	将图样上 ϕ60H7 的孔半精镗至 ϕ59.95 mm		T03	ϕ59.95	450	50		
5	精镗 ϕ60H7 孔至尺寸		T04	ϕ60H7	500	40		
6	钻 4 个 ϕ12H8 及 4 个 M16 的中心孔		T05	ϕ3	1 000	50		
7	将图样上 4 个 ϕ12H8 的孔钻至 ϕ10 mm		T06	ϕ10	600	60		
8	将图样上 4 个 ϕ12H8 的孔扩至 ϕ11.85 mm		T07	ϕ11.85	300	40		
9	锪 4 个 ϕ16 mm 孔至尺寸		T08	ϕ16	150	30		
10	铰 4 个 ϕ12H8 孔至尺寸		T09	ϕ12H8	100	40		
11	钻 4 个 M16 螺孔的底孔至 ϕ13.9 mm		T10	ϕ13.9	450	60		
12	对 4 个 M16 的螺孔倒角		T11	ϕ18	300	40		
13	攻 4 个 M16—7H 的螺孔		T12	M16	100	200		

编制		审核		批准		年　月　日	共　页	第　页

四、支架零件的加工

如图 4–130 所示为薄板状支架，其结构及形状较复杂，是适合数控铣削加工的一种典型零件。下面简要介绍该零件的工艺分析过程。

1. 零件图分析

由图 4–130 可知，该零件的加工轮廓由列表曲线、圆弧及直线构成，形状复杂，加工、检验都较困难，除底平面宜在普通铣床上铣削外，其余各加工部位均需采用数控机床铣削加工。

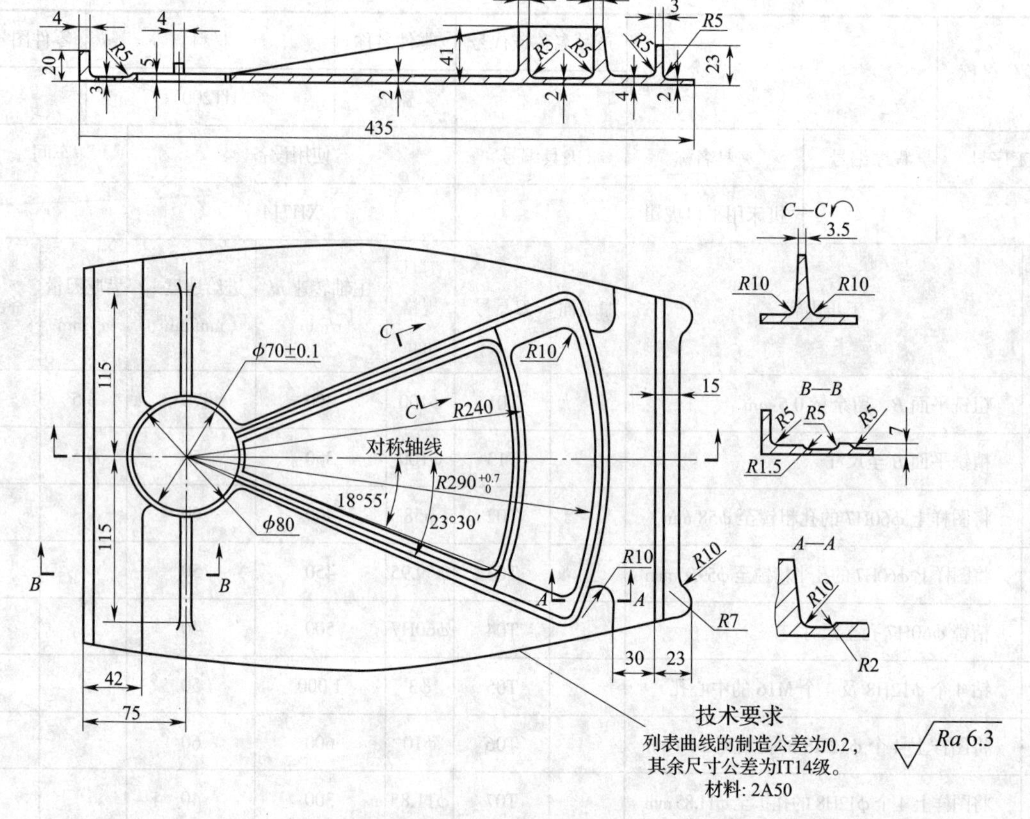

图 4-130 薄板状支架

该零件的列表曲线尺寸公差为 0.2 mm，其余尺寸公差为 IT14 级，表面粗糙度 *Ra* ≤ 6.3 μm，一般不难保证。但其腹板厚度只有 2 mm，且面积较大，加工时极易产生振动，可能会导致其壁厚公差及表面粗糙度的要求难以达到。

支架的毛坯与零件相似，各处均有单边加工余量 5 mm（毛坯图略）。零件在加工后各处厚薄尺寸相差悬殊，除扇形框外，其他各处刚度较低，尤其是腹板两面切削余量相对值较大，故该零件在铣削过程中及铣削后都将产生较大的变形。

该零件被加工轮廓表面的最大高度 H=41−2=39 mm，转接圆弧为 *R*10 mm，R/H 略大于 0.2，故该处的铣削工艺性尚可。各处圆角为 *R*10 mm、*R*5 mm、*R*2 mm 和 *R*1.5 mm，利用圆角制造公差可将 *R*2 mm 和 *R*1.5 mm 统一为 *R*1.5 mm。另外，铣削列表曲线轮廓面、ϕ（70 ± 0.1）mm 内孔、腹板表面的铣刀底圆角半径可取 0.5 mm，这样大致需要四把不同底圆角半径的铣刀。

零件尺寸的标注基准［对称轴线、底平面、ϕ（70 ± 0.1）mm 的孔中心线］较统一，且无封闭尺寸；构成该零件轮廓形状的各几何元素条件充分，无相互矛盾之处，有利于编程。

分析其定位基准，只有底面及 ϕ70 mm 的孔（可先制成 ϕ20H7 的工艺孔）可作为定位基准，还缺一个孔，需要在毛坯上制作一辅助工艺基准。

根据上述分析，针对提出的主要问题，采取以下工艺措施：

（1）采用真空夹具，提高薄板件的装夹刚度。

（2）安排粗、精加工及钳工矫形工序。

（3）采用小直径铣刀加工，减小切削力。

（4）先铣加强肋，后铣腹板，最后铣外形及 ϕ（70±0.1）mm 的孔，有利于提高刚度，防止产生振动。

（5）在毛坯右侧对称轴线处增加一工艺凸耳，并在该凸耳上加工一工艺孔，解决缺少的定位基准问题。

（6）腹板与扇形框周缘相接处的底圆角半径为 10 mm，采用底圆为 R10 mm 的球头成形铣刀（带 7° 斜角）加工完成。

2. 确定工件的装夹方式

在数控铣削加工工序中，选择底面、ϕ（70±0.1）mm 孔位置上预制的 ϕ20H7 工艺孔以及工艺凸耳上的工艺孔作为定位基准，即“一面两孔”定位。相应的夹具定位组件为“一面两销”。

如图 4–131 所示为铣削支架的专用过渡真空平台，利用真空吸紧工件，夹紧面积大，刚度高，铣削时不易产生振动，尤其适用于装夹薄板件。为防止抽真空装置发生故障或漏

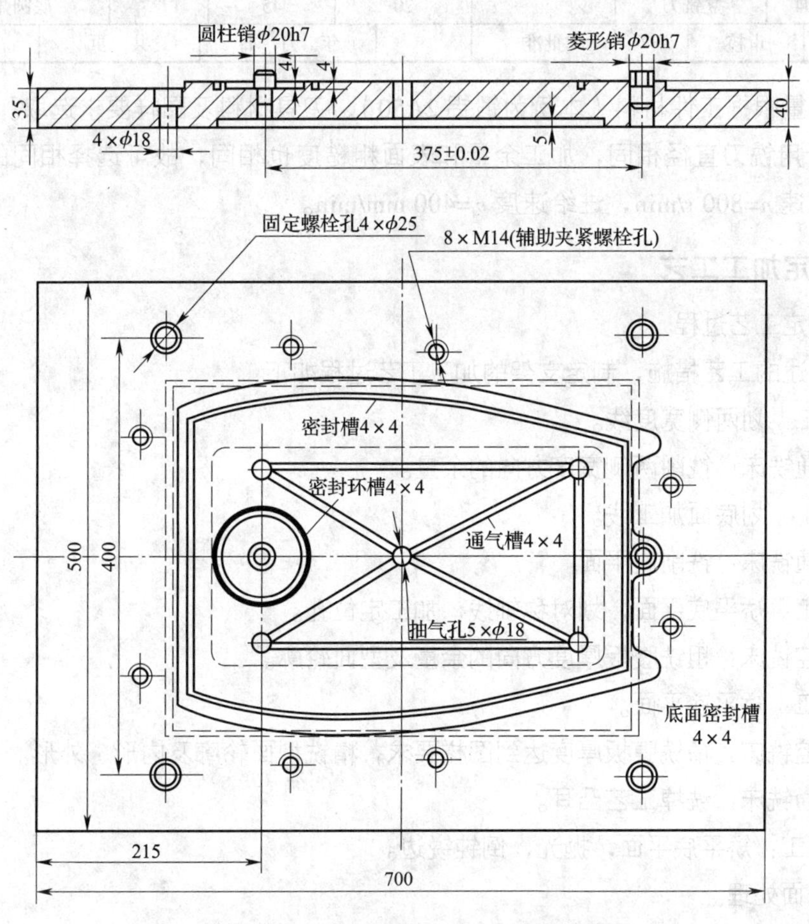

图 4–131 铣削支架的专用过渡真空平台

气，使夹紧力消失或下降，可另加辅助夹紧装置，避免工件松动。如图 4–132 所示为数控铣削支架时工件装夹图。

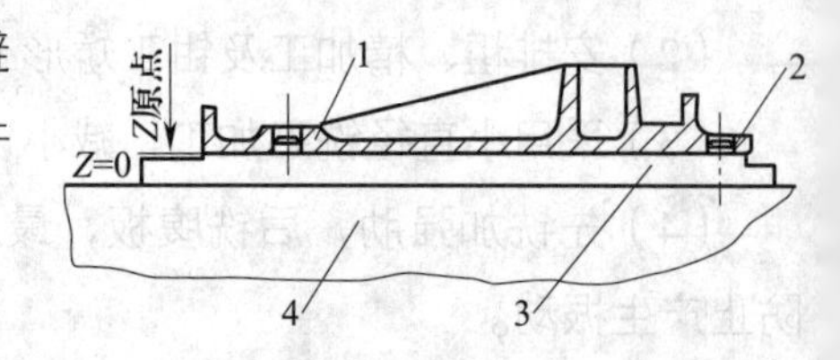

图 4–132　数控铣削支架时工件装夹图

1—支架　2—工艺凸耳及定位孔

3—真空夹具平台　4—机床真空平台

3. 确定数控加工刀具和切削用量

铣刀种类及几何尺寸根据被加工表面的形状和尺寸选择。本例数控精铣工序选用的铣刀为立铣刀和成形铣刀，刀具材料为高速钢，所选铣刀及其几何尺寸见表 4–22 所列的数控加工刀具卡。

表 4–22　　数控加工刀具卡

产品名称或代号		零件名称	支 架	零件图号		程序号	
工步号	刀具号	刀具名称	刀柄型号	刀具		补偿量 / mm	备注
				直径 /mm	刀长 /mm		
1	T01	立铣刀		20	45		底圆角 $R5$ mm
2	T02	成形铣刀		小头 20	45		底圆角 $R10$ mm 带 7° 斜角
3	T03	立铣刀		20	45		底圆角 $R0.5$ mm
4	T04	立铣刀		20	45		底圆角 $R1.5$ mm
编制		审核		批准	年 月 日	共 页	第 页

切削用量根据工件材料（本例为锻铝 2A50）、刀具材料及图样要求选取。数控精铣的三个工步所用铣刀直径相同，加工余量和表面粗糙度也相同，故可选择相同的切削用量。所选主轴转速 n=800 r/min，进给速度 v_f=400 mm/min。

4. 确定加工工艺

（1）制定工艺过程

根据前述的工艺措施，制定支架的加工工艺过程如下：

1）钳工：划两侧宽度线。

2）普通铣床：铣削两侧宽度方向的余量。

3）钳工：划底面加工线。

4）普通铣床：铣削底平面。

5）钳工：矫平底平面，划对称轴线，加工定位孔。

6）数控铣床：粗铣腹板厚度方向的余量及型面轮廓。

7）钳工：矫平底平面。

8）数控铣床：精铣腹板厚度达到图样要求，精铣型面轮廓及内形、外形。

9）普通铣床：铣掉工艺凸耳。

10）钳工：矫平底平面，抛光，倒钝锐边。

11）表面处理。

（2）划分数控铣削加工工步并安排加工顺序

支架在数控机床上进行铣削加工的工序共两道，按同一把铣刀的加工内容来划分工步，其中数控精铣工序可划分为三个工步，具体的工步内容及工步顺序参见表 4–23 所列的数控加工工序卡（粗铣工序省略）。

表 4–23　　数控加工工序卡

单位名称			产品名称或代号		零件名称		材 料	零件图号
					支架		2A50	
工序号	程序编号	夹具名称	夹具编号		使用设备		车间	
		真空夹具						
工步号	工步内容		加工面	刀具号	刀具规格/mm	主轴转速 n/（r/min）	进给速度 v_f/（mm/min）	背吃刀量 a_p/mm	备注
1	铣型面轮廓周边圆角 $R5$ mm			T01	$\phi20$	800	400		
2	铣扇形框内、外形			T02	$\phi20$	800	400		
3	铣外形及 ϕ（70±0.1）mm 孔			T03	$\phi20$	800	400		
编制		审核		批准		年 月 日	共 页	第 页	

（3）确定进给路线

为直观起见和便于编程，绘制进给路线图。如图 4–133 ~ 图 4–135 所示为数控精铣工序中三个工步的进给路线，其中铣削支架型面轮廓周边圆角 $R5$ mm 的进给路线如图 4–133 所示，铣削支架扇形框内、外形的进给路线如图 4–134 所示，铣削支架外形的进给路线如图 4–135 所示。图中 Z 值是铣刀在 Z 轴方向移动的坐标。在第三工步进给路线中，铣削 ϕ（70±0.1）mm 孔的进给路线未绘出。粗铣进给路线从略。

数控机床进给路线图	零件图号		工序号		工步号	1	程序编号	
机床型号		程序段号		加工内容	铣削型面轮廓周边圆角 $R5$ mm		共 3 页	第 1 页

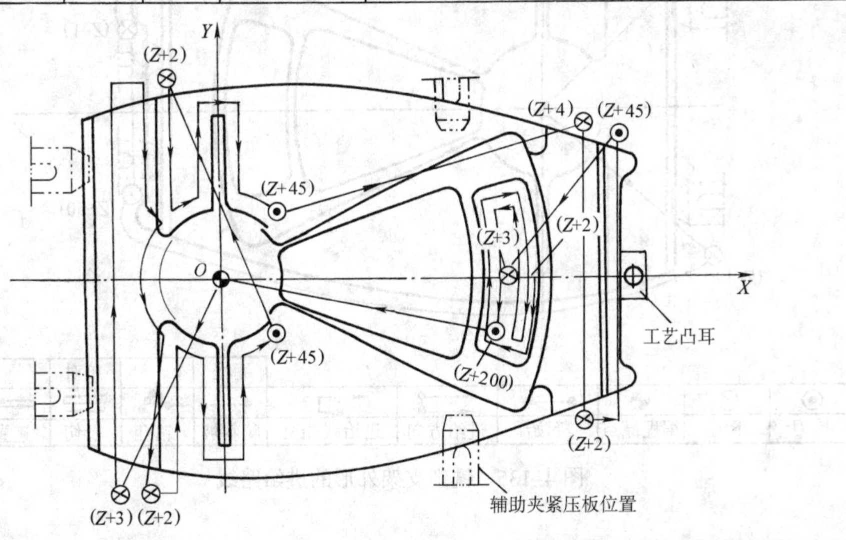

						编程		校对		审批
符号	⊙	⊗								
含义	抬刀	下刀	编程原点	起始	进给方向	进给线相交	爬斜坡	钻孔	行切	轨迹重叠	回切

图 4–133　铣削支架型面轮廓周边圆角 $R5$ mm 的进给路线

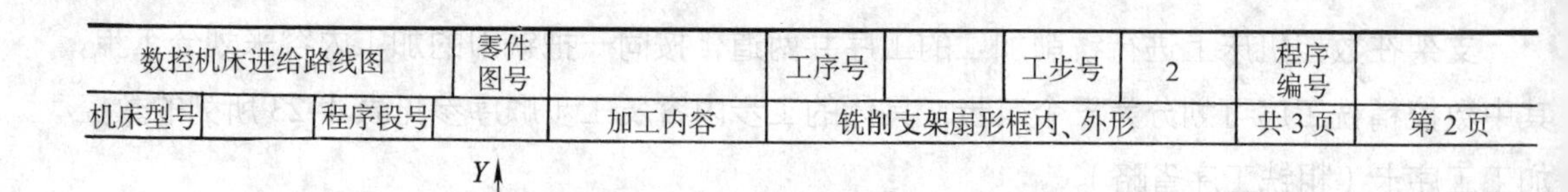

数控机床进给路线图		零件图号		工序号		工步号	2	程序编号	
机床型号		程序段号		加工内容	铣削支架扇形框内、外形			共3页	第2页

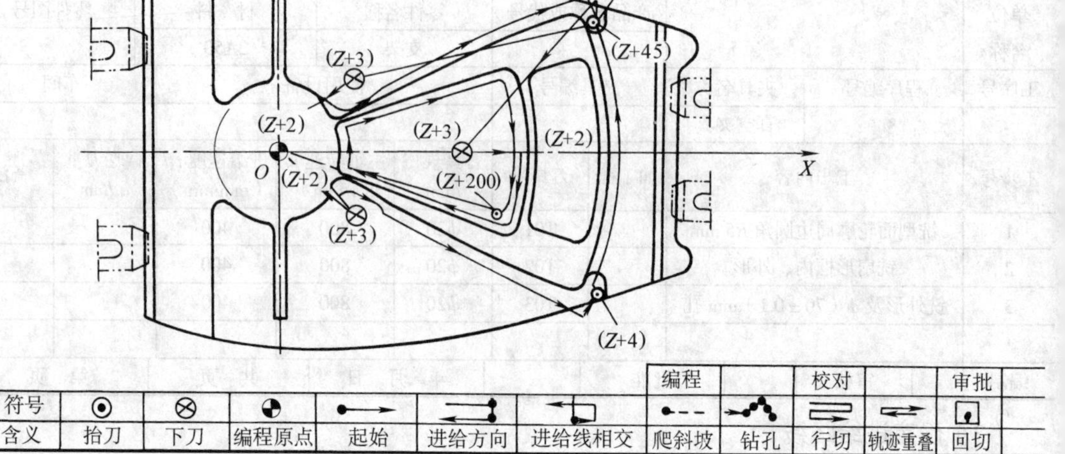

							编程		校对		审批
符号	⊙	⊗									
含义	抬刀	下刀	编程原点	起始	进给方向	进给线相交	爬斜坡	钻孔	行切	轨迹重叠	回切

图 4–134　铣削支架扇形框内、外形的进给路线

数控机床进给路线图		零件图号		工序号		工步号	3	程序编号	
机床型号		程序段号		加工内容	铣削支架外形			共3页	第3页

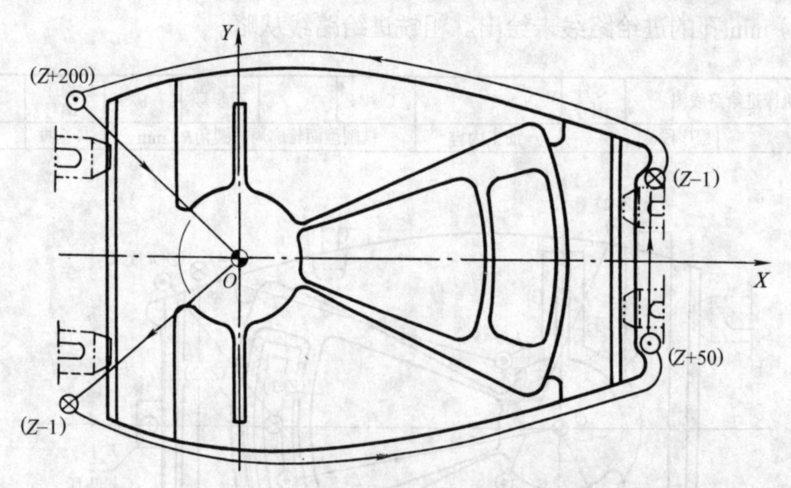

							编程		校对		审批
符号	⊙	⊗									
含义	抬刀	下刀	编程原点	起始	进给方向	进给线相交	爬斜坡	钻孔	行切	轨迹重叠	回切

图 4–135　铣削支架外形的进给路线

五、铣床变速箱体零件的加工

如图 4–136 所示为 XQ5030 型铣床变速箱体。

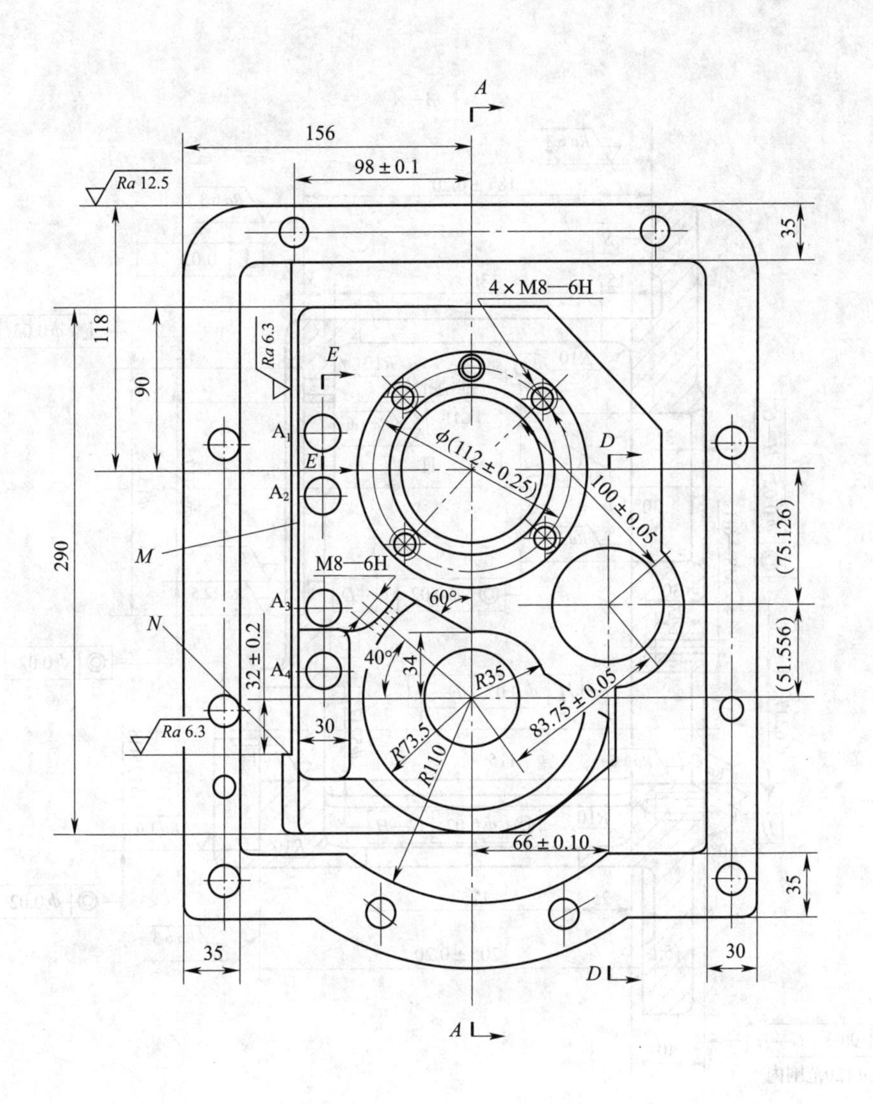
A
156
98 ± 0.1
Ra 12.5
35
4 × M8—6H
118
Ra 6.3
E
90
A1
ϕ(112 ± 0.25)
D
E
A2
100 ± 0.05
(75.126)
290
M
M8—6H
A3
60°
N
32 ± 0.2
40°
34
A4
R35
(51.556)
83.75 ± 0.05
Ra 6.3
30
R73.5
R110
66 ± 0.10
35
35
30
D
A

D—D

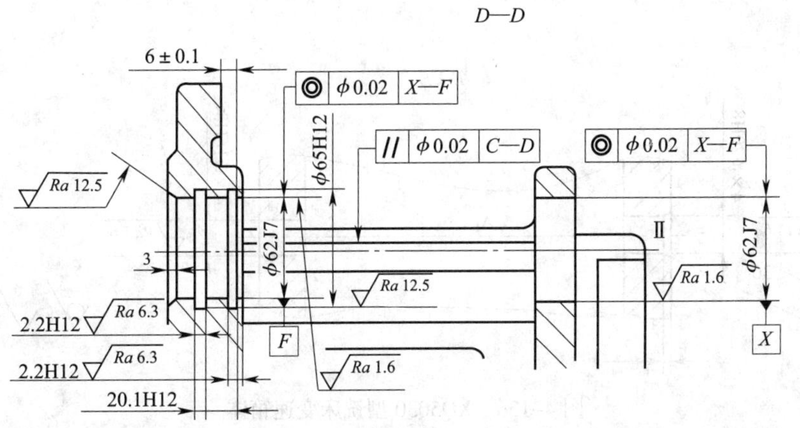
6 ± 0.1
ϕ 0.02 X—F
ϕ65H12
// ϕ 0.02 C—D
ϕ 0.02 X—F
Ra 12.5
ϕ62J7
Ⅱ
ϕ62J7
3
Ra 12.5
Ra 1.6
2.2H12 Ra 6.3
F
X
2.2H12 Ra 6.3
Ra 1.6
20.1H12

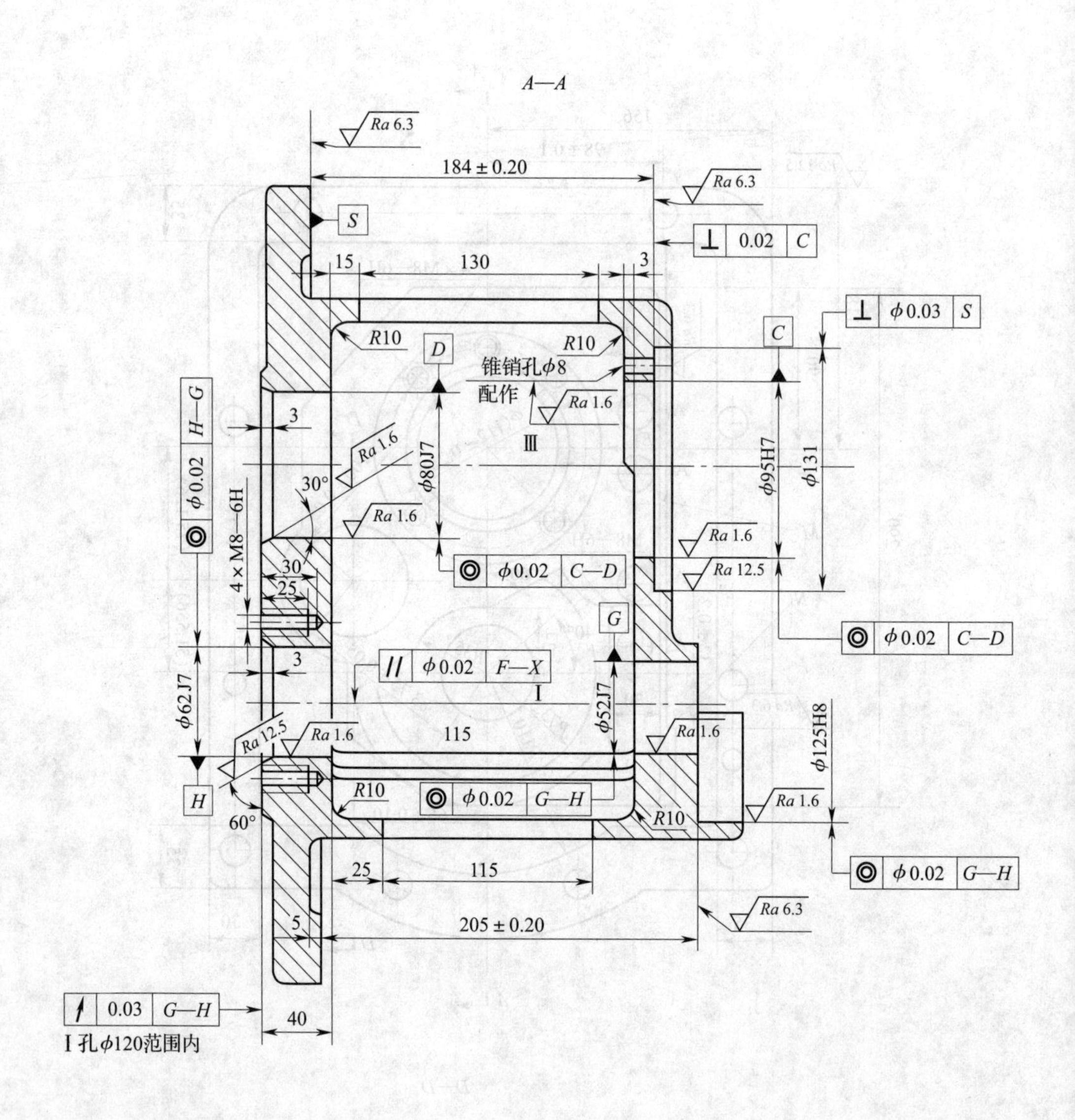

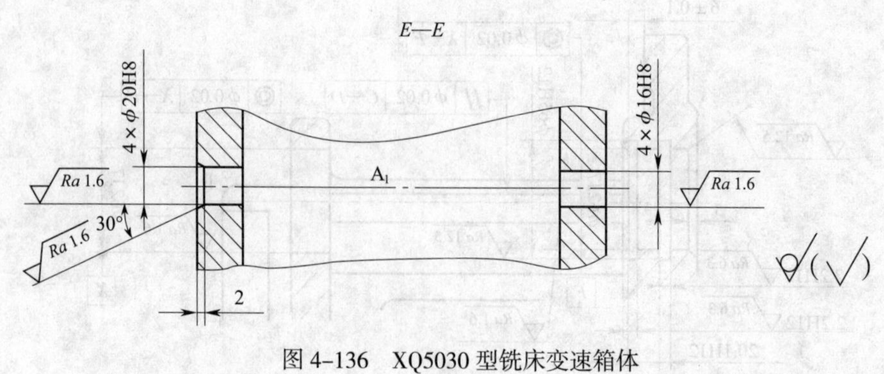

图 4-136　XQ5030 型铣床变速箱体

1. 零件图分析

变速箱体毛坯为铸件，壁厚不均匀，毛坯余量较大。主要加工表面集中在箱体左、右两壁上（相对于 *A*—*A* 剖视图），基本上是孔系。主要配合表面的尺寸精度为 IT7 级。为了保证变速箱体内齿轮的啮合精度，孔系之间及孔系内各孔之间均提出了较高的相互位置精度要求，其中Ⅰ孔对Ⅱ孔、Ⅱ孔对Ⅲ孔的平行度以及Ⅰ、Ⅱ、Ⅲ孔各孔之间的同轴度公差均为 ϕ0.02 mm。其余还有孔与平面及端面的垂直度要求。

2. 确定工件的装夹方式

选用组合夹具，以箱体上的 *M*、*S* 和 *N* 面定位（分别限制 3 个、2 个和 1 个自由度）。*M* 面向下放置在夹具水平定位面上，*S* 面靠在竖直定位面上，*N* 面靠在 *X* 向定位面上。上述三个面在前面的工序中用普通机床加工完成。

3. 确定数控加工刀具

数控加工刀具卡见表 4–24。

表 4–24　　数控加工刀具卡

产品名称或代号		XQ5030	零件名称	变速箱体	零件图号		程序编号
工步号	刀具号	规格及名称	刀柄型号	刀具		补偿量/mm	备注
				直径 /mm	长度 /mm		
1	T01	ϕ45 mm 粗齿立铣刀	JT40—MW4—85	45			
2	T01						
3	T02	ϕ94.2 mm 镗刀	JT50—TZC80—220	94.2			
4	T03	ϕ61.2 mm 镗刀	JT50—TZC50—200	61.2			
5	T05	ϕ51.2 mm 镗刀	JT50—TZC40—180	51.2			
6	T07	专用铣刀 I 24—24	JT50—M2—180				
7	T09	中心钻 I 34—4	JT50—M2—50				
8	T11	ϕ15 mm 锥柄麻花钻	JT50—M2—50	15			
9	T45	ϕ120 mm 面铣刀	JT50—XM32—105	120			
10	T13	ϕ79.2 mm 镗刀	JT50—TZC63—220	79.2			
11	T03						
12	T03						
13	T07						

续表

工步号	刀具号	规格及名称	刀柄型号	刀具		补偿量 /mm	备注
				直径 /mm	长度 /mm		
14	T09						
15	T57	ϕ18.5 mm 锥柄麻花钻	JT50—M2—135	18.5			
16	T55	ϕ6.7 mm 钻头	JT50—Z10—45	6.7			
17	T58	ϕ125H8 镗刀	JT50—TZC100—200	125H8			
18	T01						
19	T16	ϕ94.85 mm 镗刀	JT50—TZC80—220	94.85			
20	T18	ϕ95H7 镗刀	JT50—TZC80—220	95H7			
21	T20	ϕ61.85 mm 镗刀	JT50—TZC50—220	61.85			
22	T22	ϕ62J7 镗刀	JT50—TZC50—220	62J7			
23	T24	ϕ51.85 mm 镗刀	JT50—TZC40—180	51.85			
24	T26	ϕ52J7 铰刀	JT50—K22—250	52J7			
25	T10	ϕ15.85 mm 专用镗刀	JT50—M2—50	15.85			
26	T32	ϕ16H8 铰刀	JT50—M2—50	16H8			
27	T34	ϕ79.85 mm 镗刀	JT50—TZC63—220	79.85			
28	T36	ϕ89 mm 倒角刀	JT50—TZC63—220	89			
29	T38	ϕ80J7 镗刀	JT50—TZC63—220	80J7			
30	T20						
31	T40	ϕ69 mm 倒角刀	JT50—TZC50—200	69			
32	T42	专用切槽刀 I 22—28	JT50—M4—75				
33	T22						
34	T20						
35	T40						
36	T22						
37	T50	ϕ19.85 mm 专用镗刀	JT50—M2—135	19.85			
38	T52	ϕ20H8 铰刀	JT50—M2—50	20H8			
39	T60	M8 丝锥	JT40—G12—130	M8			

编制		审核		批准		年 月 日	共 页	第 页

4. 选择切削用量

数控加工工序卡见表 4–25，所选切削用量参见表 4–25。

表 4–25　　数控加工工序卡

单位名称		产品名称或代号	零件名称	材料	零件图号
		XQ5030	变速箱体	HT200	
工序号	程序编号	夹具名称	夹具编号	使用设备	车间
		组合夹具		卧式加工中心	

工步号	工步内容	加工面	刀具号	刀具规格/mm	主轴转速 n/（r/min）	进给速度 v_f/（mm/min）	背吃刀量 a_p/mm	备注
	B0°							
1	将图样上Ⅰ孔中 ϕ125H8 孔粗铣至 ϕ124.85 mm		T01	ϕ45	150	60		
2	粗铣Ⅲ孔中 ϕ131 mm 的台阶，Z 向留 0.1 mm 余量		T01		150	60		
3	将图样上 ϕ95H7 孔粗镗至 ϕ94.2 mm		T02	ϕ94.2	180	100		
4	将图样上 ϕ62J7 孔粗镗至 ϕ61.2 mm		T03	ϕ61.2	250	80		
5	将图样上 ϕ52J7 孔粗镗至 ϕ51.2 mm		T05	ϕ51.2	350	60		
6	锪平 4 个 ϕ16H8 孔端面		T07	I24—24	600	40		
7	在图样上 4 个 ϕ16H8 孔处钻中心孔		T09	I34—4	1 000	80		
8	将图样上 4 个 ϕ16H8 孔钻至 ϕ15 mm		T11	ϕ15	600	60		
	B180°							
9	铣 40 mm 尺寸左侧面		T45	ϕ120	300	60		
10	将图样上 ϕ80J7 孔粗镗至 ϕ79.2 mm		T13	ϕ79.2	200	80		
11	将图样上Ⅱ孔中 ϕ62J7 孔粗镗至 ϕ61.2 mm		T03		250	80		
12	将图样上Ⅰ孔中 ϕ62J7 孔粗镗至 ϕ61.2 mm		T03		250	80		

续表

工步号	工步内容	加工面	刀具号	刀具规格/mm	主轴转速 n/（r/min）	进给速度 v_f/（mm/min）	背吃刀量 a_p/mm	备注
13	锪平 4 个 ϕ20H8 孔端面		T07		600	40		
14	钻 4×ϕ20H8、2×M8—6H 孔中心孔		T09		1 000	80		
15	钻 4×ϕ20H8 孔至 ϕ18.5 mm		T57	ϕ18.5	500	60		
16	钻 2×M8—6H 底孔至 ϕ6.7 mm		T55	ϕ6.7	800	80		
	B0°							
17	精镗 ϕ125H8 孔至图样要求		T58	ϕ125H8	150	60		
18	精铣 ϕ131 mm 孔至图样要求		T01		250	40		
19	将图样上 ϕ95H7 孔半精镗至 ϕ94.85 mm		T16	ϕ94.85	250	80		
20	精镗 ϕ95H7 孔至图样要求		T18	ϕ95H7	320	40		
21	将图样上 ϕ62J7 孔半精镗至 ϕ61.85 mm		T20	ϕ61.85	350	60		
22	精镗 ϕ62J7 孔至图样要求		T22	ϕ62J7	450	40		
23	将图样上 ϕ52J7 孔半精镗至 ϕ51.85 mm		T24	ϕ51.85	400	40		
24	铰 ϕ52J7 孔至图样要求		T26	ϕ52J7	100	50		
25	将图样上 4 个 ϕ16H8 孔镗至 ϕ15.85 mm		T10	ϕ15.85	250	40		
26	铰 4 个 ϕ16H8 孔至图样要求		T32	ϕ16H8	80	50		
	B180°							
27	将图样上 ϕ80J7 孔半精镗至 ϕ79.85 mm		T34	ϕ79.85	270	60		
28	ϕ80J7 孔孔端倒角		T36	ϕ89	100	40		
29	精镗 ϕ80J7 孔至图样要求		T38	ϕ80J7	400	40		
30	将图样上Ⅱ孔中 ϕ62J7 孔半精镗至 ϕ61.85 mm		T20	ϕ61.85	350	60		

续表

工步号	工步内容	加工面	刀具号	刀具规格/mm	主轴转速 n/（r/min）	进给速度 v_f/（mm/min）	背吃刀量 a_p/mm	备注
31	Ⅱ孔中 ϕ62J7 孔孔端倒角		T40	ϕ69	100	40		
32	用圆弧插补方式铣两个卡簧槽		T42	I22—28	150	20		
33	精镗Ⅱ孔中 ϕ62J7 孔至图样要求		T22		450	40		
34	将图样上Ⅰ孔中 ϕ62J7 孔半精镗至 ϕ61.85 mm		T20		350	60		
35	Ⅰ孔中 ϕ62J7 孔孔端倒角		T40		100	40		
36	精镗Ⅰ孔中 ϕ62J7 孔至图样要求		T22		450	40		
37	将图样上 4 个 ϕ20H8 孔镗至 ϕ19.85 mm		T50	ϕ19.85	800	60		
38	铰 4 个 ϕ20H8 孔至图样要求		T52	ϕ20H8	60	50		
39	攻 4 个 M8—6H 的螺孔至图样要求		T60	M8	90	90		
编 制		审 核		批 准			共 页	第 页

注：“B0°”和“B180°”表示加工中心上两个互成 180° 的工位。

5. 确定加工工艺

（1）确定加工中心的加工内容

为了提高加工效率，保证各加工表面之间的相互位置精度，应尽可能在一次装夹下完成绝大部分表面的加工。因此，确定下列表面在加工中心上加工：Ⅰ孔中 ϕ52J7、ϕ62J7 和 ϕ125H8 孔，Ⅱ孔中两个 ϕ62J7 孔和两个 ϕ65H12 卡簧槽，Ⅲ孔中 ϕ80J7、ϕ95H7 和 ϕ131 mm 孔，Ⅰ孔左端面上的 4 个 M8—6H 螺孔和 40 mm 尺寸左侧面，以及 A_1、A_2、A_3 和 A_4 孔中的 ϕ16H8 和 ϕ20H8 孔。

（2）选择加工中心

根据零件的结构特点、尺寸和技术要求，选择日本一家公司生产的卧式加工中心。该加工中心的工作台面积为 630 mm×630 mm，工作台 X 向行程为 910 mm，Z 向行程为 635 mm，主轴 Y 向行程为 710 mm，刀库容量为 60 把，一次装夹可完成不同工位的钻孔、扩孔、铰孔、镗孔、铣削、攻螺纹等工步。

（3）选择加工方法

在确定的在加工中心上加工的表面中，除了 ϕ20 mm 以下孔未铸出毛坯孔外，其余孔均已铸出毛坯孔，所以，所需的加工方法包括钻削、锪削、镗削、铰削、铣削和攻螺纹等。针对加工表面的形状、尺寸和技术要求不同，采用不同的加工方案。

对 ϕ125H8 孔，因其不是一个完整的孔，若粗加工用镗削，则切削不连续，受较大的切削力冲击作用易引起振动，故粗加工用立铣刀以圆弧插补方式铣削，精加工用镗削，以保证该孔与Ⅰ孔的同轴度要求；对 ϕ131 mm 孔，因其孔径较大，孔深较浅，故粗、精加工用立铣刀铣削，同时完成孔壁和孔底平面的加工；为保证 4 个 ϕ16H8 及 4 个 ϕ20H8 孔的正确位置，均先锪孔口平面，再用中心钻钻中心孔，以防止钻偏；孔口倒角和切两个 ϕ65H12 的卡簧槽安排在精加工之前，以防止精加工后孔内产生毛刺。

根据加工部位的形状、尺寸的大小、精度要求的高低以及有无毛坯孔等，采用的加工方案如下：

ϕ125H8 孔：粗铣→精镗；

ϕ131 mm 孔：粗铣→精铣；

ϕ95H7 及 ϕ62J7 孔：粗镗→半精镗→精镗；

ϕ52J7 孔：粗镗→半精镗→铰孔；

Ⅰ、Ⅱ孔左侧 ϕ62J7 及Ⅲ孔左侧 ϕ80J7 孔：粗镗→半精镗→倒角→精镗；

4 个 ϕ16H8 及 4 个 ϕ20H8 孔：锪平→钻中心孔→钻孔→镗孔→铰孔；

4 个 M8—6H 螺孔：钻中心孔→钻底孔→攻螺纹；

两个 ϕ65H12 卡簧槽：立铣刀圆弧插补铣削；

40 mm 尺寸左侧面：铣削。

（4）划分加工阶段

为使切削过程中切削力和加工变形不至于过大，以及前面加工中所产生的变形（误差）能在后续加工中切除，各孔的加工都遵循先粗后精的原则。全部配合孔均需经粗加工、半精加工和精加工。先完成全部孔的粗加工，然后再完成各个孔的半精加工和精加工。整个加工过程划分成粗加工阶段和半精、精加工阶段。

（5）确定加工顺序

同轴孔系的加工全部从左右两侧分别进行，即“掉头加工”。加工顺序为：粗加工右侧面上的孔→粗加工左侧面上的孔→半精、精加工右侧面上的孔→半精、精加工左侧面上的孔。

想一想

本零件采用组合夹具装夹，组合夹具放在什么工作台上？

六、配合件加工实例

如图 4-137 所示为配合件，材料为 45 钢，件 1 毛坯尺寸为 200 mm×200 mm×30 mm，件 2 毛坯尺寸为 200 mm×200 mm×25 mm。

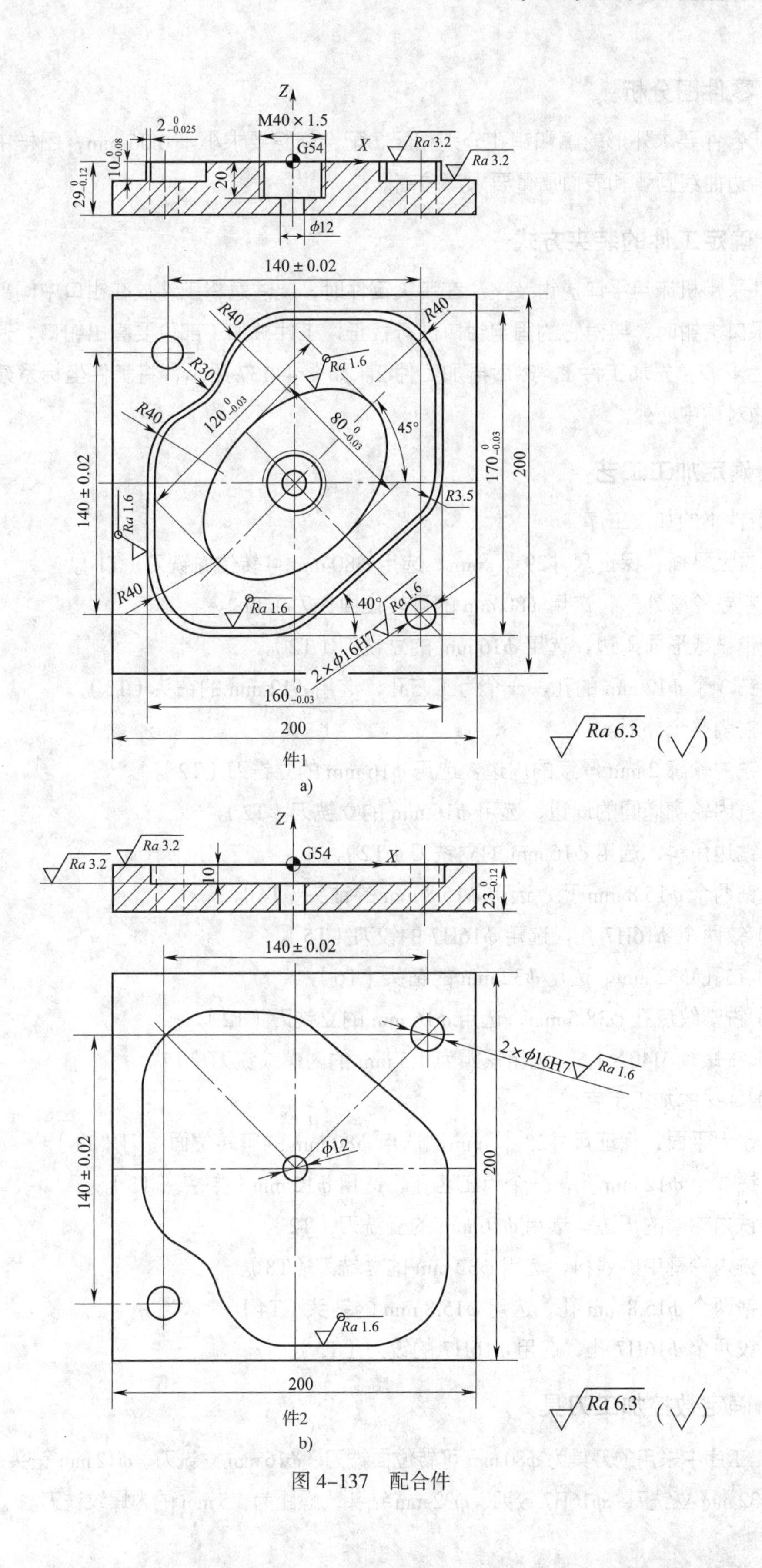
Z
M40 × 1.5
G54
X
Ra 3.2
Ra 3.2
140 ± 0.02
R40
R40
R30
Ra 1.6
R40
45°
R3.5
170 -0.03
200
140 ± 0.02
Ra 1.6
R40
Ra 1.6
40°
Ra 1.6
2 × ϕ16H7
160 -0.03
200
Ra 6.3
件1
a)
Z
G54
X
Ra 3.2
Ra 3.2
140 ± 0.02
2 × ϕ16H7
Ra 1.6
ϕ12
140 ± 0.02
200
Ra 1.6
200
Ra 6.3
件2
b)

图 4–137 配合件

1. 零件图分析

两配合件要求外形轮廓和销孔分别相配，配合间隙要求小于 0.06 mm，图样中可以看到轮廓的周边曲线圆弧和表面质量要求都较高。

2. 确定工件的装夹方式

工件采用机床用平口虎钳装夹。在装夹工件时，要注意将工件放在钳口中间部位，安装机床用平口虎钳时，要对它的固定钳口进行找正，工件被加工部位要高出钳口，避免刀具与钳口发生干涉。先加工件 1，然后再加工件 2。如图 4–137 所示，将工件坐标系建立在工件上表面的对称中心处。

3. 确定加工工艺

（1）件 1 的加工工序

1）铣大平面，保证尺寸$29_{-0.12}^{0}$ mm，选用 $\phi80$ mm 可转位面铣刀（T1）。

2）粗铣轮廓外形，选用 $\phi80$ mm 的可转位面铣刀（T1）。

3）精铣成形面周边，选用 $\phi16$ mm 的立铣刀（T2）。

4）钻 3 个 $\phi12$ mm 的孔，一个为工艺孔，选用 $\phi12$ mm 的钻头（T3）。

5）铣削整个外形。

6）铣内轮廓 2 mm 厚度的周边，选用 $\phi16$ mm 的立铣刀（T2）。

7）铣内轮廓椭圆的周边，选用 $\phi16$ mm 的立铣刀（T2）。

8）铣边角料，选用 $\phi16$ mm 的立铣刀（T2）。

9）钻两个 $\phi15.8$ mm 孔，选用 $\phi15.8$ mm 的钻头（T4）。

10）铰两个 $\phi16H7$ 孔，选用 $\phi16H7$ 的铰刀（T5）。

11）钻孔 $\phi32$ mm，选用 $\phi32$ mm 的钻头（T6）。

12）铣螺纹底孔 $\phi38.5$ mm，选用 $\phi16$ mm 的立铣刀（T2）。

13）铣螺纹 M40×1.5，选用螺距为 1.5 mm 的内螺纹铣刀（T7）。

（2）件 2 的加工工序

1）铣大平面，保证尺寸$23_{-0.12}^{0}$ mm，选用 $\phi80$ mm 的可转位面铣刀（T1）。

2）钻 3 个 $\phi12$ mm 孔，一个为工艺孔，选用 $\phi12$ mm 的钻头（T3）。

3）铣内轮廓的周边，选用 $\phi16$ mm 的立铣刀（T2）。

4）铣内轮廓中的残料，选用 $\phi32$ mm 的立铣刀（T8）。

5）钻两个 $\phi15.8$ mm 孔，选用 $\phi15.8$ mm 的钻头（T4）。

6）铰两个 $\phi16H7$ 孔，选用 $\phi16H7$ 的铰刀（T5）。

4. 确定数控加工刀具

加工工序中采用的刀具为 $\phi80$ mm 可转位面铣刀、$\phi16$ mm 立铣刀、$\phi12$ mm 钻头、$\phi15.8$ mm 钻头、$\phi32$ mm 立铣刀、$\phi16H7$ 铰刀、$\phi32$ mm 钻头、螺距为 1.5 mm 的内螺纹铣刀。

5. 选择切削用量

各工序刀具的切削参数见表 4–26。

表 4–26　各工序刀具的切削参数

<table>
<tr><td>机床型号</td><td colspan="2">TH5660A</td><td colspan="6">加　工　数　据</td></tr>
<tr><td rowspan="3">序号</td><td rowspan="3">加工面</td><td rowspan="3">刀具号</td><td rowspan="3">刀具类型</td><td rowspan="3">主轴转速 n/（r/min）</td><td rowspan="3">进给速度 v_f/（mm/min）</td><td colspan="2">刀具补偿号</td></tr>
<tr><td colspan="2">FANUC</td></tr>
<tr><td>长度</td><td>半径</td></tr>
<tr><td colspan="8">加工件 1</td></tr>
<tr><td>1</td><td>铣大平面</td><td>T1</td><td>ϕ80 mm 可转位面铣刀</td><td>800</td><td>100</td><td>H01</td><td>D01</td></tr>
<tr><td>2</td><td>粗铣轮廓外形</td><td>T1</td><td>ϕ80 mm 可转位面铣刀</td><td>800</td><td>100</td><td>H01</td><td>D01</td></tr>
<tr><td>3</td><td>精铣成形面周边</td><td>T2</td><td>ϕ16 mm 立铣刀</td><td>350</td><td>40</td><td>H02</td><td>D02</td></tr>
<tr><td>4</td><td>钻孔 ϕ12 mm</td><td>T3</td><td>ϕ12 mm 钻头</td><td>600</td><td>35</td><td>H03</td><td></td></tr>
<tr><td>5</td><td>铣整个外形</td><td>T2</td><td>ϕ16 mm 立铣刀</td><td>350</td><td>40</td><td>H02</td><td>D03</td></tr>
<tr><td>6</td><td>铣内轮廓 2 mm 厚度的周边</td><td>T2</td><td>ϕ16 mm 立铣刀</td><td>350</td><td>40</td><td>H02</td><td>D02</td></tr>
<tr><td>7</td><td>铣内轮廓椭圆的周边</td><td>T2</td><td>ϕ16 mm 立铣刀</td><td>350</td><td>40</td><td>H02</td><td>D02</td></tr>
<tr><td>8</td><td>铣边角料</td><td>T2</td><td>ϕ16 mm 立铣刀</td><td>350</td><td>40</td><td>H02</td><td>D02</td></tr>
<tr><td>9</td><td>钻两个 ϕ15.8 mm 孔</td><td>T4</td><td>ϕ15.8 mm 钻头</td><td>500</td><td>30</td><td>H04</td><td></td></tr>
<tr><td>10</td><td>铰两个 ϕ16H7 孔</td><td>T5</td><td>ϕ16H7 铰刀</td><td>400</td><td>35</td><td>H05</td><td></td></tr>
<tr><td>11</td><td>钻孔 ϕ32 mm</td><td>T6</td><td>ϕ32 mm 钻头</td><td>150</td><td>30</td><td>H06</td><td></td></tr>
<tr><td>12</td><td>铣孔 ϕ38.5 mm</td><td>T2</td><td>ϕ16 mm 立铣刀</td><td>350</td><td>40</td><td>H02</td><td>D02</td></tr>
<tr><td>13</td><td>铣螺纹 M40 × 1.5</td><td>T7</td><td>螺距为 1.5 mm 内螺纹铣刀</td><td>800</td><td>30</td><td>H07</td><td></td></tr>
<tr><td colspan="8">加工件 2</td></tr>
<tr><td>1</td><td>铣大平面</td><td>T1</td><td>ϕ80 mm 可转位面铣刀</td><td>800</td><td>100</td><td>H01</td><td>D01</td></tr>
<tr><td>2</td><td>钻孔 ϕ12 mm</td><td>T3</td><td>ϕ12 mm 钻头</td><td>600</td><td>35</td><td>H03</td><td></td></tr>
<tr><td>3</td><td>铣内轮廓的周边</td><td>T2</td><td>ϕ16 mm 立铣刀</td><td>350</td><td>40</td><td>H02</td><td>D02</td></tr>
<tr><td>4</td><td>铣内轮廓中的残料</td><td>T8</td><td>ϕ32 mm 立铣刀</td><td>280</td><td>50</td><td>H08</td><td>D08</td></tr>
<tr><td>5</td><td>钻两个 ϕ15.8 mm 孔</td><td>T4</td><td>ϕ15.8 mm 钻头</td><td>500</td><td>30</td><td>H04</td><td></td></tr>
<tr><td>6</td><td>铰两个 ϕ16H7 孔</td><td>T5</td><td>ϕ16H7 铰刀</td><td>400</td><td>35</td><td>H05</td><td></td></tr>
</table>

思考与练习

1. 夹紧力与工件加工表面的关系是什么？
2. 常用的夹紧机构有哪些？
3. 组合夹具的特点是什么？有哪几种？
4. 常用的数控铣削刀具有哪几种？其选择应从哪几个方面考虑？
5. 数控刀具系统有哪几种？
6. 高速刀具的夹头有哪几种？
7. 常规 7 : 24 锥度刀柄存在什么问题？

8. 常用的高速切削用刀柄有哪几种?

9. 常用的可调平衡高速刀柄的调整方法有哪几种?

10. 加工内轮廓时的深度进刀方式有哪几种?

11. 矩形型腔加工方式有哪几种? 各有什么特点?

12. 试编写如图 4–138 ~图 4–147 所示各零件的加工工艺。

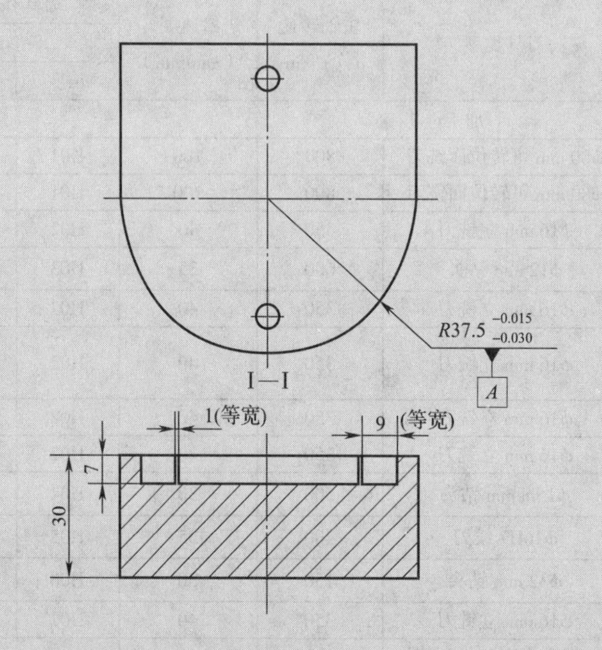

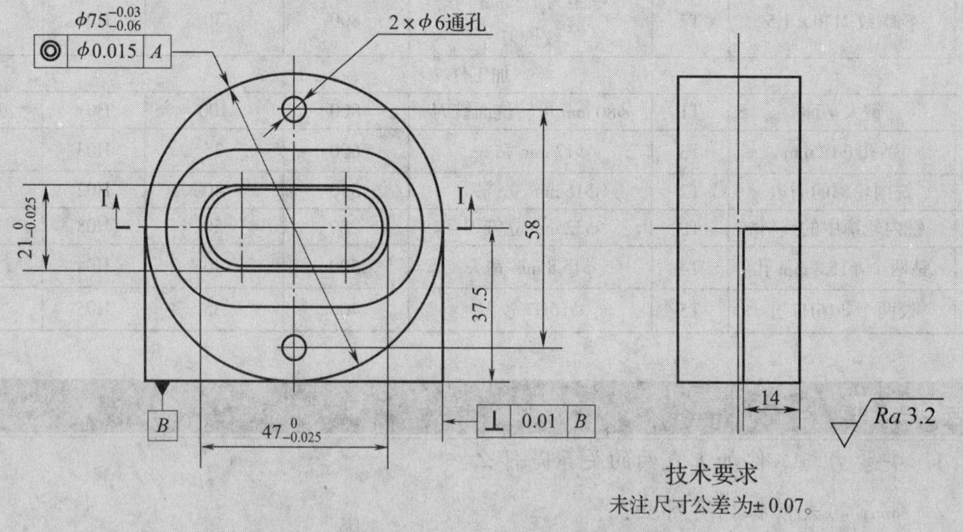

技术要求

未注尺寸公差为± 0.07。

图 4–138 零件一

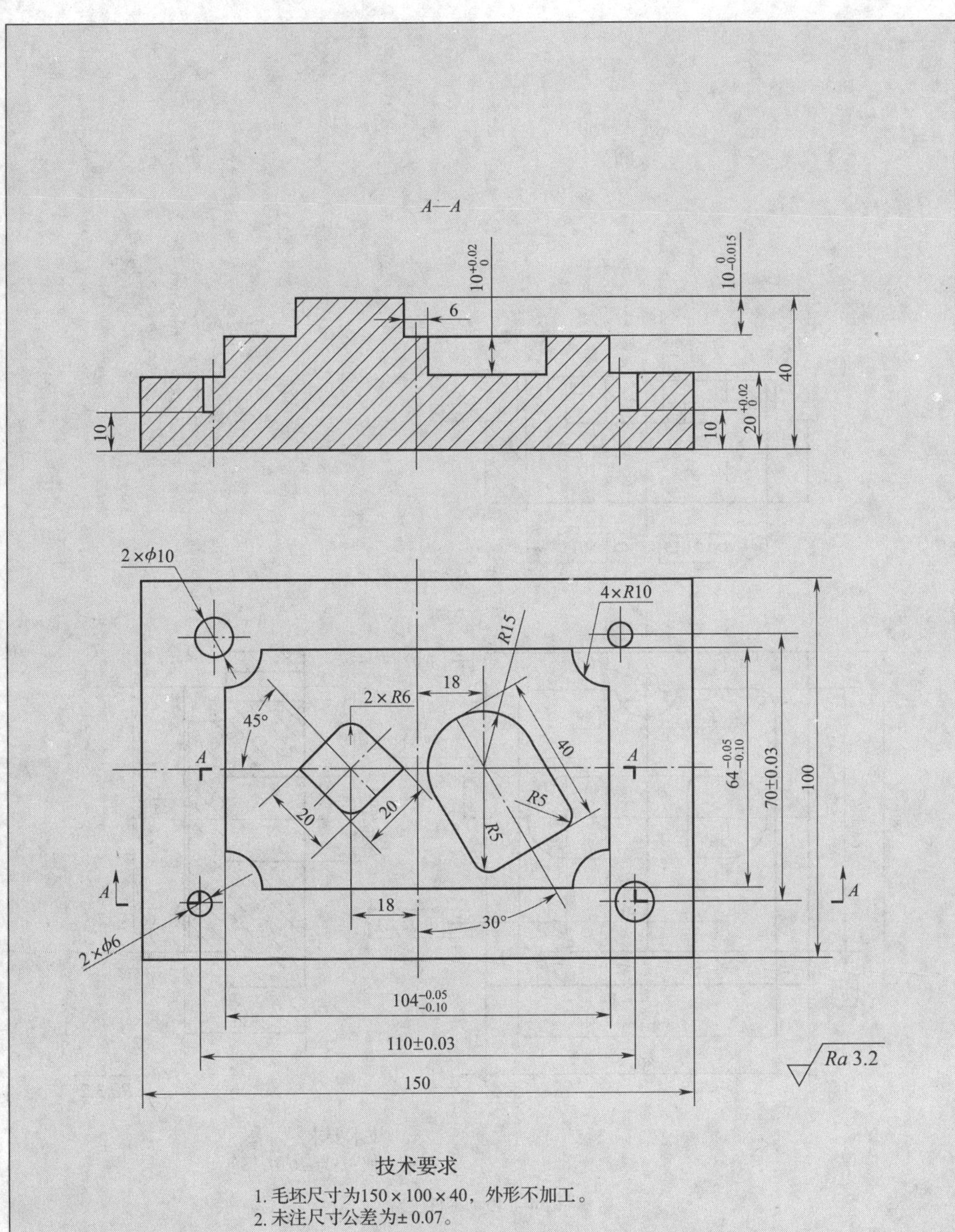
A—A
$10^{+0.02}_{0}$
$10^{0}_{-0.015}$
6
40
$20^{+0.02}_{0}$
10
10
2×φ10
4×R10
R15
18
2×R6
45°
40
A
A
$64^{-0.05}_{-0.10}$
70±0.03
100
R5
20
20
R5
18
30°
2×φ6
$104^{-0.05}_{-0.10}$
110±0.03
Ra 3.2
150
技术要求
1. 毛坯尺寸为150×100×40，外形不加工。
2. 未注尺寸公差为±0.07。

图 4-139　零件二

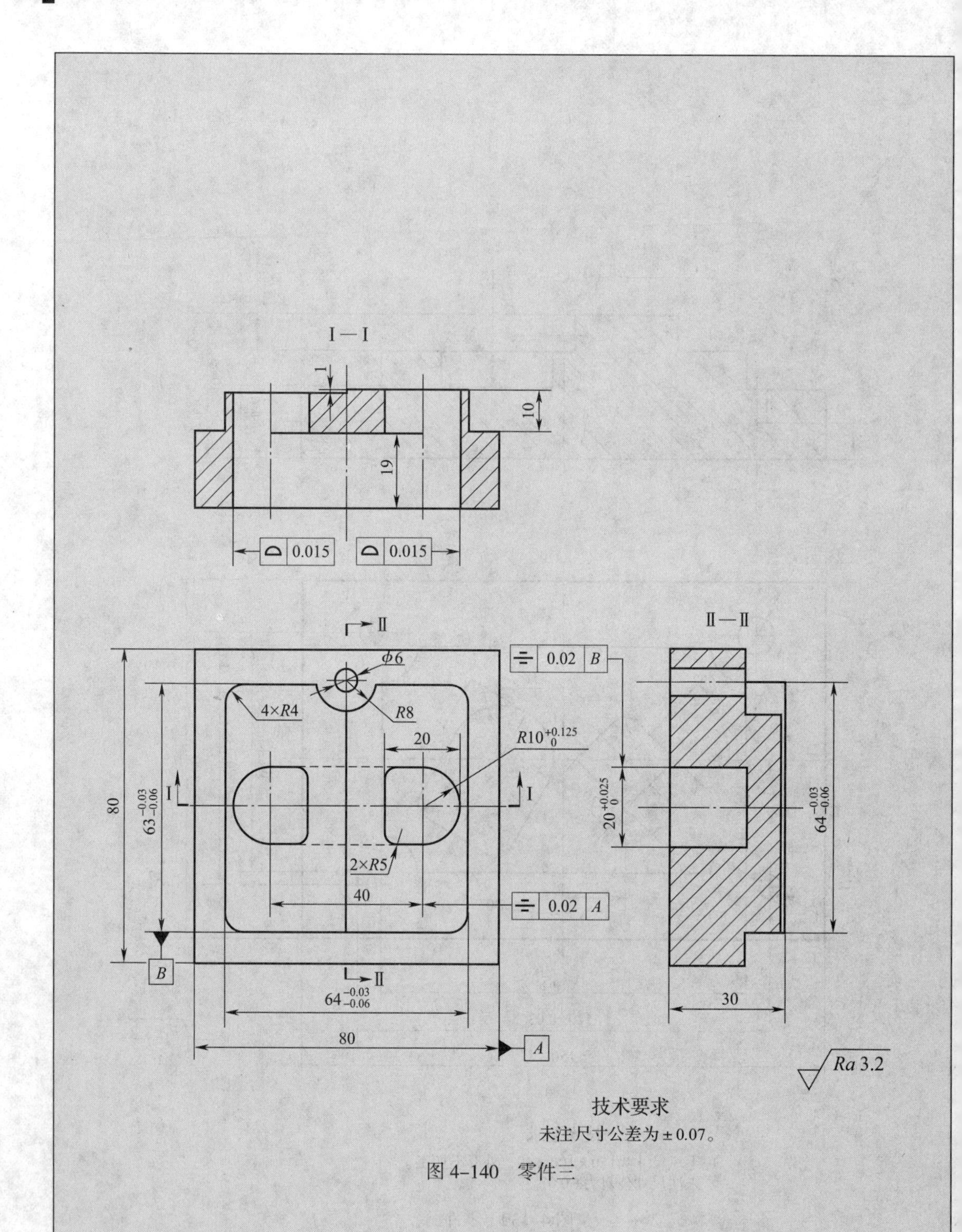

I—I
1
10
19
0.015
0.015
II
II—II
φ6
0.02 B
4×R4
R8
20
$R10^{+0.125}_{0}$
I
I
80
$63^{-0.03}_{-0.06}$
$20^{+0.025}_{0}$
$64^{-0.03}_{-0.06}$
2×R5
40
0.02 A
B
II
$64^{-0.03}_{-0.06}$
30
80
A
Ra 3.2
技术要求
未注尺寸公差为±0.07。

图 4-140　零件三

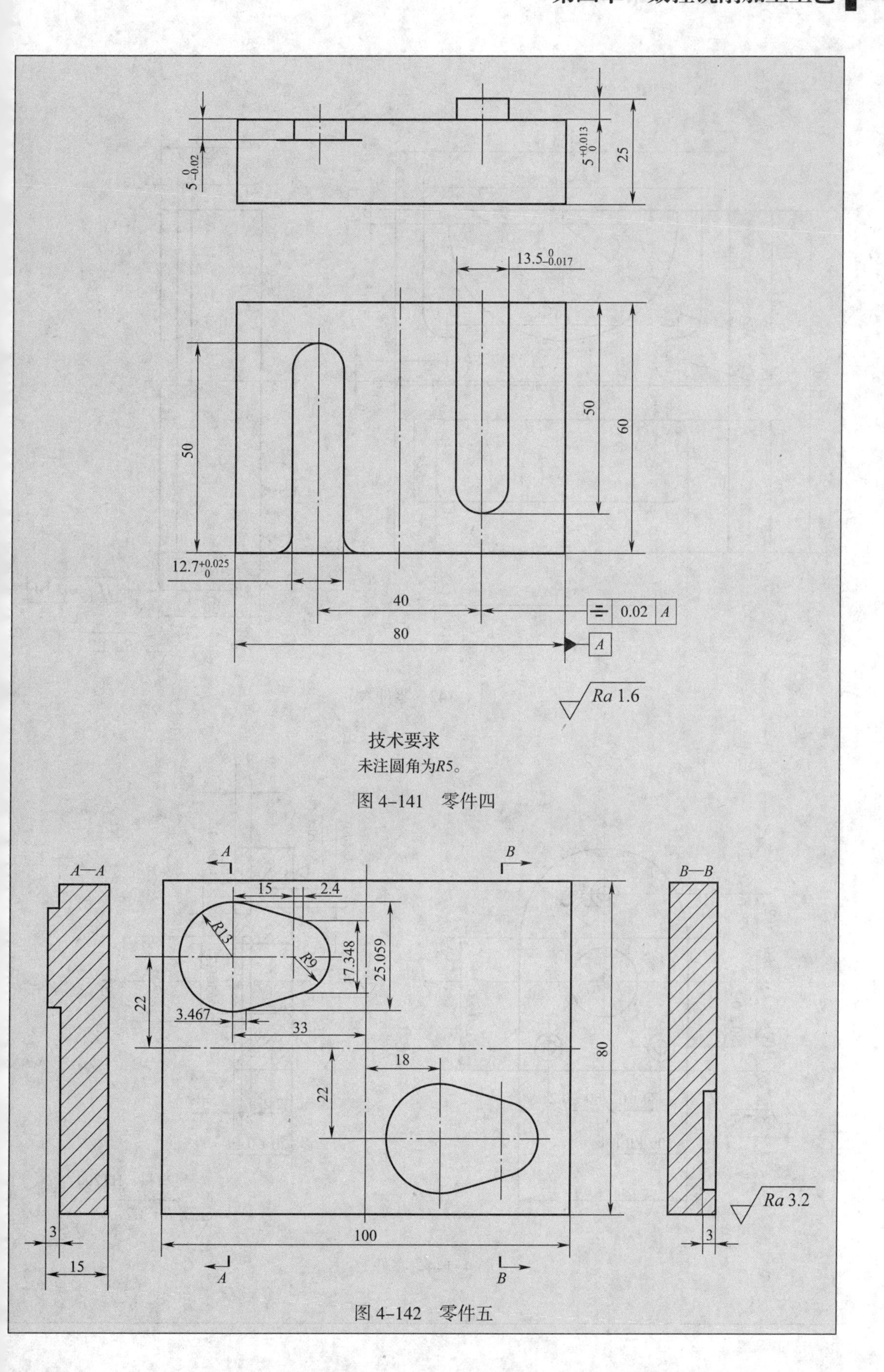

技术要求

未注圆角为R5。

图 4-141 零件四

图 4-142 零件五

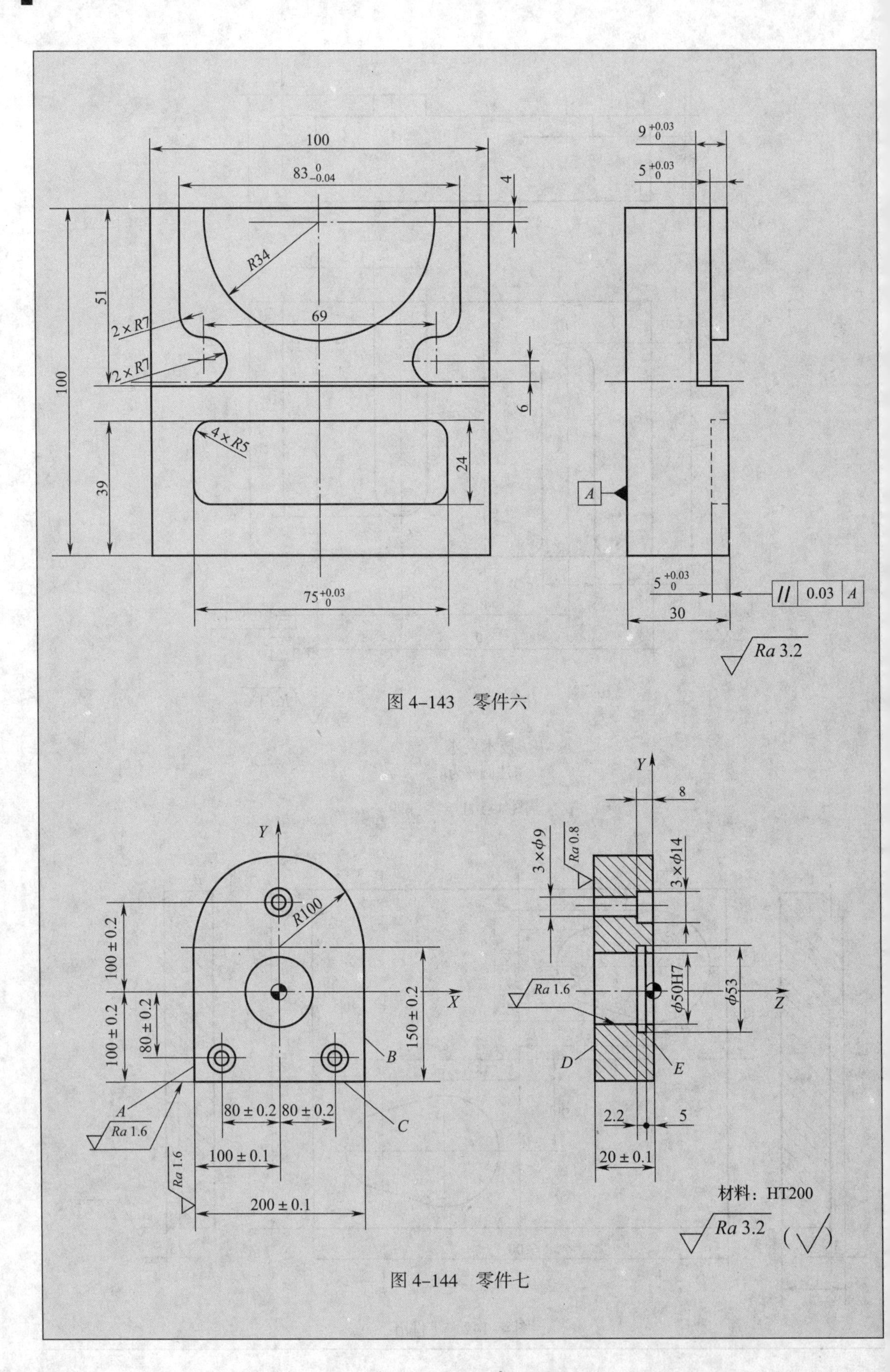

图 4-143 零件六

图 4-144 零件七

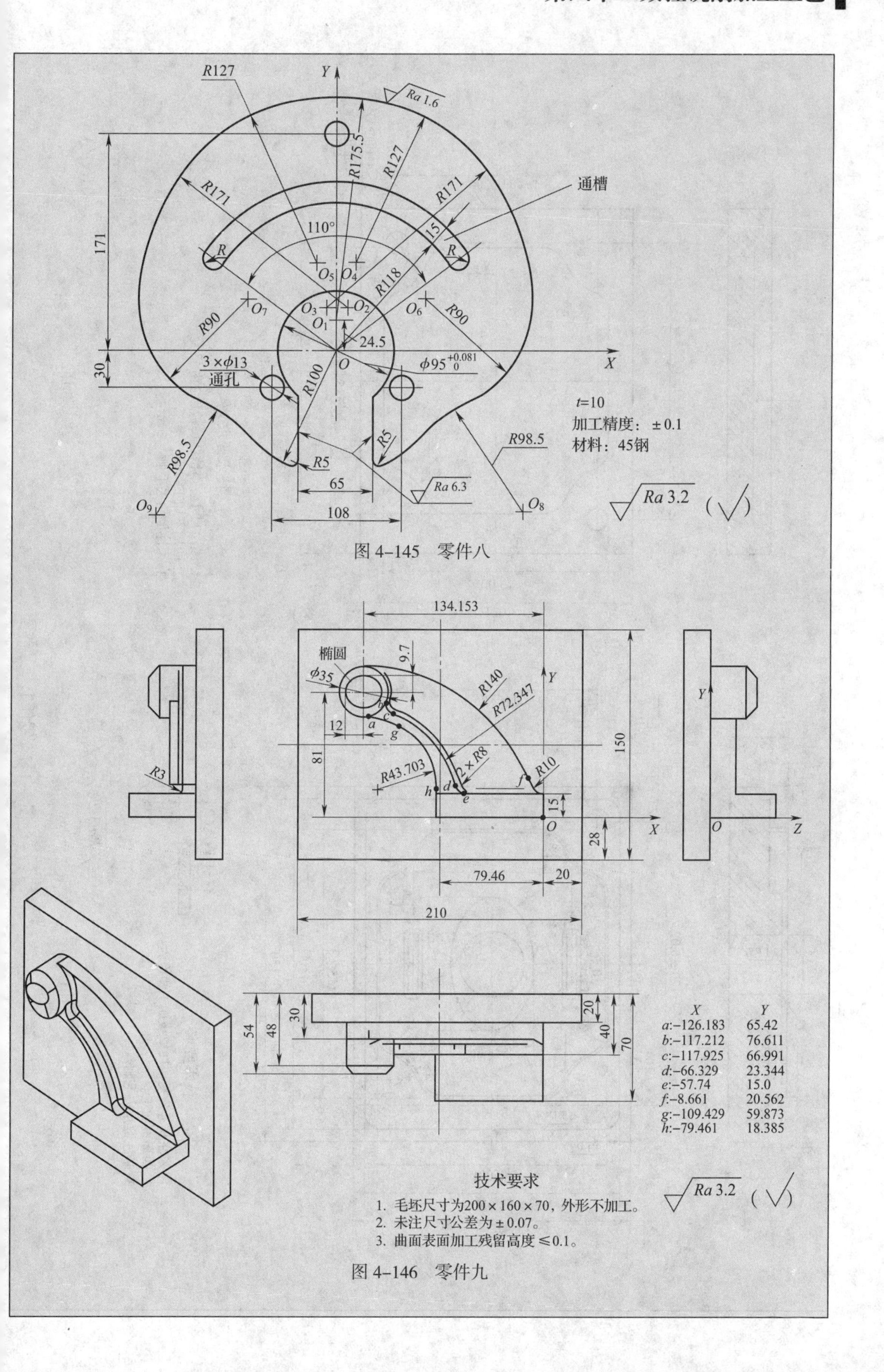

图 4–145　零件八

图 4–146　零件九

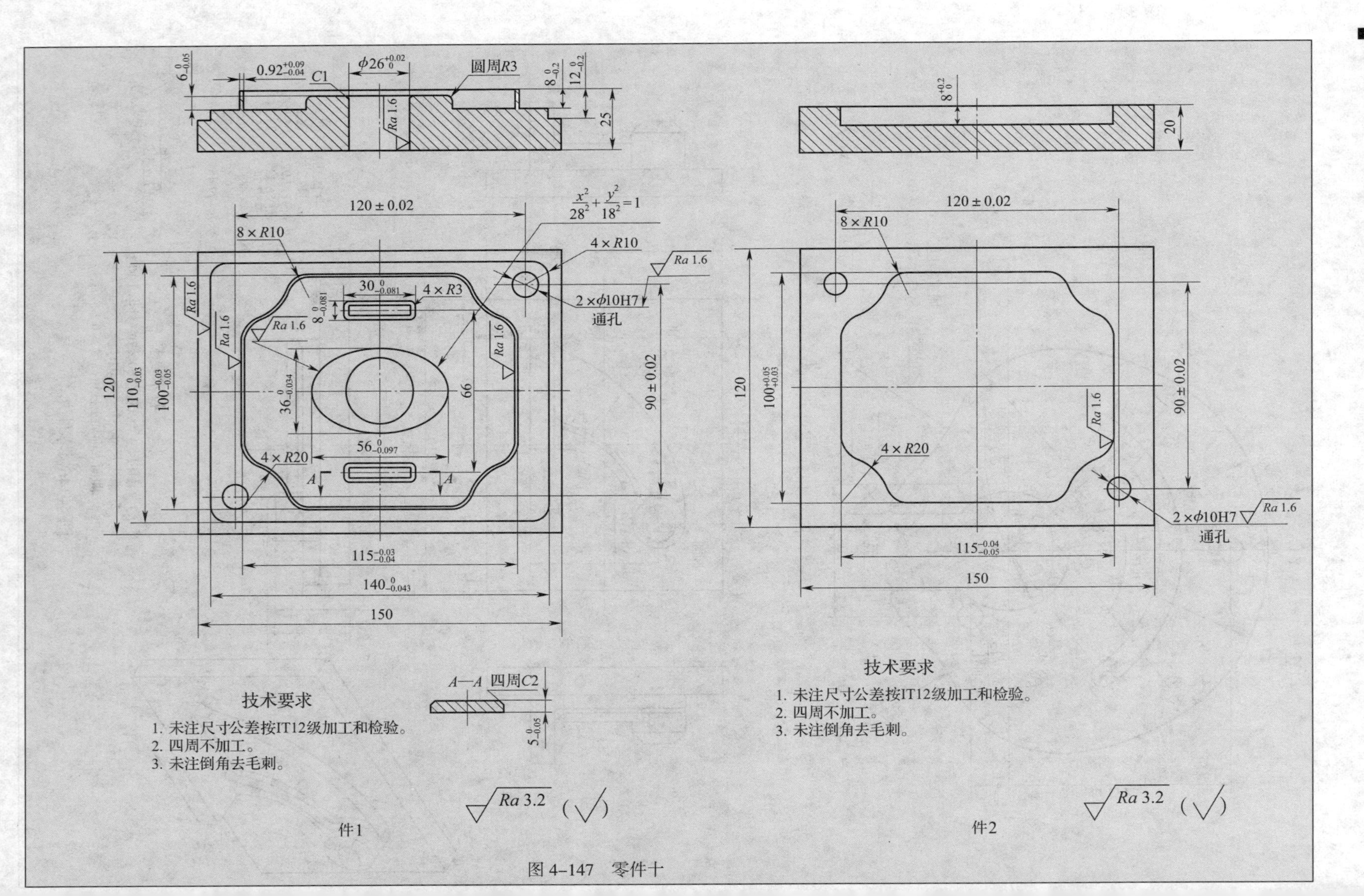
0.92+0.09 -0.04
ϕ26+0.02 0
C1
圆周R3
Ra 1.6
25
20
120±0.02
8×R10
4×R10
4×R3
4×R20
2×ϕ10H7
通孔
Ra 1.6
90±0.02
66
120
150
A—A 四周C2
技术要求
1. 未注尺寸公差按IT12级加工和检验。
2. 四周不加工。
3. 未注倒角去毛刺。
Ra 3.2 (√)
件1
技术要求
1. 未注尺寸公差按IT12级加工和检验。
2. 四周不加工。
3. 未注倒角去毛刺。
Ra 3.2 (√)
件2

图 4-147 零件十

第五章　数控电加工工艺

第一节　概　　述

电加工与金属切削加工的原理完全不同，在电加工过程中，工具与工件并不接触，而是靠工具和工件之间不断地脉冲性火花放电，产生的局部、瞬时高温把金属材料逐次微量蚀除下来，进而将工具的形状反向复制到工件上。因放电过程中可见到火花，故称为电火花加工。目前，这一工艺技术已广泛用于加工淬火钢、不锈钢、模具钢、硬质合金等难加工材料，以及用于加工模具等具有复杂表面的零部件，在民用和国防工业中获得越来越多的应用，已成为切削加工的重要补充和发展。

一、数控电加工的概念

1．电加工的定义

电加工主要是指利用电的各种效应（如电能、电化学能、电热能、电磁能、电光能等）进行金属材料加工的一种方式。电加工包括电蚀加工（电火花成形加工和线切割加工）、电子束加工、电化学加工（电抛光等）及电热加工（导电磨削和电热整平）等。从狭义而言，电加工大多指直接利用电能（放电）进行金属材料加工的一种方式，主要有电火花成形加工、线电极切割、电抛光、电解磨削加工等。本章只介绍电火花成形加工和线切割加工的主要内容。

2．电加工的特点

（1）在加工过程中工具和工件之间不存在明显的机械切削力，且在多数情况下工具不与工件直接接触。

（2）加工用的工具硬度可以低于工件材料的硬度。

（3）工件材料可以是任何硬度的金属材料，还可以是磁性材料等。

二、数控电加工工艺方法的分类及应用

按工具电极和工件相对运动的方式与用途不同，电加工工艺方法大致可分为电火花穿孔成形加工、电火花线切割、电火花磨削和镗磨、电火花同步共轭回转加工、电火花高速小孔加工、电火花表面强化与刻字六大类。前五类属电火花成形、尺寸加工，是用于改变零件形状或尺寸的加工方法；最后一类则属表面加工方法，用于改善或改变零件表面性质。以上以电火花穿孔成形加工和电火花线切割应用最为广泛。电火花加工工艺方法分类、特点及用途见表 5–1。

表 5–1 电火花加工工艺方法分类、特点及用途

类别	工艺方法	特点	用途	备注
1	电火花穿孔成形加工	工具和工件间主要只有一个相对的伺服进给运动 工具为成形电极，与被加工表面有相同的截面和相应的形状	穿孔成形加工用于加工各种冲模、挤压模、粉末冶金模以及各种异形孔和微孔等 型腔加工用于加工各类型腔模及各种复杂的型腔零件	约占电火花机床总数的 30%，典型机床有 D7125 和 D7140 型等电火花穿孔成形机床
2	电火花线切割	电极丝与工件垂直 工具与工件在两个水平方向同时有相对伺服进给运动	切割各种冲模和具有直纹面的零件 下料、切割和窄缝加工	约占电火花机床总数的 60%，典型机床有 DK7725 和 DK7740 型数控电火花线切割机床
3	电火花磨削和镗磨	工具与工件有相对的旋转运动 工具与工件间有径向和轴向的进给运动	加工高精度、表面粗糙度值小的小孔，如拉丝模、挤压模、微型轴承内圈、钻套等 加工小模数滚刀等	约占电火花机床总数的 3%，典型机床有 D6310 型电火花小孔内圆磨床等
4	电火花同步共轭回转加工	成形工具与工件均做旋转运动，但两者速度相等或成整倍数，相对接近的放电点有切向相对运动速度 工具相对于工件可做纵向、横向进给运动	以同步回转、展成回转、倍角速度回转等不同方式加工各种复杂型面的零件，如高精度的异形齿轮，精密螺纹环规，高精度、高对称度、表面粗糙度值小的内、外回转体表面等	占电火花机床总数不足 1%，典型机床有 JN—2 和 JN—8 型内、外螺纹加工机床
5	电火花高速小孔加工	采用细管（直径大于 0.3 mm）电极，管内冲入高压水基工作液 细管电极旋转 穿孔速度很高（30 ~ 60 mm/min）	加工线切割穿丝孔以及深径比很大的小孔，如喷嘴等	约占电火花机床总数的 2%，典型机床有 D703A 型电火花高速小孔加工机床
6	电火花表面强化与刻字	工具在工件表面振动，在空气中放火花 工具相对于工件移动	模具刃口，刀具、量具刃口表面强化和镀覆 电火花刻字、打印记	占电火花机床总数的 1% ~ 2%，典型机床有 D9105 型电火花强化机等

查一查

各种电火花加工机床的照片。

第二节 数控电火花成形加工工艺

一、数控电火花成形加工概述

1. 数控电火花成形加工原理

电火花成形加工也称为放电加工、电蚀加工或电脉冲加工，是基于脉冲放电的蚀除原理，直接利用电能和热能进行加工的新工艺。如图 5–1 所示为电火花成形加工机床。

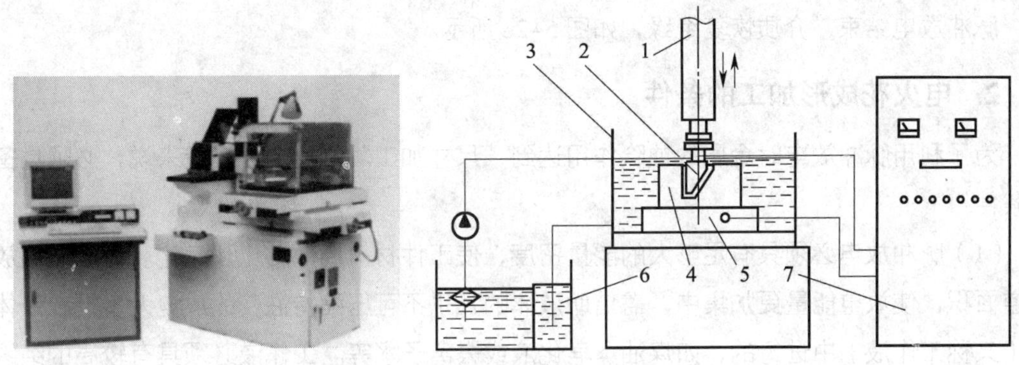

图 5–1 电火花成形加工机床

1—主轴头 2—工具电极 3—工作液槽 4—工件电极 5—床身工作台 6—工作液装置 7—脉冲电源

电火花成形加工基于电火花腐蚀原理，是在工具电极与工件电极相互靠近时，极间形成脉冲性火花放电，在电火花通道中产生瞬时高温，使金属局部熔化甚至汽化，从而将金属蚀除下来。这一过程大致分为电离、放电、高温熔化、汽化、金属抛出、消电离几个阶段，如图 5–2 所示为电火花成形加工原理。

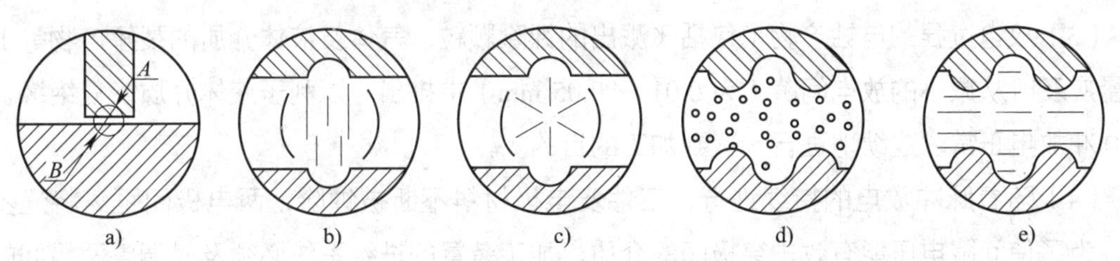

图 5–2 电火花成形加工原理

a）电离、放电 b）高温熔化 c）汽化 d）金属抛出 e）消电离

（1）电离、放电

给处于绝缘的工作液介质中的两电极加上无负荷直流电压，伺服电极向工件运动，极间距离逐渐缩小，当极间距离（即放电间隙）小到一定程度时（一般为 0.01 mm 左右），阴极逸出的电子在电场作用下高速地向阳极运动，并在运动中撞击介质中的中性分子和原子，产生碰撞电离，形成带负电的粒子（主要是电子）和带正电的粒子（主要是正离子）。当电子

到达阳极时，介质被击穿，放电通道形成，如图 5-2a 所示。

（2）高温熔化

两极间的介质一旦被击穿，电源便通过放电通道释放能量。大部分能量转换成热能，这时通道中的电流密度高达 104 A/cm^2，放电点附近的温度高达 3 000 ℃以上，使两极间放电点局部熔化，如图 5-2b 所示。

（3）汽化、金属抛出

在热爆炸力、流体动力等综合因素的作用下，被熔化或汽化的材料被抛出，产生一个小坑，如图 5-2c、d 所示。

（4）消电离

脉冲放电结束，介质恢复绝缘，如图 5-2e 所示。

2. 电火花成形加工的条件

为了利用脉冲放电时金属的蚀除作用达到“尺寸加工”的目的，一般来说，必须具备以下条件：

（1）脉冲放电必须具有足够大的能量密度，使工件材料局部熔化和汽化。为了压缩放电通道面积，使放电能量更加集中，需借助液体的几乎不可压缩特性，故放电大多是在液体介质（又称工作液）中进行的，如煤油、皂化液或去离子水等。工作液必须具有较高的绝缘强度（电阻率为 $1\times10^3 \sim 1\times10^7\ \Omega\cdot cm$），以利于产生脉冲火花放电。

（2）放电应当是脉冲式的（脉宽一般在 0.2 ~ 1 000 μs），使脉冲放电产生的绝大部分热量来不及从极微小的放电区域扩散出去。同时，每个脉冲放电后的停歇时间（脉冲间隔）应确保电极间的介质来得及消电离，恢复绝缘，使下一个脉冲能在电极间新的距离最小处击穿放电，避免在同一点上连续放电而形成稳定电弧，使放电点表面大量发热、熔化，导致工件被烧伤。

（3）放电过程的电蚀产物（包括飞溅出的蚀除颗粒、气体及液体介质的裂解产物等）及热量应及时从微小的放电间隙（为 0.01 ~ 0.05 mm）中排出，以利于液体介质恢复绝缘，维持脉冲放电正常、连续地进行，达到加工的目的。

（4）随着脉冲放电的持续进行，工件及电极材料不断被蚀除，两电极间距离将逐步加大，为了使间隙电压能有效击穿极间的介质，加工装置的进给系统必须及时调整两极间的距离，使之始终保持最佳的击穿放电间隙。

3. 电火花成形加工装置

电火花成形加工装置可以实现电火花成形加工需要的四个条件。该装置通常由四大部分组成。

（1）脉冲电源

脉冲电源用于产生放电加工所需的间歇脉冲，是电火花成形加工的能量供给装置。

（2）机床主体

机床主体是指用来装夹、固定工件与电极以及调整两者的相对位置，配合控制系统实现预定加工要求的机械系统。

（3）控制系统

为了满足放电间隙良好的保持要求及预定的形状加工要求，控制系统对电极与工件间的相对位置进行调整和控制。数控电火花成形机床已经有五轴联动的控制系统，但在生产线上使用的大多是单轴数控或两轴联动的控制系统。

（4）工作液装置

工作液装置主要由储液箱、泵、过滤器、管道阀门等组成，用于向放电区域不断提供干净的工作液，并将电蚀产物带出放电区域，经过滤器滤掉这些微粒。高精度电火花成形机床的工作液装置除了过滤精度高（能滤掉≥ 5 μm 的微粒）外，大多配有工作液温度控制及冷却装置。

4. 数控电火花成形加工的特点

（1）优点

1）适用于难切削材料的成形加工。由于电火花成形加工是靠脉冲放电的电热作用蚀除工件材料的，与工件的力学性能关系不大。因此，对传统切削加工工艺难以加工的超硬材料［如人造聚晶金刚石（PCD）及立方氮化硼（CBN）等］是极好的补充加工手段。

2）可加工特殊的、形状复杂的零件。由于放电蚀除材料不会产生大的机械切削力，因此，对脆性材料（如导电陶瓷等）或薄壁低刚度的航空、航天零件，以及普通切削刀具易发生干涉而难以进行加工的精密微细异形孔、深小孔、狭长缝隙、弯曲轴线的孔、型腔等，均适宜采用电火花成形加工工艺来进行加工。电火花成形加工典型工件如图 5-3 所示。

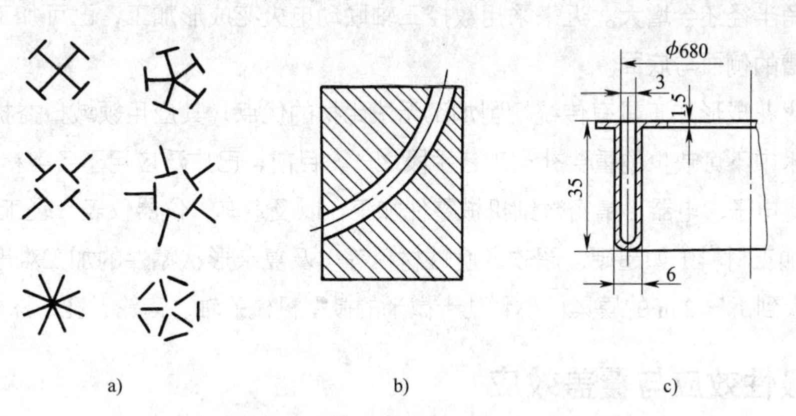

图 5-3　电火花成形加工典型工件

a）化纤喷丝板型孔　b）弯曲轴线孔　c）薄壁环结构

3）适用于镜面加工。当脉冲宽度不大（≤ 8 μs）时，由于单个脉冲能量不大，放电又是浸没在工作液中进行的，因此，对整个工件而言，在加工过程中几乎不受热的影响，有利于加工热敏感材料。采取一定工艺措施后，还可获得镜面加工的效果。

4）加工的放电脉冲参数可以任意调节。在同一台机床上可完成粗、中、精加工过程，且易于实现加工过程的自动化。目前，有些高档数控电火花成形机床已能实现无人化操作。

5）有助于改进和简化产品的结构设计与制造工艺。采用电火花成形加工还有助于改进和简化产品的结构设计与制造工艺，提高其使用性能。例如，航天火箭的燃气涡轮采用常规机械加工工艺时，只能分解加工，然后镶拼、焊接；而利用多轴联动数控电火花成形机床可对涡轮进行整体加工，从而大大简化了结构，减轻了零件质量，提高了涡轮的性能。

（2）缺点

1）它仅适用于加工金属等导电材料，不像切削加工那样可以轻松地加工塑料、陶瓷等绝缘材料。不过，近年来的研究表明：当采取某些措施后，也能采用电火花成形加工工艺加工半导体及金刚石等非导电材料。

2）在一般情况下，电火花成形加工的加工速度要低于切削加工。因此，合理的加工工艺路线应当是：凡可用刀具加工的，尽量采用常规机械加工工艺去除大部分加工余量，仅将刀具难以进行切削的局部（如狭缝、深槽、异形孔或刀具与工件易发生干涉的部位）留下，采用电火花成形加工工艺补充加工。最新科研成果表明：采用特殊水基不燃性工作液进行的电火花复合加工（有的称为电熔爆加工），其粗加工效率甚至可高于一般机械加工的粗加工效率。

3）由于电火花成形加工是靠电极间的火花放电去除金属的，因此，工件与工具电极都会有损耗，而且工具电极的损耗大多集中在尖角及底部棱边处，这直接影响了电火花成形加工的成形精度。近年来研制的新型脉冲电源在粗加工时已能将工具电极的损耗控制在 0.1% 以下，半精、精加工时的损耗也已降到 1% 左右。

4）最小圆角半径有限制，难以完成清角加工。一般电火花成形加工能得到的最小圆角半径等于加工间隙（通常为 0.02 ~ 0.03 mm），但因电火花成形加工电极有损耗或采用平动加工，则圆角半径还会增大。近来采用数控三轴联动电火花成形加工，已可加工出棱角清晰的方孔、窄槽的侧面与底面。

由于电火花成形加工具有传统切削加工无法比拟的优点，其应用领域日益扩大，已成为先进制造技术中不可缺少的重要补充工艺手段之一，目前，已广泛应用于各类精密模具制造、航天、航空、电子、电器、精密微细机械零件加工，以及汽车、仪器仪表、轻工等众多行业。主要解决难加工材料（如超硬、超软、脆性材料等）及复杂形状零件的加工难题。加工工件的尺寸范围大到 1 ~ 2 m 的模具，小到几十微米的微型机械的轴、齿轮、孔、深槽、狭缝等。

二、极性效应与覆盖效应

1. 极性效应

在电火花成形加工时，相同材料（如用钢电极加工钢）两电极的被腐蚀量是不同的。其中一个电极比另一个电极的蚀除量大，这种现象称为极性效应。如果两电极材料不同，则极性效应更加明显。在生产中，将工件电极接脉冲电源正极（工具电极接脉冲电源负极）的加工称为正极性加工，如图 5-4 所示；反之称为负极性加工，如图 5-5 所示。

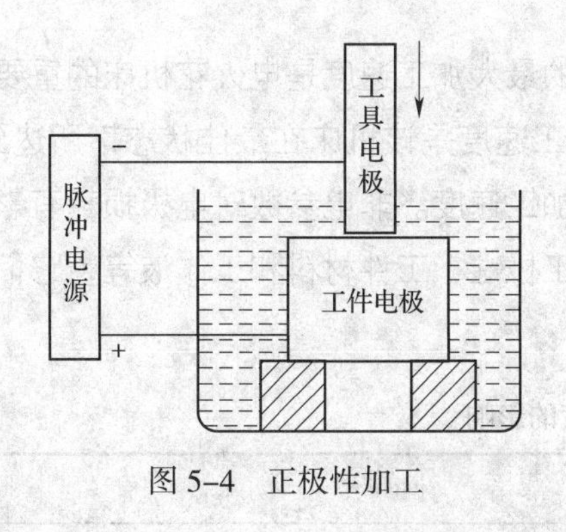

图 5–4　正极性加工

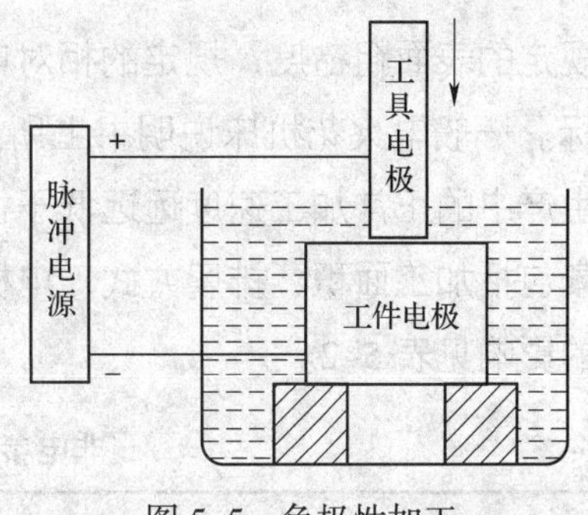

图 5–5　负极性加工

在实际加工中，极性效应受到加工极性以及电极材料、加工介质、电源种类、单个脉冲能量等多种因素的影响，其中主要影响因素是脉冲宽度。

在电场的作用下，放电通道中的电子奔向正极，正离子奔向负极。在窄脉冲宽度加工时，由于电子惯性小，运动灵活，大量的电子奔向正极，并轰击正极表面，使正极表面迅速熔化和汽化；而正离子惯性大，运动缓慢，只有一小部分能够到达负极表面，而大量的正离子不能到达。所以，电子的轰击作用大于正离子的轰击作用，正极的电蚀量大于负极的电蚀量，这时应采用正极性加工。在宽脉冲宽度加工时，质量和惯性都大的正离子将有足够的时间到达负极表面，由于正离子的质量大，它对负极表面的轰击破坏作用要比电子大；同时，到达负极的正离子又会牵制电子的运动，故负极的电蚀量将大于正极，这时应采用负极性加工。

2．覆盖效应

在材料放电腐蚀过程中，一个电极的电蚀产物转移到另一个电极表面上，形成一定厚度的覆盖层，这种现象称为覆盖效应。合理利用覆盖效应，有利于降低电极损耗。

在油类介质中加工时，覆盖层主要是石墨化的碳素层，其次是黏附在电极表面的金属微粒黏结层。碳素层的生成条件如下：

（1）有足够高的温度。电极上待覆盖部分的表面温度不低于碳素层生成温度，但要低于熔点，以使碳粒子烧结成石墨化的耐腐蚀层。

（2）有足够多的电蚀产物，尤其是介质的热解产物——碳粒子。

（3）有足够的时间，以便在这一表面上形成一定厚度的碳素层。

（4）一般采用负极性加工，因为碳素层易在阳极表面生成。

（5）必须在油类介质中加工。

三、电火花成形加工工艺基本规律

1．非电参数对加工速度的影响

电火花成形加工的加工速度是指在一定电规准下，单位时间 t 内工件被蚀除的体积 V 或质量 m。一般常用体积加工速度 $v_w=V/t$（mm^3/min）来表示，有时为了测量方便，也用质量加工速度 v_m（g/min）来表示。

在规定的表面粗糙度、规定的相对电极损耗下的最大加工速度是电火花机床的重要工艺性能指标。一般电火花机床说明书上所指的最高加工速度是该机床在最佳状态下所达到的，在实际生产中的正常加工速度远远低于机床的最大加工速度。非电参数对电极损耗有影响的主要因素包括加工面积、排屑方式、电极材料和加工极性、工件材料和工作液等，它们对加工速度的影响见表 5–2。

表 5–2　非电参数对加工速度的影响

因素	说明
加工面积	1. 加工面积较大时，它对加工速度没有多大影响；加工面积小到某一临界面积时，加工速度会显著降低（即“面积效应”） 2. 峰值电流不同，最小临界加工面积也不同
排屑方式	1. 不冲（抽）油或冲（抽）油压力过小，将导致加工速度降低；冲油压力过大，加工速度同样会降低 2. 定时“抬刀”装置的多余“抬刀”动作和未及时“抬刀”动作会降低加工速度
电极材料和加工极性	1. 在相同加工电流下，同一电极材料的正极性比负极性加工速度高 2. 在同样加工条件和加工极性情况下，采用不同的电极材料时，加工速度也不相同
工件材料	1. 工件材料的熔点、沸点越高，比热容、熔化潜热和汽化潜热越大，加工速度越低，即越难加工 2. 导热系数很高的工件热量散失快，加工速度也会降低
工作液	工作液的种类、黏度、清洁度对加工速度有影响 单就工作液的种类来说，对加工速度的影响大致顺序是：高压水 >（煤油 + 机油）> 煤油 > 酒精溶液。在电火花成形加工中，应用最多的工作液是煤油

2. 电参数对加工速度的影响

（1）脉冲宽度对加工速度的影响

单个脉冲能量的大小是影响加工速度的重要因素，如图 5–6 所示为脉冲宽度与加工速度的关系。对于矩形波脉冲电源，当峰值电流一定时，脉冲能量与脉冲宽度成正比。脉冲宽度增加，加工速度随之提高，因为随着脉冲宽度的增加，单个脉冲能量增大，使加工速度提高。但若脉冲宽度过大，加工速度反而降低。

（2）脉冲间隔对加工速度的影响

在脉冲宽度一定的条件下，若脉冲间隔减小，则加工速度提高。但若脉冲间隔过小，会因放电间隙来不及消电离而引起加工稳定性变差，导致加工速度降低，如图 5–7 所示为脉冲间隔与加工速度的关系。在脉冲宽度一定的条件下，为了最大限度地提高加工速度，应在保证稳定加工的同时尽量缩短脉冲间隔时间。对于带有脉冲间隔自适应控制的脉冲电源，能够根据放电间隙的状态，在一定范围内调节脉冲间隔的大小，这样既能保证稳定加工，又可以获得较快的加工速度。

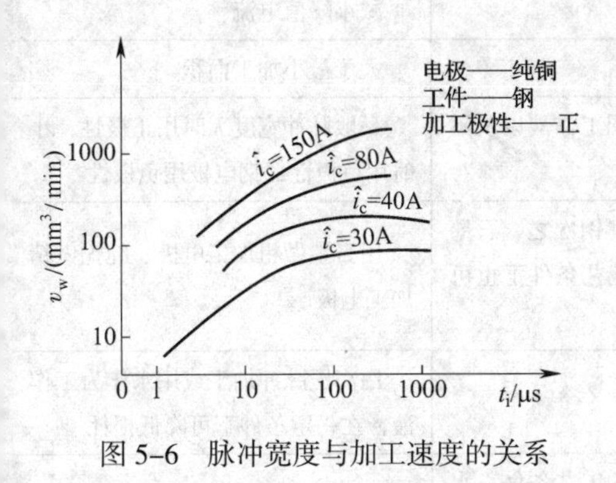

图 5–6 脉冲宽度与加工速度的关系

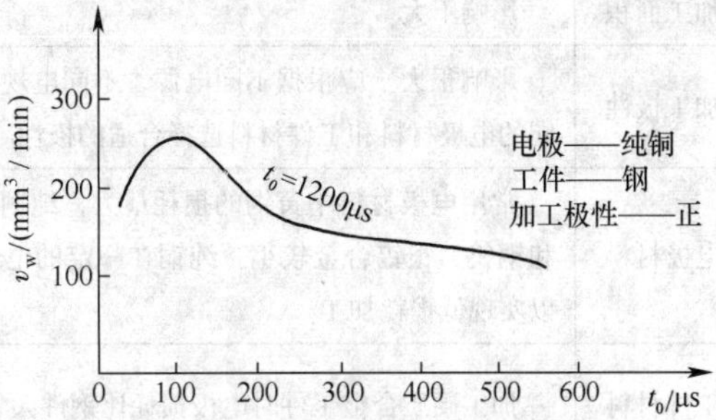

图 5–7 脉冲间隔与加工速度的关系

（3）峰值电流对加工速度的影响

当脉冲宽度和脉冲间隔一定时，随着峰值电流的增大，加工速度也提高。但若峰值电流过大（即单个脉冲放电能量很大），加工速度反而降低。此外，峰值电流增大将降低工件表面粗糙度值，增加电极损耗。在生产中，应根据不同的要求选择合适的峰值电流。

3. 非电参数、电参数对电极损耗的影响

电极损耗是电火花成形加工中的重要工艺指标。在生产中，衡量某种工具电极是否耐损耗，常用相对损耗或损耗比作为衡量工具电极耐损耗的指标，即每蚀除单位质量金属工件时工具相对损耗多少。一般分为质量相对损耗 θ_E 和长度相对损耗 θ_L。在加工中采用长度相对损耗比较直观，测量较为方便。长度相对损耗还分为端面损耗、侧面损耗、角部损耗，电极损耗长度如图 5–8 所示。在加工中，同一电极的角部损耗 > 侧面损耗 > 端面损耗。

在电火花成形加工中，电极的相对损耗小于 1% 时称为低损耗电火花成形加工。低损耗电火花成形加工能最大限度地保持加工精度，所需电极的数目也可减至最少，因而简化了电极的制造过程，所加工工件的表面粗糙度 $Ra \leqslant 3.2$ μm。除了充分利用电火花成形加工的极性效应、覆盖效应及选择合适的工具电极材料外，还可从改善工作液方面入手，以实现电火花的低损耗加工。若采用加入各种添加剂的水基工作液，还可实现对纯铜或铸铁电极小于 1% 的低损耗电火花成形加工。

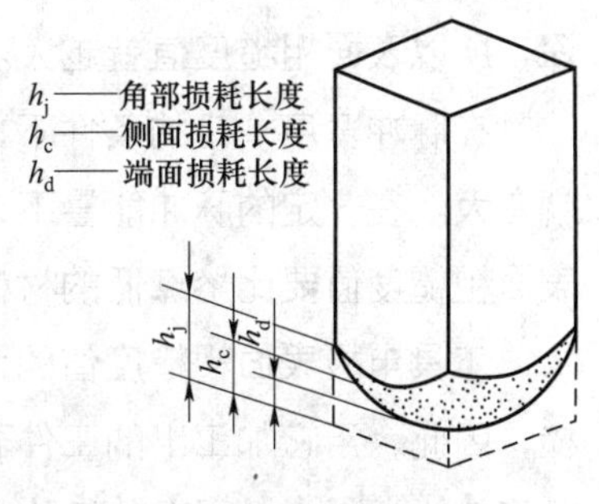

图 5–8 电极损耗长度

非电参数对电极损耗有影响的主要因素有加工面积、冲油或抽油方式、电极的形状和尺寸、工具电极材料等，电参数中对电极损耗有影响的主要因素包括脉冲宽度、峰值电流、加工面积、加工极性、电极材料、工件材料、工作液、排屑条件和二次放电等，具体见表 5–3。

表 5–3 电参数中影响电极损耗的因素

因素	说明	减少损耗的条件
脉冲宽度	脉冲宽度越大，损耗越小，至一定数值后，损耗可降低至小于1%	脉冲宽度足够大
峰值电流	峰值电流增大，电极损耗增加	减小峰值电流
加工面积	影响不大	大于最小加工面积
加工极性	影响很大。应根据不同电源、不同电规准、不同工作液以及不同的电极材料和工件材料选择合适的极性	一般脉冲宽度大时用正极性，小时用负极性，钢电极用负极性
电极材料	常用电极材料中黄铜的损耗最大，纯铜、铸铁、钢次之，石墨和铜钨、银钨合金较小。纯铜在一定的电规准和工艺条件下也可以实现低损耗加工	用石墨做粗加工电极、纯铜做精加工电极
工件材料	加工硬质合金工件时电极损耗比钢件大	用高压脉冲加工或用水作为工作液，在一定条件下可降低损耗
工作液	常用的煤油、机油获得低损耗加工需具备一定的工艺条件；水和水溶液比煤油容易实现低损耗加工（在一定条件下），如硬质合金工件的低损耗加工，黄铜和钢电极的低损耗加工	
排屑条件和二次放电	在损耗较小的加工中，排屑条件越好则损耗越大，如纯铜等，有些电极材料则对此不敏感，如石墨等。用损耗较大的规准加工时，二次放电会使损耗增大	在允许的条件下最好不采用强迫冲（抽）油

4. 影响表面粗糙度的主要因素

电火花成形加工表面粗糙度的形成与切削加工不同，它是由若干电蚀小凹坑组成的，能存润滑油，其耐磨性比同样表面粗糙度的机械加工表面要好。在相同表面粗糙度的情况下，电加工表面比机械加工表面亮度低。

工件的电火花成形加工表面粗糙度直接影响其使用性能，如耐磨性、配合性质、接触刚度、疲劳强度和耐腐蚀性等。尤其对于高速、高压条件下工作的模具和零件，其表面粗糙度往往决定其使用性能和使用寿命。

电火花成形加工工件表面凹坑的大小与单个脉冲放电能量有关，单个脉冲能量越大，则凹坑越大。若把表面粗糙度值大小简单地看成与电蚀凹坑的深度成正比，则电火花成形加工表面粗糙度值随单个脉冲能量的增加而增大。

当峰值电流一定时，脉冲宽度越大，单个脉冲的能量就大，放电腐蚀的凹坑也越大、越深，所以表面粗糙度值就越大。

在脉冲宽度一定的条件下，随着峰值电流的增加，单个脉冲能量也增加，表面粗糙度值就变大。在一定的脉冲能量下，不同的工件电极材料表面粗糙度值大小不同，熔点高的材料表面粗糙度值要比熔点低的材料小。

工具电极表面粗糙度值的大小也影响工件的表面粗糙度值。例如，石墨电极表面比较粗糙，因此，用它加工出的工件表面粗糙度值也大。由于电极的相对运动，工件侧边的表面粗糙度值比端面小。干净的工作液有利于得到理想的表面粗糙度。因为工作液中含蚀除产物等杂质越多，越容易发生积炭等不利状况，从而影响表面粗糙度。

5. 影响加工精度的主要因素

电加工精度包括尺寸精度和仿形精度（或形状精度），影响精度的因素很多，这里重点探讨与电火花成形加工工艺有关的因素。

（1）放电间隙

在电火花成形加工中，工具电极与工件间存在着放电间隙。放电间隙随电参数、电极材料、工作液的绝缘性能等因素变化而变化，从而影响了加工精度。

间隙大小对形状精度也有影响，间隙越大，则复制精度越低，特别是对形状复杂的加工表面影响更大。例如，电极为尖角时，由于放电间隙的等距离，工件则为圆角。因此，为了减小尺寸误差，应该采用较小的加工规准，缩小放电间隙；另外，还必须尽可能使加工过程稳定。放电间隙在精加工时一般为 0.01 ~ 0.1 mm，粗加工时可达 0.5 mm 以上（单边）。

（2）加工斜度

电火花成形加工时产生斜度的情况如图 5–9 所示。由于工具电极下面部分加工时间长，损耗大，所以电极变小，而入口处由于电蚀产物的存在，易发生由于电蚀产物的介入而再次进行的非正常放电，即“二次放电”，因而产生加工斜度。

（3）工具电极的损耗

在电火花成形加工中，随着加工深度不断增加，工具电极进入放电区域的时间是从端部向上逐渐减少的。实际上，工件侧壁主要是靠工具电极底部端面的周边加工出来的。因此，电极的损耗也必然从底部端面向上逐渐减少，从而形成了损耗锥度，如图 5–10 所示，工具电极的损耗锥度反映到工件上是加工斜度。

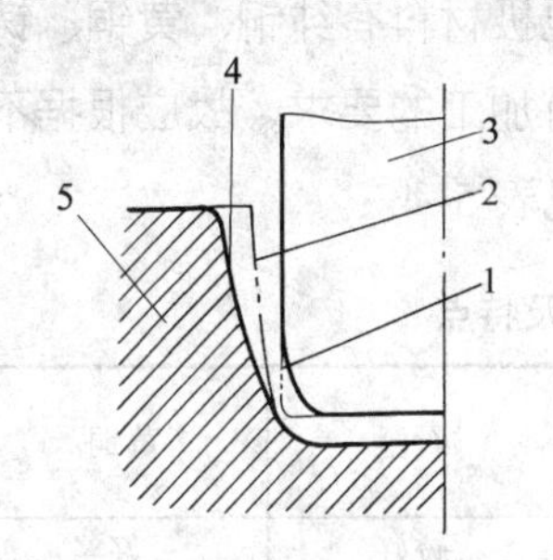

图 5–9　电火花加工时产生斜度的情况

1—电极无损耗时工具轮廓线
2—电极有损耗而不考虑二次放电时的工件轮廓线
3—工具电极　4—实际工件轮廓线　5—工件

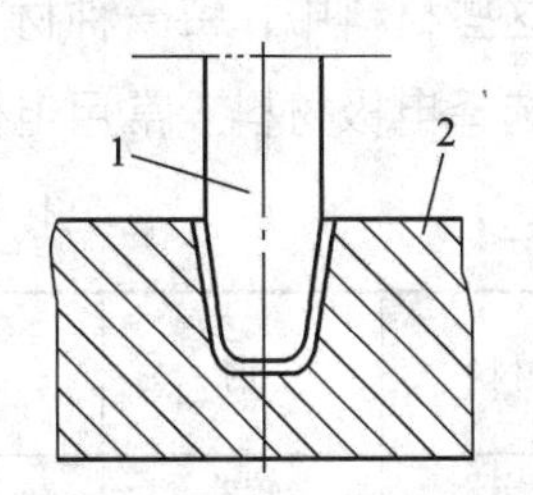

图 5–10　工具电极的损耗锥度

1—工具电极　2—工件

四、电火花成形加工工艺的制定

电火花成形加工一般作为工件加工的最后一道工序，使工件达到图样规定的尺寸精度、几何精度和表面质量。如图 5–11 所示为电火花成形加工的加工过程。

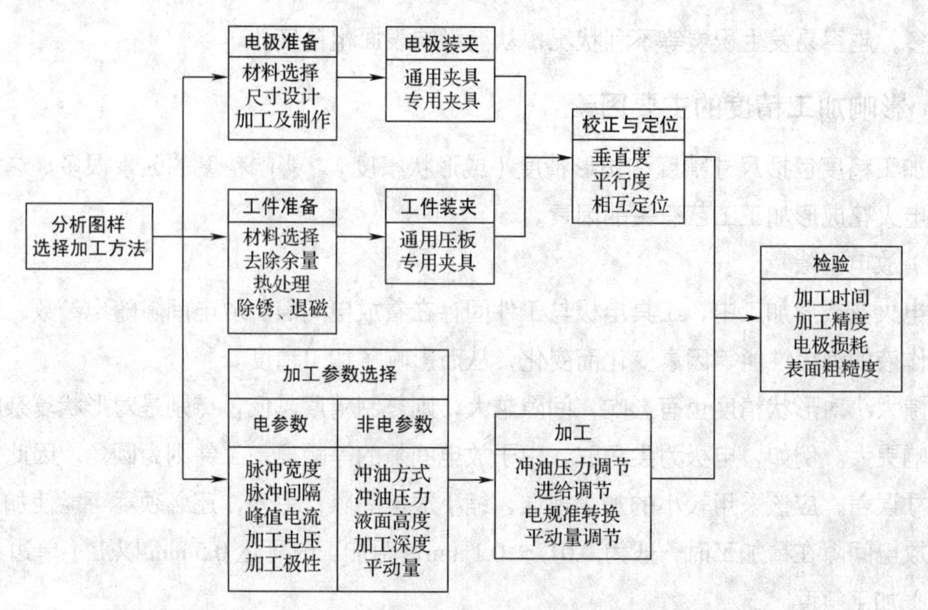

图 5-11 电火花成形加工的加工过程

1. 电极准备

电火花成形加工的特点主要是把电极的形状通过电蚀工艺精确地复制到工件上。因此，工件的形状和加工精度与电极有着密切的关系。为了保证电极符合要求，在选择电极时，必须正确选择电极材料和合理的几何尺寸，同时还应考虑电极的加工工艺性等问题。

（1）电极材料

在实际使用中，应选择导电性能良好、损耗小、容易加工、加工过程稳定、效率高和价格便宜的材料作为电极。电火花成形加工常用的电极材料有纯铜、黄铜、铸铁、钢和石墨等。在这些材料中，每一种材料都不能完全满足所有加工的要求，故应根据不同的具体要求合理地选择电极材料。常用电极材料的性能及特点见表 5-4。

表 5-4 常用电极材料的性能及特点

电极材料	钢	铸铁	纯铜	石墨	黄铜	铜钨、银钨合金
加工稳定性	较差	一般	好	较好	好	好
电极损耗	一般	一般	一般	较小	较大	小
机械加工性能	好	好	差	较好	好	一般
特点	常用于加工冲压模具。多以凸模为电极加工凹模	常用于加工冷冲模的电极	磨削困难，不宜作为微细加工用电极	强度较低，适用于制造加工大型模具用电极	电极损耗太大，常用于加工时可进行补偿的加工场合	价格偏贵，但对精密微细加工特别适宜
材质	最好采用锻件	最好用优质铸铁	以无杂质锻打的电解铜最好	细粒、致密、各向同性的高纯度石墨	冷拔或轧制棒材或板材	粉末冶金，粒度越细越好

目前，国内电火花成形加工冲模的电极材料一般选用铸铁和钢，大多采用成形磨削方法制作电极。为了简化电极的制作过程，可采用模具钢制作冲模加工用电极，通过“钢打钢”的电火花成形加工方式加工冲模，事后将电极下端的放电部位切去，可作为冲头使用。

而型腔模具加工用的工具电极大多采用石墨及纯铜制作而成。在大脉宽、大电流、粗加工时使用石墨电极，而精密加工时大多采用纯铜电极。

（2）影响电极损耗的主要因素

1）电极材料对电极损耗影响极大。熔点、沸点越高，导热性越好，电极损耗就越小。银钨合金、铜钨合金就属于低损耗电极材料。选用电极材料时要综合考虑工件要求、工艺性及生产成本，不能盲目追求低损耗。

2）电参数对电极损耗的影响也较大。加大脉冲宽度可降低损耗，但也存在一个最佳范围，超过这个范围，损耗又将加大。

在一般情况下，若脉冲宽度不变，则随着脉冲峰值电流的增大，电极损耗加大。特别是当放电面积很小而峰值电流又很大时，电极损耗将更加明显。

3）极性。一般来说，粗加工时应使用负极性加工，而精加工时要改为正极性加工。但要记住特例，即当采用“钢打钢”时，无论是粗加工还是精加工，都应采用负极性加工，才能实现电极低损耗加工。

4）黑膜对电极损耗的影响也不容忽视。在煤油介质中，用纯铜作为工具电极并采用负极性加工时，电极表面均有黑膜形成。随着黑膜厚度的增大，电极损耗随之降低。当黑膜厚度达到一定值（约 0.01 mm）后，电极可实现低损耗。

5）工具电极上大多开有冲油孔和排气孔，可通过强迫冲液的方式使加工蚀除物及气体及时排出。实践表明：当冲油压力增大时，电极损耗将随之增大。冲油压力及介质流速都不宜太高，以偏低些为好，通常为 20 ～ 40 kPa。

（3）电极结构

电极的结构形式应根据型孔的大小与复杂程度、电极的加工工艺性等来确定。常用的电极结构有以下几种形式：

1）整体式电极。是指用一整块电极材料加工出的完整电极。这是最常用的结构形式。对于面积较大的电极，可在其上端（非工作面）上钻一些盲孔，以减轻质量，提高加工过程的稳定性。

2）组合电极。也称多电极，即把多个电极装夹在一起。采用多电极加工时，生产效率高，各加工部位的位置精度也较为准确，但对电极的定位有较高的要求。

3）镶拼式电极。有些电极做成整体电极时机械加工困难，因此将它分成几块，加工后再镶拼成整体。这样可以保证电极的制造精度，得到尖锐的凹角，而且节省材料。

（4）技术要求

对电极的要求是：尺寸精度应不低于 IT7 级，公差一般小于工件公差的 1/2，并按入体原则标注；各表面平行度误差在 100 mm 长度上小于 0.01 mm；表面粗糙度 $Ra \leqslant 1.25$ μm。

（5）电极的尺寸

电极的尺寸主要包括长度尺寸和截面尺寸。

1）长度尺寸。一般情况下，电极的有效长度（即总长度减去装夹等辅助长度）通常取工件厚度的2.5 ~ 3.5倍，当需用一个电极加工几个工件或加工一个凹模上的几个相同型孔时，电极的有效长度还应适当加长。

对于加工盲型腔所用电极的有效长度，一般取工件型腔深度加上两倍最大蚀除深度即可，当电极下端可修复续用时，则应增加供修复的长度。

当能满足装夹和加工需要时，电极长度应尽量缩短，以提高电极刚度和加工过程的稳定性，还有利于成形磨削以及对电极形状的影像检验。

2）截面尺寸。电极截面尺寸与多种因素有关，除主要通过工件图样得到外，还需考虑到火花间隙的大小、凸模和凹模间的配合间隙以及电加工的工艺过程（如一次加工或分粗、精多次加工以及采用平动方式时的尺寸缩放量）等方面。

①电极的截面尺寸原则上与工件截面尺寸仅相差一个火花间隙，即电极的凸形部分应比工件的凹形部分均匀缩小一个（单面）火花间隙值，电极的凹形部分应比工件的凸形部分均匀放大一个（单面）火花间隙值。

②冲裁模中的凹模尺寸完全取决于冲件尺寸，加工凹模的电极尺寸即可按前述原则在冲件尺寸的基础上缩小一个（单面）火花间隙值。

③如果采用单电极加工，其截面尺寸还应将电极损耗量加到火花间隙值中，一并进行考虑。

④精确的电极尺寸对加工精密工件来说是必不可少的，而且由于环境、系统、操作者的影响，工件的精度总比生产中所用的电极精度差。因此，正常情况下电极公差是工件公差的一半。

2. 电极装夹

在加工之前，应先装夹工件，然后进行电极的校正与定位。这些工作十分重要，它不仅直接影响加工的精度，还可能因使加工过程的稳定性变差而影响生产效率。

整体式电极大多数使用通用夹具直接安装在机床主轴的下端。如图5–12所示为带垂直度调节装置的夹头，工具电极固定在电极固定板4上（固定板下方装钻夹头或其他夹具），当工具电极的轴线与工作台端面不垂直时，可通过夹具上前、后、左、右四个调节螺钉2进行调节，直到合格为止。例如，圆柱形电极可选用标准套筒夹具装夹，如图5–13所示；直径较小的电极可选用钻夹头装夹，如图5–14所示；尺寸较大的电极可选用螺纹夹头装夹，如图5–15所示。

多电极可选用配置了定位块的通用夹具（见图5–16）加定位块装夹，或使用专用夹具装夹。

镶拼式电极一般采用一块连接板将几块电极连接成所需的整体后再装夹，如图5–17所示为连接板夹具。

为了使电极的调整更加方便，现在还有多种能调节垂直度与水平转角的新型夹头，如球面铰链夹头和电磁夹头等。

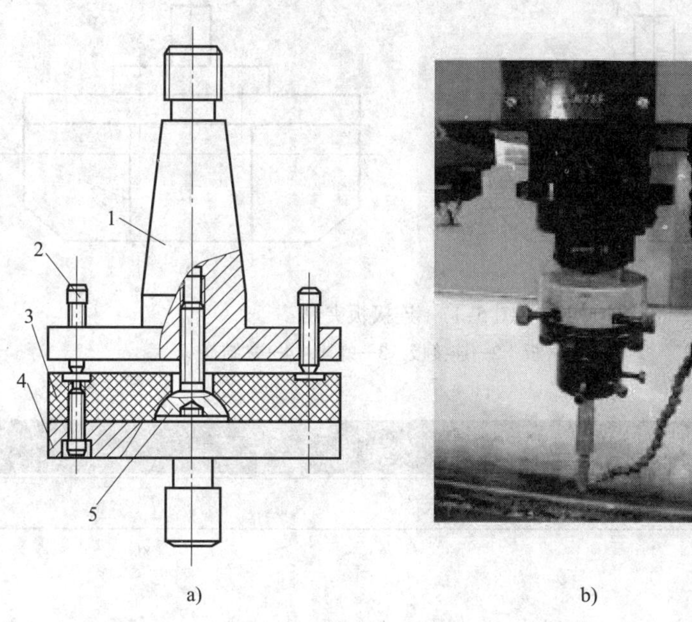

图 5-12 带垂直度调节装置的夹头

a）结构图 b）应用图

1—锥柄 2—调节螺钉 3—绝缘垫 4—电极固定板 5—球头螺钉

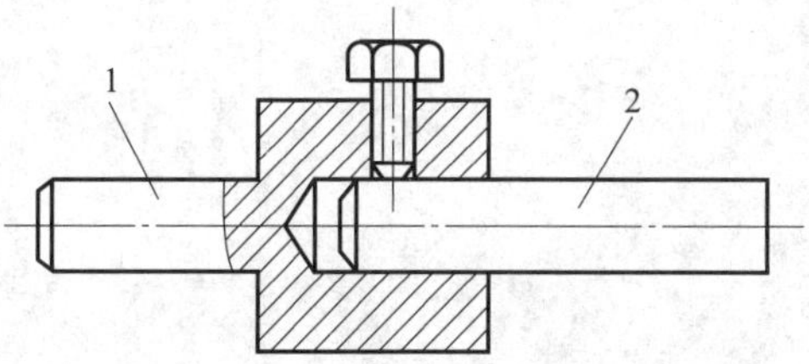

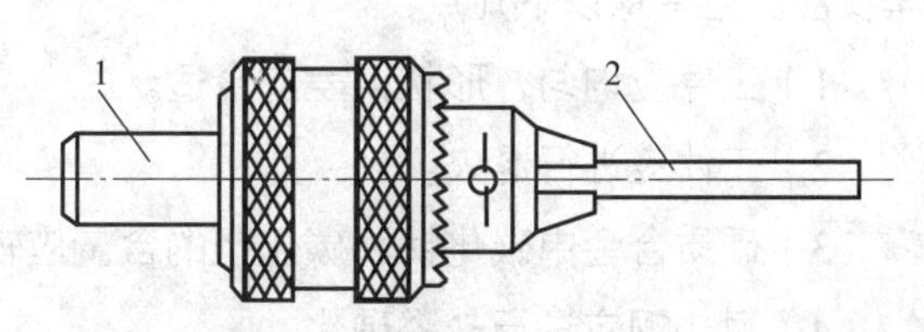

图 5-13 标准套筒夹具

1—套筒 2—电极

图 5-14 钻夹头

1—钻夹头 2—电极

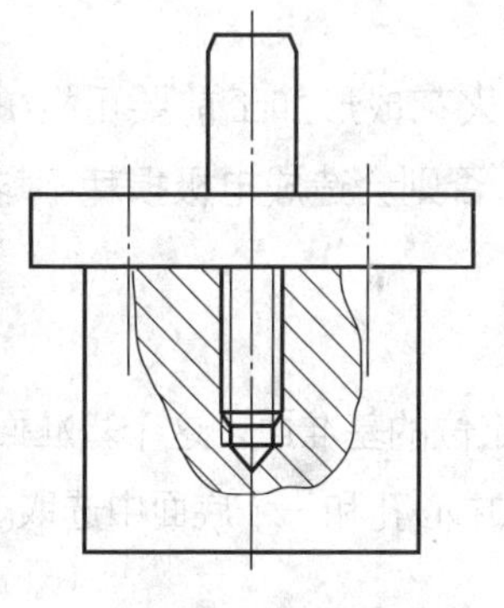

图 5-15 螺纹夹头

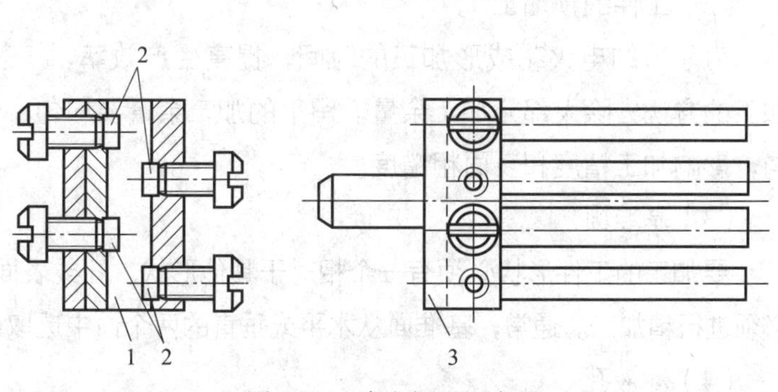

图 5-16 多电极通用夹具

1—定位块 2—电极 3—夹具体

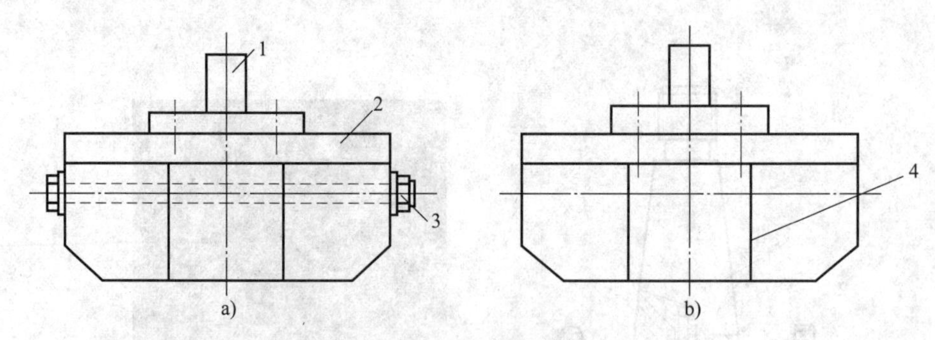

图 5-17　连接板夹具

1—电极板　2—连接板　3—螺栓　4—黏结剂

看一看

自己用到的电极采用的是哪种装夹方式?

3. 工件准备

（1）工件材料、尺寸和形状

毛坯的尺寸必须适合在工作液槽内设置，工件能够被紧固，其硬度、刚度、塑性符合标准，质量在允许范围内；工件材料电导率大于 0.1 S/cm，并且材料不与工作液发生强烈的化学反应。应注意以下几点：

1）工件应均匀，形状误差应合适。

2）工件应进行退火。

3）硬质合金中碳化钛和碳化钽的含量应较低。

4）耐热钢应进行盐浴硬化。

5）大工件的加工应采用合适的制冷措施。

6）加工窄缝和深槽时应采用合适的冲液措施。

（2）工件的预加工

为了节约电火花成形加工的时间，提高生产效率，一般在电火花成形加工前要用机械加工的方法去除大部分加工余量。留下的加工余量要均匀、合适；否则会造成电极损耗不均匀，影响加工精度和表面粗糙度。

（3）基准面

要加工的工件形状必须有一个相对于其他形状、孔或表面容易定位的基准面，这个基准面必须进行精加工。通常，基准面从水平或垂直的两个面中选取或者从中心孔和一个底面中选取。

（4）冲液孔

根据加工计划，必须制作所需的冲液孔，其加工方法如下：

1）如果工件是没有经过热处理的钢件，应钻孔。

2）如果工件是热处理后的钢件，应使用管状电极进行电火花成形加工或用金刚石钻头钻孔。

3）如果工件是硬质合金件，应使用管状电极进行电火花成形加工或预先烧结。

（5）热处理

一方面，因材料可能出现变形，在放电加工之前必须先对工件进行回火；另一方面，回火对放电加工应不产生任何不利因素。如果回火是在盐浴炉中进行的，则需要对工件进行喷砂清理或者研磨掉约 0.5 mm 厚的表面。

（6）除锈、去磁

在电火花成形加工前，必须对工件进行除锈、去磁处理，以免工件在加工过程中吸附铁屑，引起拉弧烧伤，影响成形表面的加工质量。

4. 工件装夹

在一般情况下工件被安放在工作台上，与电极互相定位后，用压板和螺钉压紧即可，但需注意保持与电极的相互位置。

5. 电极的校正与定位

（1）校正

电极装夹后需进行校正，使其轴线或轮廓线垂直于机床的工作台面。校正电极的方法很多，在此仅介绍两种简单而实用的方法。

1）利用精密角尺校正。如图 5–18 所示，利用精密角尺，通过接触缝隙校正电极与工作台的垂直度，直至上下缝隙均匀为止。校正时还可辅以灯光照射，观察光隙是否均匀，以提高校正精度。这种方法的特点是简便、迅速，精度也较高。

2）利用百分表校正。如图 5–19 所示，当电极通过机床主轴做上下移动时，电极的垂直度可以直接从百分表上读出。这种方法校正可靠，精度高，但较费时。

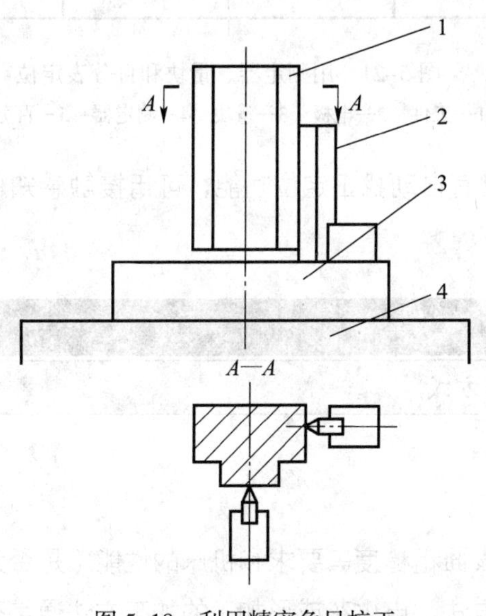

图 5–18　利用精密角尺校正

1—电极　2—精密角尺　3—工件　4—工作台

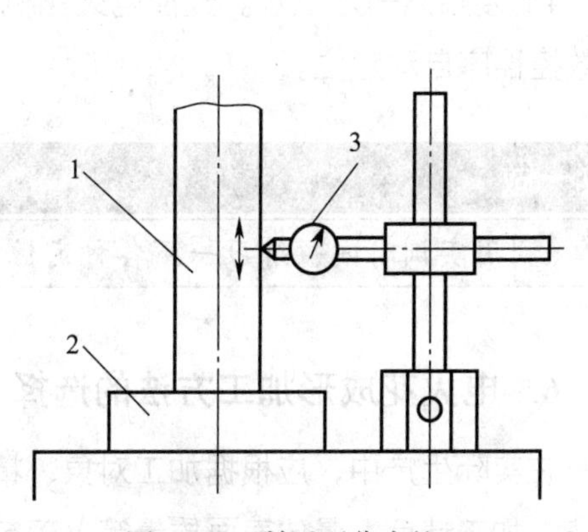

图 5–19　利用百分表校正

1—电极　2—工件　3—百分表

（2）定位

电火花成形加工中的定位是指使已安装完成的电极对准工件的加工位置，以达到位置精度要求，下面介绍几种常用方法。

1）划线法。按图样在工件两面划出型孔线，再沿线打样冲眼，根据样冲眼确定电极位置。该方法主要适用于定位精度要求不高的工件。

2）量块角尺法。先在工件 X 和 Y 方向的外侧表面上磨出两个定位基准面，用一精密角尺与工件定位基准面吻合，然后在角尺与电极之间垫入尺寸分别为 x 和 y 的量块，电极与量块的接触松紧适度，如图 5-20 所示为用量块和角尺定位。

3）测定器、量块定位法。测定器中两个基准平面间的尺寸 z 是固定的，用它配合量块和百分表进行定位。定位时，将百分表靠在工件外侧已磨出的基准面上，移动电极，当读数达到计算所得电极与基准面的距离 x 时，即可紧固工件，如图 5-21 所示为用测定器、量块和百分表定位。

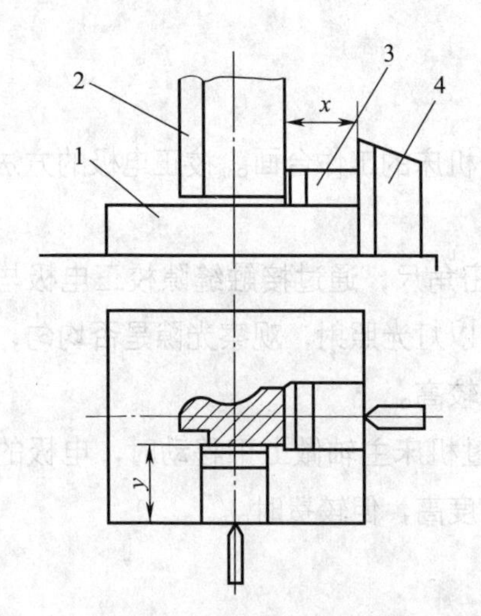

图 5-20 用量块和角尺定位

1—工件 2—电极 3—量块 4—角尺

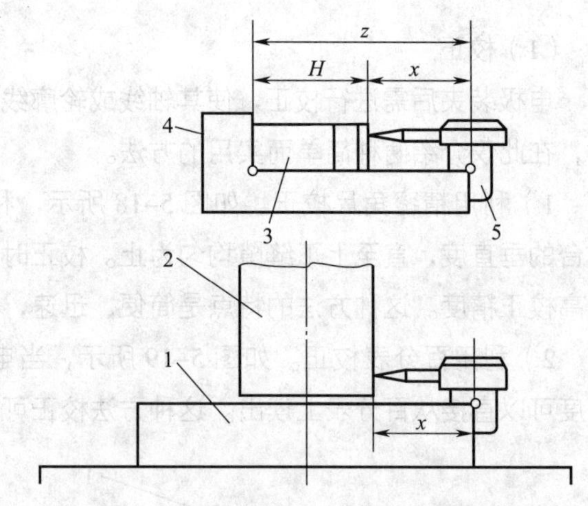

图 5-21 用测定器、量块和百分表定位

1—工件 2—电极 3—量块 4—测定器 5—百分表

4）接触感知定位法。数控电火花机床均具有自动找正定位功能，可用接触感知代码编制数控程序自动定位。

做一做

利用实训时间，练习一下各种定位与校正方式。

6. 电火花成形加工方法的选择

在实际生产中，应根据加工对象、精度、表面粗糙度等要求和机床的性能（是否为数控机床、加工精度、最佳表面质量等）确定加工方法。电火花成形加工的加工方法通常有以下三种：

（1）单工具电极直接成形法

如图 5-22 所示，单工具电极直接成形法是指采用同一个工具电极完成模具型腔的粗、中及精加工。采用单电极平动法加工时，工具电极只需一个电极并且只需要一次装夹，避免了因反复装夹带来的定位误差。

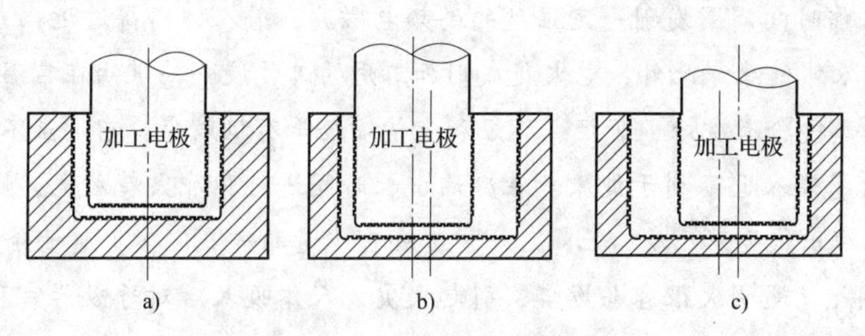

图 5-22　单工具电极直接成形法

a）粗加工　b）精加工型腔（左侧）　c）精加工型腔（右侧）

单工具电极直接成形法的主要缺点是：电极损耗大，影响型腔尺寸精度、形状精度和表面粗糙度。

（2）多电极更换法

多电极更换法是指根据一个型腔在粗加工、半精加工及精加工中放电间隙各不相同的特点，采用几个不同尺寸的工具电极完成一个型腔的粗、中及精加工，如图 5-23 所示。在加工时首先用粗加工电极蚀除大量金属，然后更换电极进行中、精加工；对于加工精度高的型腔，往往需要较多的电极来精修型腔。

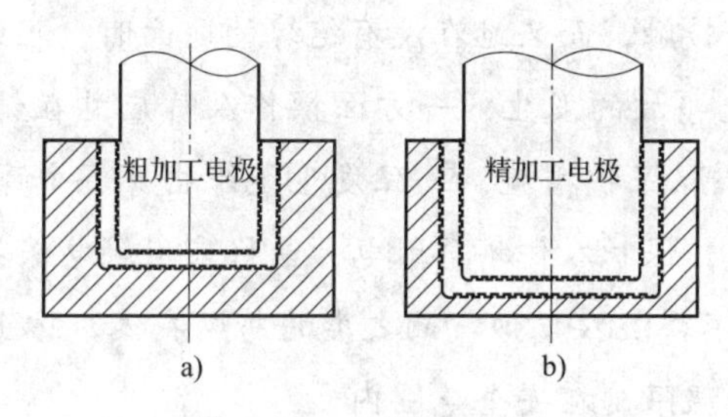

图 5-23　多电极更换法

a）粗加工　b）更换大电极精加工

多电极更换加工法的优点是仿型精度高，尤其适用于尖角、窄缝多的型腔模的加工。它的缺点是需要制造多个电极，并且对电极的重复制造精度要求很高。另外，在加工过程中，电极的依次更换需要有一定的重复定位精度。

（3）分解电极加工法

分解电极加工法是根据型腔的几何形状，把电极分解成主型腔电极和副型腔电极并分别制造。先用主型腔电极加工出主型腔，后用副型腔电极加工尖角、窄缝等部位的副型腔。

此方法的优点是能根据主型腔、副型腔不同的加工条件选择不同的加工规准，有利于提高加工速度和改善加工表面质量，同时还可简化电极的制造过程，便于修整电极。缺点是主型腔和副型腔间的精确定位问题较难解决。

阅读材料

电火花成形加工的安全技术规程

电火花成形加工直接利用电能，且工具电极等裸露部分有100～300 V的高电压。高频脉冲电源工作时向周围发射一定强度的高频电磁波，若人体离得过近，或受辐射时间过长，会影响人体健康。此外，电火花成形加工用的工作液——煤油在常温下也会蒸发，挥发出的煤油蒸气含有烷烃、芳烃、环烃和少量烯烃等有机成分，它们虽不是有毒气体，但人体长期大量吸入也不利于健康。在煤油中长时间进行脉冲火花放电，煤油在瞬时局部高温下会分解出氢气、乙炔、乙烯、甲烷，还有少量的一氧化碳（质量分数约为0.1%）和大量油雾烟气，遇明火很容易燃烧，引起火灾，人体吸入后对呼吸器官和中枢神经也有不同程度的危害，所以，人体防触电等技术和安全防火非常重要。

电火花成形加工中的主要安全技术规程如下：

1. 电火花机床应设置专用地线，使电源箱外壳、床身及其他设备可靠接地，防止电气设备绝缘损坏而发生触电事故。

2. 操作人员必须站在耐压20 kV以上的绝缘板上进行工作，加工过程中不可触碰工具电极。操作人员不得较长时间离开电火花机床，重要机床每班操作人员不得少于两人。

3. 经常保持机床电气设备清洁，防止受潮，以免降低绝缘强度而影响机床的正常工作。

若电动机、电线等的绝缘损坏（击穿）或绝缘性能不好（漏电）时，其外壳便会带电，如果人体与带电外壳接触，而又站在没有绝缘的地面时，轻则“麻电”，重则有生命危险。为了防止这类触电事故的发生，一方面操作人员应站在铺有绝缘垫的地面上；另一方面电气设备外壳应采取保护措施，一旦发生绝缘击穿漏电事故，外壳与地短路，使熔断器熔断或断路器跳闸，保护人体不再触电，最好采用触电保护器。

4. 添加工作液时，不得混入类似汽油之类的易燃液体，防止引起火灾事故。油箱要有足够的循环油量，使油温限制在安全范围内。

5. 加工时，工作液的液面要高于工件一定距离（30～100 mm），如果液面过低，加工电流较大，很容易引起火灾。为此，操作人员应经常检查工作液的液面是否合适。如图5-24所示为操作不当、易发生火灾的原因，要避免出现图中所示的错误。

6. 根据煤油的混浊程度，要及时更换过滤器，保持油路畅通。

7. 进行电火花成形加工时，应有抽油雾、烟气的排风换气装置，以保持室内空气质量良好。

8. 机床周围严禁烟火，并应配备适用于油类的灭火器，最好配置自动灭火器。好的自动灭火器具有烟雾、火光、温度感应报警装置，并能自动灭火，比较安全、可靠。若发生火灾，应立即切断电源，并用四氯化碳或二氧化碳灭火器吹灭火苗，以防止事故扩大。

9. 操作人员随时观察加工情况，以免出现短路、拉弧烧伤工件等事故。

10. 电火花机床的电气设备应设置专人负责，其他人员不得擅自乱动。

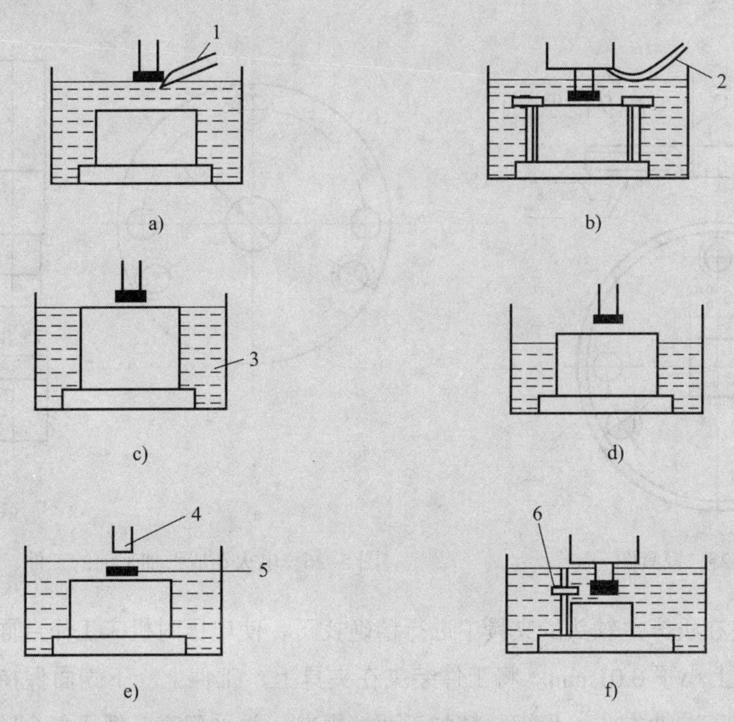

图 5-24 易发生火灾的原因

a）电极和喷油嘴间相碰引起火花放电

b）绝缘外壳多次弯曲意外破裂的导线和工件夹具间产生火花放电

c）加工的工件在工作液槽中位置过高 d）在加工液槽中没有足够的工作液，液面过低

e）电极和主轴连接不牢固，意外脱落时，电极和主轴之间产生火花放电

f）电极的一部分与工件夹具间产生意外的放电，并且放电又在非常接近液面的地方

1—喷油嘴 2—导线 3—工作液 4—主轴 5—电极 6—夹具

五、典型零件的加工工艺

1. 冷冲模电火花成形加工——简单方孔冲模的电火花成形加工

凹模尺寸为 $25_{0}^{+0.02}$ mm×$25_{0}^{+0.02}$ mm，深 10 mm，通孔的尺寸公差等级为 IT7 级，表面粗糙度 *Ra* 值为 2.5 ~ 1.25 μm，模具如图 5-25 所示，模具材料为 40Cr 钢。现采用高、低压复合型晶体管脉冲电源进行加工。

电火花成形加工模具一般都在淬火以后进行，并且通常先加工出预孔，如图 5-26a 所示，其余工件尺寸等要求与图 5-25 所示相同。

加工冲模的电极材料一般选用铸铁或钢，这样可以采用成形磨削方法制造电极。为了简化电极的制造过程，也可采用合金钢电极，如 Cr12 钢，电极的精度和表面质量比凹模高一级。为了实现粗、半精、精规准转换，电极前端用“王水”进行腐蚀处理，腐蚀高度为 15 mm，双边腐蚀量为 0.25 mm，如图 5-26b 所示。进行电火花成形加工前，工件和工具电极都必须经过退磁处理。

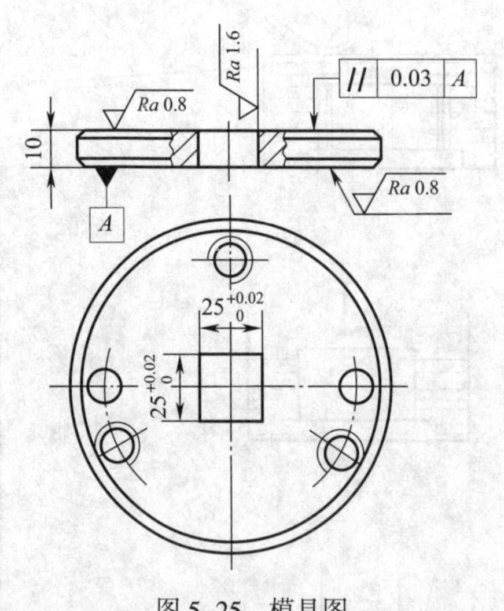

图 5-25 模具图

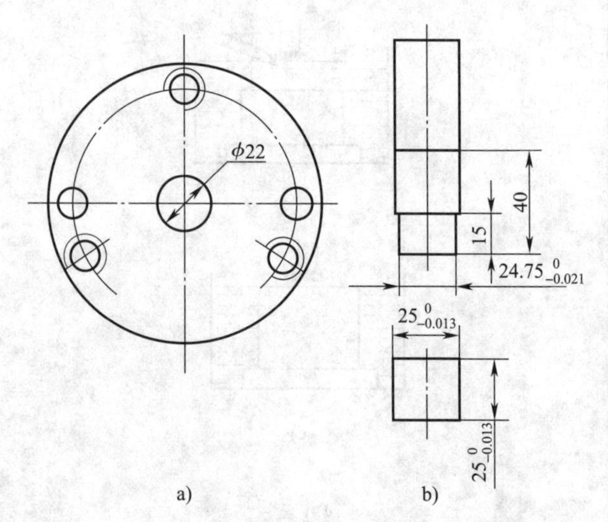

图 5-26 电火花成形加工前的工件、工具电极图

将电极装夹在机床主轴头的夹具中进行精确找正，使电极对机床工作台面的垂直度误差在 100 mm 长度上小于 0.01 mm。将工件装夹在夹具上，工件上、下端面保持与工作台面平行。加工时采用下冲油方式，用粗、精加工两挡规准，并采用高、低压复合脉冲电源，加工参考规准见表 5-5。

表 5-5 加工参考规准

加工类型	脉冲宽度 /μs		电压 /V		电流 /A		脉冲间隔 /μs	冲油压力 /kPa	加工深度 /mm
	高压	低压	高压	低压	高压	低压			
粗加工	12	25	250	60	1	9	30	9.8	15
精加工	7	2	200	60	0.8	1.2	25	19.6	20

做一做

改变零件尺寸重新进行加工。

2. 电动机转子冲孔落料模的电火花成形加工

工件材料：淬火钢 40Cr，工件如图 5-27 所示。凸模和凹模的配合间隙为 0.04 ~ 0.07 mm。工具电极（即冲头）材料：淬火钢 Cr12，工具电极（冲头）和定位心轴如图 5-28 所示。

（1）工具电极在电火花成形加工之前的工艺路线

1）准备定位心轴。车削心轴的 $\phi6$ mm 和 $\phi12$ mm 外圆，其外圆直径留 0.2 mm 的磨削余量，钻中心孔；用磨床精磨 $\phi6$ mm 和 $\phi12$ mm 外圆。

2）粗车冲头外形，精车上段吊装内螺纹（参见图 5-28），$\phi6$ mm 孔留磨削余量。

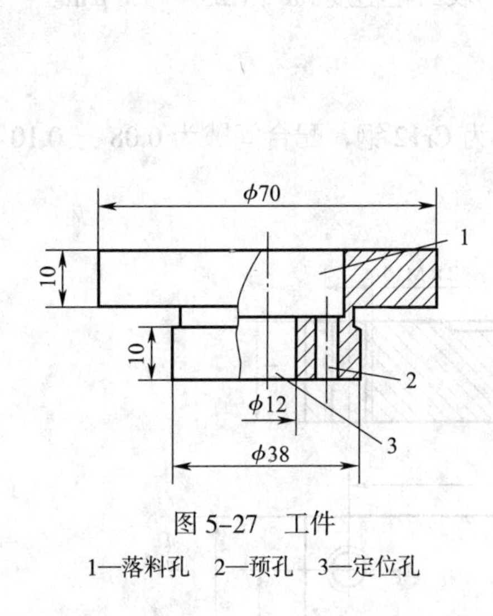

图 5-27　工件
1—落料孔　2—预孔　3—定位孔

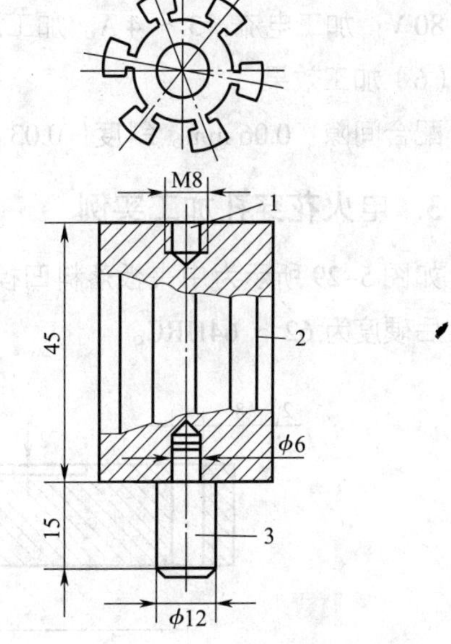

图 5-28　工具电极（冲头）和定位心轴
1—吊装螺孔　2—工具电极（凸模）
3—定位心轴

3）热处理。淬火。

4）磨削。精磨 $\phi6$ mm 定位心轴孔。

5）线切割。以定位心轴 $\phi12$ mm 外圆面为定位基准，精加工冲头外形，达到图样要求。

6）钳工。安装并固定连接杆（连接杆用于与机床主轴头相连接）。

7）化学腐蚀（酸洗）。配制腐蚀液，均匀腐蚀，单面腐蚀量为 0.14 mm，腐蚀高度为 20 mm。

8）钳工。利用凸模上 $\phi6$ mm 孔安装并固定定位心轴。

（2）电火花加工工艺方法

采用凸模打凹模的阶梯工具电极加工法，反打正用。

（3）使用设备

HCD300K 型电火花成形机。

（4）装夹、校正、固定

1）工具电极。以定位心轴作为基准，校正后予以固定。

2）工件。将工件自由放置在工作台上，将校正并固定后的电极定位心轴插入对应的 $\phi12$ mm 孔内（注意不能受力），然后旋转工件，使预加工孔对准冲头（电极），最后予以固定。

（5）加工参考规准

1）粗加工。脉冲宽度：20 μs。脉冲间隔：50 μs。放电峰值：电流 24 A；脉冲电压：173 V；加工电流：7 ~ 8 A。加工深度：穿透。加工极性：负。冲油方式：下冲油方式。

2）精加工。脉冲宽度：2 μs。脉冲间隔：20 ~ 50 μs。放电峰值：电流 24 A；脉冲电压：80 V；加工电流：3 ~ 4 A。加工深度：穿透。加工极性：负。冲油方式：下冲油方式。

（6）加工效果

配合间隙：0.06 mm。斜度：0.03 mm（单面）。表面粗糙度 *Ra*：1.25 ~ 1.0 μm。

3. 电火花穿孔加工实例

如图 5-29 所示为中夹板落料凹模，模具材料为 Cr12 钢，配合间隙为 0.08 ~ 0.10 mm，淬火后硬度为 62 ~ 64HRC。

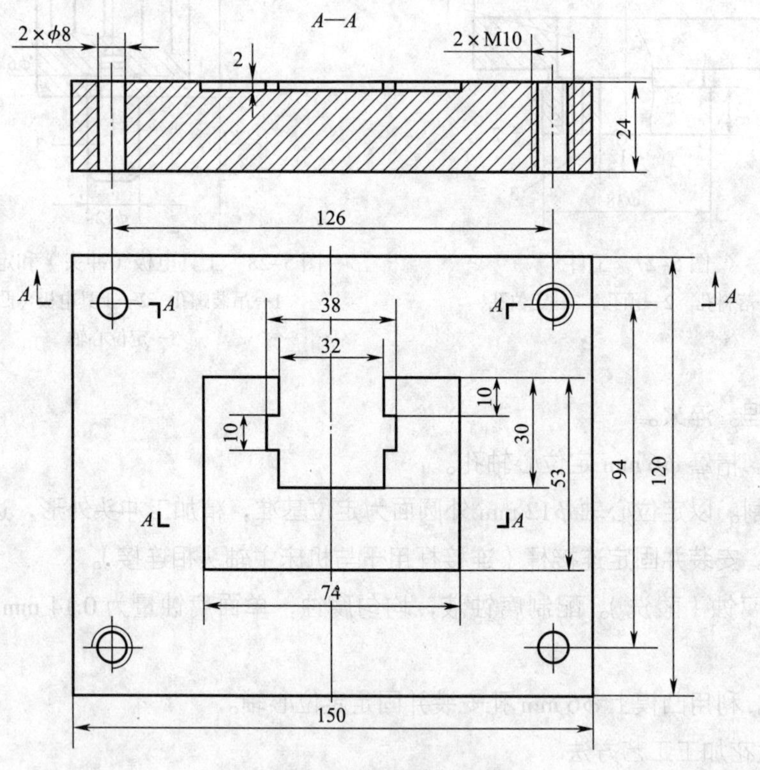

图 5-29　中夹板落料凹模

（1）电火花成形加工前的工艺路线

在电火花成形加工前，应利用铣床、磨床等先把除凹模型孔以外的尺寸加工出来，并应用铣床对凹模型孔进行预加工，单面留电加工余量 0.3 ~ 0.5 mm。然后进行淬火，使硬度达到 62 ~ 64HRC。最后磨平上、下两平面。

（2）工具电极准备

针对此模具特点，可以利用凸模作为工具电极，采用“钢打钢”的方法进行加工。所以，在进行电火花成形加工前，应先利用机械加工方法或电火花线切割加工出凸模。

（3）电火花成形加工工艺方法

利用凸模加工凹模时，要将凹模底面朝上进行加工，这样可以利用“二次放电”产生的加工斜度作为凹模的漏料口，即通常所说的“反打正用”。

（4）装夹工件，校正电极

首先将工具电极（即凸模）用电极夹柄紧固，校正后固定在主轴头上；然后将工件（凹模）放置在电火花成形加工机床的工作台上，调整工具电极与工件的位置，使两电极中心重合，保证加工孔口的位置精度，最后用压板将工件凹模压紧固定。

（5）加工工艺参数

采用低压脉冲宽度 2 μs，脉冲间隔为 20 μs；低压为 80 V，加工电流为 3.5 A；高压脉冲宽度为 5 μs，高压为 173 V，加工电流为 0.6 A；加工极性为负；下冲油方式；加工深度≥ 30 mm。

（6）加工效果

加工时间约为 10 h；加工斜度为 0.03 mm（双边）；凸模、凹模配合间隙为 0.08 mm（双边）；表面粗糙度 $Ra \leqslant 2.25$ μm。

做一做

改变零件尺寸重新进行加工。

第三节　数控线切割加工工艺

一、电火花线切割加工原理

1. 电火花线切割加工原理

电火花线切割是指在工具电极（电极丝）和工件间施加电压，使电压击穿间隙产生火花放电的一种工艺方法。电火花线切割加工机床与加工原理如图 5-30 所示。

通常将电极丝 3 与脉冲电源 8 的负极相接，工件 6 与脉冲电源 8 的正极相接。当脉冲电源发出一个电脉冲时，由于电极丝与工件之间的距离很小，电压击穿这一距离（通常称为放电间隙）就产生一次电火花放电。在火花放电通道中心，温度瞬间可达上万摄氏度，使工件材料熔化甚至汽化。同时，喷到放电间隙中的工作液在高温作用下也急剧汽化膨胀，如同发生爆炸一样，冲击波将熔化和汽化的金属从放电部位抛出。脉冲电源不断地发出电脉冲，形成一次次火花放电，就将工件材料不断地去除。如果对火花放电进行控制，就能达到尺寸加工的目的。通常电极丝与工件之间的放电间隙在 0.01 mm 左右（如果脉冲电源发出的脉冲电压高，放电间隙会大一些）。在编制线切割加工的程序时，放电间隙一般都取为 0.01 mm，当然也可经过复杂计算得到（计算过程略）。

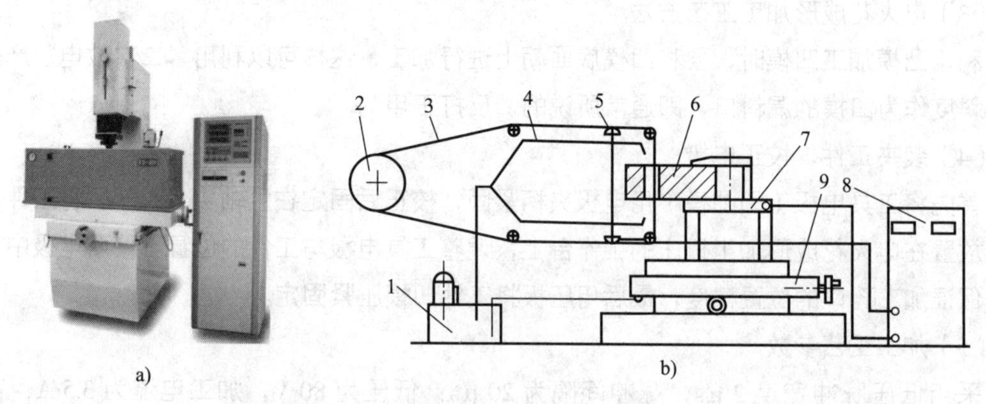

图 5-30　电火花线切割加工机床与加工原理

a）机床实物图　b）加工原理图

1—工作液箱　2—储丝筒　3—电极丝　4—供液管　5—进电块

6—工件　7—夹具　8—脉冲电源　9—工作台滑板

2. 电火花线切割加工的主要影响因素

为确保脉冲电源发出的一串电脉冲在电极丝和工件间产生一个个间断的火花放电，而不是连续的电弧放电，必须保证前、后两个电脉冲之间有足够的间隔时间，使放电间隙中的介质处于充分消电离状态，恢复放电通道的绝缘性，避免在同一部位发生连续放电而导致电弧的产生（一般脉冲间隔是脉冲宽度的 1 ~ 4 倍）。而要保证电极丝在火花放电时不会被烧断，除了变换放电部位外，就是要向放电间隙中注入充足的工作液，使电极丝得到充分冷却。由于快速移动的电极丝（丝速为 5 ~ 12 m/s）能将工作液不断带入、带出放电间隙，既将放电部位不断变换，又能将放电产生的热量及电蚀产物带走，从而使加工稳定性和加工速度得到大幅度的提高。快速走丝加工工艺问世后，我国的电火花线切割加工机床的产量及应用范围都发生了一个飞跃。

此外，为了获得较高的表面质量和尺寸精度，应当选择适宜的脉冲参数，以确保电极丝和工件的放电是火花放电，而不发生电弧放电。

由于线切割火花放电时阳极的蚀除量在大多数情况下远远大于阴极的蚀除量，所以，在进行线切割加工时工件一律接脉冲电源的正极（阳极）。

阅读材料

火花放电和电弧放电的主要区别

电弧放电的击穿电压低，而火花放电的击穿电压高。用示波器能很容易观察到这一差异。

电弧放电是因放电间隙消电离不充分，多次在同一部位连续稳定放电形成的，放电爆炸力小，颜色发白，蚀除量低；而火花放电是游走性的非稳定放电过程，放电爆炸力大，放电声音清脆，呈蓝色火花，蚀除量高。

二、数控电火花线切割机床的分类及用途

1. 分类

电火花线切割机床有多种分类方法，一般可以按机床的控制方式、脉冲电源的类型、工作台尺寸与行程、走丝速度、加工精度等进行分类，具体见表 5–6。

表 5–6　　电火花线切割机床的分类

分类方式	种类
按机床的控制方式	光电与计算机混合控制线切割机床、数字程序控制或计算机控制线切割机床
按机床配用的脉冲电源类型	晶体管电源机床、分组脉冲电源机床及自适应控制电源机床等
按机床工作台尺寸与行程（即按加工工件的尺寸范围）的大小	大型、中型、小型线切割机床（在这三大类型中，又分为直壁切割和锥度切割型、丝架固定型和可调丝架型等）
按走丝速度大小	快走丝线切割机床、慢走丝线切割机床及混合式线切割机床（有快、慢两套走丝系统）
按加工精度的高低	普通精度型及高精度精密型线切割机床（绝大多数慢走丝线切割机床属于高精度精密型机床）

查一查

查找以上线切割机床的外形图。

2. 应用范围

（1）模具加工

绝大多数冲裁模都采用线切割加工而成，因为只需计算一次，编好程序后就可加工出凸模、凸模固定板、凹模及卸料板。此外，还可加工粉末冶金模、压弯模及塑压模等。

（2）新产品试制

进行新产品试制时，一些关键件往往需用模具制造，但加工模具周期长且成本高，采用线切割加工可以直接切制零件，从而缩短新产品的试制周期。

（3）难加工零件

如在精密型孔、样板及成形刀具、精密狭槽等加工中，利用机械切削加工就很困难，而采用线切割加工则比较适宜。此外，不少电火花成形加工所用的工具电极（大多用纯铜制作，机械加工性能差）也采用线切割加工而成。

（4）贵重金属下料

由于线切割加工所用的电极丝尺寸远小于切削刀具尺寸（最细的电极丝尺寸可达 0.02 mm），用它切割贵重金属时可节约很多切口消耗量。

三、数控线切割加工工艺的制定

数控线切割加工一般作为工件加工的最后一道工序，使工件达到图样规定的尺寸精度、几何精度和表面粗糙度。如图 5-31 所示为数控线切割加工的流程图。

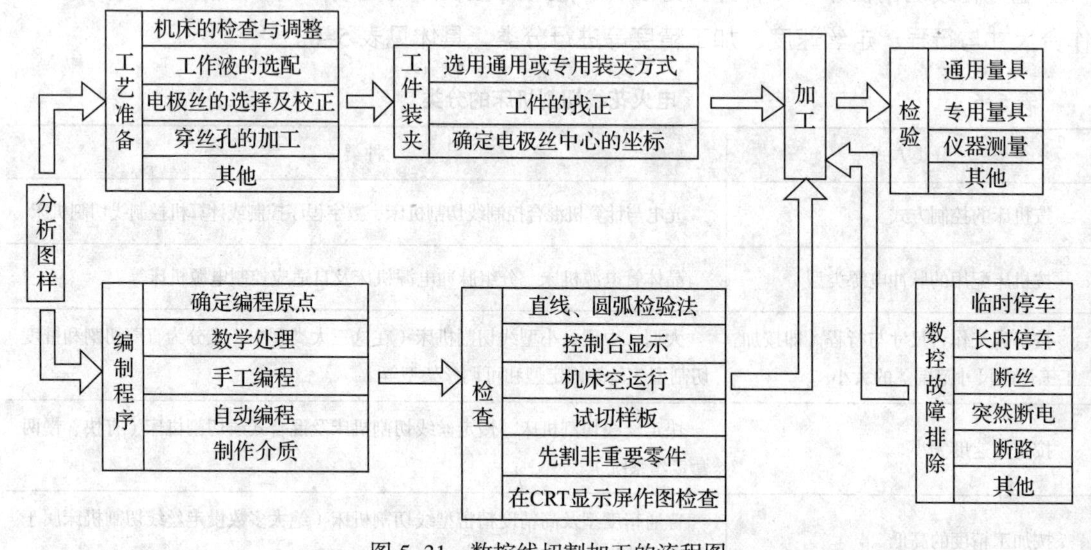

图 5-31　数控线切割加工的流程图

1. 零件图的工艺分析

主要分析零件的凹角和尖角是否符合线切割加工的工艺条件，零件的加工精度、表面粗糙度是否在线切割加工所能达到的经济精度范围内。

（1）凹角和尖角的尺寸分析

因线电极具有一定的直径 d，加工时又有放电间隙 δ，使线电极中心的运动轨迹与加工面相距 l，即 $l=d/2+\delta$，如图 5-32 所示为线电极与工件加工面的位置关系。因此，加工凸模类零件时，线电极中心轨迹应放大；加工凹模类零件时，线电极中心轨迹应缩小，如图 5-33 所示为线电极中心轨迹的偏移。

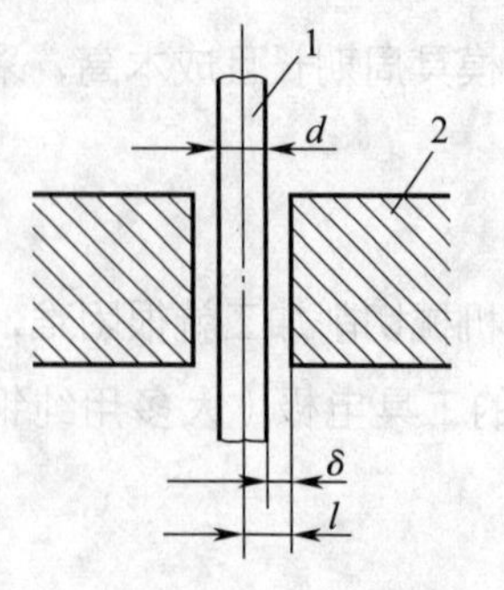

图 5-32　线电极与工件加工面的位置关系

1—电极丝　2—工件

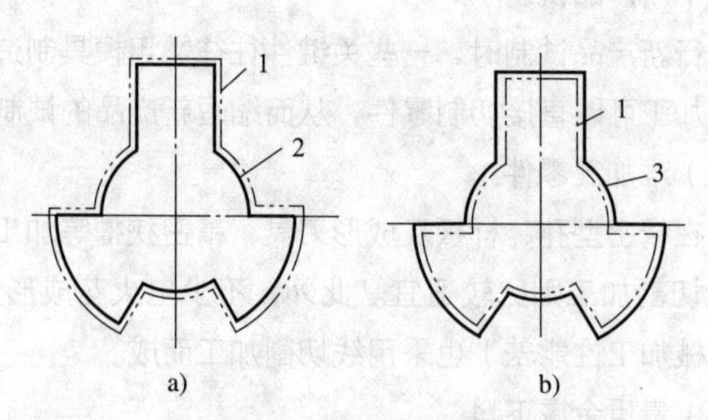

图 5-33　线电极中心轨迹的偏移

a）加工凸模类零件　b）加工凹模类零件

1—电极丝中心轨迹　2—凸模轮廓　3—凹模轮廓

进行线切割加工时，在工件的凹角处不能得到“清角”，而是圆角。对于形状复杂的精密冲模，在凸模、凹模设计图样上应说明拐角处的过渡圆弧半径 R。在同一副模具的凹模、凸模中，R 值要符合下列条件才能保证加工的实现和模具的正确配合。

对凹角：$R_1 \geqslant Z=d/2+\delta$

对尖角：$R_2=R_1-\Delta$

式中 R_1——凹角圆弧半径，mm；

R_2——尖角圆弧半径，mm；

Δ——凹模、凸模的配合间隙，mm。

（2）表面粗糙度及加工精度分析

合理确定线切割加工表面粗糙度值是非常重要的。因为表面粗糙度值的大小对线切割速度 v_{wi} 影响很大，表面粗糙度值降低一个等级将使线切割速度 v_{wi} 大幅度下降。由于线切割加工所能达到的表面粗糙度值是有限的，因此，要检查零件图样上是否有过小的表面粗糙度值要求。

同样，也要分析零件图上的加工精度是否在数控线切割机床加工精度所能达到的范围内，根据加工精度要求的高低来合理确定线切割加工的有关工艺参数。

2. 工艺准备

工艺准备主要包括线电极准备、工件准备、穿丝孔的确定、切割路线的确定、工作液的配制及选用。

（1）线电极准备

1）线电极材料的选择。目前线电极材料的种类很多，主要有纯铜丝、黄铜丝、专用黄铜丝、钼丝、钨丝、各种合金丝及镀层金属线等。表 5–7 所列为常用线电极的特点，可供选择时参考。

表 5–7 常用线电极的特点

材料	线径 /mm	特点
纯铜	0.1 ~ 0.25	适合切割速度要求不高或精加工时用。丝不易卷曲，抗拉强度低，容易断丝
黄铜	0.1 ~ 0.30	适用于高速加工，加工面的蚀除物附着少。表面质量和加工面的平面度精度也较高
专用黄铜	0.05 ~ 0.35	适用于有高速、高精度和理想的表面质量要求的加工，并能自动穿丝，但价格高
钼	0.06 ~ 0.25	由于其抗拉强度高，一般用于快速走丝，在进行微细、窄缝加工时，也可用于慢速走丝
钨	0.03 ~ 0.10	由于其抗拉强度高，可用于各种窄缝的微细加工，但价格昂贵

一般情况下，快速走丝机床常用钼丝作为线电极，钨丝或其他贵重金属丝因成本高而很少用，其他线材因抗拉强度低，在快速走丝机床上不能使用。慢速走丝机床上则可用各种铜丝、铁丝、专用合金丝以及镀层（如镀锌等）的电极丝。

2）线电极直径的选择。线电极直径 d 应根据工件加工的切缝宽度、工件厚度及拐角尺寸等来选择。如图 5–34 所示，线电极直径 d 与拐角半径 R 的关系为 $d \leqslant 2(R-\delta)$。所以，在拐角要求小的微细线切割加工中需要选用线径细的电极，但线径太细，能够加工的工件厚度也将会受到限制。表 5–8 所列为线径与拐角半径极限和工件厚度的关系。

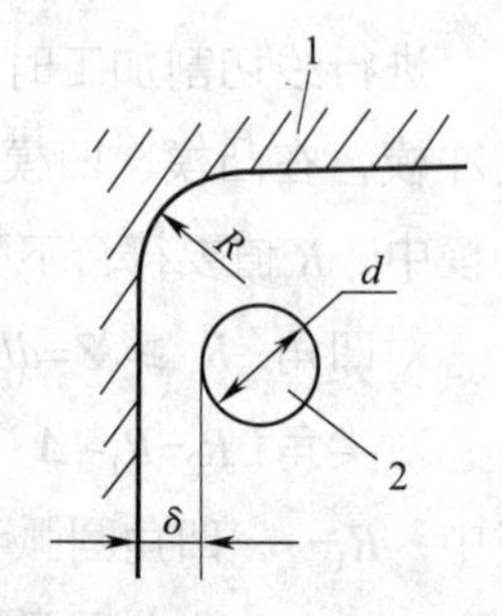

图 5–34　线电极直径与拐角半径的关系

1—工件　2—电极丝

（2）工件准备

1）工件材料的加工前处理。工件材料的选择是在图样设计时确定的，为了满足加工要求，多为 CrWMn、Cr12Mo、GCr15 等合金工具钢。模具加工前，毛坯需经锻造和热处理。为了避免残余应力带来的变形及可能出现的裂纹，工件需经两次以上回火或高温回火。另外，加工前还要进行退磁处理，并去除表面氧化皮和锈斑等。例如，钢件线切割加工的工艺路线一般为：下料→锻造→退火→机械粗加工→淬火与高温回火→磨削（退磁）→线切割加工→钳工修整。

表 5–8　线径与拐角半径极限和工件厚度的关系　mm

线电极直径 d	拐角半径极限 R_{max}	切割工件厚度
钨 0.05	0.04 ~ 0.07	0 ~ 10
钨 0.07	0.05 ~ 0.10	0 ~ 20
钨 0.10	0.07 ~ 0.12	0 ~ 30
黄铜 0.15	0.10 ~ 0.16	0 ~ 50
黄铜 0.20	0.12 ~ 0.20	0 ~ 100
黄铜 0.25	0.15 ~ 0.22	0 ~ 100

2）工件加工基准的选择。为了便于线切割加工，根据工件外形和加工要求，应准备相应的校正和加工基准，并且此基准应尽量与图样的设计基准一致，常见的有以下两种形式：

①以外形为校正和加工基准。外形是矩形的工件，一般需要有两个相互垂直的基准面，并垂直于工件的上、下平面，如图 5–35 所示为矩形工件的校正和加工基准。

②以外形为校正基准、内孔为加工基准。无论是矩形、圆形还是其他异形的工件，都应准备一个与工件的上、下平面保持垂直的校正基准，此时其中一个内孔可作为加工基准，如图 5–36 所示。在大多数情况下，外形基面在线切割加工前的机械加工中就已准备好了。工件淬硬后，若基面变形很小，稍加打光便可用线切割加工；若变形较大，则应当重新修磨基面。

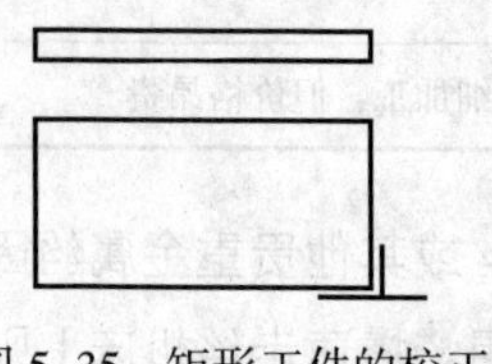

图 5–35　矩形工件的校正和加工基准

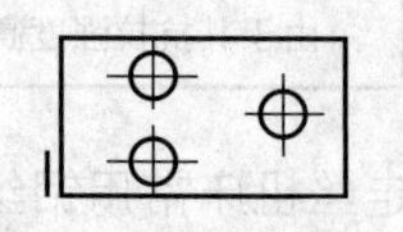

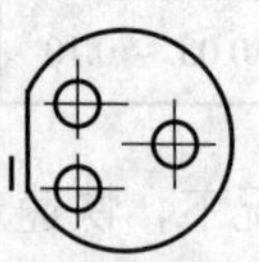

图 5–36　外形一侧边为校正基准，内孔为加工基准

（3）穿丝孔的确定

1）穿丝孔的位置

①切割凸模类零件。为避免将坯料外形切断而引起变形，通常在坯料内部外形附近预制穿丝孔。

②切割凹模、孔类零件。此时，可将穿丝孔的位置选在待切割型腔（孔）内部。当穿丝孔位置选在待切割型腔（孔）的边角处时，切割过程中无用的轨迹最短；而穿丝孔位置选在已知坐标尺寸的交点处则有利于推算尺寸；切割孔类零件时，若将穿丝孔位置选在型腔（孔）中心可使编程操作容易。因此，要根据具体情况来选择穿丝孔的位置。

2）穿丝孔的大小。穿丝孔的大小要适宜。一般不宜太小，如果穿丝孔孔径太小，不但钻孔难度增加，而且也不便于穿丝。但是，若穿丝孔孔径太大，则会增加钳工工艺上的难度。一般穿丝孔常用直径为 3 ~ 10 mm。如果预制孔可用车削等方法加工，则穿丝孔孔径也可大些。

（4）切割路线的确定

1）切割路线起始点和顺序。在线切割加工工艺中，切割起始点和切割路线的确定合理与否，将影响工件变形的大小，从而影响加工精度。如图 5–37 所示为切割起始点和切割路线的安排，这种切割路线通常在加工凸模零件时采用。其中，图 5–37a 所示的切割路线是错误的，因为当切割完第一边后继续加工时，由于原来主要连接的部位被割离，余下材料与夹持部分的连接较少，工件的刚度大为降低，容易产生变形而影响加工精度。如按图 5–37b 所示的切割路线加工，可减少由于材料割离后残余应力重新分布而引起的变形。所以，一般情况下，最好将工件与其夹持部分分割的线段安排在切割路线的末端。对于精度要求较高的零件，最好采用如图 5–37c 所示的方案，电极丝不由坯料外部切入，而是将切割起始点取在坯料预制的穿丝孔中，这种方案可使工件的变形最小。

切割孔类零件时，为了减少变形，还可采用二次切割法，如图 5–38 所示。第一次粗加工型孔，各边留余量 0.1 ~ 0.5 mm，以补偿材料被切割后由于内应力重新分布而产生的变形。第二次切割为精加工。这样可以达到比较满意的效果。

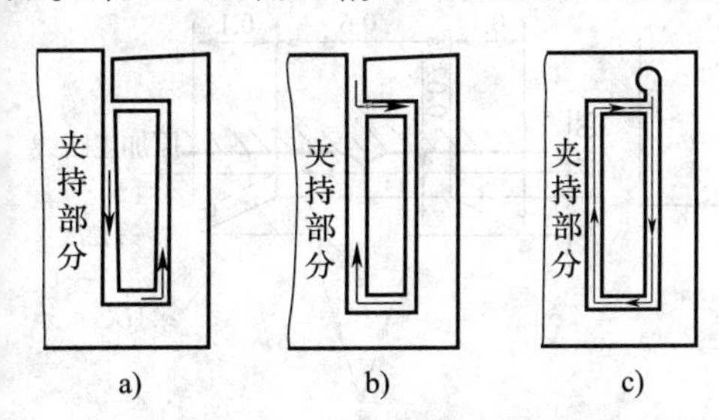

图 5–37 切割起始点和切割路线的安排

a）错误 b）正确 c）预制穿丝孔

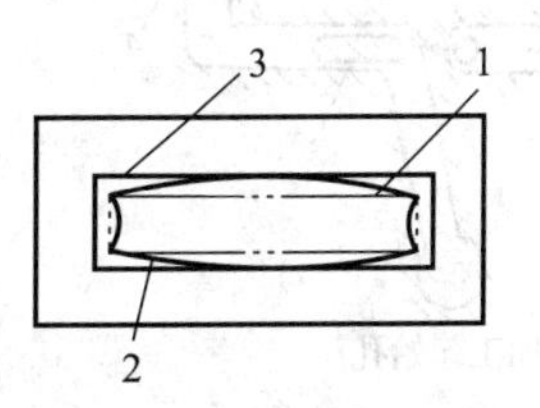

图 5–38 二次切割孔类零件

1—第一次切割的理论图形 2—第一次切割的实际图形 3—第二次切割的图形

2）接合突尖的去除方法。由于线电极的直径和放电间隙的关系，在工件切割面的交接处会出现一个高出加工表面的高线条，称为突尖，如图5–39所示。这个突尖的大小取决于线径和放电间隙。在快速走丝的加工中，用细的线电极加工，突尖一般很小；在慢速走丝加工中突尖就比较大，必须将它去除。下面介绍几种去除突尖的方法：

①利用拐角的方法。凸模在拐角位置的突尖比较小时，选用如图5–40所示的切割路线，可减少精加工量。切下前要将凸模固定在外框上，并用导电金属将其与外框连通；否则在加工中不会产生火花放电。

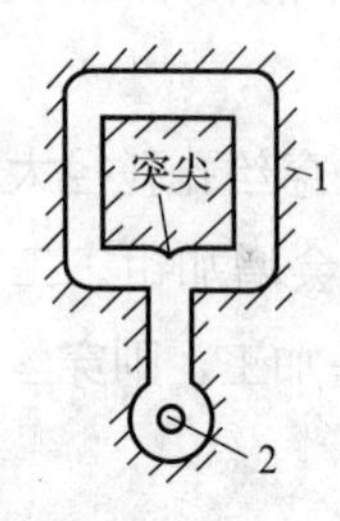

图5–39　突尖

1—工件　2—线电极

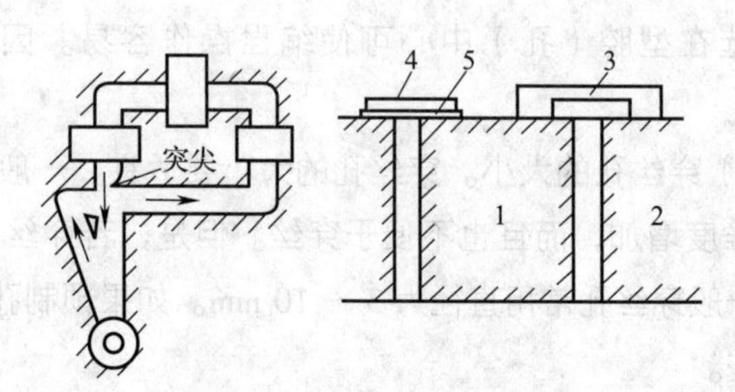

图5–40　利用拐角去除突尖

1—凸模　2—外框　3—短路用金属

4—固定夹具　5—黏结剂

②在切缝中插金属板的方法。将切割后要掉下来的部分用固定板固定起来，在切缝中插入金属板，金属板的长度与工件厚度大致相同，金属板应尽量向切落侧靠近，如图5–41所示。切割时应往金属板方向多切入大约一个线电极直径的距离。

③用多次切割的方法。工件切断后，对突尖进行多次切割。一般分三次进行，第一次为粗切割，第二次为半精切割，第三次为精切割。也可采用粗、精二次切割法去除突尖，其路线如图5–42所示。切割次数的多少主要由加工对象精度要求的高低和突尖的大小来确定。改变偏移量的大小，可使线电极靠近或离开工件。第一次比原加工路线增加大约0.04 mm的偏移量，使线电极远离工件开始加工，第二次、第三次逐渐靠近工件进行加工，一直到突尖全部被除掉为止。一般为了避免过切，应留0.01 mm左右的余量供手工精修。

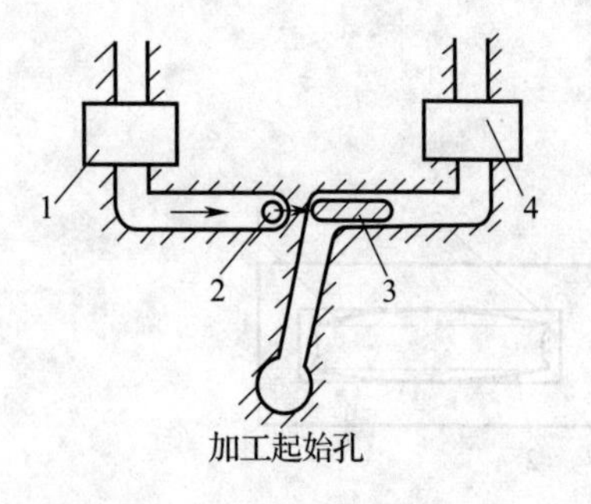

图5–41　插入金属板去除突尖

1—固定夹具　2—线电极

3—金属板　4—短路用金属

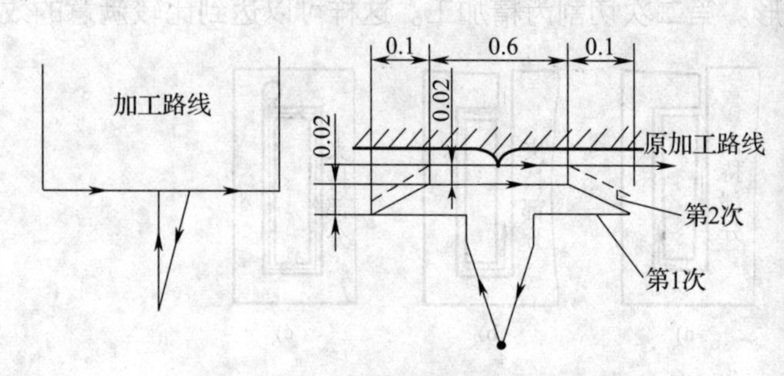

图5–42　二次切割去除突尖的路线

（5）工作液的配制及选用

1）工作液的种类及选用。在电火花线切割加工中，可使用的工作液种类很多，有煤油、乳化液、去离子水、蒸馏水、洗涤剂、酒精溶液等，它们对工艺指标的影响各不相同，特别是对加工速度的影响较大。

①采用慢速走丝方式时，多采用油类工作液。其他工艺条件相同时，油类工作液的切割速度相差不大，一般为 2 ~ 3 mm^2/min，最好在煤油中加 30% 的变压器油。醇类工作液不如油类工作液对高切割速度的适应性好。

②采用快速走丝方式、矩形波脉冲电源时，常用工作液的优点和缺点见表 5–9。

表 5–9 常用工作液的优点和缺点

种类	优点	缺点
水类工作液（如自来水、蒸馏水、去离子水等）	对放电间隙冷却效果较好，特别是在工件较厚的情况下冷却效果更好	切割速度低，易断丝，工件表面呈黑色，有污物
皂性水（在水中加入少量洗涤剂、皂片等）	切割速度成倍增长，洗涤性能变好，有利于排屑	
煤油工作液	受冷热变化影响小，且润滑性能好，电极丝运动磨损小，不易断丝	切割速度低
乳化型工作液	切割速度高	冷却性能介于水和煤油之间

当工艺条件相同时，改变工作液的种类或浓度，就会对加工效果产生较大影响。

2）配制方法与比例

①配制方法。一般按一定比例将自来水加入乳化油中，搅拌后使工作液充分乳化成均匀的乳白色。天冷（在 0 ℃以下）时可先用少量开水冲入拌匀，再加冷水搅拌。某些工作液要求用蒸馏水配制，最好按生产厂家的说明配制。

②配制比例。根据不同的加工工艺指标，配制比例一般在 5% ~ 20% 范围内（乳化油为 5% ~ 20%，水为 95% ~ 80%）。一般均按质量比配制，在称量不方便或要求不太严时也可大致按体积比配制。

a．对加工表面质量和精度要求比较高的工件，浓度比可适当大些，可取 10% ~ 20%，这可使加工表面洁白、均匀。加工后的料芯可轻松地从料块中取出，或靠自重落下。

b．对要求切割速度高或厚度较大的工件，浓度可适当小些，一般为 5% ~ 8%，这样加工比较稳定，且不易断丝。

c．对材料为 Cr12 钢的工件，工作液用蒸馏水配制，浓度稍小些，这样可减轻工件表面的黑白交叉条纹，使工件表面洁白、均匀。

3）正确使用。在线切割加工中，要掌握工作液的正确使用方法。当加工电流约为 2 A 时，其切割速度约为 40 mm^2/min，如果每天工作 8 h，新配制的工作液在使用约 2 天后效果最好，继续使用 8 ~ 10 天后就易引起断丝，须更换新的工作液。加工过程中，工作液的供应一定要充分，且应使工作液包住电极丝，这样才能使工作液顺利进入加工区，达到稳定加工的效果。

3. 工件的装夹和位置校正

（1）对工件装夹的基本要求

1）工件的装夹基准面应清洁、无毛刺，对于经过热处理的工件，在穿丝孔或凹模类工件扩孔的台阶处，要清理热处理液中的残渣及氧化膜表面。

2）夹具精度要高。工件至少用两个侧面固定在夹具或工作台上，如图 5–43 所示。

3）装夹工件的位置要有利于工件的找正，并能满足加工行程的需要，工作台移动时，不得与丝架相碰。

4）装夹工件的作用力要均匀，不得使工件变形或翘起。

5）加工批量零件时最好采用专用夹具，以提高效率。

6）细小、精密、壁薄的工件应固定在辅助工作台或不易变形的辅助夹具上，如图 5–44 所示。

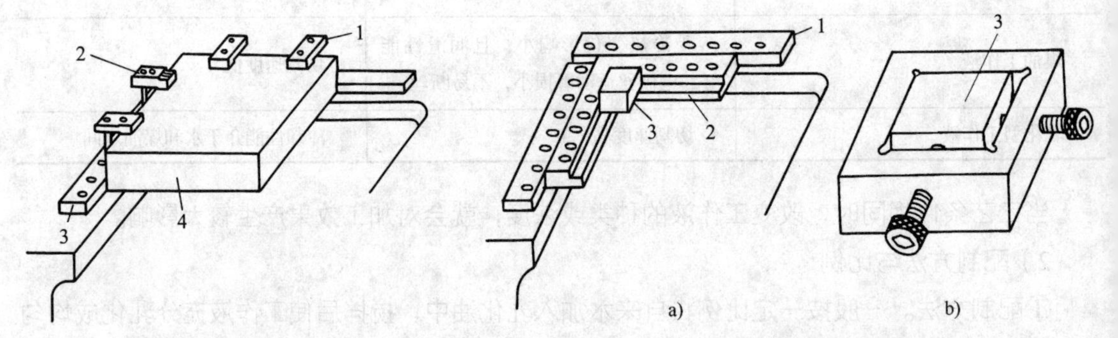

图 5–43　工件的固定

1—工件压板　2—弹簧压板

3—工件挡板　4—工件

图 5–44　辅助工作台和夹具

a）辅助工作台　b）夹具

1—工件挡板　2—辅助工作台　3—工件

（2）常用夹具简介

1）压板夹具。压板夹具主要用于固定平板式工件，当工件尺寸较大时，则应成对使用。成对使用压板时，夹具基准面的高度要一致；否则，因毛坯倾斜，使切割出的工件型腔与工件端面倾斜而无法正常使用。如果在夹具基准面上加工一个 V 形槽，则可用来夹持圆形工件。

2）分度夹具。主要用于加工电动机定子、转子等多型孔的旋转形工件，可保证较高的分度精度，其结构如图 5–45 所示。近年来，因为大多数线切割机床具有对称、旋转等功能，所以，此类分度夹具已较少使用。

3）磁性夹具。对于一些微小或极薄的片状工件，可采用磁力工作台或磁性表座吸牢工件进行加工。磁性夹具的工作原理如图 5–46 所示。当将磁铁旋转 90° 时，磁靴分别与 S 极和 N 极接触，可将工件吸牢，如图 5–46a 所示；再将永久磁铁旋转 90°（见图 5–46b），则磁铁松开工件。

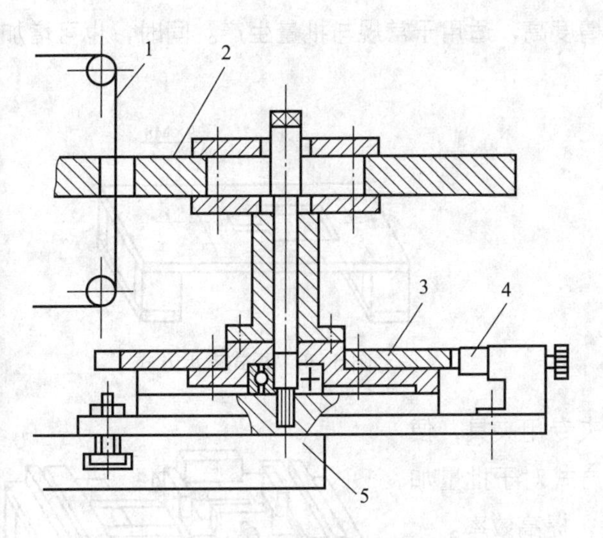

图 5-45　分度夹具的结构

1—电极丝　2—工件　3—分度转盘　4—定位销　5—工作台

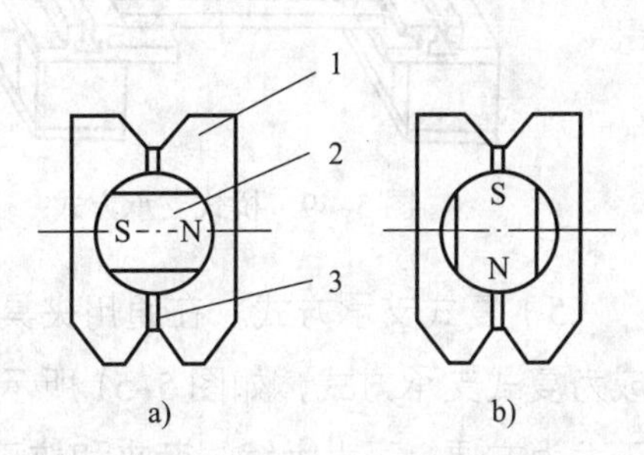

图 5-46　磁性夹具的工作原理

1—磁靴　2—永久磁铁　3—铜焊层

使用磁性夹具时，要注意保护夹具的基准面，取下工件时，尽量不要在基准面上平拖，以防止拉毛基准面，影响夹具的使用寿命。

看一看

自己用过的线切割机床所用的夹具属于哪一种？

（3）常用的装夹方式

1）悬臂支承方式。如图 5-47 所示的悬臂支承方式通用性强，装夹方便。但工件平面很难与工作台面找平，工件受力时位置易发生变化。因此，只在工件加工要求低或悬臂部分小的情况下使用。

2）两端支承方式。两端支承方式是将工件两端固定在夹具上，如图 5-48 所示。这种方式装夹方便，支承稳定，定位精度高，但不适用于小工件的装夹。

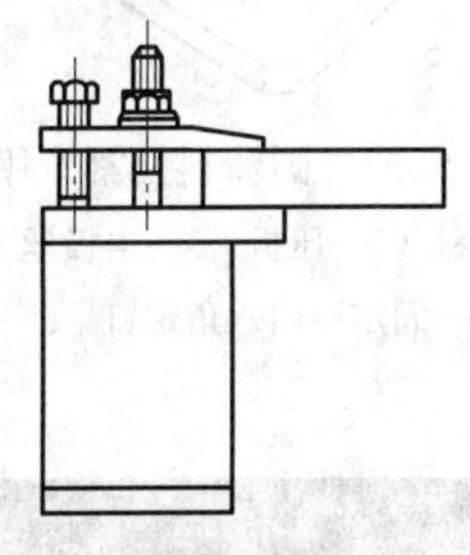

图 5-47　悬臂支承方式

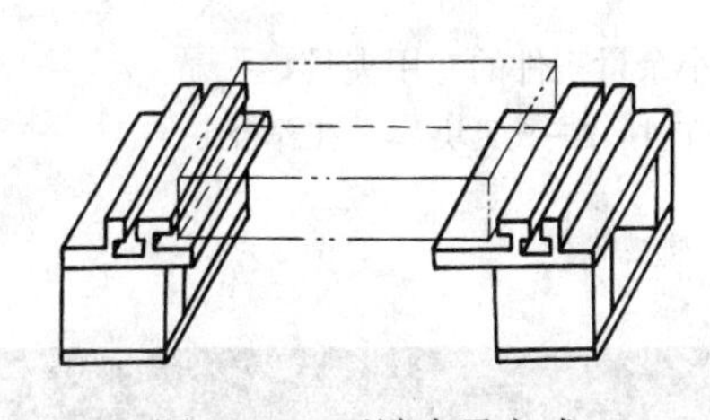

图 5-48　两端支承方式

3）桥式支承方式。桥式支承方式是在两端支承的夹具上再架上两块支承垫铁，如图 5-49 所示。此方式通用性强，装夹方便，大、中、小型工件都适用。

4）板式支承方式。板式支承方式是根据常规工件的形状，制成具有矩形或圆形孔的支承板夹具，如图 5-50 所示。此方式装夹精度高，适用于常规与批量生产。同时，也可增加纵向、横向的定位基准。

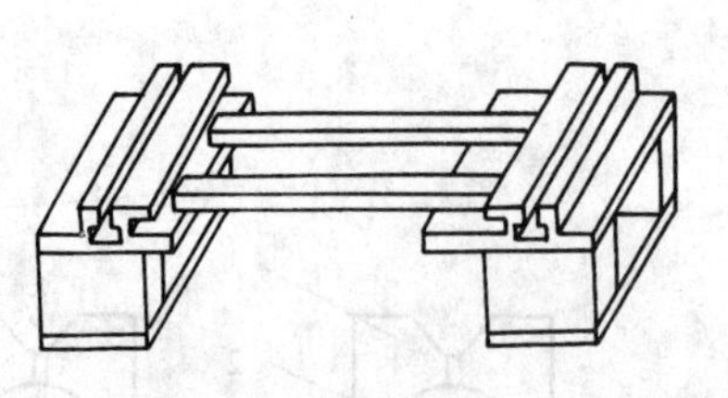

图 5-49　桥式支承方式

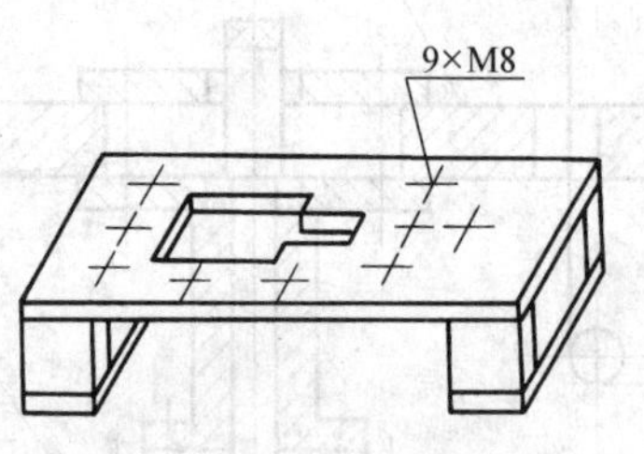

图 5-50　板式支承方式

5）复式支承方式。在通用夹具上装夹专用夹具，便成为复式支承方式，如图 5-51 所示。此方式对于批量加工尤为方便，可大大缩短装夹和校正时间，提高效率。

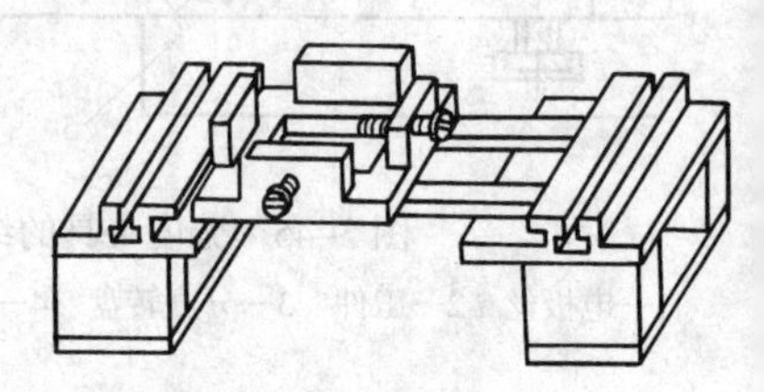

图 5-51　复式支承方式

6）用专用特殊夹具装夹

①当工件夹持部分尺寸太小，几乎没有夹持余量时，可采用如图 5-52 所示的小余量工件的专用夹具。由于在右侧夹具块下方固定了一块托板，使工件犹如采用两端支承方式（托板上平面与工作台面在一个平面上），保证加工部位与工件上、下表面垂直。

②当需在细圆棒状坯料上切割微小零件时，可采用专用夹具，如图 5-53 所示。将圆棒料装在正方体夹具（或 V 形架）内，侧面用内六角螺钉固定，即可进行切割加工。

③加工多个复杂工件采用的夹具如图 5-54 所示。

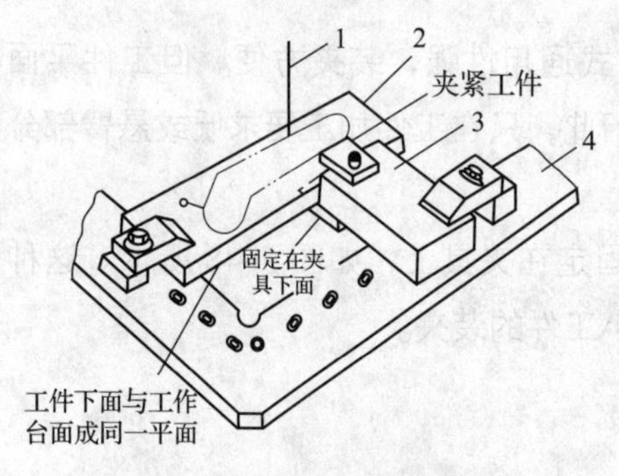

图 5-52　小余量工件的专用夹具

1—电极丝　2—工件　3—夹具块　4—工作台

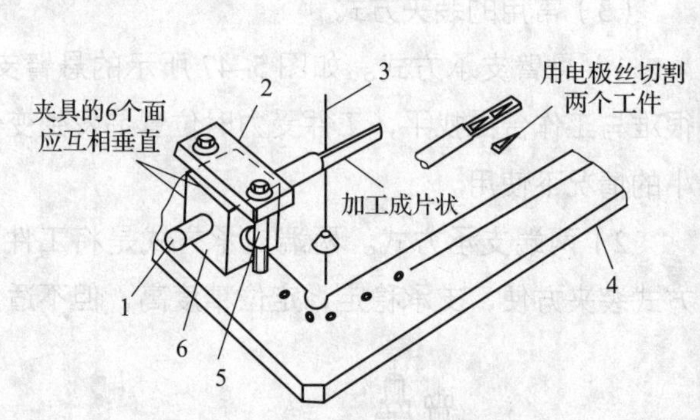

图 5-53　圆棒料切割专用夹具

1—圆棒料　2—压板　3—电极丝　4—工作台

5—固定用内六角螺钉　6—夹具

看一看

身边常用的线切割机床所加工的工件是什么？采用哪种夹紧方式？

（4）工件位置的校正方法

1）拉表法。拉表法是利用磁力表架，将百分表固定在丝架或其他固定位置上，百分表

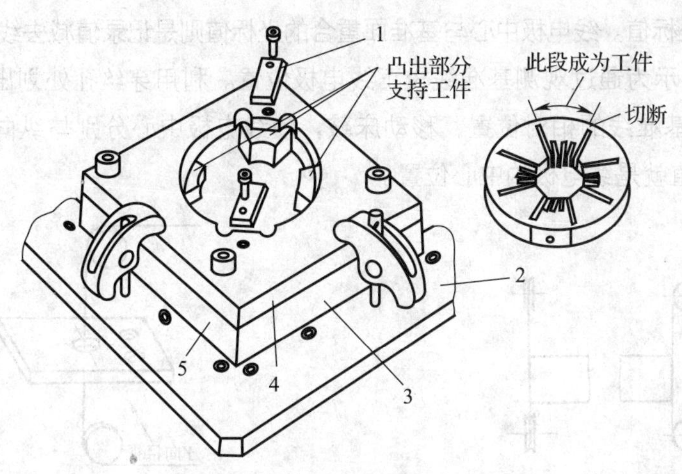

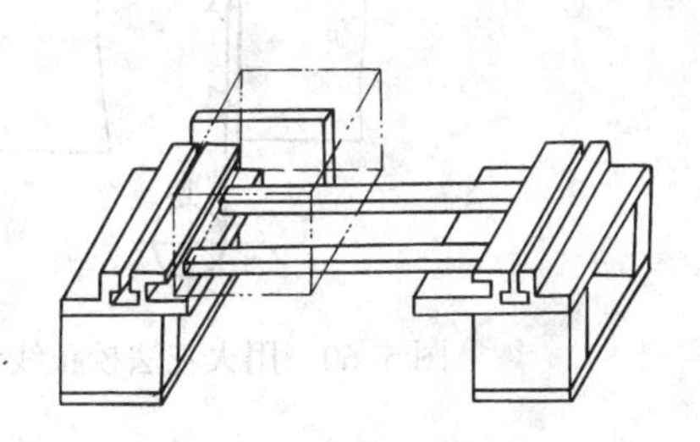

图 5–54 加工多个复杂工件的夹具

1—夹紧工件用的矩形夹板 2—工作台 3—夹具 4—上板 5—下板

的测头与工件基面接触，往复移动床鞍，按百分表指示的数值调整工件。拉表法校正应在三个方向上进行，如图 5–55 所示。

2）划线法。当工件待切割图形与定位基准相互位置要求不高时，可采用划线法校正，如图 5–56 所示。用固定在丝架上的一个带有紧定螺钉的零件将划针固定，划针针尖指向工件图形的基准线或基准面，纵（或横）向移动床鞍，根据目测调整工件进行找正。该方法也可用于校正表面较粗糙的基面。

3）固定基面靠定法。固定基面靠定法是指利用通用或专用夹具纵向、横向的基准面，经过一次校正后，保证基准面与相应坐标方向一致，具有相同加工基准面的工件可以直接靠定，从而保证了工件的正确加工位置，如图 5–57 所示。

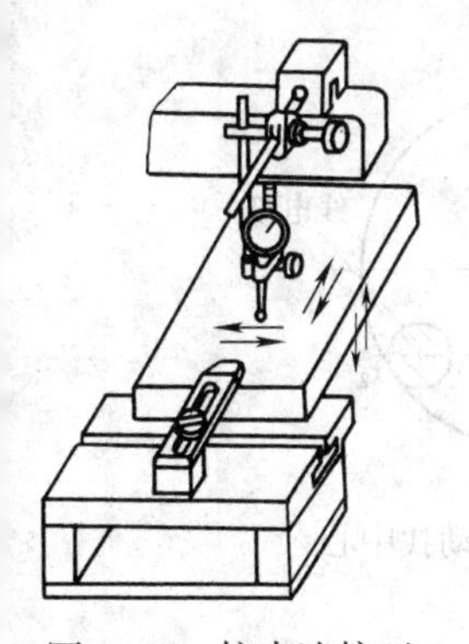

图 5–55 拉表法校正

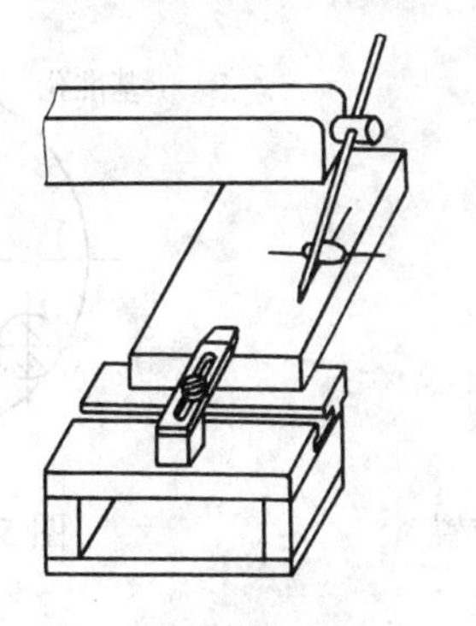

图 5–56 划线法校正

图 5–57 固定基面靠定法

（5）线电极位置的校正方法

在线切割前，应确定线电极相对于工件基准面或基准孔的坐标位置。

1）目视法。对加工要求较低的工件，在确定线电极与工件有关基准线或基准面相互位置时，可直接利用目视或借助于 2 ~ 8 倍的放大镜来进行观察。

如图 5–58 所示为通过观测基准面校正线电极位置。当线电极与工件基准面初始接触时，记下相应床鞍的坐标值。线电极中心与基准面重合的坐标值则是记录值减去线电极半径值。

如图 5-59 所示为通过观测基准线校正线电极位置。利用穿丝孔处划出的十字基准线观测线电极与十字基准线的相对位置，移动床鞍，使线电极中心分别与纵向、横向基准线重合，此时的坐标值就是线电极的中心位置。

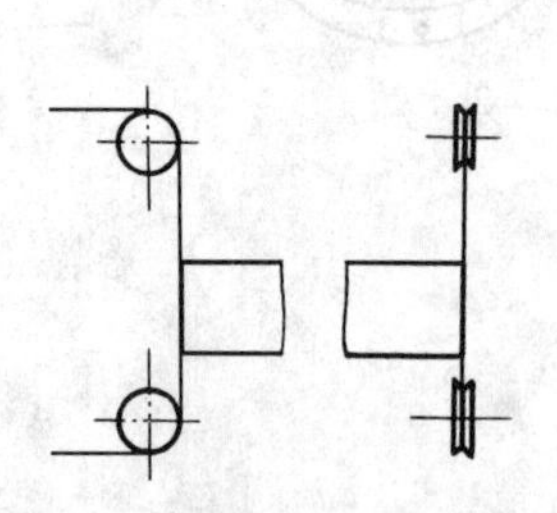

图 5-58　通过观测基准面校正线电极位置

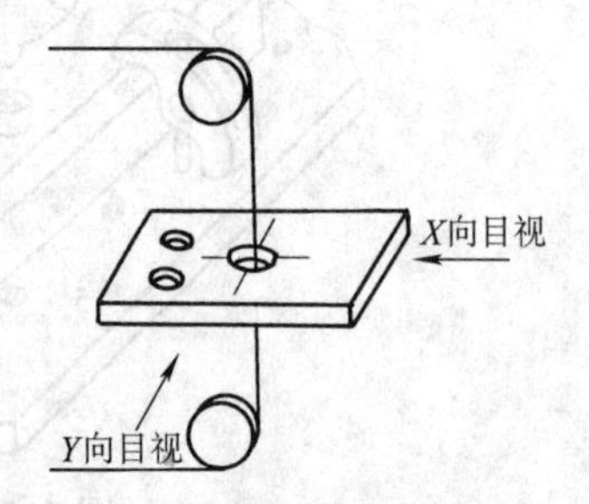

图 5-59　通过观测基准线校正线电极位置

2）火花法。火花法是指利用线电极与工件在一定间隙时发生火花放电来校正线电极的坐标位置，如图 5-60 所示。移动床鞍，使线电极逼近工件的基准面，待开始出现火花时，记下床鞍的相应坐标值来推算线电极中心坐标值。此方法简便、易行。但因线电极运转时易抖动而会出现误差，放电也会使工件的基准面受到损伤；此外，线电极逐渐逼近基准面时，开始产生脉冲放电的距离往往并非正常加工条件下线电极与工件间的放电距离。

3）自动找中心。自动找中心是为了让线电极在工件的孔中心定位，如图 5-61 所示。具体方法是：横向移动床鞍，使电极丝与孔壁相接触，记下坐标值 x_1，反向移动床鞍至另一导通点，记下相应坐标值 x_2，将床鞍移至两者绝对值之和的一半处，即（$|x_1|+|x_2|$）/2 的坐标位置。同理，可得到 y_1 和 y_2。则基准孔中心与线电极中心相重合的坐标值为［（$|x_1|+|x_2|$）/2，（$|y_1|+|y_2|$）/2］。

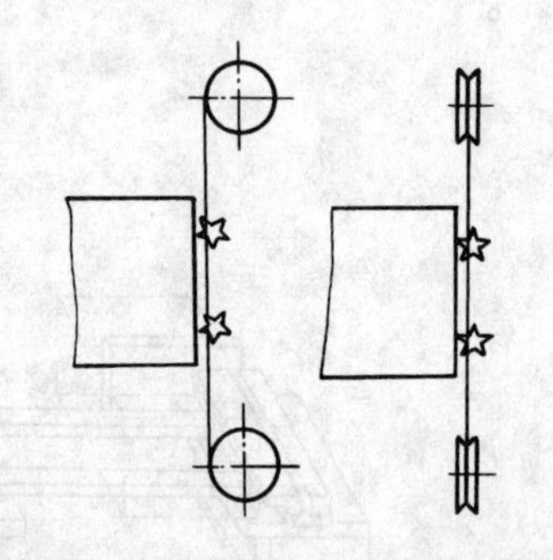

图 5-60　用火花法校正线电极位置

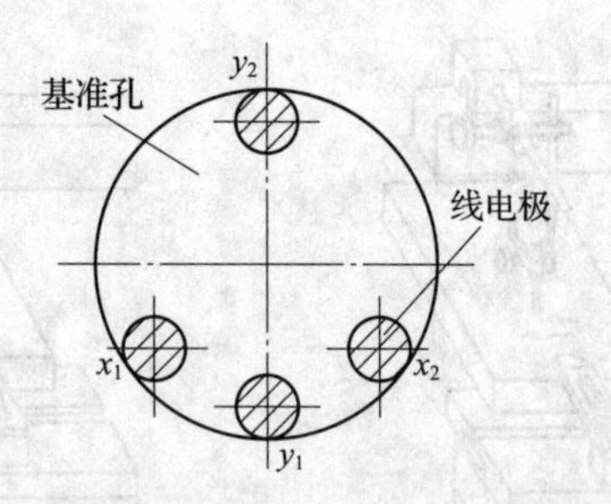

图 5-61　自动找中心

做一做

利用实训时间，练习一下各种校正方法？它们各有什么特点？

四、加工实例

如图 5-62 所示为异形孔喷丝板。其孔形特殊、细微、复杂，图形外接参考圆的直径在

1 mm 以下，缝宽为 0.08 ~ 0.1 mm。孔的一致性要求很高，加工误差在 ±0.005 mm 以下，表面粗糙度 $Ra \leqslant 0.4\ \mu m$，喷丝板的材料是不锈钢 1Cr18Ni9Ti。在加工中，为了保证高精度值和低表面粗糙度值的要求，应采取以下措施：

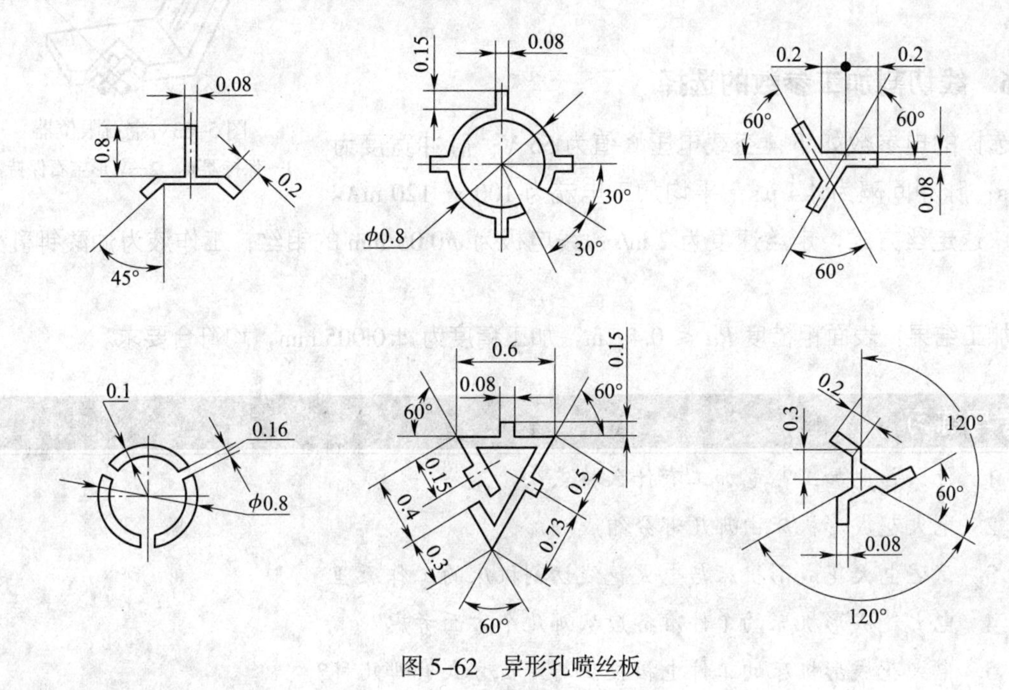

图 5-62　异形孔喷丝板

1. 加工穿丝孔

细小的穿丝孔是用细钼丝作为电极在电火花成形机床上加工的。穿丝孔在异形孔中的位置要合理，一般选择在窄缝相交处，这样便于校正和加工。穿丝孔的垂直度要有一定的要求，在 0.5 mm 高度内，穿丝孔孔壁与上、下平面的垂直度误差应不大于 0.01 mm；否则会影响线电极与工件穿丝孔的正确定位。

2. 保证一次加工成形

当线电极进、退轨迹重复时，应当切断脉冲电源，使异形孔的各槽能一次加工成形，有利于保证缝宽的一致性。

3. 选择线电极直径

线电极直径应根据异形孔的缝宽来选定，通常采用直径为 0.035 ~ 0.10 mm 的线电极。

4. 确定线电极线速度

实践表明，对快速走丝线切割加工，当线速度在 0.6 m/s 以下时，加工不稳定。线速度为 2 m/s 时工作稳定性显著改善。线速度提高到 3.4 m/s 以上时，工艺效果变化不大。因此，目前线速度常采用 0.8 ~ 2.0 m/s。

5. 保持线电极运动稳定

利用如图 5-63 所示的宝石限位器保持线电极运动的位置精度。

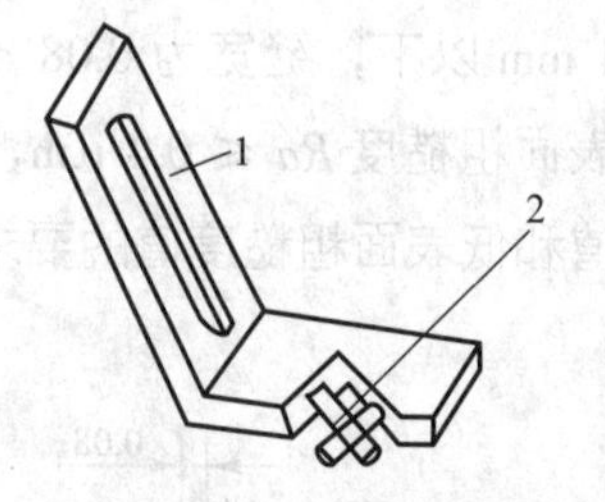

图 5-63 宝石限位器
1—保持器架 2—V 形宝石保持器

6. 线切割加工参数的选择

选择的电参数如下：空载电压峰值为 55 V；脉冲宽度为 1.2 μs；脉冲间隔为 4.4 μs；平均加工电流为 100 ~ 120 mA。采用快速走丝方式，走丝速度为 2 m/s；线电极为 ϕ0.05 mm 的钼丝；工作液为油酸钾乳化液。

加工结果：表面粗糙度 $Ra \leqslant 0.4$ μm，加工精度为 ±0.005 mm，均符合要求。

思考与练习

1. 什么是电加工？电加工有什么特点？
2. 电火花成形机床由哪几部分组成？
3. 试述电火花成形机床与电火花线切割机床的工作原理。
4. 电火花成形机床的工件准备应从哪几个方面考虑？
5. 电火花成形机床的工件电极校正与定位方式有哪几种？
6. 对于电火花成形机床来说常用电加工参数有哪几种？
7. 对于电火花成形机床来说加工速度、工具电极的损耗速度与哪些因素有关？
8. 影响电火花成形加工的表面粗糙度的因素有哪些？
9. 按不同的分类方式数控电火花线切割机床分为哪几种？
10. 数控电火花线切割加工的应用范围有哪些？
11. 在数控电火花线切割加工中穿丝孔的确定应考虑哪些因素？
12. 在数控电火花线切割加工中怎样选用与配制工作液？
13. 数控电火花线切割加工常用夹具有哪几种？常用的装夹方式有哪几种？
14. 数控电火花线切割加工中工件位置的校正方法有哪几种？
15. 数控电火花线切割加工中电极位置的校正方法有哪几种？
16. 数控线切割加工如图 5-64 所示的 4 种零件，材料为 GCr15 钢，试制定其数控线切割加工工艺。

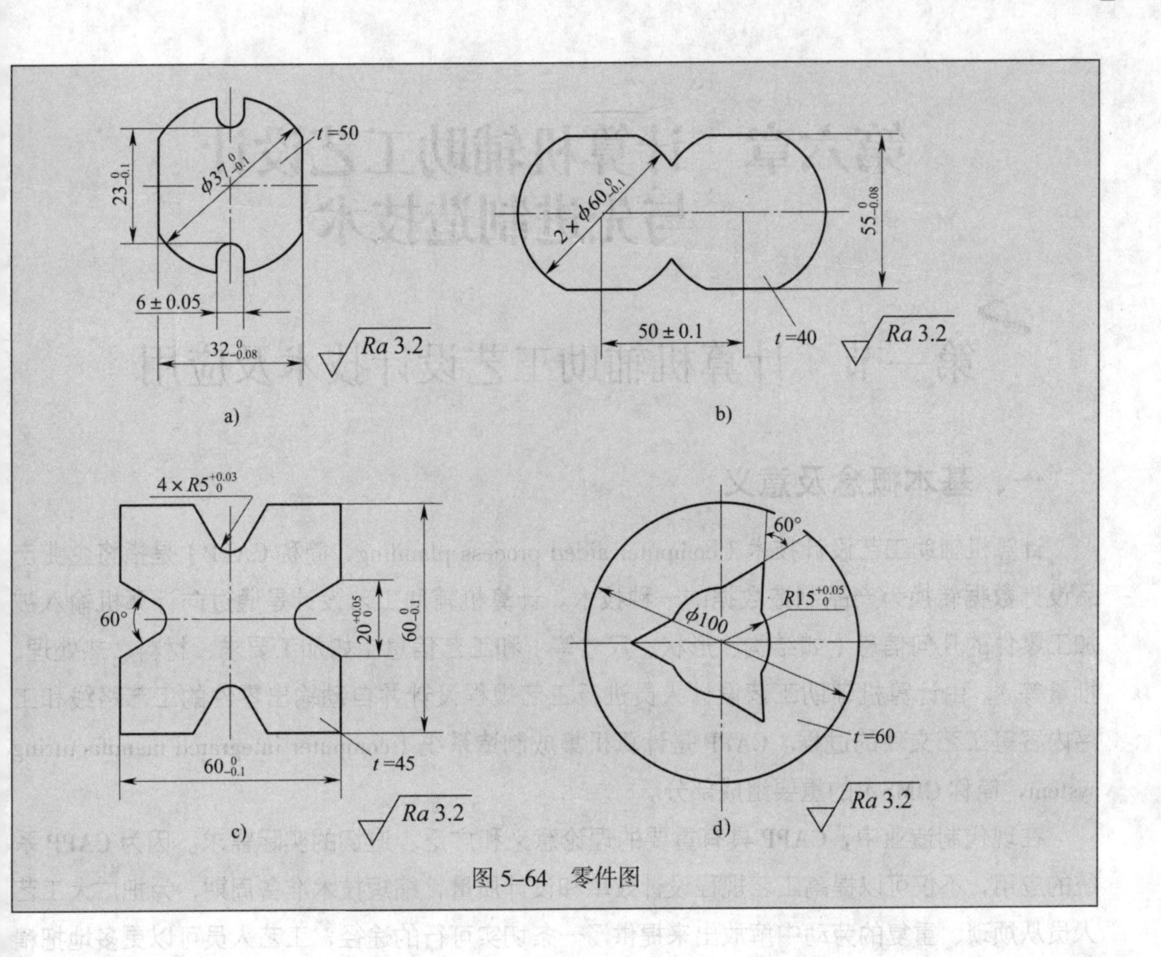

23 0 -0.1
φ37 0 -0.1
t=50
6±0.05
32 0 -0.08
Ra 3.2
a)
2×φ60 0 -0.1
55 0 -0.08
50±0.1
t=40
Ra 3.2
b)
4×R5 +0.03 0
60°
20 +0.05 0
60 0 -0.1
60 0 -0.1
t=45
Ra 3.2
c)
60°
R15 +0.05 0
φ100
t=60
Ra 3.2
d)

图 5-64 零件图

第六章　计算机辅助工艺设计与先进制造技术

第一节　计算机辅助工艺设计技术及应用

一、基本概念及意义

计算机辅助工艺设计技术（computer aided process planning，简称 CAPP）是指将企业产品设计数据转换为产品制造数据的一种技术。计算机辅助工艺设计是通过向计算机输入被加工零件的几何信息（如结构、形状、尺寸等）和工艺信息（如加工要求、材料、热处理、批量等），由计算机辅助工艺设计人员进行工艺规程设计并自动输出零件的工艺路线和工序内容等工艺文件的过程。CAPP 是计算机集成制造系统（computer integrated manufacturing system，简称 CIMS）的重要组成部分。

在现代制造业中，CAPP 具有重要的理论意义和广泛、迫切的实际需求。因为 CAPP 系统的应用，不仅可以提高工艺规程设计效率和设计质量，缩短技术准备周期，为把广大工艺人员从烦琐、重复的劳动中解放出来提供了一条切实可行的途径，工艺人员可以更多地把精力投入工艺试验和工艺攻关过程中，而且用 CAPP 系统进行工艺设计可以保证工艺设计的一致性、规范化，有利于推进工艺规程的标准化。

更重要的是工艺 BOM（bill of material，物料清单）数据是指导企业物资采购、生产计划调度、组织生产、资源平衡、成本核算等的重要依据，CAPP 系统的应用将为企业数据信息的集成打下坚实的基础。

计算机辅助工艺设计的重要意义主要体现在以下几个方面：

1．可以将工艺设计人员从大量繁重的重复性的手工劳动中解放出来，使他们能将主要精力投入新产品的开发、工艺装备的改进及新工艺的研究等具有创造性的工作中。

2．可以大大缩短工艺设计周期，保证工艺设计的质量，提高产品在市场上的竞争能力。

3．可以提高企业工艺设计的标准化，并有利于工艺设计的最优化工作。

4．能够适应当前日趋自动化的现代制造环节的需要，并为实现计算机集成制造系统创造必要的技术基础。

由于计算机集成制造系统（CIMS）的出现，计算机辅助工艺设计（CAPP）上与计算机辅助设计（computer aided design，简称 CAD）相接，下与计算机辅助制造（computer aided manufacturing，简称 CAM）相连，是连接设计与制造之间的桥梁，产品设计信息只能通过工艺设计才能生成制造信息，产品设计只能通过工艺设计才能与制造过程实现功能和信息的集成。由此可见 CAPP 在实现生产自动化中的重要地位。

二、计算机辅助工艺设计系统的体系结构

计算机辅助工艺设计（CAPP）系统的体系结构，视其工作原理、功能要求、产品对象、规模大小不同而有较大的差异。根据 CAD/CAPP/CAM 集成的要求，CAPP 系统由控制模块、零件信息输入模块、工艺规程设计模块、工序决策模块、工步决策模块、NC 加工指令生成模块、工艺文件管理和输出模块、加工过程动态仿真、工艺数据库和知识库等基本模块组成。如图 6-1 所示为计算机辅助工艺设计系统的体系结构。

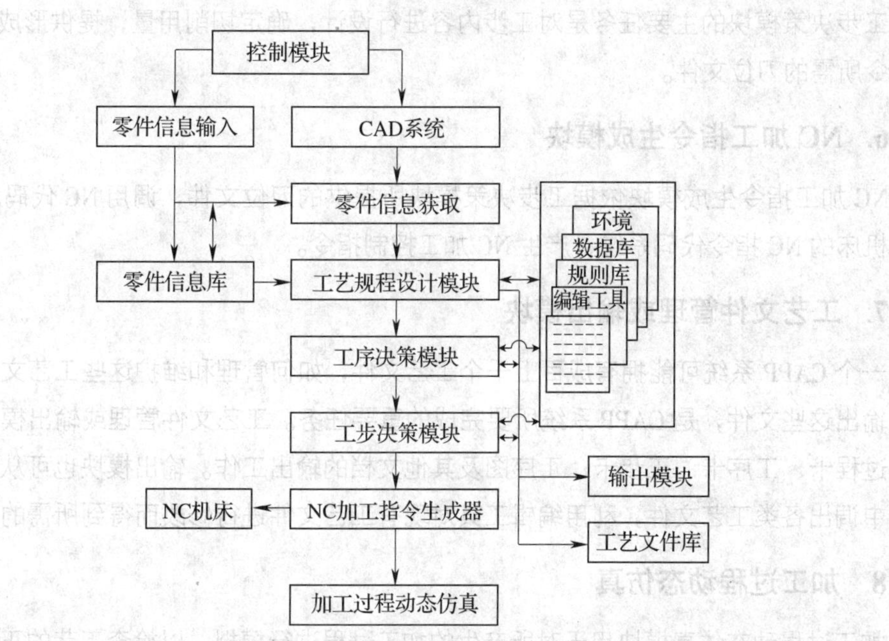

图 6-1　计算机辅助工艺设计（CAPP）系统的体系结构

1. 控制模块（人机交互界面）

控制模块是用户的操作平台，包括系统菜单、工艺设计界面、工艺数据和知识输入界面、工艺文件的显示、编辑与管理界面等。其主要任务是协调各模块的运行，是人机交互的接口，实现人机之间的信息交流，控制零件信息的获取方式。

2. 零件信息输入模块

当零件信息不能从 CAD 系统直接获取时，用此模块实现零件信息的输入。零件信息是 CAPP 系统进行工艺过程设计的对象和依据，零件信息的描述和输入是 CAPP 系统的重要组成部分。由于目前计算机还不能像人一样识别零件图上的信息，所以，如何描述零件信息，用怎样的数据结构存储这些信息是 CAPP 的关键技术之一。零件信息常用的输入方式主要有人机交互输入和从 CAD 造型系统所提供的产品数据模型中直接获取两种方式。

3. 工艺规程设计模块

工艺规程设计模块以零件信息为依据，按预先规定的决策逻辑，调用相关的知识和数据，进行工艺过程的决策，产生工艺过程卡，供加工及生产管理部门使用。

4. 工序决策模块

工序决策模块的主要任务是生成工序卡，计算工序尺寸，生成工序图。

5. 工步决策模块

工步决策模块的主要任务是对工步内容进行设计，确定切削用量，提供形成 NC 加工控制指令所需的刀位文件。

6. NC 加工指令生成模块

NC 加工指令生成模块依据工步决策模块所提供的刀位文件，调用 NC 代码库中适用于具体机床的 NC 指令代码系统，产生 NC 加工控制指令。

7. 工艺文件管理或输出模块

一个 CAPP 系统可能拥有成百上千个工艺文件，如何管理和维护这些工艺文件，按什么格式输出这些文件，是 CAPP 系统所要完成的重要任务。工艺文件管理或输出模块主要完成工艺过程卡、工序卡、工步卡、工序图及其他文档的输出工作。输出模块也可从现有工艺文件库中调出各类工艺文件，利用编辑工具对现有工艺文件进行修改而得到所需的工艺文件。

8. 加工过程动态仿真

加工过程动态仿真模块用于对所产生的加工过程进行模拟，以检查工艺的正确性。

9. 工艺数据库和知识库

工艺数据库和知识库是 CAPP 系统的支承工具，它包含了工艺设计所需要的工艺数据（如加工方法、加工余量、切削用量、机床、刀具、夹具、量具、辅助工具以及材料、工时、成本核算等多方面的信息）和规则（包括工艺决策逻辑、决策习惯、加工方法的选择原则、工序和工步的归并与排序规则等）。如何组织和管理这些信息，使其便于调用和维护，适用于各种不同的企业和产品，是 CAPP 系统迫切需要解决的问题。

三、CAPP 的基本原理及作用

计算机辅助工艺设计的基本原理是基于工艺规程的人工设计过程及需要解决的问题而提出的。从本质上说就是模拟人编制工艺的方式，代替人完成编制工艺的工作。

1. 人工编制工艺过程的组成阶段

（1）分析及了解零件的结构、形状和技术要求以及生产纲领。

（2）查阅工艺设计手册或根据工艺基本知识进行工艺决策，确定加工方法和工艺路线。

（3）查阅企业工艺标准手册，具体确定机床、切削用量、工装及工时定额。

（4）按企业的工艺规程格式填写并形成正式的工艺规程。

2. CAPP 的基本原理

计算机辅助工艺设计系统就是按以上人工设计工艺规程的四个阶段进行工艺规程设计的。如图 6–2 所示为 CAPP 系统进行工艺规程设计的流程图。从图 6–2 可以清楚地看出：第一，将零件的特征信息以代码或数据的形式输入计算机，并建立起零件信息的数据库；第二，把工艺人员编制工艺的经验、工艺知识和逻辑思想以工艺决策规则的形式输入计算机，建立起工艺决策规则库（工艺知识库）；第三，把制造资源、工艺参数以适当的形式输入计算机，建立起制造资源和工艺参数库；第四，通过程序设计充分利用计算机的计算、逻辑分析、判断、存储以及查询、编辑等功能来自动生成工艺规程。这就是 CAPP 的基本原理。

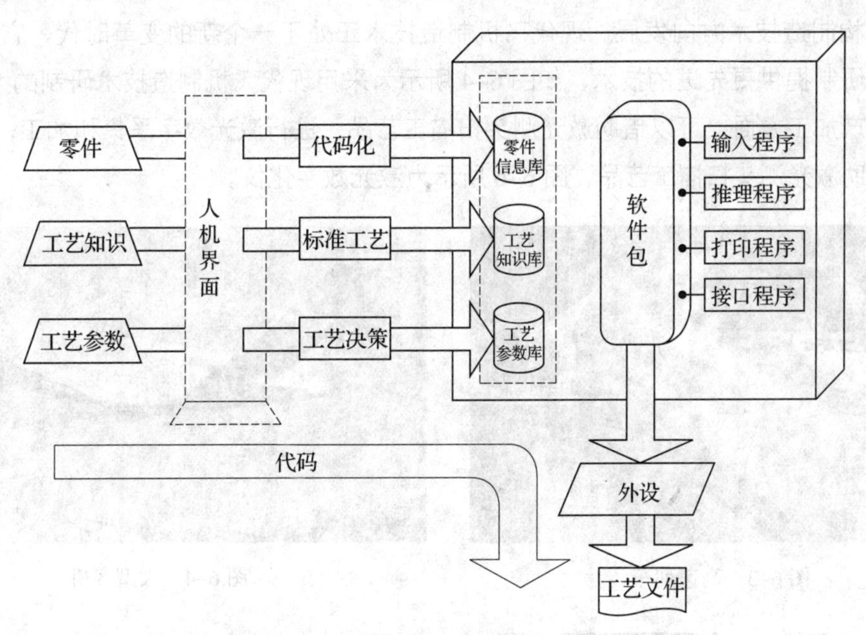

图 6–2　CAPP 系统进行工艺规程设计的流程图

3. CAPP 的作用

从图 6–2 还可以清楚地看出 CAPP 主要解决的问题如下：

（1）工艺设计所需信息的描述和代码化（特征信息标志和工艺知识）。

（2）工艺设计所需信息的数据结构形式的合理制定。

（3）程序设计（包括人机界面、推理程序、打印及输出程序等）。

查一查

CAPP 的应用。

第二节　先进制造技术的应用及分类

一、先进制造技术的应用

先进制造技术在各领域广泛应用，例如，在高速列车上的应用涉及多个学科，如轮轨系统动力学、城市轨道交通、机车车辆检测、故障诊断及控制技术、牵引自动化技术等，如图 6–3 所示。飞机制造技术正沿着生产工艺依赖经验型向工艺模拟、仿真、实时监控、智能化制造方向发展；零件加工成形及连接技术正朝着增量成形、高速切削、高能束加工、精密成形等低应力、小变形、低能耗、长寿命结构制造方向发展；从单个零件制造向整体结构制造技术及近无余量制造技术发展；从手工劳动、半机械化、机械化向数控化、柔性化、自动化技术方向发展；从一般铝合金结构的制造向以钛合金为代表的高性能轻合金结构、复合材料结构制造技术方向发展。现代飞机制造技术正处于一个新的变革时代，它将为新一代飞机的研制提供更先进的技术，如图 6–4 所示为采用现代飞机制造技术研制的大型客机。再如在生产加工方面，可以借助激光测头扫描工艺品，进行激光数字采集和加工，如图 6–5 所示为借助激光测头扫描工艺品，图 6–6 所示为激光数字化仪。

图 6–3　高速列车

图 6–4　大型客机

图 6–5　借助激光测头扫描工艺品

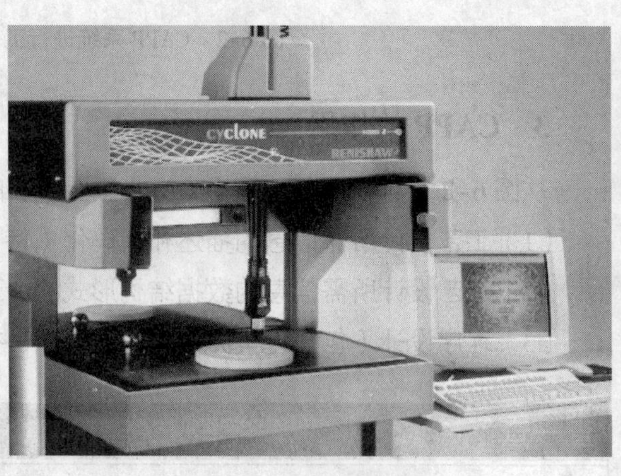

图 6–6　激光数字化仪

如图 6–7 所示为湖南大学研制的数控高速曲轴外圆磨床，它采用原装进口计算机及交流伺服驱动系统控制机床各运动轴，配备径向、轴向在线自动测量仪和砂轮自动平衡系统以及消空程和防碰撞装置，并可采用光栅尺实现全闭环控制。跟刀架采用伺服电动机自动跟刀。砂轮可采用金刚石滚轮或金刚刀进行修整，具有砂轮磨损补偿和自动修整补偿功能。机床采用全封闭结构，外形美观大方，工作安全、可靠。

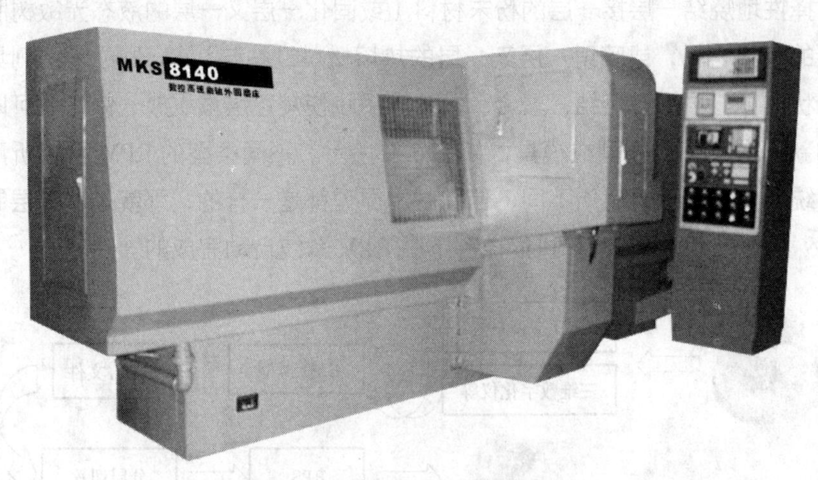

图 6–7　数控高速曲轴外圆磨床

近十年来，由于先进制造技术在产品设计技术、先进制造工艺和设备、制造业自动化以及制造系统管理和集成方面取得了突破性发展，为制造企业提升国际竞争力做出了贡献。先进制造技术是生产力的主要构成因素，是国民经济的重要支柱。它担负着为国民经济各部门和科学技术的各个学科提供装备、工具和检测仪器的重要任务，成为国民经济和科学技术赖以生存及发展的技术。尤其是一些尖端科技，如航空、航天、微电子、光电子、激光、分子生物学、核能等技术的出现和发展，如果没有先进制造技术作为基础，是根本不可能的。

先进制造技术的应用主要可以归纳为以下 9 个方面：

1. 计算机辅助设计、计算机辅助制造和计算机辅助工程（CAD/CAM/CAE）

模具 CAD/CAM/CAE 系统的集成关键是建立单一的图形数据库，在 CAD、CAM、CAE 各单元之间实现数据的自动传递与转换，使 CAM 和 CAE 阶段完全吸收 CAD 阶段的三维图形，减少中间建模的时间和误差；借助计算机对模具性能、模具结构、加工精度、金属液体在模具中的流动情况以及模具工作过程中的温度分布情况等进行反复修改和优化，将问题发现于正式生产前，大大缩短了模具制造时间，提高了模具加工精度。如图 6–8 所示为 Creo 软件的集成制造技术。

图 6–8　Creo 软件的集成制造技术

2. 快速原型制造（RPM）

RPM 技术是在现代 CAD/CAM 技术、激光技术、计算机数控技术、精密伺服驱动技术以及新材料技术的基础上集成发展起来的。RPM 技术的基本原理是：将计算机内的三维 CAD 数据模型进行分层切片，得到各层截面的轮廓数据，计算机据此信息控制激光器（或喷嘴）有选择性地烧结一层接一层的粉末材料（或固化一层又一层的液态光敏树脂，或切割一层又一层的片状材料，或喷射一层又一层的热熔材料或黏结剂），形成一系列具有一个微小厚度的片状实体，再采用熔结、聚合、黏结等手段使其逐层堆积成一体，便可以快速制造出所设计的新产品样件、模型或模具，如图 6–9 所示。不同类型的 RPM 系统所用的成形材料不同，系统的工作原理也有所不同，但其基本原理都是一样的，那就是“分层制造，逐层叠加”。当然，整个过程是在计算机的控制下由 RPM 系统自动完成的。

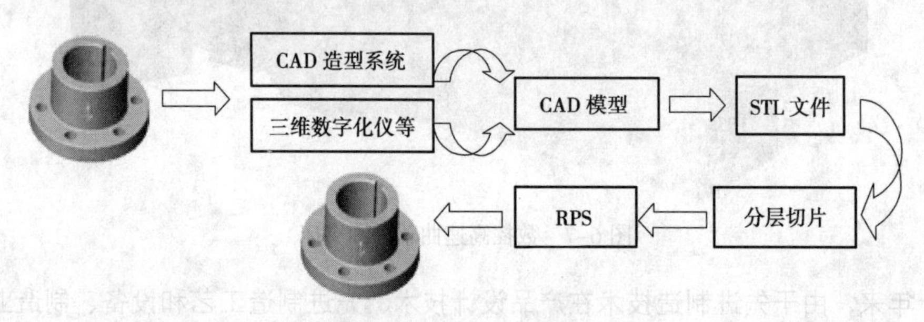

图 6–9　RPM 技术的基本原理

三维打印机通常被称为“快速成形机”，如图 6–10 所示。它通过对计算机中三维软件的识别进行 STL（三角网格格式）转换，再结合切层软件确定摆放方位和切层路径，并进行切层工作和相关支承材料的构造，最后使用喷头将固态的线型成形材料加热至半熔融状态后挤出来，与支承材料自下而上、一次一层地构铸成最终实体。简单地说，可以理解为软件把物体分成若干个横截面，而三维打印机将这些横截面一次一层地沉淀、堆积，最终形成人们所需的实体。如图 6–11 所示为利用三维打印机打印出的实体——发动机机体。

图 6–10　三维打印机

图 6–11　用三维打印机打印出的实体——发动机机体

3. 精密成形与加工

在传统的“材料去除”工艺中要切除大量的材料，才能形成满足尺寸精度、几何精度和表面粗糙度要求的零件。这种成形过程要消耗大量能源和材料。为了消除“材料去除”工艺的这些缺陷，大力发展了各种少、无切削加工工艺，使成形后的零件不需要再进行加工或只要很少的切削加工就可得到最终产品。常见的少、无切削加工工艺包括精密洁净铸造成形、精确金属塑性成形、粉末锻造成形和高分子材料注射成形等。

4. 热加工工艺模拟优化技术

热加工工艺模拟优化技术也称为热加工虚拟制造，它以材料热加工过程的精确数学、物理建模为基础，以数值模拟及相应的精确测试为手段，能够在计算机逼真的拟实环境中动态模拟热加工过程，形象地显示各种工艺的实施过程以及材料形状、轮廓、尺寸及内部组织的演变情况，能预测材料经成形改性制成毛坯后的组织性能质量，特别是能找出易发缺陷的成因及消除方法。另外，还可以通过在虚拟条件下工艺参数的反复比较得出最优工艺方案，即通过在计算机上修改构思，实现热加工工艺的优化设计。

5. 激光加工技术

激光熔覆与合金化技术是利用自动送粉器将合金粉末同步送到激光熔池中，使合金粉末与金属基体同时熔化，形成金属覆盖层的工艺过程。与传统的热喷焊或者堆焊工艺相比，激光熔覆层变形小，应力低，对基体的稀释率低，组织致密，微观缺陷少，结合强度高，熔覆层的尺寸大小和位置可以精确控制，特别是更便于根据工况的需求调节熔覆层的成分，因此，非常适合一些工件的表面强化与修复。

激光熔覆与合金化技术可对各种大型轴类零件（如电动机与发电机组转子、各种模具、轧辊、大型曲轴与连杆等）进行表面强化与修复，还可以对铝合金、铜合金工件进行激光熔覆。如图 6–12 所示为电动机转子轴颈的修复及激光熔覆。

6. 数控技术

数控加工中心正朝着五轴控制的方向发展。五轴联动加工中心具有高效率、高精度的特点，工件一次装夹就可完成五面体的加工，如图 6–13 所示。如果配置上五轴联动的高档数控系统，还可以对复杂的空间曲面进行高精度加工，更适用于生产汽车零部件、飞机结构件等现代模具的加工。

7. 现场总线技术

现场总线（Fieldbus）是近年来迅速发展起来的一种工业数据总线，它主要用于解决工业现场的智能化仪器仪表、控制器、执行机构等现场设备间的数字通信以及这些现场控制设备和高级控制系统之间的信息传递问题。如图 6–14 所示为美国哈斯公司加工中心生产线。

图 6–12　电动机转子轴颈的修复及激光熔覆

图 6–13　五轴联动加工中心

8. 微型机械

微型机械加工技术是指制作微型机械装置的微细加工技术。微细加工的出现和发展是与大规模集成电路密切相关的，集成电路要求在微小面积的半导体上能容纳更多的电子元件，以形成功能复杂而完善的电路。电路微细图案中的最小线条宽度是提高集成电路集成度的关键技术标志。微细加工对微电子工业而言，是一种加工尺度从微米到纳米量级的制造微小尺寸元器件或薄膜图形的先进制造技术。目前，微型加工技术主要有基于从半导体集成电路微细加工工艺中发展起来的硅平面加工和体加工工艺，20 世纪 80 年代中期以后在 LIGA 加工（微型铸模电镀工艺）、准 LIGA 加工、超微细加工、微细电火花加工（EDM）、等离子束加工、电子束加工、快速原型制造（RPM）以及键合技术等微细加工工艺方面取得了相当大的进展。

极端严格的机床导轨加工技术使机床达到了非常高的工作精度和稳定性，带有自动定位功能的卡盘可保证严格的定位精度。如图 6–15 所示为微型超精密加工机床。

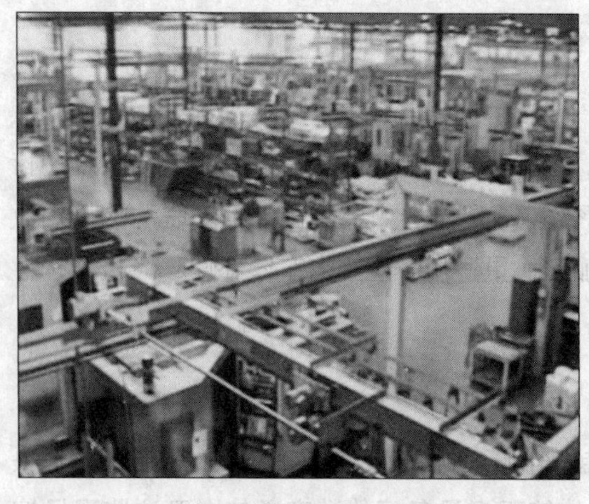

图 6–14　美国哈斯公司加工中心生产线

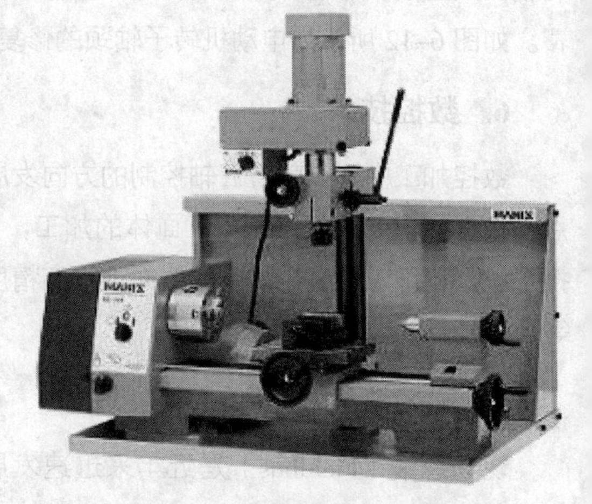

图 6–15　微型超精密加工机床

9. 制造分散网络化模式

制造分散网络化模式是指将产品制造中的产品开发、市场营销、加工及制造、装配和调试等方面，利用不同地区的资源和优势，将它们分散在不同地点，通过企业内部网络和国际互联网加以连接，实现文件、数据、图像和声音的同时传送，各企业间的刀具和夹具的管理，零件图样和数控程序的编制、管理、分配以及数控机床使用等进行统一管理的制造模式，如图 6-16 所示。

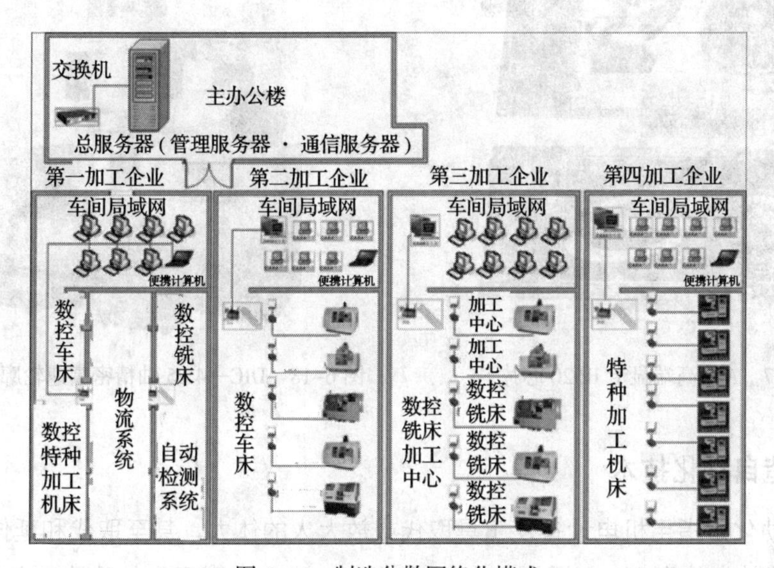

图 6-16　制造分散网络化模式

该制造模式可以根据目标和环境的变化进行组合，动态地调整组织结构，实时地进行资产重组，实现社会资源的优化。

二、先进制造技术的分类

根据先进制造技术在实际生产中的应用情况不同，可以将其分为先进制造工艺技术、制造自动化技术和先进生产制造模式三种。

1. 先进制造工艺技术

传统机械制造工艺分为三个阶段，一是毛坯的成形准备阶段；二是切削加工阶段；三是改性处理阶段。上述阶段的划分在先进制造工艺领域逐渐模糊、交叉，甚至合而为一。

先进制造工艺是先进制造技术的核心和基础，是使各种原材料、半成品成为产品的方法和过程。先进制造工艺包括高效精密成形技术、高精度切削加工工艺、特种加工以及改性技术等内容。

ATI（array technology industry）公司依靠先进的制造工艺使 R520 芯片的工作频率得到很大的提高，16 管线的 X1800XT 在对抗 24 线的 7800GTX 时丝毫不落下风，而且在部分项目中优势明显。如图 6–17 所示为 ATI 高端显卡 R520 芯片。

航空工业中飞机的铝合金零件、薄层腹板件等直接经高速切削加工而成，不再铆接；汽车制造业中高速加工中心将柔性生产线的效率提高到组合机床生产线水平；模具制造业中对淬硬钢模具型腔直接加工，省略电加工和手工研磨等工序。如图 6–18 所示为 DIC—45/5 轴精密高速轮廓加工机床。

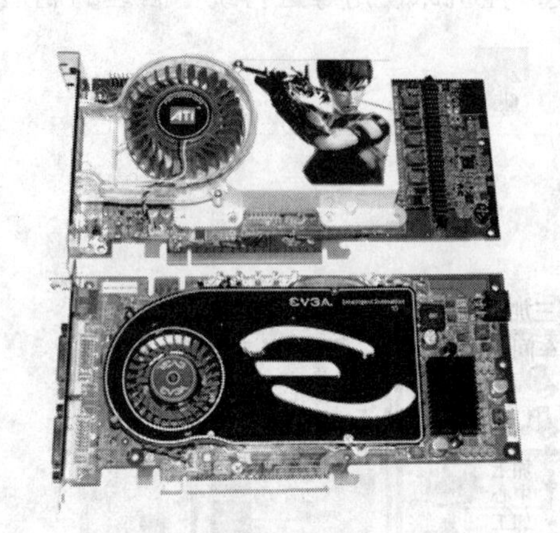

图 6–17　ATI 高端显卡 R520 芯片

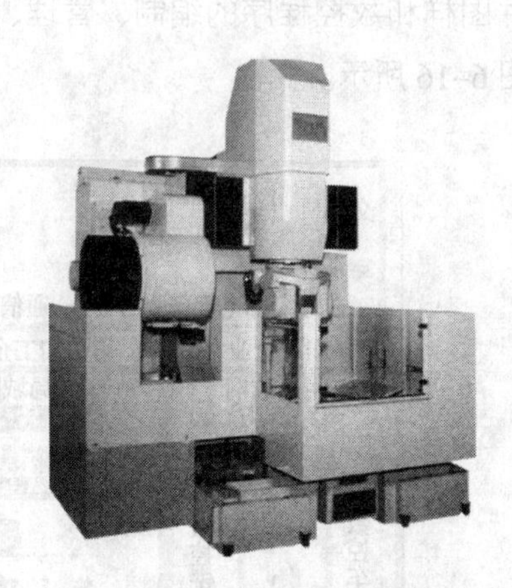
图 6–18　DIC—45/5 轴精密高速轮廓加工机床

2. 制造自动化技术

制造自动化是指用机电设备及工具取代或放大人的体力，甚至取代和延伸人的部分智力，自动完成特定的作业，包括物料的存储、运输、加工、装配和检验等各个生产环节的自动化。制造自动化技术涉及数控技术、工业机器人技术、柔性制造技术、传感技术、自动检测技术和信号处理等内容。其目的在于减轻操作者的劳动强度，提高生产效率，减少在制品数量，节省能源消耗及降低生产成本。

典型的柔性制造系统（FMS）一般由三个子系统组成，如图 6–19 所示。它们分别是加工子系统、物流子系统、信息流子系统，其组成框图如图 6–20 所示。三个子系统的有机结合构成了一个制造系统的能量流（通过制造工艺改变工件的形状和尺寸）、物料流（主要指工件流和刀具流）和信息流（制造过程的信息和数据处理）。

图 6–19　典型的柔性制造系统

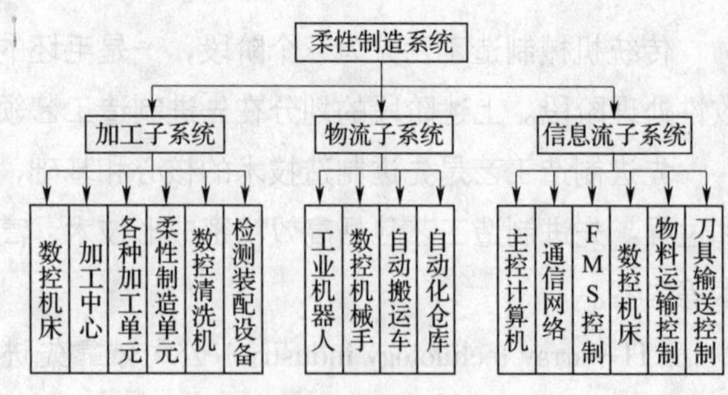

图 6–20　柔性制造系统的框图

某汽车制造企业的冲压、焊接、涂装工序均采用自动化生产线，如图 6-21 所示，它使用各种类型的机器人达 400 台，有效地保证了该品牌汽车的制造品质和生产效率。

图 6-21　某品牌汽车自动化生产线

3. 先进生产制造模式

先进生产制造模式面向企业生产全过程，是将先进的信息技术与生产技术相结合的一种新思想和新哲理，其功能覆盖企业的生产预测、产品设计开发、加工及装配、信息与资源管理直至产品营销和售后服务的各项生产活动，是制造业的综合自动化的新模式。它包括计算机集成制造、并行工程、精益生产、敏捷制造、智能制造系统等先进的生产组织管理模式和控制方法。

（1）计算机集成制造（CIM）

计算机集成制造是指将企业所有的人员、功能、信息和组织等诸方面集成为一个整体的生产方式。如图 6-22 所示为计算机集成制造结构图，它由工程设计、经营管理和加工及制造组成。

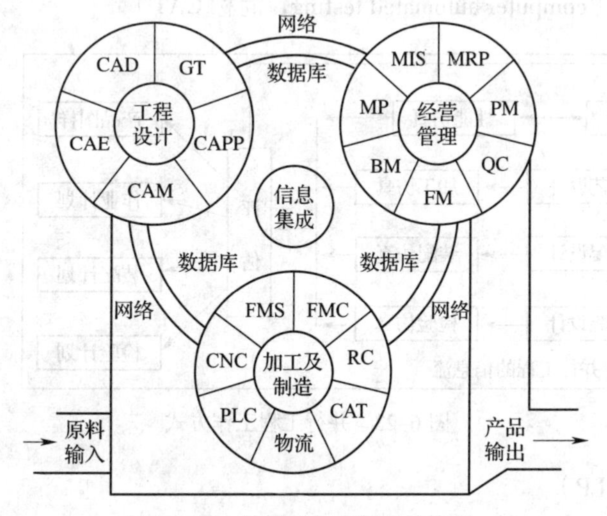

图 6-22　计算机集成制造结构图

（2）并行工程（CE）

并行工程是一种对产品及其相关过程（包括制造过程和支持过程）进行并行的、一体化设计的工作模式。这种工作模式可使产品开发人员一开始就能考虑到从产品概念设计到消亡的整个产品生命周期中的所有因素，包括质量、成本、进度和用户要求等。如图 6–23 所示为并行工程工作方式。

图中英文的含义：

CAE—计算机辅助工程分析（computer aided engineering，简称 CAE）

CAD—计算机辅助设计（computer aided design，简称 CAD）

GT—成组技术（group technology，简称 GT）

CAPP—计算机辅助工艺设计技术（computer aided process planning，简称 CAPP）

CAM—计算机辅助制造（computer aided manufacturing，简称 CAM）等

MIS—管理信息系统（management information system，简称 MIS）

MRP—制造资源计划（manufacturing resource planning，简称 MRP）

PM—生产管理（production management，简称 PM）

QC—质量控制（quality control，简称 QC）

FM—财务管理（financial management，简称 FM）

BM—经营计划管理（business management，简称 BM）

MP—人力资源管理（man power resources management，简称 MP）等

FMS—柔性制造系统

FMC—柔性制造单元

CNC—数控机床

PLC—可编程控制器

RC—机器人控制（robot controller，简称 RC）

CAT—自动测试（computer automated testing，简称 CAT）

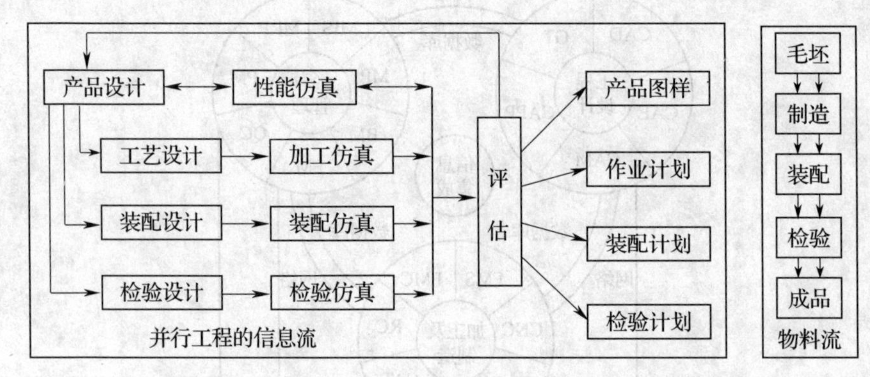

图 6–23 并行工程工作方式

（3）精益生产（LP）

精益生产是指通过系统结构、人员组织、运行方式和市场供求关系等方面的变革，使生

产系统能快速适应用户需求的不断变化，并精简生产过程中一切无用的、多余的或不增加附加值的环节，以达到产品生命周期内的各方面最佳效果。

自 2004 年起，某飞机工业公司开始在全公司范围内系统地推进精益生产，给民品生产带来了意想不到的变化：波音 737 散组件月产量增加了 67%，交付周期缩短了 43%，产品一次交检合格率由 64% 提高到 100%。如图 6–24 所示为某飞机工业公司实行精益生产的现场，职工将常用的工具整齐地摆放在一个可随意移动的小推车上。这种细节的变化为工人节省了寻找工具的时间，提高了生产效率。

（4）敏捷制造（AM）

敏捷制造是快速调整企业，增强市场应变能力，在“竞争—合作—协同”机制下可对市场做出灵活反应的一种生产制造模式。

运用高性能计算机，汽车制造商在利用测试平台建立详细模型之前可以在屏幕上实际地模拟开发过程中的许多环节。某汽车研发团队从最初概念设计的展开直至产品生产过程规划所运用的虚拟现实技术是一种最有效、最具有创新性的仿真技术。仿真是利用人机交互方法，使用者可以看到眼前所研究事物的一系列相关信息。工人戴上立体眼镜就可以看到协助其工作的信息，可以是维护和修理说明，也可以是相关重要数据的比较情况。如果工人需要拧紧一个螺钉，眼前的光标箭头就会在正确的位置旋转。整个过程通过麦克风和语音识别器控制，使用者眼镜架上的小型摄像头可以在装配过程中观察部件的正确位置。摄像头提供的图像也可以传输到相隔很远的专家那里，为本地用户提供所需的咨询。现实和虚拟仿真是创新性的技术，在该汽车研发团队的研发过程中发挥了决定性作用并贯穿始终。如图 6–25 所示为虚拟仿真汽车。

图 6–24　某飞机工业公司实行精益生产的现场

图 6–25　虚拟仿真汽车

（5）智能制造系统（IMS）

智能制造系统是由智能机器和人类专家共同组成的人机一体化系统，它能模拟人类专家的智能活动，进行分析、推理和决策，取代或延伸了人的部分脑力劳动，发展了人类专家的制造智能。

先进制造技术系统是一个由技术、人和组织构成的集成体系，三者有效集成才能取得满意的效果。因而先进制造工艺只有通过与信息、管理技术紧密结合，不断探索适应需求的新型生产模式，才能提高先进制造工艺的使用效果。

查一查

自己所在的地区先进制造生产模式用到了哪几种？

思考与练习

1. 什么是 CAPP 技术？它由哪几部分组成？工作原理是什么？
2. 试举例说明先进制造技术的应用。
3. 先进制造技术分为哪几种？
4. 柔性制造系统由哪几部分组成？
5. 试解释 CIM、LP、CE 和 IMS 的含义。